Deutsche
Forschungsgemeinschaft

Förderatlas 2015

Kennzahlen
zur öffentlich finanzierten Forschung
in Deutschland

Deutsche
Forschungsgemeinschaft

Förderatlas 2015

Kennzahlen
zur öffentlich finanzierten Forschung
in Deutschland

Deutsche Forschungsgemeinschaft
Kennedyallee 40 · 53175 Bonn
Postanschrift: 53170 Bonn
Telefon: +49 228 885-1
Telefax: +49 228 885-2777
postmaster@dfg.de
www.dfg.de

Projektleitung in der DFG:
Christian Fischer, Dr. Jürgen Güdler

Projektteam Gruppe Informationsmanagement der DFG:
Andreas Britten, William Dinkel, Christian Fischer, Dr. Jürgen Güdler, Anke Reinhardt, Martin Weigelt, Katharina Werhan

Presse- und Öffentlichkeitsarbeit der DFG:
Layout, Typografie und Titelillustration: Tim Wübben
Projektkoordination und Lektorat: Stephanie Henseler

Für die Zusammenarbeit und Datenbereitstellung danken wir folgenden Institutionen:
Alexander von Humboldt-Stiftung
Arbeitsgemeinschaft industrieller Forschungsvereinigungen „Otto von Guericke"
Bundesministerium für Bildung und Forschung
Deutscher Akademischer Austauschdienst
EU-Büro des Bundesministeriums für Bildung und Forschung
Medizinischer Fakultätentag
Statistisches Bundesamt

Die Erstellung dieses Berichts erfolgte mit freundlicher Unterstützung des Stifterverbandes für die Deutsche Wissenschaft.

Stifterverband
für die Deutsche Wissenschaft

Für die Erstellung der im Bericht vorgestellten Profil- und Netzwerkanalysen danken wir Dr. Lothar Krempel, Max-Planck-Institut für Gesellschaftsforschung, Köln. Die vorgenommenen bibliometrischen Analysen entstanden in Zusammenarbeit mit dem Team von Dr. Matthias Winterhager am Institute for Interdisciplinary Studies of Science der Universität Bielefeld.

Der Bericht ist auch in einer Onlinefassung unter www.dfg.de/foerderatlas zugänglich. Unter der angegebenen Adresse finden sich alle im Bericht vorhandenen Tabellen und Abbildungen in elektronischer Form sowie der elektronische Tabellenanhang. Weiterhin werden dort eine englische Kurzfassung und Werbematerialien bereitgestellt. Zudem besteht die Möglichkeit zur kostenlosen Bestellung der Druckfassung.

1. Auflage 2015
Bibliografische Information der Deutschen Nationalbibliothek:
Die Deutsche Nationalbibliothek verzeichnet diese Publikation in der Deutschen Nationalbibliografie; detaillierte bibliografische Daten sind im Internet über http://dnb.d-nb.de abrufbar.

ISBN 978-3-527-34110-8

Satz: primustype Hurler GmbH, Notzingen
Druck und Bindung: DCM Druck Center Meckenheim GmbH

Der Förderatlas 2015 der DFG wurde auf FSC®-zertifiziertem Papier gedruckt.
Printed in the Federal Republic of Germany

Inhalt

Tabellenverzeichnis

Abbildungsverzeichnis

Vorwort

Mit dem „Förderatlas 2015" schreibt die Deutsche Forschungsgemeinschaft (DFG) die Reihe ihrer detaillierten Berichterstattung zu „Kennzahlen zur öffentlich finanzierten Forschung in Deutschland" fort. Die vorliegende Ausgabe ist die insgesamt siebte der 1996 gestarteten Reihe. Während die erste Ausgabe noch ganz auf solche Kennzahlen ausgerichtet war, die die Beteiligung von Hochschulen an den DFG-Förderprogrammen bilanzierten, wurde das Spektrum der Kennzahlen seither deutlich ausgeweitet und in seiner Akzentuierung weiterentwickelt. Längst steht dabei nicht mehr die Frage nach den besonderen monetären Drittmittelerfolgen der im Einzelnen betrachteten Hochschulen im Vordergrund (wie es die für einige Zeit gewählte Bezeichnung „Förder-Ranking" nahelegte). Und noch stärker akzentuiert ist die Frage, ob und wie sich unter Zugriff auf eine breite Basis an Kennzahlen statistisch fundierte Aussagen zu den fachlichen und forschungsfeldspezifischen Schwerpunktsetzungen von Hochschulen und außeruniversitären Forschungseinrichtungen sowie von „Forschungsregionen" treffen lassen. Solche Aussagen sind sowohl für die wissenschaftlichen Einrichtungen selbst als auch für die Planungs- und Entscheidungszwecke der mit den Rahmenbedingungen von Wissenschaft und Forschung befassten Politik von hohem Wert. Darüber hinaus decken sie ein mit der wachsenden Bedeutung von Wissenschaft und Forschung für die Gesellschaft einhergehendes steigendes Informationsinteresse in den Medien und der Öffentlichkeit ab.

Für die Gewinnung der Kennzahlen werden auch im diesjährigen Förderatlas insbesondere Daten von öffentlichen Drittmittelgebern herangezogen und ausgewertet. Dies ist deren besonderer Aussagekraft geschuldet: Drittmittel werden im Wettbewerb eingeworben, die Mittelvergabe stützt sich auf das Urteil von Peers, die als Expertinnen und Experten des jeweiligen Forschungsfelds anerkannt sind. Wenn eine Einrichtung auf einem bestimmten Gebiet in größerem Umfang Drittmittel einwirbt oder aus entsprechenden Programmen finanzierte Gastwissenschaftlerinnen und -wissenschaftler für sich gewinnen kann, dann ist damit auch ein Qualitätsurteil dieser Peers verbunden.

Die Aussagekraft der Kennzahlen profitiert dabei auch von der inhaltlichen Tiefe der zugrunde gelegten Daten. Die am Atlas beteiligten Fördereinrichtungen erschließen ihre Aktivitäten systematisch – entweder (wie neben der DFG auch bei der Alexander von Humboldt-Stiftung und beim Deutschen Akademischen Austauschdienst) nach den Fächern, die von den jeweiligen Förderinstrumenten profitieren, oder (wie beim Bund und bei der EU) nach den *thematisch* ausgerichteten Fördergebieten, für die sie Mittel vergeben. Im Förderatlas wird jede dieser Quellen separat ausgewertet, was es erlaubt, die so ermittelten Befunde vergleichend gegenüberzustellen. So entsteht ein facettenreiches Bild, das Raum für übergreifende Profile bietet, aber auch fördererspezifische Akzentuierungen einzelner Einrichtungen und Regionen erkennen lässt.

Auch die Reihe „Förderatlas" selbst setzt Akzente, in der letzten Ausgabe 2012 etwa mit Statistiken zur Gleichstellung in Wissenschaft und Forschung. Einen Themenschwerpunkt im Förderatlas 2015 bildet die Exzellenzinitiative des Bundes und der Länder. Der Bericht leistet so also auch einen Beitrag zu einer Art Zwischenbilanz dieses für die deutsche Wissenschaft so wichtigen Programms.

Gerade im Zusammenhang mit der Exzellenzinitiative wird häufig der Beitrag von Förderprogrammen zur erfolgreichen Profilbildung von Forschungseinrichtungen betont. Als Kehrseite wird vereinzelt aber auch auf Gefahren verwiesen, etwa für kleine Hochschulen oder kleine Fächer. Beide, so die These, drohten an den Rand gedrängt zu werden. Zwei in diesem Förderatlas präsentierte Befunde, die auf das allgemeine DFG-Förderhandeln rekurrieren, verdienen in diesem Zusammenhang Beachtung:

- Noch nie haben so viele Hochschulen und außeruniversitäre Forschungseinrichtungen Mittel bei der DFG eingeworben wie im Berichtszeitraum dieses Förderatlas. Und seit der 2009er-Ausgabe, die die Jahre 2005 bis 2007 betrachtet, nimmt die Differenz zwischen der eingeworbenen Summe der erfolgreichsten Hochschule und den darauffolgenden Hochschulen kontinuierlich ab (vgl. Kapitel 3 und Kapitel 4).
- Die meisten Hochschulen sind mit Bezug auf die Fächer, für die sie bei der DFG Mittel einwerben, heute breiter aufgestellt als noch zu Beginn der 2000er-Jahre; nur sehr wenige Hochschulen fokussieren heute auf weniger Fächer. Der Regelfall ist fachliche Diversifizierung (vgl. Kapitel 4.3).

Der Beitrag der Exzellenzinitiative zur weiteren Profilierung forschungsstarker Arbeitsgruppen an (zumeist) größeren Hochschulen resultiert also zumindest mit Blick auf die DFG nicht in einer zunehmenden Ungleichverteilung ihrer Mittel, weder auf Hochschulen noch auf Fächer. Im Gegenteil profitieren heute mehr Hochschulen und mehr Fächer von den auch in den anderen Förderprogrammen der DFG bereitgestellten Mitteln.

Befunde wie diese zeigen, wie hilfreich die in diesem Bericht aufbereiteten Fakten für eine sachliche Debatte ansonsten oft nur vermuteter Entwicklungen sein können, und sie empfehlen den Förderatlas einer ebenso ausführlichen wie aufmerksamen Lektüre. Allen, die in vielfacher Weise zu diesem Werk beigetragen haben, danken wir sehr herzlich.

Professor Dr. Peter Strohschneider
Präsident der Deutschen Forschungsgemeinschaft

Professor Dr. Dr. h.c. Horst Hippler
Präsident der Hochschulrektorenkonferenz

1 Einleitung

20 Jahre Förderatlas

Mit dem Förderatlas 2015 legt die Deutsche Forschungsgemeinschaft (DFG) die siebte Ausgabe eines Berichtssystems vor, das 20 Jahre zuvor unter dem etwas sperrigen Titel „DFG-Bewilligungen nach Hochschulen – Bewilligungsvolumen 1991 bis 1995, Anzahl kooperativer Projekte im Jahr 1996" seinen Anfang nahm. Bezogen auf die Berichtsjahre deckt die Reihe nun 23 Jahre ab (1991 bis 2013).

In diesem Zeitraum hat das deutsche wie das internationale Wissenschaftssystem einige Veränderungen erfahren. Für Ersteres waren vor allem zwei Entwicklungen einschneidend: In den 1990er-Jahren galt es, die Herausforderungen der Wiedervereinigung zu meistern und ein im Kern völlig neu zu strukturierendes Forschungssystem in den damals noch „neuen" Bundesländern aufzubauen und in das Gesamtsystem zu integrieren. Und in der jüngeren Vergangenheit war es insbesondere die 2005 beschlossene Exzellenzinitiative des Bundes und der Länder, die wichtige Veränderungsimpulse setzte und weiterhin setzt.

Auch international sollen hier nur zwei Veränderungen, in diesem Fall bezogen auf den europäischen Forschungsraum, hervorgehoben werden. So hat zum einen der europaweite Wettbewerb um Forschungsgelder durch den nach dem Vorbild der DFG im Jahr 2006 in Brüssel gegründeten Europäischen Forschungsrat (European Research Council, ERC) eine neue Dimension erhalten. Ein wichtiges Zeichen für den gewachsenen Stellenwert international kooperierenden Handelns setzt aber auch der 2011 gegründete Interessenverband Science Europe – eine neue Form der Selbstorganisation, die aktuell über 50 nationale Fördereinrichtungen und Forschungsorganisationen zusammenführt, um gemeinsame Aktivitäten zur Stärkung des europäischen Forschungsraums zu entwickeln und abzustimmen.

In all diesen Jahren haben wissenschaftspolitische Fragen stetig an Bedeutung gewonnen, etwa zum Thema „Gleichstellung in der Wissenschaft". Gesteigerte Aufmerksamkeit genießen auch die Zusammenarbeit auf lokaler und regionaler sowie auf nationaler und internationaler Ebene, die internationale Sichtbarkeit der Forschung, der Stellenwert interdisziplinärer Forschung sowie gerade in der jüngeren Zeit die Situation des wissenschaftlichen Nachwuchses.

In Deutschland kommt vor diesem Hintergrund der Exzellenzinitiative des Bundes und der Länder eine Schlüsselrolle zu. Sie wurde 2005 hauptsächlich mit dem Ziel gegründet, ein weithin sichtbares Signal der Leistungsfähigkeit des deutschen Forschungssystems zu setzen. Über 4,6 Milliarden Euro zusätzliche Mittel wurden genutzt, um mit den in strengem Wettbewerb ausgewählten Graduiertenschulen (GSC) und Exzellenzclustern (EXC) herausragende Forschungsvorhaben zu fördern und die Ausbildung besonders talentierter wissenschaftlicher Nachwuchskräfte zu intensivieren. Außerdem leistet die dritte Förderlinie Zukunftskonzepte (ZUK) an ausgewählten Standorten einen Beitrag zur weiteren Profilentwicklung von Universitäten.

Neben dem Hauptziel der Förderung der Exzellenzinitiative – theoretisch wie methodisch höchsten Ansprüchen genügende Forschung – spielen bei der Programmentwicklung und ihrer konkreten Umsetzung (sowie schlussendlich bei der Bewertung ihres Erfolgs) auch immer wissenschaftspolitische Sekundärziele eine wichtige Rolle: Gleichstellung, Nachwuchsförderung, Internationalisierung, Interdisziplinarität, Profilbildung und Strukturentwicklung und schließlich die Zusammenarbeit über Einrichtungs-, Regionen- und Landesgrenzen hinaus, zwischen Hochschulen und außeruniversitären Einrichtungen sowie zwischen Wissenschaft, Wirtschaft und Gesellschaft.

Breites Angebot an Kennzahlen jenseits reinen „Drittmittel-Erfolgs"

Die DFG begleitet die beschriebenen Entwicklungen seit 1996 mit einem Monitoring öffentlich finanzierter Forschung. Zu Beginn hat die Berichtsreihe ausschließlich beleuchtet, mit welchem Erfolg Hochschulen bei der DFG Drittmittel eingeworben haben. Mit den zwischenzeitlich als „Förder-Ranking" bezeichneten Ausgaben wurden im Laufe der Jahre zunehmend sowohl andere Drittmittelquellen als auch andere nicht monetäre Kennzahlen in das Berichtssystem integriert. Dabei haben die oben genannten Sekundärziele immer wieder Akzentuierungen einzelner Berichtsausgaben begründet: Bereits 2003 wurde das Thema der internationalen Zusammenarbeit genauer betrachtet, indem beispielsweise untersucht wurde, in welchem Umfang sich deutsche Wissenschaftlerinnen und Wissenschaftler im 5. Rahmenprogramm der EU mit Partnern aus anderen Ländern in gemeinsamen Projekten „vernetzen".

Seit 2006 erfährt das Thema „Profilbildung von Hochschulen" besondere Beachtung, indem seither nicht nur Entwicklungen in einzelnen Fachgebieten betrachtet werden, sondern auch der jeweils typische „Fächer-Mix" der Hochschulen analysiert und grafisch dargestellt und vergleichbar gemacht wird. Mit der Ausgabe 2009 hat das Thema der regionalen Profilbildung stark an Gewicht gewonnen, indem seither die Kennzahlen des Förderatlas kartografisch dargestellt und so auch im Sinne von „Forschungslandkarten" lesbar werden. Und im Jahr 2012 erfuhr schließlich das Gleichstellungsthema besondere Aufmerksamkeit.

Fokus Exzellenzinitiative

In dieser Ausgabe des DFG-Förderatlas steht die Exzellenzinitiative des Bundes und der Länder im Mittelpunkt der Betrachtung. Hierzu werden in einzelnen Kapiteln und Unterkapiteln Sonderanalysen zur Exzellenzinitiative präsentiert. Die Initiative erfährt aber auch in vielen anderen, aus früheren Ausgaben des Förderatlas bekannten Analysekontexten besondere Aufmerksamkeit.

Bezogen auf die Wirkungen dieses Programms gibt es eine Vielzahl an Erwartungen: allzu oft nach dem einfach gedachten Modell „mehr Geld = mehr Ertrag in den Dimensionen X bis Y". Der Förderatlas 2015 nutzt das in den letzten Jahren entwickelte Set an Kennzahlen, um sowohl für die Hochschulen, die unmittelbar von den mit der Exzellenzinitiative zusätzlich bereitgestellten Mitteln profitieren, wie auch für das gesamte System zu beschreiben, welche Veränderungen sich hinsichtlich spezifischer Dimensionen abzeichnen. Dies erfolgt jedoch nicht mit dem Anspruch, entsprechende Veränderungen gemäß einem Ursache-Wirkungs-Modell zu erklären.

Der Berichtskreis des Förderatlas umfasst insbesondere Hochschulen und außeruniversitäre Forschungseinrichtungen

Im Mittelpunkt der Analysen des Förderatlas stehen die Hochschulen und hier insbesondere die Universitäten. Dort tätige Wissenschaftlerinnen und Wissenschaftler sind die Kernklientel der DFG und auch darüber hinaus die Hauptnutzer der von der öffentlichen Hand bereitgestellten Mittel zur Forschungsförderung. Bezogen auf die außeruniversitäre Forschung konzentrieren sich die im Förderatlas vorgestellten Kennzahlen auf die Mitglieder der großen Forschungsverbünde Fraunhofer-Gesellschaft (FhG), Helmholtz-Gemeinschaft (HGF), Leibniz-Gemeinschaft (WGL) sowie Max-Planck-Gesellschaft (MPG). Der Wirtschaftssektor schließlich findet Beachtung in den Überblicksstatistiken des einführenden Kapitels zur öffentlich geförderten Forschung in Deutschland sowie in Darstellungen zur Beteiligung an den Programmen von Bund und EU.

Fachliche Profile und Profilentwicklung von Hochschulen

Seit 2006 dokumentiert diese Berichtsreihe Analysen, mit denen die fachlichen Profile von Hochschulen grafisch dargestellt und bezüglich ihrer Profilähnlichkeit verglichen werden. Datenbasis bilden hier die DFG-Bewilligungen in bestimmten Fachgebieten und Fachkollegien beziehungsweise bezogen auf Bund und EU in den dort ausgewiesenen Förderfeldern. Wie in den bisherigen Ausgaben werden auch im Förderatlas 2015 „Momentaufnahmen" der fachlichen Profile von Hochschulen präsentiert – nun allerdings bezogen auf die DFG mit einer um die hier betreuten Förderlinien der Exzellenzinitiative erweiterten Datenbasis. Ergänzend wird in dieser Ausgabe am Beispiel von DFG-Bewilligungen die viel diskutierte Frage statistisch beleuchtet, in welcher Weise sich im Zeitverlauf fachliche Profilveränderungen abzeichnen.

Für einen Zeitraum von elf Jahren (2003 bis 2013) wird dabei gezeigt, in welchem Umfang sich an Hochschulen Konzentrationsprozesse zugunsten eines enger werdenden Kreises „profilfokussierender" Fächer abzeichnen. Festgestellt wird auf der anderen Seite aber auch, an welchen Orten sich Hochschulen im Gegenteil durch eine zunehmende fachliche Diversifizierung auszeichnen.

Die Analysen leiten das Kapitel 4 „Fachliche Förderprofile von Forschungseinrichtungen" ein. Dort werden in Unterkapiteln, die sich nach den vier von der DFG unterschiedenen Wissenschaftsbereichen gliedern, verschiedene Profilaspekte insbesondere von Hochschulen beschrieben.

Verschiedene Sonderanalysen beleuchten die Exzellenzinitiative

Einen besonderen Aspekt der Fachlichkeit von Forschung erlauben Analysen, die in Kapitel 5 vorgestellt werden. Auf der Grundlage von bisher nicht für Analysezwecke genutzten Daten können erstmals empirisch fundierte Aussagen zur Interdisziplinarität der von der DFG geförderten Kooperationsprogramme getroffen werden. Der Fokus richtet sich auf die Förderlinien Graduiertenschulen und Exzellenzcluster der Exzellenzinitiative des Bundes und der Länder. Mit dem Verfahren der Netzwerkanalyse werden dabei auch die Strukturen sichtbar gemacht, die sich aus fächerübergreifender Zusammenarbeit entwickeln.

Kapitel 3.8 dokumentiert die Befunde einer pilotförmigen bibliometrischen Studie. In ihr wird für die zwei Fächer Physik und Chemie untersucht, in welchem Umfang sich Standorte mit Beteiligung an der Exzellenzinitiative von anderen Standorten hinsichJtlich ihres Publikationsaufkommens unterscheiden. Die Analyse erfolgt in Form einer Zeitreihen-Betrachtung, die beginnend mit dem Jahr 2002 auch einen Blick auf die Entwicklungen vor Beginn der Exzellenzinitative erlaubt.

Förderatlas macht einrichtungsübergreifende Zusammenarbeit in DFG-geförderten Programmen sichtbar

Neben der schwerpunktmäßigen Betrachtung der fachlichen und thematischen Profilbildung von Hochschulen ist seit der Ausgabe 2003 auch das Kooperationsprofil von Hochschulen ein wichtiges Thema des Förderatlas. Die kartografischen Darstellungen in Kapitel 4 bieten einen Überblick zu regionalen und überregionalen Kooperationen und Vernetzungen, insbesondere zwischen Hochschulen und außeruniversitären Forschungseinrichtungen. Diese Netzwerke ergeben sich aus der Beteiligung an Koordinierten Programmen der DFG (zum Beispiel Forschergruppen) sowie aus der Beteiligung an Graduiertenschulen und Exzellenzclustern.

Chancengleichheits-Monitoring ausgeweitet

Frauen sind in der Wissenschaft immer noch unterrepräsentiert. Mit dem Förderatlas 2012 hat die DFG ihr Angebot an genderspezifischen Auswertungen im Vergleich zu den vorherigen Ausgaben deutlich ausgeweitet. Sie lieferte damit wichtige Daten für politische Entscheidungsfindungsprozesse auf dem Weg zu mehr Chancengerechtigkeit. Die im elektronischen Tabellenanhang enthaltenen Übersichten sind auch in dieser Ausgabe überall dort, wo es die Datenlage erlaubt, nach Geschlecht differenziert. Der Vergleich mit den in der letzten Ausgabe präsentierten Zahlen macht es möglich, der Frage nach Entwicklungen auf den Grund zu gehen.

Im Förderatlas 2012 wurde für die 40 personalstärksten Hochschulen betrachtet, mit welchem Anteil Frauen Professuren und Stellen für wissenschaftliches Personal innehaben – in Gegenüberstellung zu dem Wert, der in Abhängigkeit vom fachlichen Profil dieser Hochschulen rein statistisch jeweils zu erwarten wäre (DFG, 2012: 94ff.).

Wegen des besonderen Interesses an dieser Kompaktdarstellung wurde sie im letzten Jahr in das „Chancengleichheits-Monitoring" der DFG überführt und auf alle Mitgliedshochschulen der DFG ausgeweitet. Das 2008 eingeführte und 2014 noch einmal deutlich ausgeweitete Berichtssystem ist Teil eines größeren Pakets an Maßnahmen, mit denen die DFG das Thema Chancengleichheit in der Forschung befördern möchte. Hierzu zählen beispielsweise auch die forschungsorientierten Gleichstellungsstandards und der sogenannte „Instrumentenkasten", ein Internetportal, das vorbildliche Maßnahmen zur Förderung der Chancengleichheit an Mitgliedshochschulen recherchierbar macht.

Diese und weitere Services sind auf den Webseiten der DFG über die Adresse www.dfg.de/chancengleichheit zugänglich.

Neues Konzept zur Darstellung regionaler Förderprofile

Bereits seit 2003 lenkt der Förderatlas mit seinen Analysen die Aufmerksamkeit nicht nur auf einzelne Einrichtungen und insbesondere Hochschulen, sondern auch auf die „Regionen der Forschung" in Deutschland, die durch besondere (öffentlich geförderte) Forschungsaktivität geprägt sind. Die Analysen weisen dabei anhand folgender Leitfragen immer zwei Schwerpunktsetzungen auf:

- Welche Fächer und Forschungsgebiete prägen eine Region?
- In welcher Form und mit welchen Partnern sind dort angesiedelte Forschungseinrichtungen durch öffentlich geförderte Kooperationsprogramme in der Region sowie im nationalen Rahmen vernetzt?

Mit der Exzellenzinitiative hat das Thema der regionalen Zusammenarbeit zusätzliche Aufmerksamkeit erfahren. Für deren Förderlinien werden daher im Förderatlas gesonderte kartografisch-statistische Darstellungen präsentiert.

Mit dem Förderatlas 2015 wird ein neues Regionenkonzept eingeführt. Zum Einsatz kommt dabei das am Bundesinstitut für Bau-, Stadt- und Raumforschung (BBSR) entwickelte Konzept der Raumordnungsregionen (ROR). Es unterscheidet insgesamt 96 Regionen, die in ihrem Zuschnitt sehr gut geeignet sind, die oft über Stadtgrenzen hinwegreichenden Forschungsstrukturen zu fassen und einer statistisch aussagekräftigen vergleichenden Betrachtung zugänglich zu machen.

Der Förderatlas – ein Kennzahlensystem, das seine Daten bei den Förderern statt bei den Geförderten erhebt

Der Förderatlas ist in seinem Kern ein Berichtssystem auf der Basis drittmittelbasierter Kennzahlen sowie von Kennzahlen zur (internationalen) Personenförderung. Der weitaus größte Teil der präsentierten Zahlen stammt von den im Förderatlas berücksichtigten Förderinstitutionen selbst. Die daraus generierten Statistiken gehen daher nicht auf sehr aufwendige und fehleranfällige Erhebungen bei den Empfängern von Fördermitteln zurück, sondern basieren auf direkten Datenbankauszügen der Fördermittelgeber.

Neben der DFG sind dies die Ministerien des Bundes (insbesondere Bundesministerium für Bildung und Forschung sowie Bundesministerium für Wirtschaft und Technologie) sowie die EU (mit dem 7. EU-Forschungsrahmenprogramm). In diesem Förderatlas finden hierbei die Maßnahmen stärkere Beachtung, die im EU-Programm *Ideen* durch den Europäischen Forschungsrat (ERC) betreut werden.

Als Kennzahlen für internationale Sichtbarkeit und Attraktivität von Standorten werden Daten der Alexander von Humboldt-Stiftung (AvH) sowie des Deutschen Akademischen Austauschdienstes (DAAD) herangezogen. Deren Förderprofil ist auf den internationalen Austausch ausgerichtet, dementsprechend sind hier nicht die bewilligten Summen von Interesse, sondern die Zahl der unterstützten Forschungsaufenthalte in Deutschland.

Schließlich leistet auch die Arbeitsgemeinschaft industrieller Forschungseinrichtungen (AiF) einen wichtigen Beitrag, indem sie Daten zur Verfügung stellt, die insbesondere in den Ingenieurwissenschaften Auskunft über die Zusammenarbeit von Hochschulen mit Partnern aus Industrie und Wirtschaft bieten.

Die von den Statistischen Landesämtern jährlich ermittelten Daten zum Personal und zu den zur Verfügung stehenden Finanzmitteln, die vom Statistischen Bundesamt (DESTATIS) anschließend zentral aufbereitet und in der amtlichen Statistik publiziert werden, basieren auf Erhebungen bei den Hochschulverwaltungen. Die in Kapitel 3.8 präsentierten bibliometrischen Analysen nutzen schließlich Daten, die in allgemein zugänglichen Publikationsdatenbanken erfasst sind.

Englischsprachige Ausgabe des DFG-Förderatlas als Instrument des internationalen Forschungsmarketings

Begleitend zur deutschen Ausgabe des DFG-Förderatlas erfolgt eine Kompaktdarstellung der Befunde in einer schlankeren englischsprachigen Ausgabe. Dieser „Funding Atlas" adressiert insbesondere Wissenschaftlerinnen und Wissenschaftler im Ausland sowie Mitarbeiterinnen und Mitarbeiter von internationalen Forschungs- und Förderinstitutionen mit besonderem Interesse an den „Stätten der Forschung" in Deutschland. Für die Mitgliedseinrichtungen der DFG besteht die Möglichkeit, in begrenztem Umfang gedruckte Ausgaben der englischen Fassung bei der DFG-Geschäftsstelle zu bestellen.

Internetangebot zum Förderatlas stellt umfangreiches Tabellenmaterial bereit

Mit dem Förderatlas 2012 wurde der Service etabliert, alle Tabellen und Diagramme des Berichts parallel auch als Einzeldateien auf den Webseiten der DFG zur Verfügung zu stellen. Auf große Nachfrage stießen dabei auch die den Tabellen zugrunde liegenden Daten im XLS-Format. Insgesamt über 21.000 Downloads dieser Dateien (Zeitraum 24.05.2012 bis 30.06.2015) sind Beleg für deren aktive Nutzung. Mit dieser Ausgabe des Förderatlas geht die DFG einen weiteren Schritt in Richtung elektronischer Bereitstellung: Bereits 2013 wurde bei der englischen Ausgabe des „Funding Atlas" auf den bis dahin umfangreichen Tabellenanhang in der Druckausgabe verzichtet. Mit der Ausgabe von 2015 entfällt auch für den deutschsprachigen Förderatlas der gedruckte Tabellenanhang. Die entsprechenden Daten sind jetzt nur noch online zugänglich. Dadurch wird der Bericht handlicher und die Daten können leicht weiterverarbeitet werden.

Stifterverband und verschiedene Kooperationspartner unterstützen den Förderatlas

Seit der dritten Ausgabe wird der Förderatlas der DFG durch den Stifterverband für die deutsche Wissenschaft aktiv unterstützt. Diese Unterstützung sowie die nach wie vor enge Zusammenarbeit mit verschiedenen Förderinstitutionen ermöglichen es, das Berichtsspektrum kontinuierlich weiterzuentwickeln. Der Zusammenarbeit mit Lothar Krempel, Max-Planck-Institut für Gesellschaftsforschung, Köln, verdanken sich die zahlreichen Netzwerkvisualisierungen in diesem Förderatlas. Die in Kapitel 3.8 vorgestellten Befunde auf Basis bibliometrischer Daten profitieren von der Zusammenarbeit mit dem Team von Matthias Winterhager am Institute for Interdisciplinary Studies of Science der Universität Bielefeld.

2 Öffentlich geförderte Forschung in Deutschland – ein Überblick

Das folgende Kapitel bietet zunächst eine international vergleichende Übersicht zu den personellen und finanziellen Ressourcen für Forschung und Entwicklung (FuE). Dabei werden insbesondere die unterschiedlichen Forschungsstrukturen der zum Vergleich herangezogenen Länder thematisiert. Anschließend erfolgt eine genauere Betrachtung der Struktur und Finanzierung der deutschen Forschungslandschaft. Abschließend gibt das Kapitel einen kompakten Überblick zu den zentralen öffentlichen Fördermittelgebern in Deutschland, die den DFG-Förderatlas mit der Bereitstellung ihrer Förderdaten unterstützen.

2.1 Forschung und ihre Förderung im internationalen Vergleich

Sowohl in der öffentlichen Wahrnehmung als auch im politischen Handeln hat das Politikfeld Forschung und Entwicklung einen hohen Stellenwert. Dies wird vor allem dadurch deutlich, dass sich in der EU alle beteiligten Länder zum Ziel gesetzt haben, 3 Prozent des Bruttoinlandsprodukts (BIP) für FuE auszugeben. In Deutschland haben Bund und Länder dieses Ziel sowie die generelle Stärkung der Wettbewerbsfähigkeit Deutschlands im Bereich FuE zuletzt im Dezember 2014 im Rahmen des „Sachstandsberichts zum 3-Prozent-Ziel für FuE an die Regierungschefinnen und Regierungschefs von Bund und Ländern" (GWK, 2014b: A) bestätigt.

Abbildung 2-1 weist aus, welches Gewicht FuE im Jahr 2011 zukommt und welche Anteile daran insbesondere auf die Sektoren Wirtschaft, Hochschulen und außeruniversitäre Forschung entfallen. Als länderspezifische Vergleichsgrößen wurden entsprechend der OECD-Quelle[1] die FuE-Ausgaben nach US-$-Kaufkraftparitäten betrachtet. Die linke Seite von Abbildung 2-1 zeigt die absoluten Bruttoinlandsproduktausgaben für FuE.

Unter den Ländern der Europäischen Union hat Deutschland mit 97 Milliarden US-$ die höchsten FuE-Ausgaben. Darauf folgen Frankreich mit 53 Milliarden US-$ und Großbritannien mit Ausgaben in Höhe von fast 40 Milliarden US-$. Damit bestreitet Deutschland knapp 30 Prozent der gesamten FuE-Ausgaben der EU-28-Länder. Das Gewicht Deutschlands hat demnach gegenüber dem Jahr 2009 weiter zugenommen (DFG, 2012: 22). Zusammen mit Frankreich und Großbritannien werden rund 58 Prozent der europäischen FuE-Ausgaben von diesen drei Ländern bestritten. Im internationalen Vergleich haben nur die USA, China und Japan mehr Geld in FuE investiert als Deutschland.

Der angestellte Vergleich betrachtet absolute Summen. In Ergänzung weist Abbildung 2-1 im rechten Teil auch die relativen Anteile der FuE-Ausgaben am Bruttoinlandsprodukt aus und berücksichtigt so die unterschiedliche Größe und Wirtschaftskraft der Länder. In die Betrachtung einbezogen werden OECD-Staaten, die im Jahr 2011 mindestens 1,8 Prozent ihres Bruttoinlandsprodukts für FuE aufgewendet haben. Darüber hinaus werden die jeweiligen Anteile der verschiedenen Sektoren an den Ausgaben für Forschung und Entwicklung veranschaulicht.

Den höchsten Anteil an FuE-Ausgaben am Bruttoinlandsprodukt hat Israel mit einem Wert von 4,2 Prozent. In der EU sind insbesondere die skandinavischen Länder Finnland, Schweden und Dänemark führend. Außerhalb Europas weisen vor allem Südkorea, Japan und Taiwan hohe Anteile an FuE-Ausgaben gemessen am Bruttoinlandsprodukt auf. Deutschland liegt mit 2,9 Prozent der Ausgaben für FuE im oberen Bereich des Vergleichs und erreicht somit annähernd das 3-Prozent-Ziel. Deutschland liegt damit deutlich über dem OECD-Durchschnitt sowie über dem Mittelwert der EU-28-Länder (2,4 und 2 Prozent).

1 Siehe auch das Methodenglossar im Anhang unter dem Stichwort „OECD-Statistik".

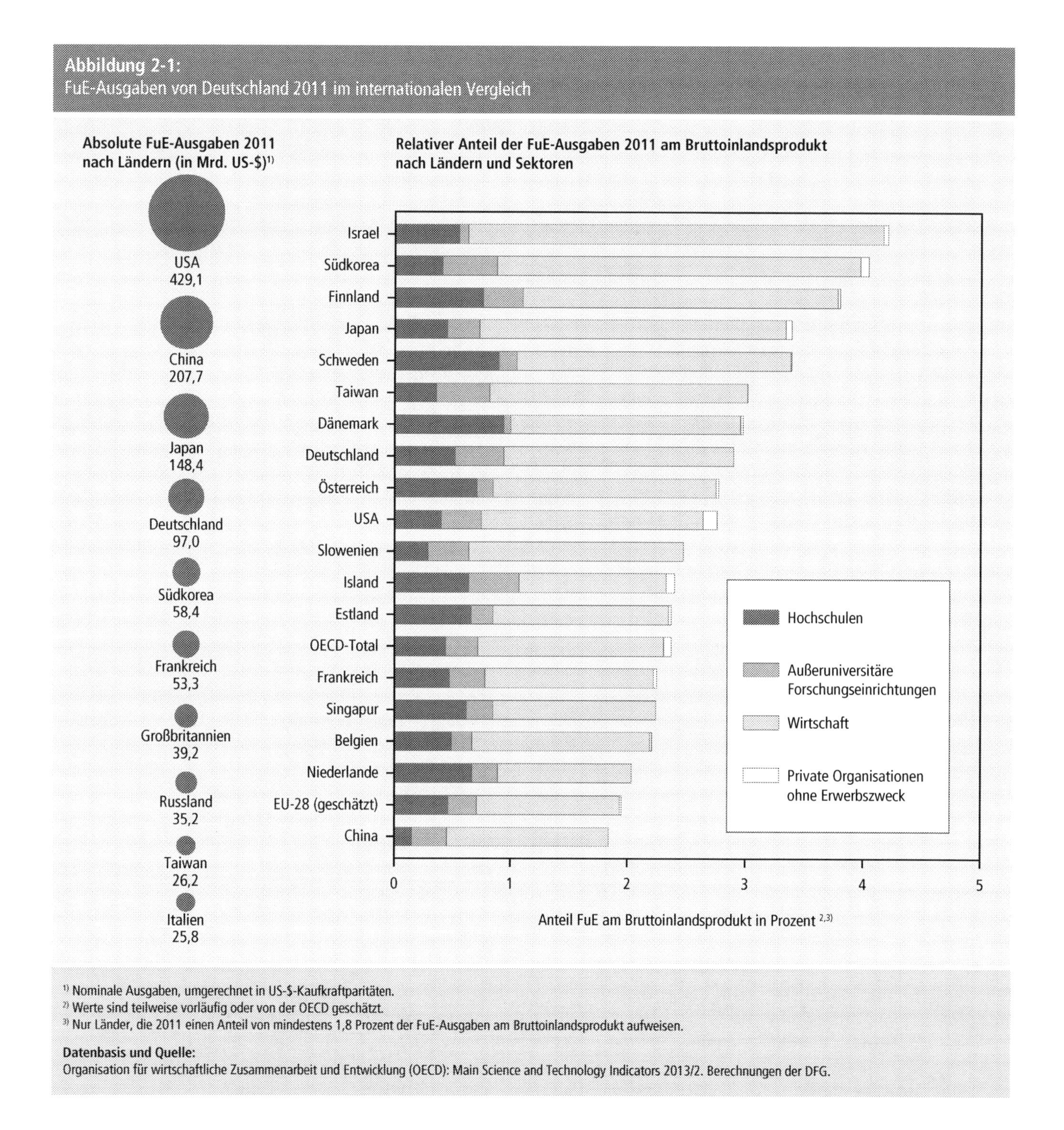

Abbildung 2-1:
FuE-Ausgaben von Deutschland 2011 im internationalen Vergleich

[1)] Nominale Ausgaben, umgerechnet in US-$-Kaufkraftparitäten.
[2)] Werte sind teilweise vorläufig oder von der OECD geschätzt.
[3)] Nur Länder, die 2011 einen Anteil von mindestens 1,8 Prozent der FuE-Ausgaben am Bruttoinlandsprodukt aufweisen.

Datenbasis und Quelle:
Organisation für wirtschaftliche Zusammenarbeit und Entwicklung (OECD): Main Science and Technology Indicators 2013/2. Berechnungen der DFG.

Länder weisen große Unterschiede in ihrer sektoralen FuE-Beteiligung auf

Neben den Anteilen von Forschung und Entwicklung am Bruttoinlandsprodukt (BIP) zeigt Abbildung 2-1 die jeweiligen Anteile der verschiedenen Sektoren an den Ausgaben für FuE. Dabei ergeben sich deutliche strukturelle Unterschiede in der Verteilung auf die Wirtschaft, die Hochschulen sowie die außeruniversitären Forschungseinrichtungen. Der Wirtschaftssektor hat ein besonders starkes Gewicht in den Ländern Israel, Japan, Südkorea und China. Aber auch in Deutschland tragen die Unternehmen etwa 68 Prozent der Aufwendungen für FuE. Damit liegt Deutschland über dem Durchschnitt der EU-Staaten mit rund 62 Prozent.

Der Anteil der FuE-Ausgaben von Hochschulen am BIP ist insbesondere in den skandinavischen Ländern hoch, aber auch in Österreich und den Niederlanden. Im Vergleich zu diesen Ländern ist dagegen der Anteil der staatlichen Forschungseinrichtungen etwa in Frankreich, Island und Südkorea erheblich größer. In Deutschland nehmen Hochschulen und öffentlich finanzierte Forschungsorganisationen wie die Fraunhofer-Gesellschaft, die Helmholtz-Gemeinschaft, die Leibniz-Gemeinschaft und die Max-Planck-Gesellschaft (im OECD-Kontext als Staatssektor bezeichnet) in etwa gleiche Anteile ein.

Die unterschiedliche Organisation der länderspezifischen Wissenschaftssysteme zeigt sich auch an den jeweiligen Beteiligungen am 7. EU-Forschungsrahmenprogramm, die in Kapitel 2.3 genauer betrachtet werden.

2.2 Finanzielle und personelle Ressourcen der deutschen Forschung

Abbildung 2-2 zeigt die Entwicklung der FuE-Ausgaben in Deutschland. Das nominale Ausgabenniveau hat sich dabei von 54,7 Milliarden Euro im Jahr 2003 innerhalb von zehn Jahren um mehr als 40 Prozent auf einen Wert von 79,1 Milliarden Euro erhöht. Der größte Zuwachs beim Anteil der FuE-Ausgaben am Bruttoinlandsprodukt erfolgte dabei seit dem Jahr 2007. Der FuE-Anteil steigt seitdem an. Dabei blieben die Anteile zwischen den Sektoren relativ konstant. Im Jahr 2012 entfielen 53,8 Milliarden Euro auf den Wirtschaftssektor, 11,3 Milliarden Euro auf den Bereich der öffentlich geförderten, außeruniversitären Forschung und 14 Milliarden Euro auf den Hochschulsektor.

Abbildung 2-3 zeigt die Finanzierungsstruktur der deutschen Forschung für 2012 im Überblick. Dabei wird im äußeren Bereich der Abbildung die finanzierende Struktur dargestellt. Von den insgesamt 79,1 Milliarden Euro im Jahr 2012 werden 30 Prozent vom Staat zur Verfügung gestellt und 66 Prozent

Abbildung 2-2:
Entwicklung der FuE-Ausgaben von Deutschland nach Einrichtungsarten 2003 bis 2012

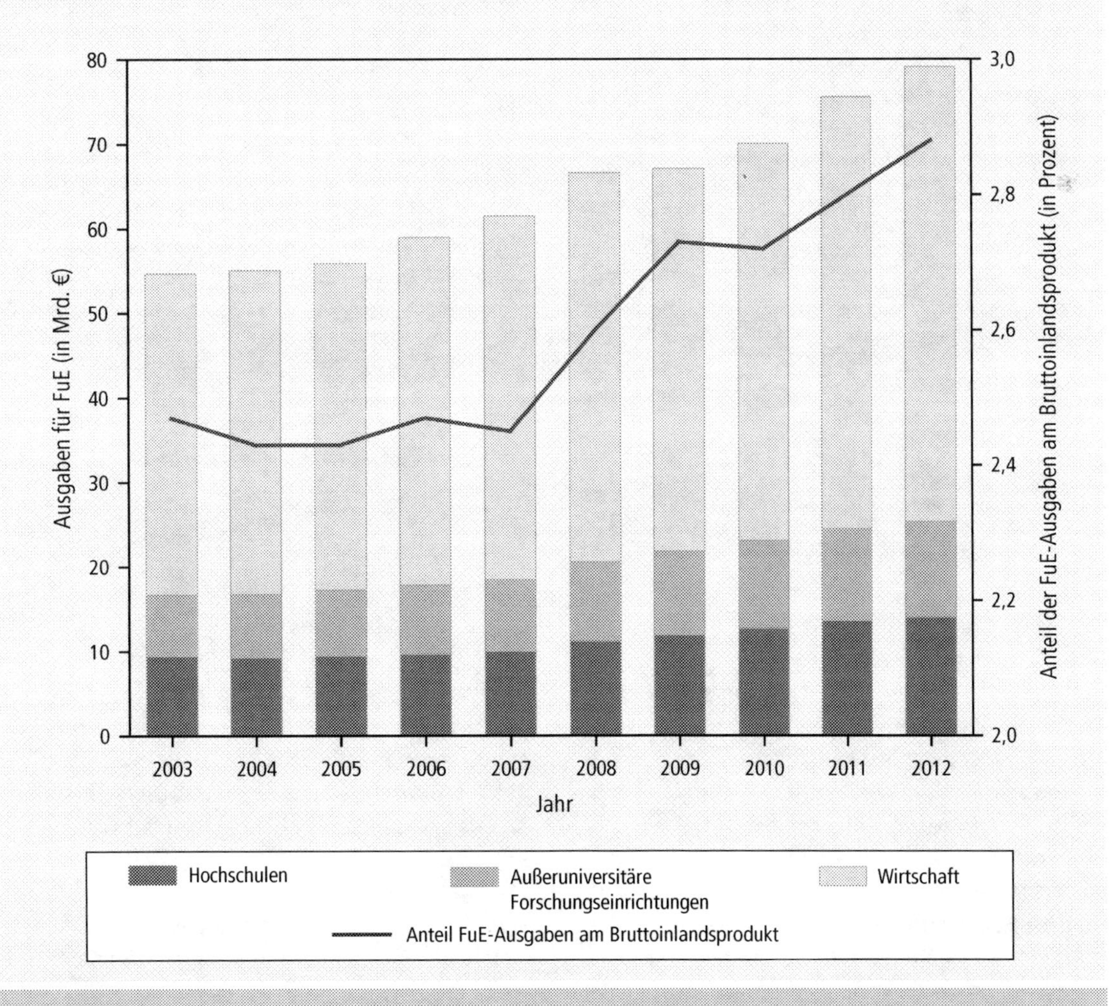

Datenbasis und Quelle:
Bundesministerium für Bildung und Forschung (BMBF): Bundesbericht Forschung und Innovation 2015, Tabelle 1.1.1.
Berechnungen der DFG.

Abbildung 2-3:
Finanzierung der deutschen Forschung 2012 nach Sektoren

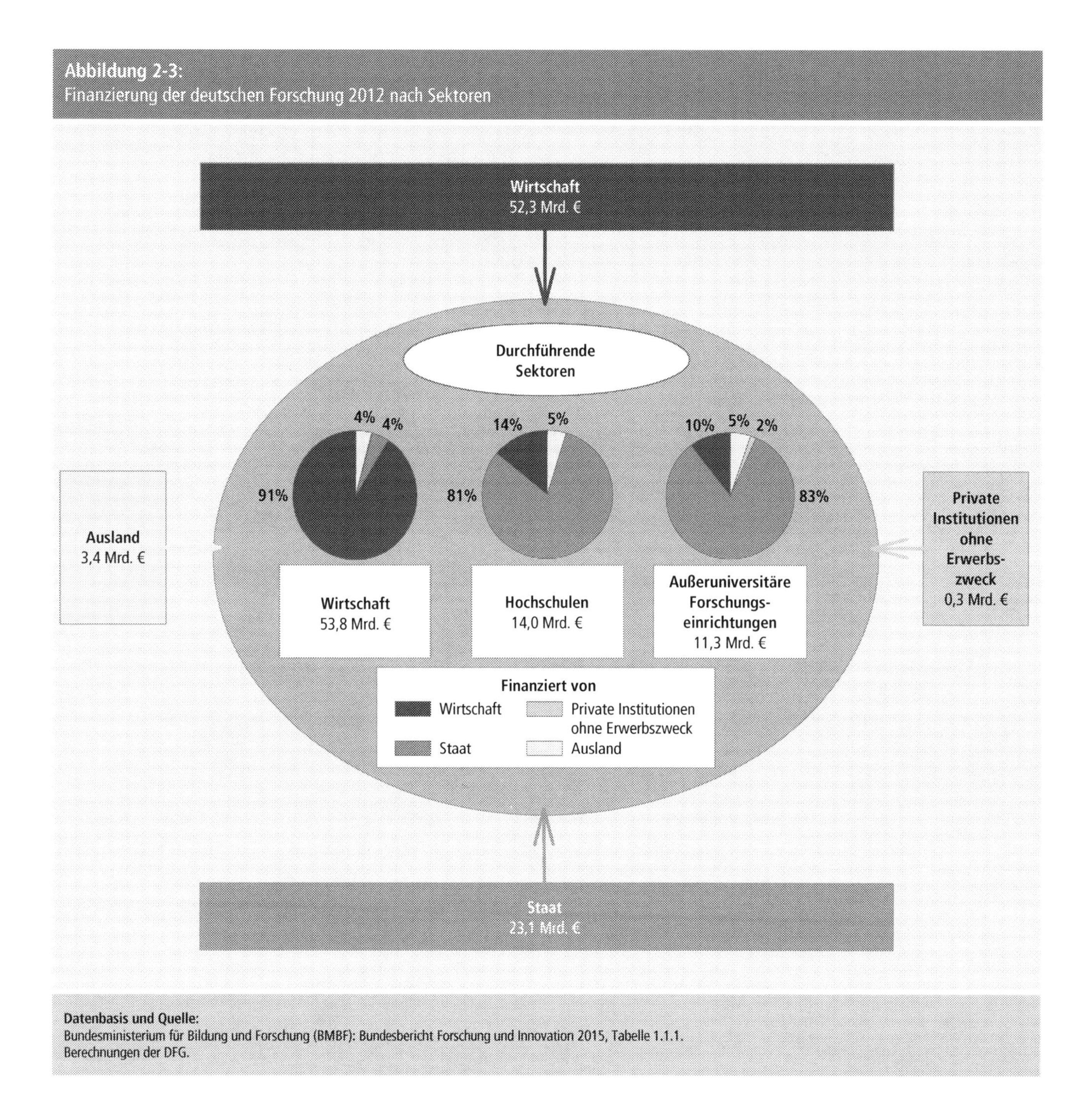

Datenbasis und Quelle:
Bundesministerium für Bildung und Forschung (BMBF): Bundesbericht Forschung und Innovation 2015, Tabelle 1.1.1.
Berechnungen der DFG.

von der Wirtschaft. Etwa 4 Prozent der Mittel stammen aus dem Ausland.

Im inneren Kreis der Abbildung werden die durchführenden Sektoren betrachtet. Das größte Budget zur Durchführung von FuE-Tätigkeiten weist die Wirtschaft auf, die den überwältigenden Anteil ihrer FuE-Tätigkeit (91 Prozent) auch selbst finanziert. Bei Hochschulen und außeruniversitären Forschungseinrichtungen stammt dagegen der Großteil des Budgets vom Staat. Hervorzuheben ist, dass der Anteil der Wirtschaft an der Finanzierung der Hochschulen mit 14 Prozent deutlich über dem entsprechenden Anteil bei den außeruniversitären Forschungseinrichtungen liegt.

Nach der allgemeinen Übersicht zu den Finanzstrukturen der deutschen Forschung werden im Folgenden die Mittel für die beiden Sektoren Hochschulen und außeruniversitäre Forschung genauer betrachtet. Dabei stellt Tabelle 2-1 die Einnahmen der Hochschulen und Tabelle 2-2 die Einnahmen der außeruniversitären Forschungseinrichtungen für das Jahr 2012 dar. Die Darstellung basiert auf Daten des Statistischen Bundesamts[2]. Im Gegensatz zu den vorherigen Ausführungen, bei denen nur die FuE-

2 Siehe auch das Methodenglossar im Anhang unter dem Stichwort „Hochschulfinanzen“.

Aktivitäten der Hochschulen und außeruniversitären Forschungseinrichtungen betrachtet wurden, umfasst die folgende Darstellung die gesamte Finanzierung der Hochschulen, inklusive der auf Lehre entfallenden Kosten.

Die Einnahmen der Hochschulen in Höhe von 40 Milliarden Euro im Jahr 2012 stammen zu einem großen Teil aus den laufenden Grundmitteln des jeweiligen Trägers und zu unterschiedlichen Anteilen aus Drittmitteln (vgl. Tabelle 2-1). Die Verwaltungseinnahmen der Hochschulen stammen dabei aus den Beiträgen von Studierenden und Einnahmen aus wirtschaftlicher Tätigkeit und Vermögen. Dies sind bei den Universitäten vor allem Einnahmen aus dem Klinikbetrieb. 87 Prozent der Einnahmen der Hochschulen im Jahr 2012 beziehen dabei die Universitäten und 12 Prozent die Fachhochschulen.

Eine Übersicht über die Einnahmen in der Differenzierung für die einzelnen Hochschulen findet sich als Tabelle Web-3 im Internetangebot zum Förderatlas unter www.dfg.de/foerderatlas.

Bei den außeruniversitären Forschungseinrichtungen (vgl. Tabelle 2-2) sind im Jahr 2012 fast 15 Milliarden Euro als Einnahmen zu verzeichnen. Davon entfallen 9 Milliarden Euro auf die vier großen Wissenschaftsorganisationen. Mit 27 Prozent nimmt dabei die Helmholtz-Gemeinschaft den größten Anteil ein, gefolgt von den drei anderen Organisationen mit Anteilen von jeweils 10 bis 12 Prozent. Mit zusammen 22 Prozent der Einnahmen haben auch die Bundes- und Landesforschungseinrichtungen einen bedeutenden Anteil an den Mitteln für außeruniversitäre Forschung.

Weiterhin steigende Bedeutung der Drittmittelfinanzierung von Forschung

Wie bereits im DFG-Förderatlas 2012 festgestellt wurde, nimmt der Anteil von Drittmitteln zur Finanzierung von Forschung an Hochschulen im Zeitverlauf kontinuierlich zu (DFG, 2012: 30). Die Fortschreibung der Entwicklung in Abbildung 2-4 zeigt, dass der Wachstumstrend nach wie vor anhält. Zur besseren Verdeutlichung ihres relativen Gewichts werden in der Darstellung die überwiegend aus dem Klinikbetrieb stammenden Verwaltungseinnahmen von der Betrachtung ausgeschlossen, und es wird allein die Relation zwischen den laufenden Grundmitteln der Hochschulen und deren Drittmitteln betrachtet.

Im Jahr 2012 wiesen die Hochschulen Drittmitteleinnahmen in Höhe von 6,8 Milliarden Euro auf. Die laufenden Grundmittel betrugen im selben Jahr im Vergleich dazu 17,5 Milliarden Euro. Die Drittmittelquote, also das Verhältnis der Drittmittel zu den Einnahmen der Hochschulen (ohne Verwaltungseinnahmen) insgesamt, betrug im aktuellen Berichtsjahr 28 Prozent. 2003 waren es noch 19 Prozent. Die zeitliche Entwicklung, wie sie in Abbildung 2-4 dargestellt wird, zeigt, dass die laufenden Grundmittel der Hochschulen nach einem Absinken in den Jahren 2003 bis 2007 in den letzten Jahren wieder einen Zuwachs

Tabelle 2-1:
Einnahmen der Hochschulen 2012

Art der Hochschule	Gesamt	davon					
		Laufende Grundmittel		Drittmittel		Verwaltungseinnahmen[1]	
	Mio. €	Mio. €	% von gesamt	Mio. €	% von gesamt	Mio. €	% von gesamt
Universitäten	34.946,0	13.446,4	38,5	6.269,9	17,9	15.229,8	43,6
Fachhochschulen	4.715,8	3.521,2	74,7	459,1	9,7	735,5	15,6
Pädagogische, Theologische sowie Musik- und Kunsthochschulen	559,8	501,7	89,6	30,9	5,5	27,2	4,9
Insgesamt	**40.221,5**	**17.469,2**	**43,4**	**6.759,8**	**16,8**	**15.992,5**	**39,8**

[1] Zu den Verwaltungseinnahmen gehören vor allem die Einnahmen aus dem Betrieb der Universitätsklinika.

Datenbasis und Quelle:
Statistisches Bundesamt (DESTATIS): Bildung und Kultur. Finanzen der Hochschulen 2012. Fachserie 11, Reihe 4.5.
Berechnungen der DFG.

aufweisen. Dieser fällt jedoch deutlich schwächer aus als bei den Drittmitteln.

Die Entwicklung einer zunehmenden Abhängigkeit von Drittmitteln wird auch im „Positionspapier der DFG zur Zukunft des Wissenschaftssystems“ (DFG, 2013b: 1) und im DFG-Jahresbericht 2013 (DFG, 2014b: 13) aufgegriffen. Die dort festgestellte „Erosion der Grundfinanzierung“ ist für das Wissenschaftssystem insgesamt mit zunehmenden Lasten verbunden.

DFG-Anteil an Drittmitteleinnahmen der Hochschulen auf stabilem Niveau

Von den 6,8 Milliarden Euro Drittmitteleinnahmen der Hochschulen im Jahr 2012 entfiel gut ein Drittel auf Fördermittel von der DFG. Sie stellt damit den größten Anteil an den Drittmitteleinnahmen der Hochschulen (vgl. Abbildung 2-5). Der Bund verzeichnet einen Anteil von 25 Prozent, Industrie und Wirtschaft von 20 Prozent. Ein weiterer wichtiger Mittelgeber ist die EU mit knapp 10 Prozent. Im betrachteten Zeitverlauf zwischen 2003 und 2012 ist der Anteil der DFG am Drittmittelvolumen mit leichten Schwankungen auf einem stabilen Niveau geblieben. Der in den Jahren 2003 bis 2006 zu beobachtende Rückgang wird seit 2007 durch die Exzellenzinitiative sowie die Einführung der Programmpauschale (Hochschulpakt 2020) ausgeglichen. Seither ist der Anteil der DFG am gesamten Drittmittelvolumen wieder auf einem Niveau, wie es Ende der 1990er-Jahre typisch war (DFG, 2012: 31).

Der Anteil des Bundes an den Drittmitteleinnahmen der Hochschulen hat sich deutlich erhöht. Lag dieser im Jahr 2006 mit 19 Prozent auf dem niedrigsten Stand im betrachteten 10-Jahreszeitraum, ist für das Jahr 2012 ein Anteil von 25 Prozent dokumentiert. Zugenommen hat auch die Bedeutung der

Tabelle 2-2:
Einnahmen der außeruniversitären Forschungseinrichtungen 2012

Art der Einrichtung	Gesamt	davon					
		Finanzierung durch				Weitere Einnahmen[1]	
		Öffentlichen Bereich		Sonstige Quellen			
	Mio. €	Mio. €	% von gesamt	Mio. €	% von gesamt	Mio. €	% von gesamt
Fraunhofer-Gesellschaft (FhG)	1.875,4	1.135,1	60,5	53,8	2,9	686,5	36,6
Helmholtz-Gemeinschaft (HGF)	3.879,2	2.909,6	75,0	189,2	4,9	780,5	20,1
Leibniz-Gemeinschaft (WGL)	1.441,5	1.114,6	77,3	139,5	9,7	187,4	13,0
Max-Planck-Gesellschaft (MPG)	1.704,2	1.532,3	89,9	36,8	2,2	135,0	7,9
Bundesforschungseinrichtungen	2.686,2	2.234,2	83,2	282,7	10,5	169,4	6,3
Landesforschungseinrichtungen	461,6	399,9	86,6	17,6	3,8	44,1	9,6
Akademien	97,2	91,3	94,0	3,2	3,3	2,6	2,7
Wissenschaftliche Bibliotheken und Museen	1.115,9	958,5	85,9	50,3	4,5	107,0	9,6
Sonstige Einrichtungen ohne Erwerbszweck	1.311,7	746,9	56,9	165,6	12,6	399,2	30,4
Insgesamt	**14.573,0**	**11.122,4**	**76,3**	**938,8**	**6,4**	**2.511,8**	**17,2**

[1] Die weiteren Einnahmen setzen sich zusammen aus Einnahmen aus wirtschaftlicher Tätigkeit und Vermögen sowie aus Zuweisungen und Zuschüssen aus dem Ausland.

Datenbasis und Quelle:
Statistisches Bundesamt (DESTATIS): Finanzen und Steuern. Ausgaben, Einnahmen und Personal der öffentlichen und öffentlich geförderten Einrichtungen für Wissenschaft, Forschung und Entwicklung 2012. Fachserie 14, Reihe 3.6.
Berechnungen der DFG.

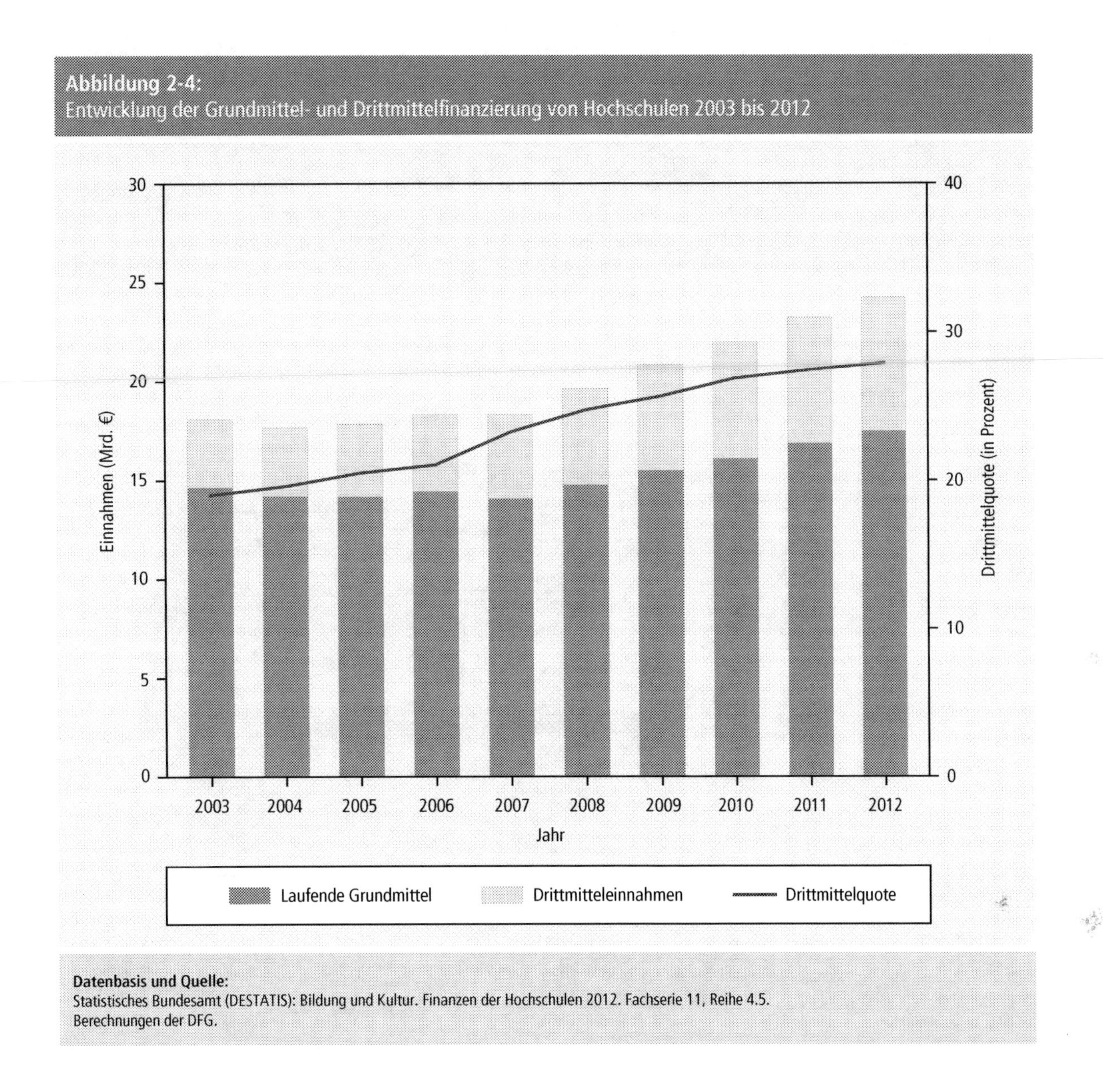

Abbildung 2-4:
Entwicklung der Grundmittel- und Drittmittelfinanzierung von Hochschulen 2003 bis 2012

Datenbasis und Quelle:
Statistisches Bundesamt (DESTATIS): Bildung und Kultur. Finanzen der Hochschulen 2012. Fachserie 11, Reihe 4.5.
Berechnungen der DFG.

Förderung durch die EU, deren Anteil von 6 Prozent auf 10 Prozent gestiegen ist.

Relativer Rückgang der Drittmitteleinnahmen aus Industrie und Wirtschaft

Trotz insgesamt steigender Drittmittelfinanzierung hat die relative Bedeutung der Industrie und Wirtschaft für die Forschung an Hochschulen deutlich abgenommen, eine Entwicklung, die auch der Stifterverband in seiner Reihe „Faktencheck“ problematisiert (vgl. Stifterverband, 2015: o. S.). Industrie und Wirtschaft stellen zum Ende des Berichtszeitraums 20 Prozent der Drittmittel von Hochschulen bereit. 2005 waren es noch 28 Prozent.

Informationen zur Drittmittelfinanzierung der außeruniversitären Forschungseinrichtungen bietet der Monitoring-Bericht zum Pakt für Forschung und Innovation (GWK, 2015: 8).

Wachsende personelle Ressourcen der öffentlichen Forschung in Deutschland

An Hochschulen waren im Jahr 2012 gut 225.000 Personen beschäftigt (vgl. Tabelle 2-3). Der Großteil davon entfällt auf Universitäten, an denen rund 85 Prozent dieses Personals tätig ist. An Fachhochschulen waren im gleichen Jahr fast 31.500 Personen beschäftigt. Gegenüber dem Jahr 2009 (DFG, 2012: 32) ist dies bei den Fachhochschulen ein Zuwachs um rund 6.500 Personen beziehungsweise um 26 Prozent. Für Universitäten und außeruniversitäre Forschungseinrichtungen beträgt der Zuwachs je 12 Prozent.

Mit über 70 Prozent ist der größte Teil des Personals, das an außeruniversitären Forschungseinrichtungen wissenschaftlich arbeitet, an einer der vier gemeinsam von Bund und Ländern geförderten Wissenschaftsorganisationen tätig. Dabei beschäfti-

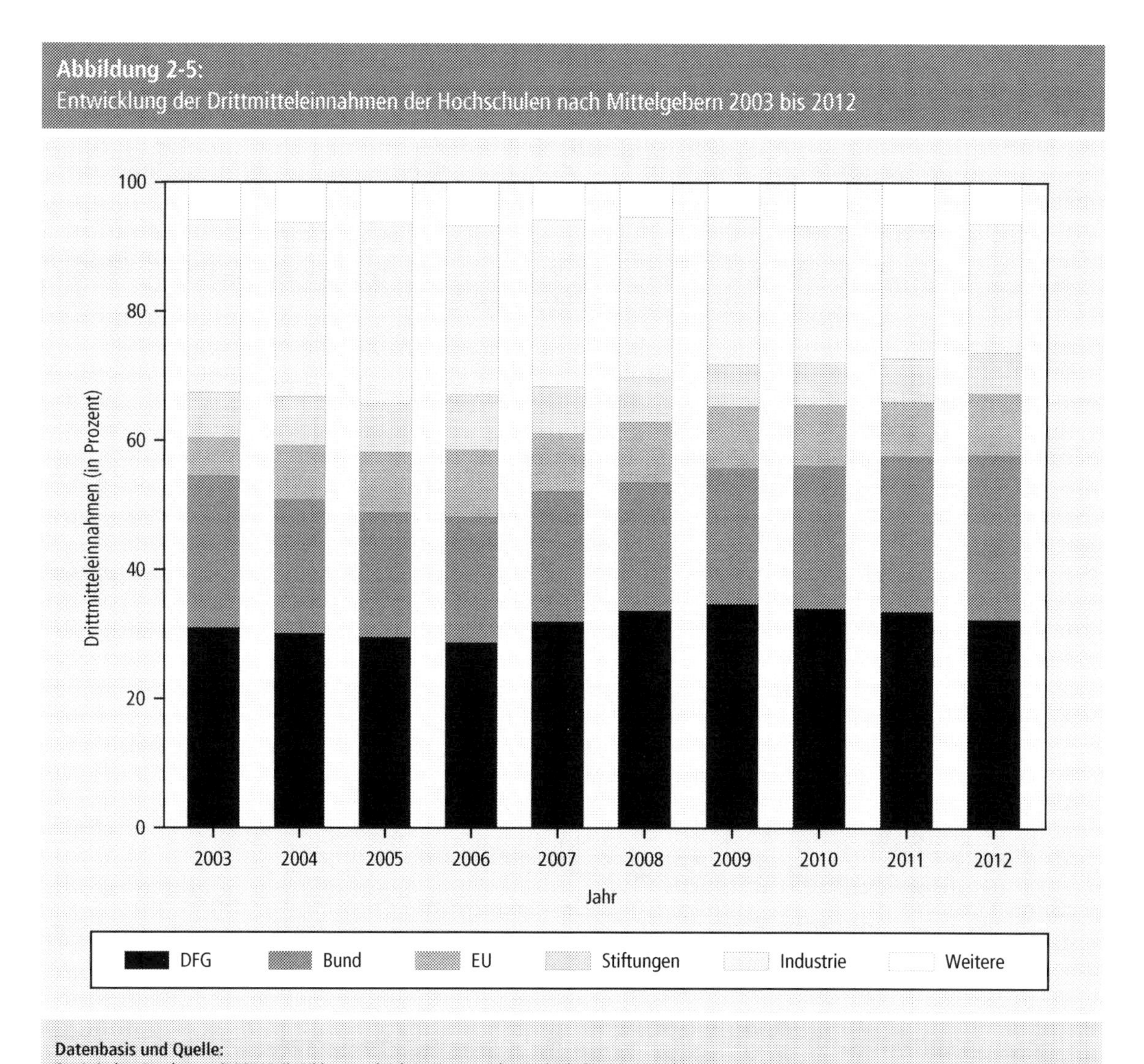

Abbildung 2-5:
Entwicklung der Drittmitteleinnahmen der Hochschulen nach Mittelgebern 2003 bis 2012

Datenbasis und Quelle:
Statistisches Bundesamt (DESTATIS): Bildung und Kultur. Finanzen der Hochschulen 2012. Fachserie 11, Reihe 4.5.
Berechnungen der DFG.

gen die Helmholtz-Zentren den größten Teil des Personals, gefolgt von Instituten der Fraunhofer-Gesellschaft, der Max-Planck-Gesellschaft und der Leibniz-Gemeinschaft.

Wie in der letzten Ausgabe des DFG-Förderatlas nehmen auch in dieser Ausgabe Kennzahlen zum Thema Gleichstellung einen wichtigen Platz ein, wobei ein Teil der Berichterstattung in das jährlich erscheinende „Chancengleichheits-Monitoring" der DFG (DFG, 2014a) überführt wurde.

Tabelle 2-3 weist neben den reinen Kopfzahlen daher auch die Anteile von Frauen und Männern am wissenschaftlichen Personal je Einrichtungsart aus. Wie der Vergleich zeigt, ist der Anteil von Frauen im Hochschulsystem an Universitäten mit 38,5 Prozent am höchsten. Gegenüber den im letzten Förderatlas für das Jahr 2009 ausgewiesenen Zahlen hat der Frauenanteil bei den Universitäten um 2 Prozentpunkte zugenommen, bei den Fachhochschulen stieg der Frauenanteil um mehr als 3 Prozentpunkte auf über 28 Prozent.

Im Bereich der außeruniversitären Forschung weisen Wissenschaftliche Bibliotheken und Museen mit 54,5 Prozent den größten Frauenanteil auf, gefolgt von der Leibniz-Gemeinschaft (40,5 Prozent). Besonders erfolgreich waren bei den außeruniversitären Forschungsstätten vor allem die Leibniz-Gemeinschaft mit einem Plus von 4,8 Prozentpunkten sowie die Wissenschaftlichen Bibliotheken und Museen (plus 3,9 Prozentpunkte) (DFG, 2012: 32)[3].

3 Weiterführende Informationen zur Chancengleichheit im Wissenschaftssystem sowie Zeitreihen zu diesem Thema hat die Gemeinsame Wissenschaftliche Kommission zusammengestellt (GWK, 2014a).

2.3 Im Förderatlas berücksichtigte Förderer und Programme

In den vorangegangenen Unterkapiteln wurden die personellen und finanziellen Ressourcen der deutschen Forschung skizziert. Verdeutlicht wurde dabei auch der große und nach wie vor wachsende Stellenwert von Drittmitteln. Drittmittel und die diese einwerbenden Hochschulen bilden auch im Folgenden den Hauptfokus der Betrachtung. Der Berichtskreis des Förderatlas geht aber deutlich darüber hinaus. Er umfasst alle Drittmittel der die öffentliche Hand nutzenden Einrichtungen, wobei neben Hochschulen vor allem die Mitgliedseinrichtungen der großen Forschungsorganisationen (FhG, HGF, MPG, WGL) betrachtet werden. Dort, wo mit öffentlichen Mitteln in signifikantem Umfang auch Forschung in der Wirtschaft unterstützt wird (Bund, EU), werden auch hierzu Kennzahlen präsentiert.

Der DFG-Förderatlas stützt sich auf eine Datenbasis, die sich aus mehreren Quellen speist. Zentrales Element ist die DFG-eigene Förderdatenbank, die für eine Vielzahl statis-

Tabelle 2-3:
Personelle Ressourcen der Hochschulen und außeruniversitären Forschungseinrichtungen 2012 nach Geschlecht

Art der Einrichtung[1)]	Wissenschaftliches Personal				
	Gesamt	davon Frauen		davon Männer	
	N	N	% von gesamt	N	% von gesamt
Universitäten	189.886	73.163	38,5	116.723	61,5
Fachhochschulen	31.235	8.873	28,4	22.362	71,6
Pädagogische, Theologische sowie Musik- und Kunsthochschulen	3.993	1.374	34,4	2.619	65,6
Hochschulen gesamt	**225.114**	**83.410**	**37,1**	**141.704**	**62,9**
Fraunhofer-Gesellschaft (FhG)	10.080	2.177	21,6	7.904	78,4
Helmholtz-Gemeinschaft (HGF)	16.817	5.029	29,9	11.788	70,1
Leibniz-Gemeinschaft (WGL)	6.535	2.644	40,5	3.891	59,5
Max-Planck-Gesellschaft (MPG)	7.396	2.448	33,1	4.948	66,9
Bundesforschungseinrichtungen	3.948	1.436	36,4	2.513	63,6
Landesforschungseinrichtungen	1.383	466	33,7	917	66,3
Wissenschaftliche Bibliotheken und Museen	1.179	642	54,5	537	45,5
Sonstige öffentlich geförderte Organisationen ohne Erwerbszweck (einschließlich Akademien)	8.259	2.730	33,0	5.530	67,0
Außeruniversitäre Forschungseinrichtungen gesamt	**55.597**	**17.571**	**31,6**	**38.026**	**68,4**
Wissenschaftseinrichtungen insgesamt	**280.711**	**100.981**	**36,0**	**179.730**	**64,0**

1) Das Personal der Hochschulen umfasst das hauptberuflich tätige wissenschaftliche und künstlerische Personal (siehe auch das Methodenglossar im Anhang unter dem Stichwort „Hochschulpersonal").
Bei den absoluten Zahlen handelt es sich (im Unterschied zu den außeruniversitären Personalzahlen) um die Anzahl beschäftigter Personen, nicht um Vollzeitäquivalente.

Datenbasis und Quellen:
Statistisches Bundesamt (DESTATIS): Bildung und Kultur. Personal an Hochschulen 2012. Sonderauswertung zur Fachserie 11, Reihe 4.4.
Statistisches Bundesamt (DESTATIS): Finanzen und Steuern. Ausgaben, Einnahmen und Personal der öffentlichen und öffentlich geförderten Einrichtungen für Wissenschaft, Forschung und Entwicklung 2012. Fachserie 14, Reihe 3.6.
Berechnungen der DFG.

tischer Dienste genutzt wird, in Auszügen aber beispielsweise auch als Basis für im Internet veröffentlichte Informationssysteme dient (vgl. im Überblick Abbildung 2-6).

Dank der Zusammenarbeit mit anderen nationalen und internationalen Forschungsförderern können im DFG-Förderatlas aber auch Kennzahlen vorgestellt werden, die deren Förderhandeln dokumentieren. Die folgenden Unterkapitel beschreiben, welche Förderer und Instrumente dabei Berücksichtigung finden und welche spezifische Ausrichtung diese jeweils auszeichnet.

2.3.1 Deutsche Forschungsgemeinschaft (DFG)

Die Deutsche Forschungsgemeinschaft ist die zentrale Förderorganisation für die Forschung in Deutschland. Ihre Kernaufgabe besteht in der Finanzierung von erkenntnisgeleiteten Forschungsvorhaben von Wissenschaftlerinnen und Wissenschaftlern an Hochschulen und außeruniversitären Forschungseinrichtungen. Ihren zentralen, in ihrer Satzung verankerten Auftrag, den Dienst an „der Wissenschaft in allen ihren Zweigen durch die finanzielle Unterstützung von Forschungsarbeiten und durch die Förderung der nationalen und internationalen Zusammenarbeit der Forscherinnen und Forscher" (DFG, 2014c: §1), erfüllt die DFG im Sinne einer Selbstverwaltungsorganisation der deutschen Wissenschaft. Organisatorisch ist sie ein privatrechtlicher Verein. Ihre Mitglieder sind die meisten deutschen Universitäten, außeruniversitäre Forschungseinrichtungen, wissenschaftliche Verbände sowie Akademien der Wissenschaften[4]. Die DFG erhält ihre Mittel von Bund und Ländern, die in allen Entscheidungsgremien vertreten sind, wobei die Vertreter der Wissenschaft die Mehrheit stellen.

Als Forschungsförderer unterstützt die DFG mit einem Jahresbudget von etwa 2,7 Milliarden Euro gemäß der eben zitierten Satzung alle Fachdisziplinen und Wissenschaftsbereiche. Ein wichtiges Spezifikum der DFG-Förderung ist es, dass Forschungsvorhaben ganz überwiegend nach dem „response mode" gefördert werden. Die DFG-Förderung sieht keine Konzentration auf thematisch fokussierte Programmlinien vor. Sie ist vielmehr offen für alle Fächer und Forschungsfragen.

Bei der Entscheidungsfindung stützt sich die DFG daher ausschließlich auf Kriterien der wissenschaftlichen Qualität. Bewertet wird diese in einem mehrstufigen Prozess, der zunächst maßgeblich auf das Urteil sachverständiger, ehrenamtlich tätiger Expertinnen und Experten baut (Peer-Review-Verfahren). Pro Jahr ist dabei die Expertise von rund 15.000 Gutachterinnen und Gutachtern die wesentliche Stütze für die Entscheidungsfindung in den Gremien der DFG. In einer zweiten Stufe tragen die alle vier Jahre durch die Scientific Communities gewählten Mitglieder der Fachkollegien die Verantwortung für die Qualitätssicherung und Bewertung der herangezogenen Gutachten sowie des gesamten Begutachtungsprozesses und bereiten die abschließende Entscheidung in den Gremien der DFG vor.[5]

Statistisches Berichtsverfahren der DFG fokussiert auf Förderentscheidungen

Der Förderatlas verwendet bei seiner Analyse der DFG-Bewilligungen die Standards der allgemeinen DFG-Statistik. Diese berichtet grundsätzlich auf der Basis von Entscheidungen (Bewilligungen/Ablehnungen) und ist somit nicht gleichzusetzen mit einer Ausgaben- beziehungsweise aus Empfängersicht mit einer Einnahmenstatistik. Um hinsichtlich der Größenordnungen eine Näherung an die Werte einer Ausgabenstatistik zu erreichen, werden in der Bewilligungsstatistik der DFG seit 2010 nicht mehr die Beträge berichtet, über die in einem Jahr entschieden wurde, sondern die Bewilligungssummen, die *für* ein Jahr bewilligt wurden[6]. Diese Berechnungsweise bietet den Vorteil, dass sie Laufzeitunterschiede in den verschiedenen Förderprogrammen der DFG ausgleicht und hieraus resultierende Jahresschwankungen abfedert.

4 Für einen Überblick vgl. www.dfg.de/gremien.

5 Eine ausführliche Darstellung der Arbeit der Fachkollegien findet sich unter www.dfg.de/dfg_profil/gremien/fachkollegien; eine Übersicht zum Entscheidungsverfahren der DFG unter www.dfg.de/foerderung/grundlagen_rahmenbedingungen/quo_vadis_antrag.

6 Siehe auch das Methodenglossar im Anhang unter dem Stichwort „DFG-Förderung".

Abbildung 2-6:
Informationsangebote der DFG zur Forschungsförderung

GEPRIS – Informationssystem zu DFG-geförderten Projekten

Mit GEPRIS (Geförderte Projekte Informationssystem) stellt die DFG eine Datenbank im Internet bereit, die über laufende und abgeschlossene Forschungsvorhaben informiert:
Unter **www.dfg.de/gepris** werden mehr als 95.000 DFG-geförderte Projekte von fast 60.000 Wissenschaftlerinnen und Wissenschaftlern an rund 26.000 Instituten deutscher Hochschulen und außeruniversitären Forschungseinrichtungen nachgewiesen. Die wichtigsten Ziele eines Projekts werden anhand einer von den Antragstellerinnen und Antragstellern formulierten Zusammenfassung beschrieben.

Seit einigen Jahren veröffentlicht GEPRIS zudem die Ergebnisse DFG-geförderter Forschung in Form von Abstracts und ausgewählten Publikationsnachweisen. Die Informationen stammen aus den bei der DFG eingereichten Projektabschlussberichten. Durch eine englische Nutzerführung wird internationalen Anwenderinnen und Anwendern die Recherche vereinfacht.

▶ www.dfg.de/gepris

Research Explorer (REx) – Forschungsverzeichnis

Der Research Explorer, das Forschungsverzeichnis der DFG und des Deutschen Akademischen Austauschdienstes (DAAD), bietet Informationen über fast 23.000 Institute an deutschen Hochschulen und außeruniversitären Forschungseinrichtungen – selektierbar nach geografischen, fachlichen und strukturellen Kriterien. Durch die Verknüpfung des Research Explorers mit dem Hochschulkompass der Hochschulrektorenkonferenz sind auch Informationen zu Promotionsmöglichkeiten an deutschen Hochschulen abrufbar.

▶ www.research-explorer.de

DFG-Jahresbericht

Neben einem allgemeinen Überblick über das Fördergeschehen bietet der DFG-Jahresbericht umfassende statistische Informationen.
Im Kapitel „Förderhandeln – Zahlen und Fakten" werden unter anderem die fachliche Verteilung der DFG-Förderung, der Umfang der Förderung in den einzelnen Programmen, die Beteiligung von Frauen an der Antragstellung sowie die Entwicklung der Förderquoten beleuchtet.
Damit ergänzt der Jahresbericht das unter **www.dfg.de/zahlen-fakten** verfügbare Angebot aus regelmäßig fortgeschriebenen statistischen Kennzahlen, vertiefenden Analysen und Evaluationsstudien.

▶ www.dfg.de/jahresbericht

Tabelle 2-4:
Förderinstrumente der DFG: Bewilligungen für die Jahre 2011 bis 2013

Förderinstrumente	Bewilligungen[1]	
	Mio. €	%
Einzelförderung[2]	**2.635,2**	**33,7**
Sachbeihilfen[3]	2.313,8	29,6
Emmy Noether-Programm	203,0	2,6
Heisenberg-Programm	52,8	0,7
Reinhart Koselleck-Projekte	30,2	0,4
Klinische Studien	35,3	0,5
Koordinierte Programme	**3.369,0**	**43,0**
Forschungszentren	125,9	1,6
Sonderforschungsbereiche[4]	1.675,2	21,4
Schwerpunktprogramme	592,7	7,6
Forschergruppen[5]	516,6	6,6
Graduiertenkollegs	458,6	5,9
Exzellenzinitiative des Bundes und der Länder	**1.211,9**	**15,5**
Graduiertenschulen	152,7	2,0
Exzellenzcluster	713,3	9,1
Zukunftskonzepte	345,9	4,4
Infrastrukturförderung[6]	**459,1**	**5,9**
Forschungsgroßgeräte[7]	292,1	3,7
Wissenschaftliche Literaturversorgungs- und Informationssysteme	167,0	2,1
Gesamt	**7.675,2**	**98,0**
Im Förderatlas nicht berücksichtigte Verfahren	**154,6**	**2,0**
Preise, weitere Förderungen[8]	154,6	2,0
Insgesamt	**7.829,8**	**100,0**

[1] Einschließlich Programmpauschale, ohne nicht institutionelle Mittelempfänger und Mittelempfänger im Ausland.
[2] Ohne Forschungsstipendien, soweit diese nicht institutionelle Mittelempfänger betreffen.
[3] Einschließlich Publikationsbeihilfen, Nachwuchsakademien und Wissenschaftliche Netzwerke.
[4] Einschließlich Programmvariante Transregios.
[5] Einschließlich Programmvariante Klinische Forschergruppen.
[6] Ohne Hilfseinrichtungen der Forschung.
[7] Einschließlich WGI-Geräteinitiative und Forschungsgroßgeräte nach Art. 91b GG. DFG-Bewilligungen inklusive Anträge auf zusätzliche Kosten zur Beschaffung. Exklusive der Finanzierung durch die Länder.
[8] Einschließlich nicht institutionelle Mittelempfänger und Mittelempfänger im Ausland.

Datenbasis und Quelle:
Deutsche Forschungsgemeinschaft (DFG): DFG-Bewilligungen für 2011 bis 2013.
Berechnungen der DFG.

Ausgeweitetes Spektrum der betrachteten DFG-Förderinstrumente

Die im Förderatlas berücksichtigten Förderinstrumente der DFG umfassen 98 Prozent der DFG-Bewilligungssumme für die Jahre 2011 bis 2013. Insgesamt wurden für die in Tabelle 2-4 aufgeführten Förderinstrumente fast 7,7 Milliarden Euro für den betrachteten 3-Jahreszeitraum bewilligt. Tabelle Web-13 unter www.dfg.de/foerderatlas weist in der aus dem letzten Förderatlas bekannten Form (DFG, 2012: 41) die Zahl der Personen aus, die in den einzelnen Förderlinien gefördert wurden. Der Ausweis erfolgt in nach Geschlecht differenzierender Form.

Die Förderinstrumente der ersten beiden Rubriken von Tabelle 2-4 (Einzelförderung und Koordinierte Programme) sind seit jeher Gegenstand des Förderatlas. In der Ausgabe von 2012 wurde erstmals die damals noch junge Exzellenzinitiative berücksichtigt. Auch für diesen Förderatlas war wiederum eine Ausweitung möglich, indem die Instrumente zur Infrastrukturförderung neu aufgenommen wurden. Diese unterscheidet die beiden Förderlinien „Forschungsgroßgeräte“ und „Wissenschaftliche Literaturversorgungs- und Informationssysteme“.

Beide Verfahren waren bisher ausgeschlossen, weil im Fokus der Betrachtungen des Förderatlas die Frage steht, wie die verschiedenen Fach-Communities von den Mitteln der DFG profitieren. Hierzu sind auf Basis der infrastrukturellen DFG-Förderinstrumente keine Aussagen möglich, da diese in der Regel fachübergreifenden Zwecken dienen. In der DFG-Datenbank werden daher hier auch keine Fachzuordnungen erfasst. In den auf fachliche Profile fokussierenden Analysen des Kapitels 4 bleibt die Infrastrukturförderung somit nach wie vor ausgeklammert.

Bei den monetär begründeten DFG-Kennzahlen weiterhin nicht berücksichtigt werden im Förderatlas die wissenschaftlichen Preise, die Förderung von internationalen wissenschaftlichen Kontakten sowie von Ausschüssen und Kommissionen. Diese machen insgesamt nur etwa 2 Prozent der DFG-Bewilligungen aus und werden in Tabelle 2-4 nur nachrichtlich aufgeführt.

Zu dem besonders prominenten Preis im Gottfried Wilhelm Leibniz-Programm bietet dessen 30-jähriges Jubiläum im Jahr 2015 gleichwohl Anlass für die folgende Sonderanalyse.

30 Jahre Leibniz-Preis

Der Gottfried Wilhelm Leibniz-Preis ist der renommierteste Forschungsförderpreis in Deutschland. Ziel des 1985 eingerichteten Leibniz-Programms ist es, die Arbeitsbedingungen herausragender Wissenschaftlerinnen und Wissenschaftler zu verbessern. Der Preis soll ihre Forschungsmöglichkeiten erweitern und ihnen die Beschäftigung besonders qualifizierter jüngerer Wissenschaftlerinnen und Wissenschaftler erleichtern. In 30 Jahren Leibniz-Programm wurden genau 354 Wissenschaftlerinnen und Wissenschaftler gefördert. Etwa jeder achte Preis ging bisher an eine Wissenschaftlerin, ein Wert, der weitgehend dem Anteil an den zur Preisverleihung vorgeschlagenen Kandidatinnen entspricht. Fast 82 Prozent aller Preisträgerinnen und Preisträger waren zum Zeitpunkt der Auszeichnung an einer Hochschule tätig. Bei den außeruniversitär tätigen Personen ragt die Max-Planck-Gesellschaft mit 13 Prozent aller Leibniz-Preise deutlich hervor (vgl. Tabelle 2-5).

Unter den Institutionen nimmt die **LMU München** mit 18 Preisträgerinnen und Preisträgern in 30 Jahren den ersten Platz ein, gefolgt von der **U Bonn** mit 14 Prämierungen. Im außeruniversitären Bereich war das **Max-Planck-Institut für biophysikalische Chemie** in Göttingen mit sechs Ausgezeichneten bisher am erfolgreichsten. An der Spitze der Tabelle 2-5 finden sich zum einen Hochschulen, die auch in anderen Tabellen des Förderatlas eine führende Position besetzen. Aber auch Hochschulen, die dort weniger prominent in Erscheinung treten, verzeichnen in großer Zahl Leibniz-Preisträger. Für die exzel-

Tabelle 2-5:
Leibniz-Preisträgerinnen und -Preisträger 1986 bis 2015 nach institutioneller Zuordnung

Institutionelle Zuordnung	Preisträgerinnen und Preisträger	
	N	%
Hochschulen	**290**	**81,9**
München LMU	18	5,1
Bonn U	14	4,0
Heidelberg U	13	3,7
Frankfurt/Main U	12	3,4
Freiburg U	12	3,4
Berlin FU	11	3,1
Münster U	11	3,1
Köln U	10	2,8
Marburg U	10	2,8
München TU	10	2,8
Tübingen U	10	2,8
Aachen TH	9	2,5
Göttingen U	9	2,5
Würzburg U	9	2,5
Bielefeld U	8	2,3
Saarbrücken U	8	2,3
Berlin HU	7	2,0
Berlin TU	7	2,0
Weitere Hochschulen	102	28,8
Außeruniversitäre Einrichtungen	**64**	**18,1**
Fraunhofer-Gesellschaft (FhG)	1	0,3
Helmholtz-Gemeinschaft (HGF)	10	2,8
Leibniz-Gemeinschaft (WGL)	5	1,4
Max-Planck-Gesellschaft (MPG)	46	13,0
Bundesforschungseinrichtungen	1	0,3
Weitere Einrichtungen	1	0,3
Insgesamt	**354**	**100,0**

Datenbasis und Quelle:
Deutsche Forschungsgemeinschaft (DFG): Leibniz-Preisträgerinnen und -Preisträger 1986 bis 2015.
Berechnungen der DFG.

lenten Wissenschaftlerinnen und Wissenschaftler, die die Empfänger des Preises zweifellos sind, spielen neben der Hochschule insgesamt vor allem auch die Rahmenbedingungen am jeweiligen Fachbereich oder Institut eine entscheidende Rolle. Mit den im Leibniz-Programm vergebenen Mitteln war und ist es den Ausgezeichneten möglich, eben diese Bedingungen in einer Weise zu gestalten, die exzellente Forschung befördert.[7]

2.3.2 Exzellenzinitiative des Bundes und der Länder

Die international stark beachtete Exzellenzinitiative des Bundes und der Länder wurde 2005 ins Leben gerufen mit dem primären Ziel, herausragende Forschung an Universitäten in Deutschland zu fördern und international sichtbar zu machen. Die Förderung erfolgte in bisher zwei Phasen: Bund und Länder stellten in der ersten Phase 2007 bis 2012 für das Programm 1,9 Milliarden Euro bereit, für die Jahre 2012 bis 2017 waren es 2,4 Milliarden Euro.

Die Exzellenzinitiative umfasst drei Förderlinien: Graduiertenschulen zur Förderung des wissenschaftlichen Nachwuchses, Exzellenzcluster zur Förderung der Spitzenforschung und Zukunftskonzepte zum projektbezogenen Ausbau der universitären Spitzenforschung.

Graduiertenschulen (GSC) sind ein wesentliches Instrument zur Förderung des wissenschaftlichen Nachwuchses in Deutschland. Sie tragen zu international wettbewerbsfähigen Standorten bei und stärken deren Profilbildung. Sie sind dem Prinzip verbunden, dass herausragende Doktorandinnen und Doktoranden sich innerhalb eines exzellenten Forschungsumfelds qualifizieren. Sie sollen optimale Promotionsbedingungen in einem breiten Wissenschaftsgebiet bieten und werden von ausgewiesenen Wissenschaftlerinnen und Wissenschaftlern geleitet. Nach der Entscheidung in der zweiten Phase werden aktuell 45 Graduiertenschulen gefördert.

Exzellenzcluster (EXC) sollen international sichtbare und konkurrenzfähige Forschungs- und Ausbildungseinrichtungen an deutschen Universitätsstandorten bilden. Sie bündeln das Forschungspotenzial eines Standorts und bieten die Möglichkeit zur wissenschaftlichen Vernetzung und Kooperation in besonders zukunftsträchtigen Forschungsfeldern. Durchweg sind neben der Kooperation der verschiedenen Einrichtungen der Universitäten auch außeruniversitäre Forschungseinrichtungen in Exzellenzcluster eingebunden. Den jeweiligen Hochschulen bieten die Exzellenzcluster die Möglichkeit, thematische Schwerpunkte zu setzen und ihre strategische Profilbildung zu fördern. Nach der Entscheidung in der zweiten Phase werden derzeit 43 Exzellenzcluster gefördert.

Zukunftskonzepte (ZUK) stärken Universitäten als ganze Institution. Sie sollen sich im internationalen wissenschaftlichen Wettbewerb in der Spitzengruppe behaupten. Die Universitäten entwickeln langfristige Strategien, um Spitzenforschung und Nachwuchsförderung zu stärken. Um in einem Zukunftskonzept gefördert zu werden, müssen Universitäten weiterhin mindestens jeweils eine Graduiertenschule und einen Exzellenzcluster aufweisen. Nach der Entscheidung in der zweiten Phase werden elf Universitäten mit ihren Zukunftskonzepten gefördert.

Für die Durchführung der Exzellenzinitiative sind die DFG sowie der Wissenschaftsrat gemeinsam verantwortlich. Der Wissenschaftrat ist das zentrale Beratungsgremium der deutschen Bundesregierung und der Bundesländer zu Fragen der inhaltlichen und strukturellen Entwicklung der Hochschulen, der Wissenschaft und der Forschung[8]. Er ist verantwortlich für die dritte Förderlinie, die Zukunftskonzepte. Die Förderlinien Graduiertenschulen und Exzellenzcluster werden von der DFG betreut.

Weitere Informationen zu den drei Förderlinien sowie zu den Entscheidungen der Exzellenzinitiative finden sich unter www.dfg.de/exzellenzinitiative.

Abbildung 2-7 weist die nach den Entscheidungen in der zweiten Programmphase der Exzellenzinitiative geförderten Einrichtungen in einer kartografischen Übersicht aus. Dabei werden die Sprecherhochschulen nach den drei Förderlinien unterschieden und auch die mitantragstellenden Hochschulen abgebildet[9].

Von den 45 in der zweiten Phase bewilligten Graduiertenschulen wurden 33 bereits in der ersten Programmphase gefördert, zwölf

7 Weitere Informationen zum Leibniz-Preis finden sich unter www.dfg.de/dfg_magazin/querschnitt/30_jahre_leibniz.

8 Vgl. www.wissenschaftsrat.de.

9 Die Entscheidungen der Exzellenzinitiative finden sich in Tabelle A-2 im Anhang.

Abbildung 2-7:
Ergebnisse der zweiten Phase der Exzellenzinitiative: Geförderte Standorte 2012 bis 2017

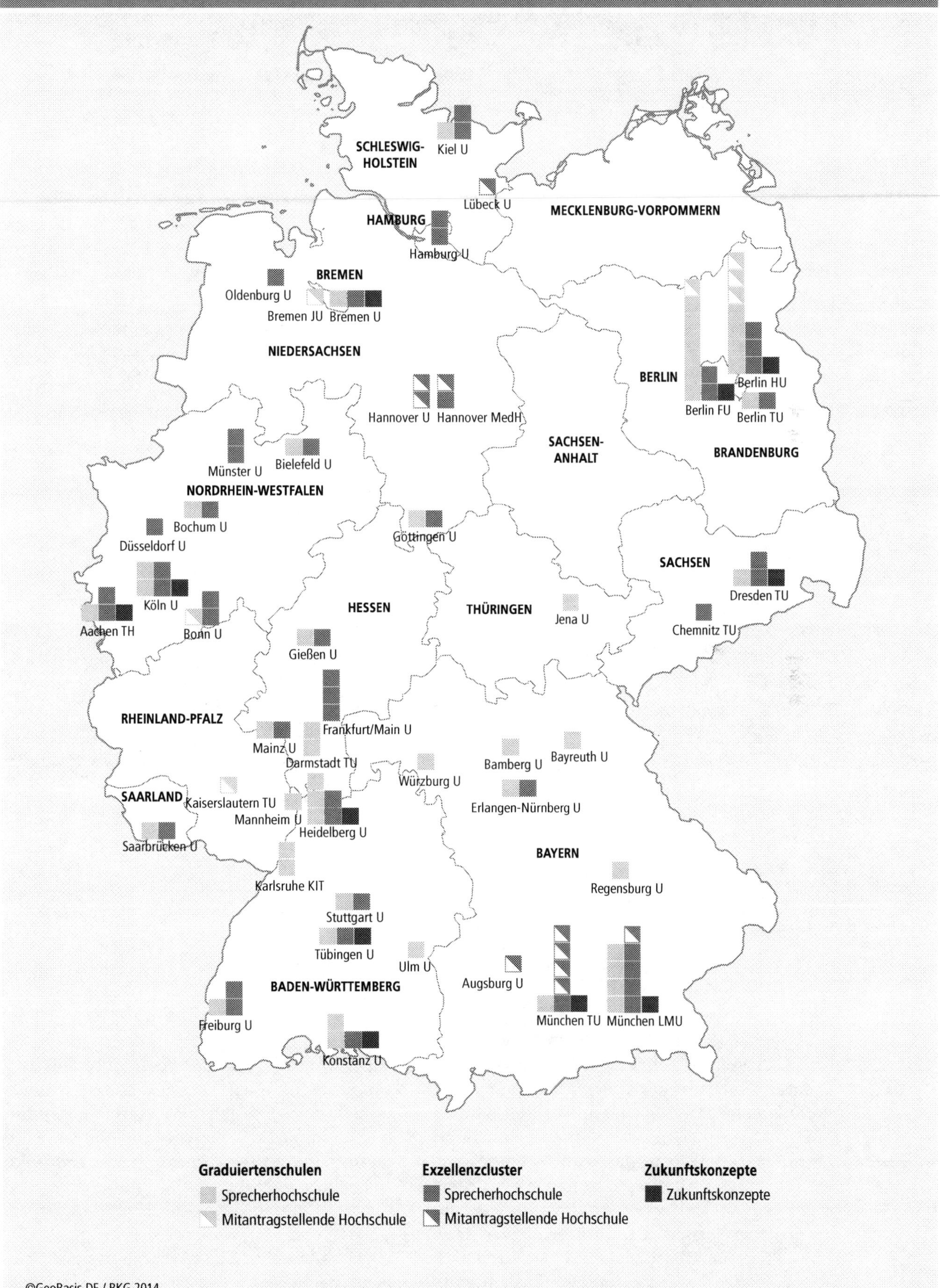

Tabelle 2-6:
Förderung im 7. EU-Forschungsrahmenprogramm 2007 bis 2013 je spezifischem Programm

Spezifische Programme	Verträge		Beteiligungen		Mittel	
	N	%	N	%	Mio. €	%
Zusammenarbeit	**7.639**	**32,1**	**84.903**	**65,9**	**27.473,1**	**63,9**
Gesundheit	1.001	4,2	11.124	8,6	4.754,2	11,1
Lebensmittel, Landwirtschaft, Fischerei und Biotechnologie	514	2,2	7.813	6,1	1.842,0	4,3
Informations- und Kommunikationstechnologien	2.293	9,6	21.940	17,0	7.706,1	17,9
Nanowiss./-technologien, Materialien und Produktionstechnologien	805	3,4	10.156	7,9	3.239,2	7,5
Energie	361	1,5	4.161	3,2	1.660,1	3,9
Umwelt und Klimaänderungen	493	2,1	7.102	5,5	1.717,5	4,0
Verkehr und Luftfahrt	718	3,0	8.969	7,0	2.279,3	5,3
Sozial-, Wirtschafts- und Geisteswissenschaften	249	1,0	2.708	2,1	570,6	1,3
Weltraum	262	1,1	2.598	2,0	702,6	1,6
Sicherheit	254	1,1	3.068	2,4	1.028,4	2,4
Querschnittsaktivitäten	26	0,1	183	0,1	312,7	0,7
Gemeinsame Technologieinitiativen	663	2,8	5.081	3,9	1.660,4	3,9
Ideen	**4.155**	**17,5**	**4.882**	**3,8**	**6.920,3**	**16,1**
European Research Council[1)]	4.155	17,5	4.882	3,8	6.920,3	16,1
Menschen	**9.906**	**41,6**	**18.511**	**14,4**	**4.529,4**	**10,5**
Marie-Curie-Maßnahmen	9.906	41,6	18.511	14,4	4.529,4	10,5
Kapazitäten	**1.972**	**8,3**	**18.548**	**14,4**	**3.696,1**	**8,6**
Forschungsinfrastrukturen	338	1,4	5.204	4,0	1.525,9	3,6
Forschung zugunsten von KMU	995	4,2	8.808	6,8	1.207,8	2,8
Wissensorientierte Regionen	83	0,3	978	0,8	123,8	0,3
Stärkung des Forschungspotenzials in den Konvergenzregionen	195	0,8	295	0,2	353,9	0,8
Wissenschaft in der Gesellschaft	183	0,8	1.811	1,4	288,4	0,7
Kohärente Entwicklung von Forschungspolitiken	25	0,1	128	0,1	27,9	0,1
Internationale Zusammenarbeit	153	0,6	1.324	1,0	168,5	0,4
Euratom	**136**	**0,6**	**1.981**	**1,5**	**354,2**	**0,8**
Fusionsforschung	4	0,0	67	0,1	5,2	0,0
Kernspaltung und Strahlenschutz	132	0,6	1.914	1,5	348,9	0,8
Insgesamt	**23.808**	**100,0**	**128.825**	**100,0**	**42.973,1**	**100,0**

[1)] Die hier ausgewiesenen Vertragsanzahlen und zugehörigen Fördermittel berücksichtigen alle Projektinformationen bis zum 21.02.2014.

Datenbasis und Quelle:
EU-Büro des BMBF: Beteiligungen am 7. EU-Forschungsrahmenprogramm (Laufzeit: 2007 bis 2013, Projektdaten mit Stand 21.02.2014).
Berechnungen der DFG.

Verbünde wurden zum ersten Mal bewilligt. Bei den Exzellenzclustern wurden ebenfalls zwölf Verbünde zum ersten Mal bewilligt, 31 waren bereits in der ersten Programmphase erfolgreich gewesen. In der dritten Förderlinie (Zukunftskonzepte) wurden fünf neue Anträge bewilligt, während sechs bereits laufende Zukunftskonzepte verlängert wurden. Projekte aus der ersten Programmphase, die mit ihren Fortsetzungsanträgen in der zweiten Programmphase nicht reüssierten, haben eine in der Regel zweijährige Auslauffinanzierung erhalten.

2.3.3 EU-Forschungsrahmenprogramm

Die Fördermaßnahmen der Europäischen Union im Bereich Forschung und Innovation sind in mehrjährigen Rahmenprogrammen gebündelt. Das hier betrachtete 7. Rahmenprogramm für Forschung und technologische Entwicklung (7. FRP) hatte eine Laufzeit von 2007 bis 2013 und war mit einem Budget von 55,8 Milliarden Euro ausgestattet. Das in den EU-Verträgen festgeschriebene Ziel der Forschungsrahmenprogramme besteht in der Stärkung der wissenschaftlichen und technologischen Grundlagen sowie der Wettbewerbsfähigkeit der EU. Dies geschieht insbesondere durch die Unterstützung grenzüberschreitender Forschungs- und Entwicklungsvorhaben (sogenannte Verbundforschungsprojekte), aber seit dem 7. FRP auch durch die Förderung einzelner Forscherinnen und Forscher durch den European Research Council (ERC).

Für den Nachfolger des 7. FRP, das seit Anfang 2014 laufende Rahmenprogramm für Forschung und Innovation „HORIZON 2020", stehen für eine erneut siebenjährige Laufzeit (bis 2020) circa 75 Milliarden Euro bereit, davon allein circa 13 Milliarden Euro für den ERC, dessen Budget sich damit im Vergleich zum 7. FRP annähernd verdoppelt hat.

Das 7. FRP besteht hauptsächlich aus den vier „Spezifischen Programmen" *Zusammenarbeit, Ideen, Menschen* und *Kapazitäten*. Dabei verteilen sich die zur Verfügung stehenden Mittel recht unterschiedlich auf die einzelnen Spezifischen Programme. Für das Programm *Zusammenarbeit* (zur Förderung von grenzüberschreitenden Verbundprojekten) wird in der Datenbasis des Förderatlas mit einer Summe von über 27 Milliarden Euro der größte Anteil an der Gesamtförderung bereitgestellt, das heißt etwa zwei Drittel der Mittel. Das Programm *Ideen* (als Basis des ERC) umfasst 6,9 Milliarden Euro, die Programme *Menschen* (Mobilitäts- und Nachwuchsförderung) sowie *Kapazitäten* (beispielsweise für Forschungsinfrastruk-

Abbildung 2-8:
FuE-Fördermittel im 7. EU-Forschungsrahmenprogramm 2007 bis 2013 nach Ländern und Art des Mittelempfängers

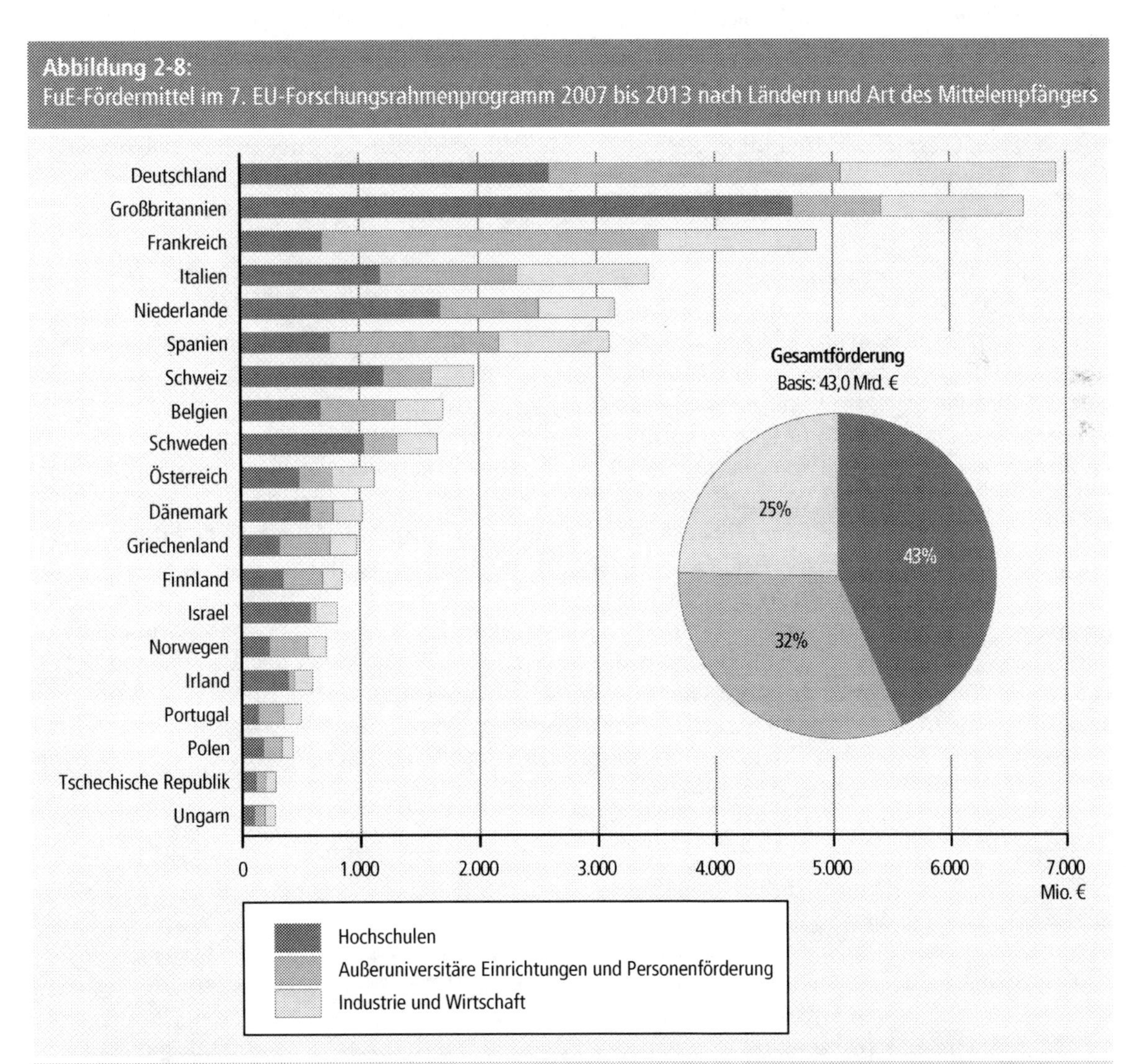

Berechnungsbasis bilden die auf Hochschulen, außeruniversitäre Einrichtungen, Industrieunternehmen und Unternehmen der gewerblichen Wirtschaft entfallenen FuE-Fördermittel des 7. EU-Forschungsrahmenprogramms (ohne die länderübergreifenden Mittel für die Gemeinsamen Forschungsstellen der Europäischen Kommission). Einzeln ausgewiesen werden Länder mit einem Fördervolumen von mehr als 50 Millionen Euro.

Datenbasis und Quelle:
EU-Büro des BMBF: Beteiligungen am 7. EU-Forschungsrahmenprogramm (Laufzeit: 2007 bis 2013, Projektdaten mit Stand 21.02.2014).
Berechnungen der DFG.

turen) verfügen über Mittel in Höhe von 4,5 beziehungsweise 3,7 Milliarden Euro (vgl. Tabelle 2-6).

Insgesamt liegen für den DFG-Förderatlas seit Beginn des 7. FRP im Jahr 2007 bis zum Erfassungsstand Anfang 2014 Daten zu etwa 23.000 Zuwendungsvereinbarungen mit knapp 130.000 Beteiligungen von Akteuren aus Hochschulen, Forschungseinrichtungen und Unternehmen vor[10]. Sie umfassen rund 43 Milliarden Euro.

Große nationale Unterschiede in der sektoralen Beteiligung am 7. EU-Rahmenprogramm

Eine differenzierte Betrachtung der Bewilligungsempfänger nach durchführenden Sektoren (Hochschulen, außeruniversitäre Forschungseinrichtungen, Industrie und Wirtschaft), an der die beteiligten Projektpartner ihr Forschungsprojekt durchführen, ermöglicht Rückschlüsse auf das relative Gewicht der betrachteten Sektoren für das jeweilige Land.

Die Zusammenarbeit zwischen Wissenschaft und Wirtschaft – sei es durch grenzüberschreitende Kooperationsprojekte oder durch einen Personalaustausch – wird in vielfältiger Weise im Rahmen des 7. FRP gefördert. Ein besonderer Schwerpunkt liegt dabei in der Einbeziehung und Förderung von Forschungs- und Innovationsmaßnahmen kleinerer und mittlerer Unternehmen (KMU). Insgesamt liegt der Anteil der Fördermittel, der auf Unternehmen der gewerblichen Wirtschaft entfällt, im Durchschnitt aller hier berücksichtigten Länder bei etwa 25 Prozent. Deutschland weist mit knapp 27 Prozent einen leicht höheren Wirtschaftsanteil auf. Die beiden anderen großen Empfängergruppen sind mit 38 Prozent (Hochschulen) beziehungsweise 36 Prozent (außeruniversitäre Forschungseinrichtungen) beteiligt (vgl. Abbildung 2-8).

Eine vergleichende Betrachtung zeigt, dass sich diese Beteiligungen zwischen den EU-Ländern deutlich unterscheiden. Während beispielsweise in Großbritannien, Israel, der Schweiz oder Schweden jeweils weit mehr als die Hälfte (teilweise bis zu 70 Prozent) der EU-Fördermittel auf den Hochschulsektor entfällt, weist zum Beispiel Frankreich erheblich höhere Anteile für außeruniversitäre Forschungseinrichtungen (etwa CNRS, INRA oder INSERM) auf. In Großbritannien sind vor allem einige wenige, international hoch angesehene Universitäten wie Oxford und Cambridge wesentlich am hohen Anteil des Hochschulsektors beteiligt.

Programm Zusammenarbeit – grenzüberschreitende Kooperationen in thematischen Schwerpunktfeldern

Im Spezifischen Programm *Zusammenarbeit* werden (zumeist) großformatige grenzüberschreitende Verbundvorhaben zwischen Hochschulen, Industrie und Forschungseinrichtungen gefördert, wobei solche Verbünde Kooperationspartner aus normalerweise mindestens drei Ländern aufweisen. Das Spezifische Programm *Zusammenarbeit* ist in zehn thematische Prioritäten strukturiert – mit besonderer Betonung der Lebenswissenschaften sowie der Informations- und Kommunikationstechnologien (gemessen an den jeweiligen Bewilligungsvolumina).

Abbildung 2-9 visualisiert die Verteilung aller eingeworbenen Fördermittel auf die verschiedenen thematischen Prioritäten sowie für die weiteren Spezifischen Programme für alle Länder mit einem Fördervolumen von mehr als 50 Millionen Euro.

Mit Blick auf die länderspezifischen Förderprofile fällt bei Deutschland vor allem der überproportionale Anteil der Informations- und Kommunikationstechnologie auf, was insbesondere auf die Industriebeteiligungen zurückzuführen ist. Für Großbritannien, aber auch für die Schweiz und Israel fallen die hohen Anteile an den themen- und fachübergreifenden Fördergebieten der Programme *Ideen*, *Menschen* und *Kapazitäten* auf. Dies ist vor allem auf das hervorragende Abschneiden dieser Länder bei der Einwerbung von ERC Grants zurückzuführen (vgl. Kapitel 2.3.4).

Programm Menschen – Fokus auf Nachwuchs- und Karriereförderung

Von besonderer Bedeutung für die weitere Entwicklung des Europäischen Forschungsraums ist die Förderung des wissenschaftlichen Nachwuchses. Die Marie-Curie-Maßnahmen im Programm *Menschen* zielen auf die Förderung grenzüberschreitender Mobilität im Doktoranden- und Postdoktoranden-

10 Siehe auch das Methodenglossar im Anhang unter dem Stichwort „EU-Förderung".

Abbildung 2-9:
FuE-Fördermittel im 7. EU-Forschungsrahmenprogramm 2007 bis 2013 nach Ländern und Fördergebieten

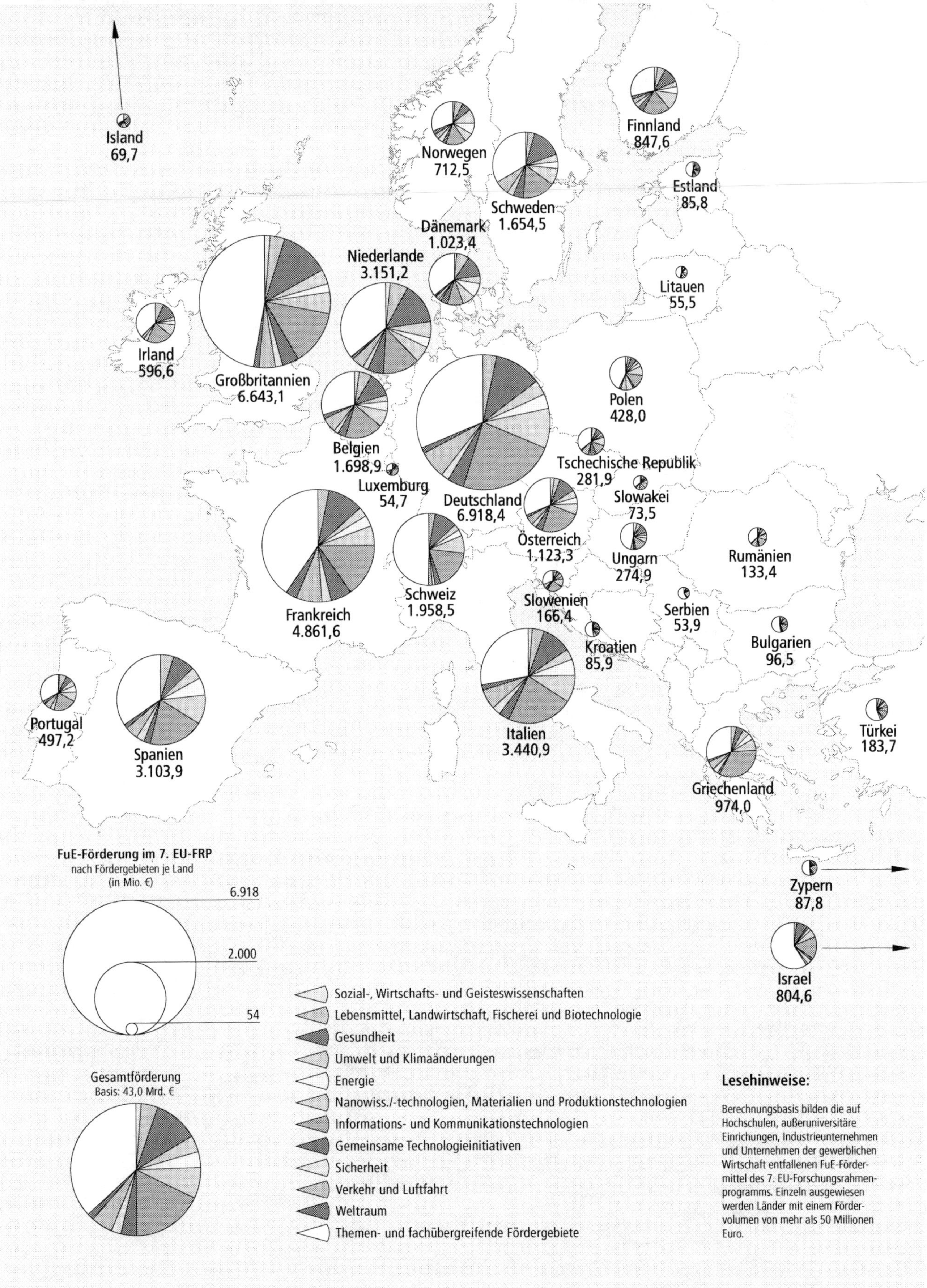

Island 69,7
Norwegen 712,5
Finnland 847,6
Schweden 1.654,5
Estland 85,8
Dänemark 1.023,4
Niederlande 3.151,2
Litauen 55,5
Irland 596,6
Großbritannien 6.643,1
Polen 428,0
Belgien 1.698,9
Tschechische Republik 281,9
Luxemburg 54,7
Deutschland 6.918,4
Slowakei 73,5
Österreich 1.123,3
Ungarn 274,9
Rumänien 133,4
Schweiz 1.958,5
Frankreich 4.861,6
Slowenien 166,4
Serbien 53,9
Kroatien 85,9
Bulgarien 96,5
Portugal 497,2
Spanien 3.103,9
Italien 3.440,9
Türkei 183,7
Griechenland 974,0
Zypern 87,8
Israel 804,6

FuE-Förderung im 7. EU-FRP
nach Fördergebieten je Land
(in Mio. €)

6.918
2.000
54

Gesamtförderung
Basis: 43,0 Mrd. €

- Sozial-, Wirtschafts- und Geisteswissenschaften
- Lebensmittel, Landwirtschaft, Fischerei und Biotechnologie
- Gesundheit
- Umwelt und Klimaänderungen
- Energie
- Nanowiss./-technologien, Materialien und Produktionstechnologien
- Informations- und Kommunikationstechnologien
- Gemeinsame Technologieinitiativen
- Sicherheit
- Verkehr und Luftfahrt
- Weltraum
- Themen- und fachübergreifende Fördergebiete

Lesehinweise:

Berechnungsbasis bilden die auf Hochschulen, außeruniversitäre Einrichtungen, Industrieunternehmen und Unternehmen der gewerblichen Wirtschaft entfallenen FuE-Fördermittel des 7. EU-Forschungsrahmenprogramms. Einzeln ausgewiesen werden Länder mit einem Fördervolumen von mehr als 50 Millionen Euro.

bereich sowie auf die Schaffung eines europäischen Arbeitsmarkts für Forscherinnen und Forscher. Dazu werden unter anderem Individualstipendien für erfahrene Forscher (Postdoktoranden) vergeben; mit den Initial Training Networks wird der Auf- und Ausbau der strukturierten Doktorandenausbildung in Europa gefördert. Mit COFUND können nationale Stipendienprogramme mit grenzüberschreitender Ausrichtung zudem eine europäische Ko-Finanzierung einwerben.

Den Analysen des Förderatlas liegen insgesamt circa 9.900 Bewilligungen von Marie-Curie-Maßnahmen zugrunde. Sie machen, bezogen auf die Anzahl der Verträge, über 40 Prozent aller im Berichtszeitraum geschlossenen Bewilligungen aus. Dabei handelt es sich überwiegend um Individualstipendien zur Förderung der geografischen oder sektoralen Mobilität von Forscherinnen und Forschern.

2.3.4 Europäischer Forschungsrat (ERC)

Als Bestandteil der EU-Forschungsrahmenprogramme ist der Europäische Forschungsrat (European Research Council, ERC) dezidiert für die Förderung der Grundlagenforschung (Frontier Research) auf europäischer Ebene zuständig. Im laufenden Forschungsrahmenprogramm HORIZON 2020 (2014 bis 2020) sind für den ERC insgesamt Mittel von etwa 13 Milliarden Euro vorgesehen.

Entscheidend für die Begutachtung und Bewilligung der Projektanträge ist allein die wissenschaftliche Exzellenz sowohl der antragstellenden Wissenschaftlerinnen und Wissenschaftler als auch der beabsichtigten Forschungsvorhaben. Das Ziel der hier betrachteten ERC-Programmlinien (Starting, Consolidator und Advanced Grant) besteht in der Individualförderung herausragender Forscherinnen und Forscher. Der ERC Starting Grant richtet sich an jüngere Wissenschaftlerinnen und Wissenschaftler. Bereits in ihrer Karriereentwicklung weiter vorangeschrittene Forscherinnen und Forscher können sich um den ERC Consolidator Grant bewerben. Die Zielgruppe des ERC Advanced Grant sind bereits etablierte Wissenschaftlerinnen und Wissenschaftler.

Antragsberechtigt beim ERC sind Forscherinnen und Forscher jeder Nationalität – allerdings müssen ERC-Geförderte (zumindest teilweise) an Forschungsstandorten in einem EU-Staat oder in einem assoziierten Staat (zum Beispiel Schweiz, Norwegen oder Israel) tätig sein. Es ist zudem möglich, mit einem ERC Grant auch während der laufenden Förderung an eine andere Forschungseinrichtung innerhalb Europas zu wechseln.

Die Darstellung der ERC-Bewilligungen für den Berichtszeitraum 2007 bis 2013 erfolgt zweigeteilt:

- Nach dem Herkunftsland (Nationalität)[11] der Geförderten: Diese Betrachtung lässt Rückschlüsse auf die Kapazitäten der jeweiligen nationalen Wissenschaftssysteme bei der Ausbildung beziehungsweise Unterstützung junger Forscherinnen und Forscher zu.
- Nach den Zielländern der Geförderten: Diese Betrachtung veranschaulicht die Attraktivität beziehungsweise Wettbewerbsfähigkeit der aufnehmenden Forschungseinrichtungen im internationalen Vergleich.

Deutschland – als Ausgangsbasis von ERC-Geförderten weiterhin führend

Im Hinblick auf das Herkunftsland der ERC Grantees steht Deutschland mit insgesamt 654 ERC-geförderten Wissenschaftlerinnen und Wissenschaftlern wie bereits in den vorherigen Berichtszeiträumen an erster Stelle (vgl. Tabelle 2-7), ebenfalls unverändert gefolgt von Großbritannien (569 ERC Grantees) und Frankreich (453 ERC Grantees). Erwähnenswert ist zudem, dass im Berichtszeitraum 117 ERC-Geförderte aus den USA nach Europa gekommen sind. Dies ist auch den dezidierten Informationskampagnen zu verdanken, die der ERC in Nordamerika, aber auch in anderen ausgewählten Zielregionen (Australien, Brasilien, China, Indien, Neuseeland oder Südafrika) durchführt.

Erneut bemerkenswert ist zudem die hohe Anzahl von ERC Grantees aus vergleichsweise kleinen, aber forschungsstarken Ländern wie den Niederlanden (302 ERC Grantees) oder Israel (241 ERC Grantees) – aus diesen beiden Ländern kommen damit allein circa 13 Prozent aller ERC-Geförderten.

Eine gesonderte Betrachtung nach Förderlinien zeigt, dass Deutschlands führende Posi-

11 Der Begriff „Herkunftsland" bezieht sich hier auf die Nationalität der Geförderten. In den meisten Fällen entspricht das Land, dessen Nationalität sie angehören, dem Land, in dessen Wissenschaftssystem sie ausgebildet wurden.

Tabelle 2-7:
Die häufigsten Herkunfts- und Zielländer von ERC-Geförderten 2007 bis 2013

Anzahl der Geförderten nach deren Herkunftsländern

Herkunftsland	Gesamt	davon			
		Starting Grants	Advanced Grants	Consolida-tor Grants	Zielland Deutsch-land
	N	N	N	N	N
Deutschland	654	385	250	19	424
Großbritannien	569	226	332	11	17
Frankreich	453	264	181	8	7
Italien	358	216	130	12	18
Niederlande	302	169	127	6	12
Israel	241	150	83	8	5
Spanien	203	132	67	4	6
Belgien	161	113	46	2	2
Schweden	129	63	64	2	14
USA	117	59	58		3
Schweiz	102	48	48	6	5
Finnland	72	45	27		6
Griechenland	72	36	36		2
Österreich	62	38	22	2	1
Dänemark	61	32	29		15
Ungarn	49	29	18	2	4
Portugal	44	34	9	1	3
Gesamt	**3.649**	**2.039**	**1.527**	**83**	**544**
Weitere	**356**	**252**	**94**	**10**	**35**
Insgesamt	**4.005**	**2.291**	**1.621**	**93**	**579**
Basis: N Länder	**64**	**56**	**45**	**22**	**34**

Anzahl der Geförderten nach deren Zielländern

Zielland	Gesamt	davon		
		Starting Grants	Advanced Grants	Consolida-tor Grants
	N	N	N	N
Deutschland als Herkunftsland				
Deutschland	424	231	176	17
Großbritannien	74	56	18	
Schweiz	55	28	26	1
Österreich	36	28	8	
Gesamt	**589**	**343**	**228**	**18**
Weitere	**65**	**42**	**22**	**1**
Insgesamt	**654**	**385**	**250**	**19**
Basis: N Länder	**14**	**11**	**12**	**3**
Alle Geförderten				
Großbritannien	897	494	384	19
Deutschland	579	323	234	22
Frankreich	516	306	200	10
Niederlande	320	187	128	5
Schweiz	299	146	146	7
Israel	231	141	82	8
Gesamt	**2.842**	**1.597**	**1.174**	**71**
Weitere	**1.163**	**694**	**447**	**22**
Insgesamt	**4.005**	**2.291**	**1.621**	**93**
Basis: N Länder	**29**	**27**	**28**	**17**

Datenbasis und Quelle:
EU-Büro des BMBF: ERC-Förderung im 7. EU-Forschungsrahmenprogramm (Laufzeit: 2007 bis 2013, Projektdaten mit Stand 21.02.2014). Zahlen beinhalten Starting Grants (ohne 2014), Advanced Grants und Consolidator Grants.
Berechnungen der DFG.

tion hinsichtlich der Nationalität von ERC Grantees insbesondere jüngeren Spitzenforscherinnen und -forschern (gefördert mit 385 ERC Starting Grants) zu verdanken ist. Bei der ERC-Förderung bereits etablierter Forscher in der Programmlinie Advanced Grants steht dagegen Großbritannien (332 ERC Grantees) an erster Stelle.

Der hohe Anteil von ERC Starting Grantees aus Deutschland ist ein Hinweis auf die ausgeprägte internationale Wettbewerbsfähigkeit des deutschen Wissenschaftssystems bei der Ausbildung exzellenter junger Forscherinnen und Forscher.

Zielländer der ERC-Geförderten: Deutschland auf Rang 2

Ein Blick auf die Zielländer, in denen ERC Grantees jeweils tätig sind, zeigt, dass Forschungsstandorte in Großbritannien mit insgesamt 897 ERC Grants (circa ein Fünftel aller ERC-Bewilligungen, vgl. Tabelle 2-7) wie bereits in der vorherigen Berichtsperiode an erster Stelle stehen. Unter den Top Five der ERC-Gasteinrichtungen finden sich allein drei britische Hochschulen (Cambridge, Oxford und UC London mit insgesamt 315 ERC Grants).

Deutschland folgt mit 579 Grants und Frankreich mit 516 Grants, davon 210 Grants an Instituten des CNRS. Damit hat sich Deutschland als Zielland für ERC Grantees im

Vergleich zum vorherigen Berichtszeitraum auf den zweiten Rang verbessert (vgl. Tabelle Web-27 unter www.dfg.de/foerderatlas).

Dies unterstreicht die hohe Attraktivität deutscher Forschungsstandorte im internationalen Vergleich, lässt sich aber auch auf die in den letzten Jahren intensivierten und professionalisierten Informations- und Beratungsmaßnahmen zu den ERC-Fördermöglichkeiten in Deutschland zurückführen.

Tabelle 2-7 informiert weiterhin über die Zielländer deutscher ERC-Geförderter. Etwa zwei von drei dieser ERC Grantees entscheiden sich für eine Forschungseinrichtung im eigenen Land. Unter den weiteren Zielländern schaffen vor allem Großbritannien sowie die Schweiz und Österreich (36 Grants) für eine größere Zahl an deutschen ERC-Geförderten attraktive Rahmenbedingungen.

Verteilung der ERC Grants nach Wissenschaftsbereichen und Ländern zeigt klare Akzentuierungen

Die Verteilung der ERC-Bewilligungen in den einzelnen Zielländern aufgeschlüsselt nach Wissenschaftsbereichen zeigt ein weiter differenziertes Bild (vgl. Abbildung 2-10).

Großbritannien erweist sich in dieser Betrachtung beispielsweise als Land mit einer relativ gleichmäßigen und dabei hohen Beteiligung in allen vier Bereichen. ERC Grantees in Deutschland und in Frankreich sind dagegen relativ häufig in den Lebens- oder Naturwissenschaften aktiv.

Im Bereich der Ingenieurwissenschaften weisen sie einen hohen, aber unter dem britischen Gesamtschnitt liegenden Anteil von etwa 20 Prozent auf. Dagegen liegt die Schweiz mit 8 Prozent in diesem Wissenschaftsbereich oberhalb ihres durchschnittlichen Anteils an den ERC-Bewilligungen.

ERC Grants – komplementäre Bausteine eines ausdifferenzierten Förderraums in Europa

Die DFG hat die Etablierung des Europäischen Forschungsrats von Beginn an unterstützend begleitet und betrachtet ERC Grants als ein komplementäres Förderangebot für deutsche Spitzenforscherinnen und -forscher auf europäischer Ebene. Für die Forscherinnen und Forscher erhöht sich mit den ERC Grants die Vielfalt der Förderangebote – und die Wissenschaftseinrichtungen werden in die Lage versetzt, ihre internationale Sichtbarkeit durch Erfolge in diesem europäischen Exzellenzwettbewerb weiter zu stärken.

Während der Aufbauphase des ERC im 7. EU-Forschungsrahmenprogramm (2007 bis 2013) hat die DFG gemeinsam mit dem EU-Büro des BMBF die Funktion einer Nationalen Kontaktstelle übernommen. Damit sollten Forscher und Forschungsstandorte über die ERC-Förderprogramme informiert sowie hinsichtlich einer erfolgreichen Beteiligung an den ERC-Ausschreibungen unterstützt werden. Der ERC ist inzwischen ein etablierter Akteur in der europäischen Förderlandschaft. Gleichzeitig hat sich die deutsche Beteiligung an den ERC-Ausschreibungen auf einem guten Niveau stabilisiert. Seit 2014 nimmt nun die von der DFG finanzierte „Kooperationsstelle EU der Wissenschaftsorganisationen“ (KoWi) gemeinsam mit dem EU-Büro des BMBF die Aufgaben der Nationalen Kontaktstelle ERC wahr.

2.3.5 FuE-Projektförderung des Bundes

Die Förderung von Forschung und Entwicklung durch den Bund kann in drei grundsätzlich unterschiedliche Mechanismen aufgeteilt werden. Zum einen ist dies die mittel- und langfristig angelegte institutionelle Förderung, bei der eine gesamte Forschungseinrichtung über einen längeren Zeitraum vom Bund oder gemeinsam von Bund und Ländern gefördert wird. Dazu zählen die Einrichtungen der Fraunhofer-Gesellschaft (FhG), der Helmholtz-Gemeinschaft (HGF), der Leibniz-Gemeinschaft (WGL) sowie der Max-Planck-Gesellschaft (MPG) (vgl. auch Kapitel 3.5).

Weiterhin ist dies die Auftragsforschung, die im Rahmen des Vergaberechts Forschungsaufträge an Dritte vergibt, und zuletzt die projektorientierte Förderung.

Die Projektförderung des Bundes richtet sich an Hochschulen, außeruniversitäre Forschungseinrichtungen und Unternehmen der gewerblichen Wirtschaft. Diese können im Rahmen von Förder- und Fachprogrammen Anträge für zeitlich befristete Forschungsvorhaben stellen. Dabei werden sowohl Einzelprojekte als auch Verbundprojekte mit mehreren Partnern gefördert. Unterschieden wird

Abbildung 2-10:
ERC-Geförderte 2007 bis 2013 nach Zielländern und Wissenschaftsbereichen

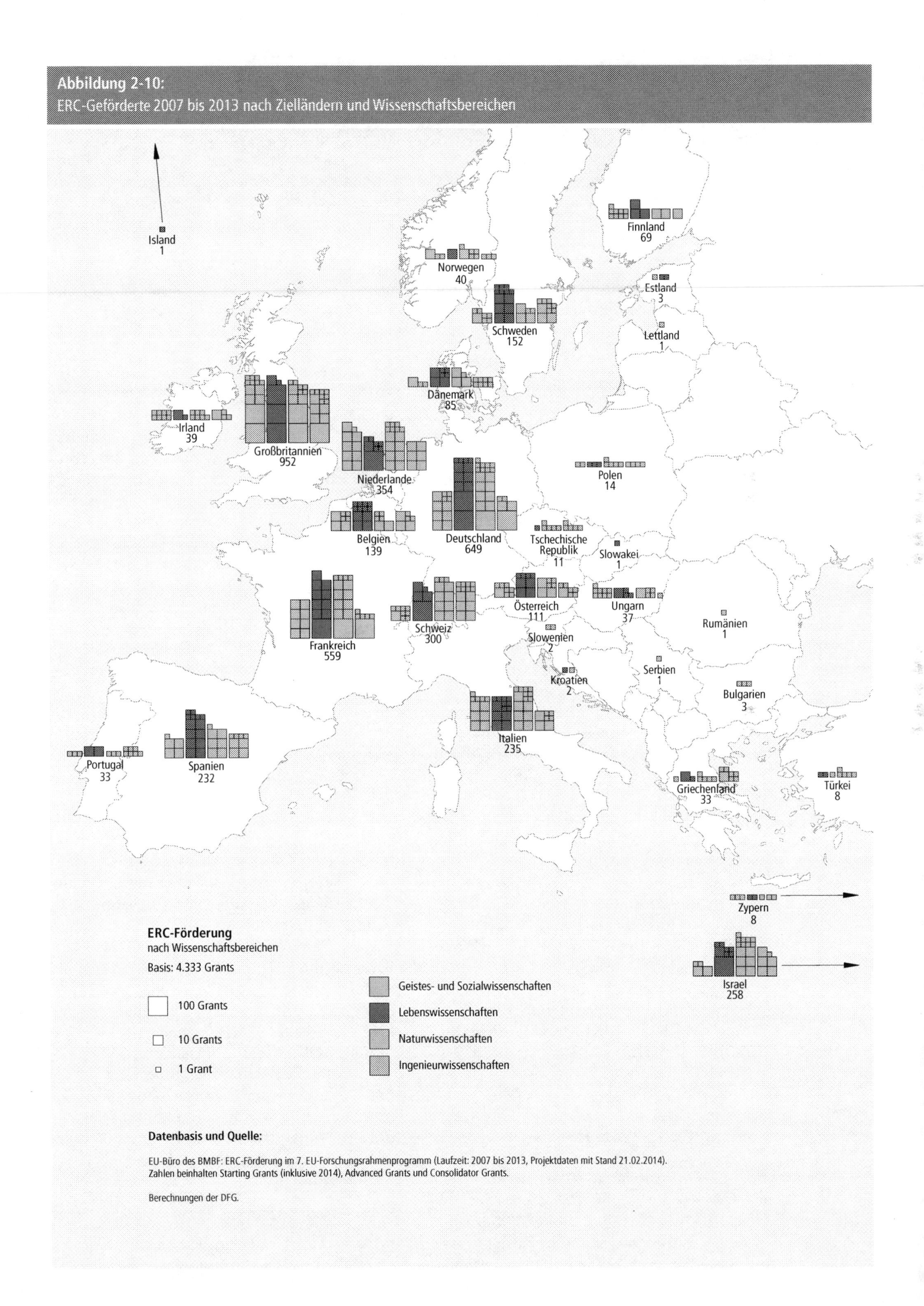

Datenbasis und Quelle:

EU-Büro des BMBF: ERC-Förderung im 7. EU-Forschungsrahmenprogramm (Laufzeit: 2007 bis 2013, Projektdaten mit Stand 21.02.2014).
Zahlen beinhalten Starting Grants (inklusive 2014), Advanced Grants und Consolidator Grants.

Berechnungen der DFG.

dabei die indirekte von der direkten Projektförderung.

Bei der indirekten Projektförderung werden Forschungseinrichtungen und Unternehmen mit Finanzierungshilfe für zum Beispiel Forschungsinfrastruktur, Forschungskooperationen und innovative Netzwerke bei ihren FuE-Aktivitäten unterstützt.

Die direkte Projektförderung bezieht sich auf konkrete, in thematischen Ausschreibungen definierte Forschungs- und Technologiebereiche. Dabei erfolgt die Projektförderung in Förder- beziehungsweise Fachprogrammen für ein zeitlich befristetes Vorhaben (BMBF, 2014: 53ff.). Diese projektorientierte Förderung steht im Blickpunkt der Analysen im Förderatlas.

Neue Hightech-Strategie des Bundes

Die im Jahr 2014 von der Bundesregierung verabschiedete neue Hightech-Strategie ist eine Weiterentwicklung des bereits seit 2006 laufenden Programms. Standen am Anfang vor allem Marktpotenziale konkreter Technologien im Mittelpunkt, so trat mit der Weiterentwicklung im Jahr 2010 die Ausrichtung an gesellschaftlichen Bedarfen in den Vordergrund. In der neuen Hightech-Strategie werden fünf Säulen definiert, die alle zentralen Aspekte der Forschungs- und Innovationspolitik beinhalten. Dies sind: Prioritäre Zukunftsaufgaben für Wertschöpfung und Lebensqualität, Vernetzung und Transfer, Innovationsdynamik in der Wirtschaft, Innovationsfreundliche Rahmenbedingungen sowie Transparenz und Partizipation.

Bei den Prioritären Zukunftsaufgaben hat die Bundesregierung sechs Felder identifiziert, auf die sie ihre thematisch orientierte Forschungs- und Innovationspolitik konzentriert: Digitale Wirtschaft und Gesellschaft, Nachhaltiges Wirtschaften und Energie, Innovative Arbeitswelt, Gesundes Leben, Intelligente Mobilität sowie Zivile Sicherheit (BMBF, 2015: 11ff.).

Spitzencluster-Wettbewerb als Beitrag zur Hightech-Strategie

Ein zentrales Instrument der Hightech-Strategie ist der aktuell bis 2017 befristete Spitzencluster-Wettbewerb. Dieser fördert pro Wettbewerbsrunde fünf Spitzencluster mit bis zu 40 Millionen Euro für fünf Jahre. Die bisher geförderten 15 Spitzencluster der drei Runden erhalten somit insgesamt 600 Millionen Euro. Ziel ist es, die regionale Konzentration innovativer Akteure zu fördern und ihre FuE-Aktivitäten zu bündeln. Förderfähig ist dabei jedes Forschungsfeld. Eine Übersicht über die geförderten Spitzencluster bietet www.spitzencluster-wettbewerb.de (BMBF, 2014: 232ff.).

Förderschwerpunkte in der Energie- und IuK-Forschung

Zur fördergebietsspezifischen Analyse der FuE-Förderung des Bundes wurden die in der Leistungsplansystematik des Bundes abgebildeten Förderbereiche und -schwerpunkte zusammengefasst und zur besseren Vergleichbarkeit mit den anderen hier betrachteten Förderern gemäß Tabelle 2-8 den von der DFG unterschiedenen vier Wissenschaftsbereichen zugeordnet[12]. Auf dieser Grundlage gehen sie auch in die nach diesen Wissenschaftsbereichen differenzierenden Analysen in Kapitel 4 ein. Das größte thematische Fördergebiet bildet die Energieforschung und Energietechnologie mit einem Anteil von 14 Prozent am Fördervolumen des Bundes im hier betrachteten Zeitraum 2011 bis 2013. Forschungsvorhaben im Bereich der Informations- und Kommunikationstechnologie (IuK) werden mit fast 1,2 Milliarden Euro gefördert, was einem Anteil von annähernd 13 Prozent entspricht.

Die Datengrundlage des Förderatlas bilden die Daten aus der Datenbank PROFI (Projektförderinformationssystem) des BMBF. Diese deckt die direkte Projektförderung des Bundes im zivilen Bereich größtenteils ab[13]. Neben Fördermaßnahmen des BMBF sind dabei auch Förderprogramme anderer Ministerien berücksichtigt. Dies sind insbesondere das Bundesministerium für Wirtschaft und Energie (BMWi), das Bundesministerium für Verkehr und digitale Infrastruktur (BMVI), das Bundesministerium für Ernährung und Landwirtschaft (BMEL) und das Bundesministerium für Umwelt, Naturschutz, Bau und Reaktorsicherheit (BMUB). Insgesamt umfassen die im Förderatlas berücksichtigten Förder-

12 Siehe auch das Methodenglossar im Anhang unter dem Stichwort „Bundesförderung" sowie Tabelle Web-22 unter www.dfg.de/foerderatlas.

13 Vgl. auch www.foerderkatalog.de.

Tabelle 2-8:
FuE-Projektförderung des Bundes 2011 bis 2013 nach Fördergebieten

Wissenschaftsbereich/Fördergebiet	Fördermittel	
	Mio. €	%
Geistes- und Sozialwissenschaften	**434,6**	**4,7**
Geisteswissenschaften; Wirtschafts- und Sozialwissenschaften	169,9	1,8
Innovationen in der Bildung	264,7	2,9
Lebenswissenschaften	**1.631,8**	**17,7**
Bioökonomie	355,3	3,9
Gesundheitsforschung und Gesundheitswirtschaft	1.045,2	11,3
Ernährung, Landwirtschaft und Verbraucherschutz	231,2	2,5
Naturwissenschaften	**1.699,7**	**18,5**
Großgeräte der Grundlagenforschung	557,7	6,1
Optische Technologien	294,6	3,2
Erforschung des Weltraums	136,1	1,5
Klima, Umwelt, Nachhaltigkeit	711,3	7,7
Ingenieurwissenschaften	**4.225,2**	**45,9**
Produktionstechnologien	200,1	2,2
Fahrzeug- und Verkehrstechnologien einschließlich maritimer Technologien	447,6	4,9
Luft- und Raumfahrt	590,9	6,4
Energieforschung und Energietechnologien	1.318,9	14,3
Nanotechnologien und Werkstofftechnologien	336,9	3,7
Informations- und Kommunikationstechnologien	1.178,1	12,8
Zivile Sicherheitsforschung	152,7	1,7
Ohne fachliche Zuordnung	**1.219,4**	**13,2**
Insgesamt	**9.210,7**	**100,0**

Ausgewiesen sind die Fördermaßnahmen des Bundes für deutsche Mittelempfänger. Die aus der Leistungsplansystematik des Bundes abgeleitete Berichtslogik für die Förderschwerpunkte im Rahmen der direkten FuE-Projektförderung ist zu finden unter www.dfg.de/foerderatlas.

Datenbasis und Quelle:
Bundesministerium für Bildung und Forschung (BMBF): Direkte FuE-Projektförderung des Bundes 2011 bis 2013 (Projektdatenbank PROFI).
Berechnungen der DFG.

mittel im Rahmen der FuE-Fördermaßnahmen des Bundes 9,2 Milliarden Euro für die Jahre 2011 bis 2013[14].

2.3.6 Arbeitsgemeinschaft industrieller Forschungsvereinigungen (AiF)

Den Hauptberichtskreis des DFG-Förderatlas bilden Hochschulen und außeruniversitäre Forschungseinrichtungen. Dank der Zusammenarbeit mit der Arbeitsgemeinschaft industrieller Forschungsvereinigungen (AiF) ist es möglich, den Blick über diesen Kreis zu weiten.

Die AiF legt ihren Fokus auf die Förderung der Zusammenarbeit zwischen Hochschule und Wirtschaft. Über 100 Forschungsvereinigungen mit etwa 50.000 überwiegend kleinen und mittleren Unternehmen und über 1.200 eingebundene Forschungsstellen an Hochschulen und außeruniversitären Einrichtungen bilden das Netzwerk der AiF in Köln als gemeinnütziger Verein. Zentrale Aufgabe der AiF ist die Umsetzung des BMWi-Programms zur Förderung der Industriellen Gemeinschaftsforschung (IGF). Die AiF Projekt GmbH in Berlin ist als Projektträger mit den Kooperationsprojekten des Zentralen Innovationsprogramms Mittelstand (ZIM) beauftragt[15].

Industrielle Gemeinschaftsforschung (IGF)

Bei der bottom-up organisierten Industriellen Gemeinschaftsforschung finden sich Unternehmen einer Branche oder eines

14 Siehe auch das Methodenglossar im Anhang unter dem Stichwort „Bundesförderung“ .

15 Vgl. www.aif.de.

Technologiefeldes in den Forschungsvereinigungen der AiF zusammen. Sie bildet eine Brücke zwischen der Grundlagenforschung und der wirtschaftlichen Anwendung. Mit dem vom Bundesministerium für Wirtschaft und Energie (BMWi) geförderten Programm werden neue Technologien branchenübergreifend aufgegriffen und Forschungsbedarf vorwettbewerblich gebündelt. Förderfähig sind dabei wissenschaftlich-technische Forschungsvorhaben, die unternehmensübergreifend ausgerichtet sind und den Transfer der Forschungsergebnisse in die Gruppe der kleinen und mittelständischen Unternehmen (KMU) einschließen. Der Analyse des Förderatlas liegen die Jahre 2011 bis 2013 zugrunde. In diesem Zeitraum wurden IGF-Vorhaben mit einem Gesamtvolumen von rund 400 Millionen Euro gefördert.

Zentrales Innovationsprogramm Mittelstand (ZIM)

Das Zentrale Innovationsprogramm Mittelstand, das ebenfalls vom BMWi gefördert wird, stärkt die Innovationskraft und Wettbewerbsfähigkeit mittelständischer Unternehmen einschließlich Handwerk und unternehmerisch tätige freie Berufe. Das ZIM ist ein themenoffenes Förderprogramm mit drei Förderlinien, die unterschiedliche Schwerpunkte aufweisen: die Einzelprojek-te (ZIM-SOLO), die Kooperationsprojekte (ZIM-KOOP) und die Netzwerkprojekte (ZIM-NEMO). Das in diesem Förderatlas behandelte ZIM lief Ende Dezember 2014 aus. Ein Nachfolgeprogramm startete 2015 und ist unter www.zim-bmwi.de einsehbar. In den Jahren 2011 bis 2013 wurden im ZIM FuE-Projekte mit einem Volumen von 1,6 Milliarden Euro gefördert.

Im Förderatlas werden die von der AiF betreuten Kooperationsprojekte des ZIM berücksichtigt, die rund 530 Millionen Euro im Zeitraum 2011 bis 2013 ausmachen.[16]

16 Siehe auch das Methodenglossar im Anhang unter dem Stichwort „AiF-Förderung" .

2.3.7 Alexander von Humboldt-Stiftung (AvH)

Die Alexander von Humboldt-Stiftung hat das Ziel, ausländische Spitzenforscherinnen und -forscher zu fördern, die an einer deutschen Wissenschaftseinrichtung tätig sein wollen. Weiterhin fördert sie in Deutschland tätige Wissenschaftlerinnen und Wissenschaftler, die einen Forschungsaufenthalt im Ausland verbringen wollen. Die AvH vergibt in ihren Förderprogrammen sowohl Stipendien, für die sich Interessenten selbst bewerben können, als auch Forschungspreise. Letztere werden nur nach Nominierung durch ausgewiesene Wissenschaftlerinnen und Wissenschaftler vergeben. Dabei fördert die AvH auf vier Karrierestufen in der Wissenschaft: Postdoktorandinnen und -doktoranden, Nachwuchsgruppenleiterinnen und -leiter, erfahrene Wissenschaftlerinnen und Wissenschaftler sowie international ausgewiesene Spitzenwissenschaftlerinnen und -wissenschaftler. Die Fördermittel werden grundsätzlich nicht über Quoten vergeben, weder für einzelne wissenschaftliche Disziplinen noch für einzelne Herkunftsländer. Die einzelnen Auswahlausschüsse entscheiden vielmehr ausschließlich nach der wissenschaftlichen Qualität der Bewerberinnen und Bewerber. Ein wichtiger Aspekt der Förderung durch die AvH ist neben der finanziellen Zuwendung die ideelle Förderung, die eine umfassende Alumni-Betreuung und ein weltweites Netzwerk beinhaltet.

Finanziert wird die AvH durch Zuwendungen aus dem Auswärtigen Amt, dem Bundesministerium für Bildung und Forschung (BMBF), dem Bundesministerium für wirtschaftliche Zusammenarbeit und Entwicklung (BMZ), dem Bundesministerium für Umwelt, Naturschutz, Bau und Reaktorsicherheit (BMUB) und weiterer nationaler und internationaler Partner sowie durch Erträge aus (zu-)gestifteten Vermögen.

Im Förderatlas werden unter Zugriff auf Daten der AvH Kennzahlen zur internationalen Attraktivität deutscher Wissenschaftseinrichtungen entwickelt. Dabei werden im Folgenden nur Aufenthalte in AvH-Programmen berücksichtigt, die ausländischen Wissenschaftlerinnen und Wissenschaftlern einen Aufenthalt in Deutschland ermöglichen.

Stipendien der AvH zur Forschung in Deutschland

Das Humboldt-Forschungsstipendium und das Georg Forster-Forschungsstipendium zählen zu den wichtigsten Stipendien der AvH. Sie richten sich an Postdoktorandinnen und -doktoranden sowie an erfahrene Wissenschaftlerinnen und Wissenschaftler, deren Promotion bereits länger zurückliegt und die in der Regel bereits als Assistent, Professor oder Nachwuchsgruppenleiter tätig sind. Die Stipendiatinnen und Stipendiaten geben dabei nicht nur ihr Forschungsthema selbst vor, sondern suchen sich auch die geeignete, gastgebende wissenschaftliche Einrichtung in Deutschland selbst aus.

AvH-Preise für herausragende Wissenschaftlerinnen und Wissenschaftler

Mit der Alexander von Humboldt-Professur werden international ausgewiesene Spitzenforscherinnen und -forscher langfristig für den Forschungsstandort Deutschland gewonnen. Der Preis ist mit 3,5 Millionen Euro für theoretisch arbeitende beziehungsweise 5 Millionen Euro für experimentell arbeitende Preisträgerinnen und Preisträger dotiert. Damit können die Wissenschaftlerinnen und Wissenschaftler fünf Jahre lang einen international sichtbaren Forschungsschwerpunkt in Deutschland auf- und ausbauen. Der Sofja Kovalevskaja-Preis richtet sich an ebenso ausgewiesene Nachwuchswissenschaftlerinnen und -wissenschaftler, die mithilfe des Preises Arbeitsgruppen aufbauen und fünf Jahre lang an deutschen Forschungseinrichtungen ihre Forschungsfelder bearbeiten können. Der Max-Planck-Forschungspreis, der gemeinsam mit der Max-Planck-Gesellschaft vergeben wird, ist mit 750.000 Euro dotiert und wird in einem jährlich wechselnden Fachgebiet vergeben. Mit dem Anneliese Maier-Forschungspreis (250.000 Euro) zeichnet die AvH speziell ausländische Wissenschaftlerinnen und Wissenschaftler aus, die im Bereich der Geistes- und Sozialwissenschaften tätig sind. Darüber hinaus umfassen die Förderprogramme der AvH zahlreiche weitere Preise für kürzere Forschungsaufenthalte in Deutschland.[17]

17 Vgl. www.humboldt-foundation.de.

Herkunftsländer von AvH-geförderten Wissenschaftlerinnen und Wissenschaftlern

Gemäß den unterschiedlichen Zielgruppen von Preisen und Stipendien der AvH unterscheiden sich die Herkunftsländer der Geförderten deutlich. Bei den Preisträgerinnen und Preisträgern dominieren die USA mit fast 50 Prozent als Herkunftsland, gefolgt von weiteren wissenschaftlich starken Ländern wie Frankreich, Kanada, Japan und Israel. Hier decken die zahlenmäßig wichtigsten zehn Herkunftsländer über 80 Prozent der Preisträgerinnen und Preisträger ab. Die Herkunftsländer der Stipendiatinnen und Stipendiaten hingegen sind deutlich breiter gestreut und umfassen in nennenswerter Anzahl auch aufstrebende Wissenschaftsnationen wie China, Indien, Polen und Ungarn (vgl. Tabelle 2-9)[18].

Eine Übersicht der Herkunftsländer in kartografischer Form bietet Abbildung 2-11 im Anschluss an die folgenden Ausführungen zum DAAD.

2.3.8 Deutscher Akademischer Austauschdienst (DAAD)

Der Deutsche Akademische Austauschdienst ist eine der größten Förderorganisationen für den internationalen Austausch von Studierenden und Wissenschaftlern. Wie die DFG ist er ein eingetragener Verein privaten Rechts. Zu den Mitgliedern gehören Hochschulen und deren Studierendenschaft. Mit 238 Hochschulen und 107 Studierendenschaften[19] umfassen diese einen Großteil der deutschen Hochschullandschaft. Das Budget des DAAD ist dabei zum größten Teil öffentlich finanziert. Die Mittel stammen zum überwiegenden Teil von Bundesministerien, so etwa dem Auswärtigen Amt, dem Bundesministerium für Bildung und Forschung sowie dem Bundesministerium für wirtschaftliche Zusammenarbeit und Entwicklung. Immer wichtiger wird als Geldgeber für den DAAD die Europäische Union. Zu den Kernangeboten des DAAD zählt die Vergabe von Stipendien an Studierende, Graduierte sowie Wissenschaftlerinnen und Wissenschaftler. Sie dienen dazu, einen Studien- beziehungsweise Wissenschaftsaufenthalt in anderen Ländern zu

18 Siehe auch das Methodenglossar im Anhang unter dem Stichwort „AvH-Förderung".

19 Stand Juli 2015. Vgl. www.daad.de.

Tabelle 2-9:
Die häufigsten Herkunftsländer von AvH-Geförderten 2009 bis 2013

Aufenthalte von Preisträgerinnen und Preisträgern			Aufenthalte von Stipendiatinnen und Stipendiaten		
Herkunftsland	N	%	**Herkunftsland**	N	%
USA	513	46,3	USA	597	12,3
Frankreich	59	5,3	China	558	11,5
Kanada	56	5,0	Indien	399	8,2
Japan	55	5,0	Italien	239	4,9
Israel	53	4,8	Großbritannien	190	3,9
Großbritannien	49	4,4	Frankreich	180	3,7
Russische Föderation	35	3,2	Japan	161	3,3
Australien	31	2,8	Russische Föderation	158	3,2
Niederlande	27	2,4	Kanada	153	3,1
Schweiz	23	2,1	Spanien	148	3,0
Italien	21	1,9	Polen	130	2,7
China	18	1,6	Ungarn	104	2,1
Indien	18	1,6	Argentinien	101	2,1
Spanien	16	1,4	Brasilien	100	2,1
Schweden	15	1,4	Australien	88	1,8
Österreich	11	1,0	Nigeria	81	1,7
Belgien	9	0,8	Ägypten	77	1,6
Polen	9	0,8	Südkorea	68	1,4
Gesamt	**1.018**	**91,8**	**Gesamt**	**3.532**	**72,5**
Weitere	**91**	**8,2**	**Weitere**	**1.339**	**27,5**
Insgesamt	**1.109**	**100,0**	**Insgesamt**	**4.871**	**100,0**
Basis: N Länder	**51**		**Basis: N Länder**	**112**	

Datenbasis und Quelle:
Alexander von Humboldt-Stiftung (AvH): Aufenthalte von AvH-Gastwissenschaftlerinnen und -wissenschaftlern 2009 bis 2013.
Berechnungen der DFG.

ermöglichen (Individualförderung). Die Stipendien werden innerhalb verschiedener Programme vergeben. Dabei werden grundsätzlich Stipendien für alle Länder und alle Fachbereiche angeboten. Der DAAD setzt aber auch mit einzelnen Förderprogrammen fachbezogene oder regionale Schwerpunkte. Diese Programme unterstützen einen Auslandsaufenthalt von deutschen Studierenden, Graduierten sowie Wissenschaftlerinnen und Wissenschaftlern, bieten aber auch die Möglichkeit für einen Aufenthalt an einer deutschen wissenschaftlichen Einrichtung für ausländische Zielgruppen.

Neben der Individualförderung ist eine wesentliche Aufgabe des DAAD, die Internationalisierung der deutschen Hochschulen durch eine institutionelle Förderung (Projektförderung) zu stärken. Die durch DAAD-Projekte geförderten Personen sind ein weiterer Schwerpunkt in der DAAD-Gefördertenbilanz. Dabei gibt der DAAD-Jahresbericht umfassend Auskunft über die verschiedenen Projekte und Zahlen der DAAD-Förderung.

Im DFG-Förderatlas werden die Geförderten der DAAD-Individualförderung betrachtet, die einen Forschungsaufenthalt an einer deutschen wissenschaftlichen Einrichtung absolviert haben. Daher werden nur Aufenthalte von Graduierten, Promovierenden sowie Wissenschaftlerinnen und Wissenschaftlern betrachtet. Grundständige Studierende werden nicht berücksichtigt.[20]

20 Siehe auch das Methodenglossar im Anhang unter dem Stichwort „DAAD-Förderung“.

Tabelle 2-10:
Die häufigsten Herkunftsländer von DAAD-Geförderten 2009 bis 2013

Aufenthalte von Wissenschaftlerinnen und Wissenschaftlern			Aufenthalte von Graduierten		
Herkunftsland	**N**	**%**	**Herkunftsland**	**N**	**%**
Russische Föderation	675	13,0	Russische Föderation	2.102	6,6
China	318	6,1	Mexiko	1.310	4,1
Indien	258	5,0	China	1.202	3,8
Polen	209	4,0	Pakistan	1.193	3,7
USA	190	3,7	Brasilien	1.144	3,6
Brasilien	168	3,2	Indien	1.109	3,5
Ukraine	148	2,9	Ägypten	1.031	3,2
Italien	143	2,8	Kolumbien	981	3,1
Ägypten	138	2,7	USA	959	3,0
Argentinien	107	2,1	Vietnam	855	2,7
Georgien	104	2,0	Indonesien	804	2,5
Mexiko	101	1,9	Irak	766	2,4
Türkei	97	1,9	Ukraine	628	2,0
Usbekistan	95	1,8	Äthiopien	622	1,9
Armenien	88	1,7	Türkei	608	1,9
Ungarn	88	1,7	Syrien	570	1,8
Spanien	74	1,4	Chile	459	1,4
Indonesien	73	1,4	Italien	459	1,4
Iran	71	1,4	Polen	446	1,4
Vietnam	68	1,3	Iran	445	1,4
Gesamt	**3.213**	**61,9**	**Gesamt**	**17.693**	**55,3**
Weitere	**1.977**	**38,1**	**Weitere**	**14.329**	**44,7**
Insgesamt	**5.190**	**100,0**	**Insgesamt**	**32.022**	**100,0**
Basis: N Länder	129		**Basis: N Länder**	149	

Datenbasis und Quelle:
Deutscher Akademischer Austauschdienst (DAAD): Aufenthalte von DAAD-Gastwissenschaftlerinnen und -wissenschaftlern sowie Graduierten 2009 bis 2013.
Berechnungen der DFG.

Von den über 37.000 ausländischen Geförderten des DAAD, die diesen Zielgruppen entsprechen, zählen etwa 32.000 zur Gruppe der Graduierten und Promovierenden und gut 5.000 zur Gruppe der Wissenschaftlerinnen und Wissenschaftler (vgl. Tabelle 2-10).

Für die in Kapitel 4 vorgenommene vergleichende Analyse von förderbasierten Kennzahlen je Wissenschaftsbereich wird nur die Gruppe der Wissenschaftlerinnen und Wissenschaftler berücksichtigt. Diese bildet zusammen mit den Geförderten der AvH und des ERC einen geeigneten Indikator, um die internationale Attraktivität von deutschen Wissenschaftseinrichtungen darzustellen.

Herkunftsländer von AvH- und DAAD-geförderten Wissenschaftlerinnen und Wissenschaftlern

Die Anzahl der AvH- und DAAD-geförderten Forscherinnen und Forscher ist ein wichtiger Indikator für die Attraktivität des deutschen Wissenschaftssystems.

Die Herkunftsländer von AvH-geförderten Wissenschaftlerinnen und Wissenschaftlern wurden bereits in Tabelle 2-9 ausgewiesen. Sie zeigen eine Konzentration auf traditionell wissenschaftsstarke Länder. Die Herkunftsländer der vom DAAD-geförderten Graduierten (Tabelle 2-10) verteilen sich über die ganze Welt, und unter den Top-Ten-Ländern ist fast jeder Kontinent vertreten. Mit über 2.100 Graduierten liegt die Russische Födera-

Abbildung 2-11:
AvH- und DAAD-Geförderte 2009 bis 2013 nach Herkunftsländern und Wissenschaftsbereichen

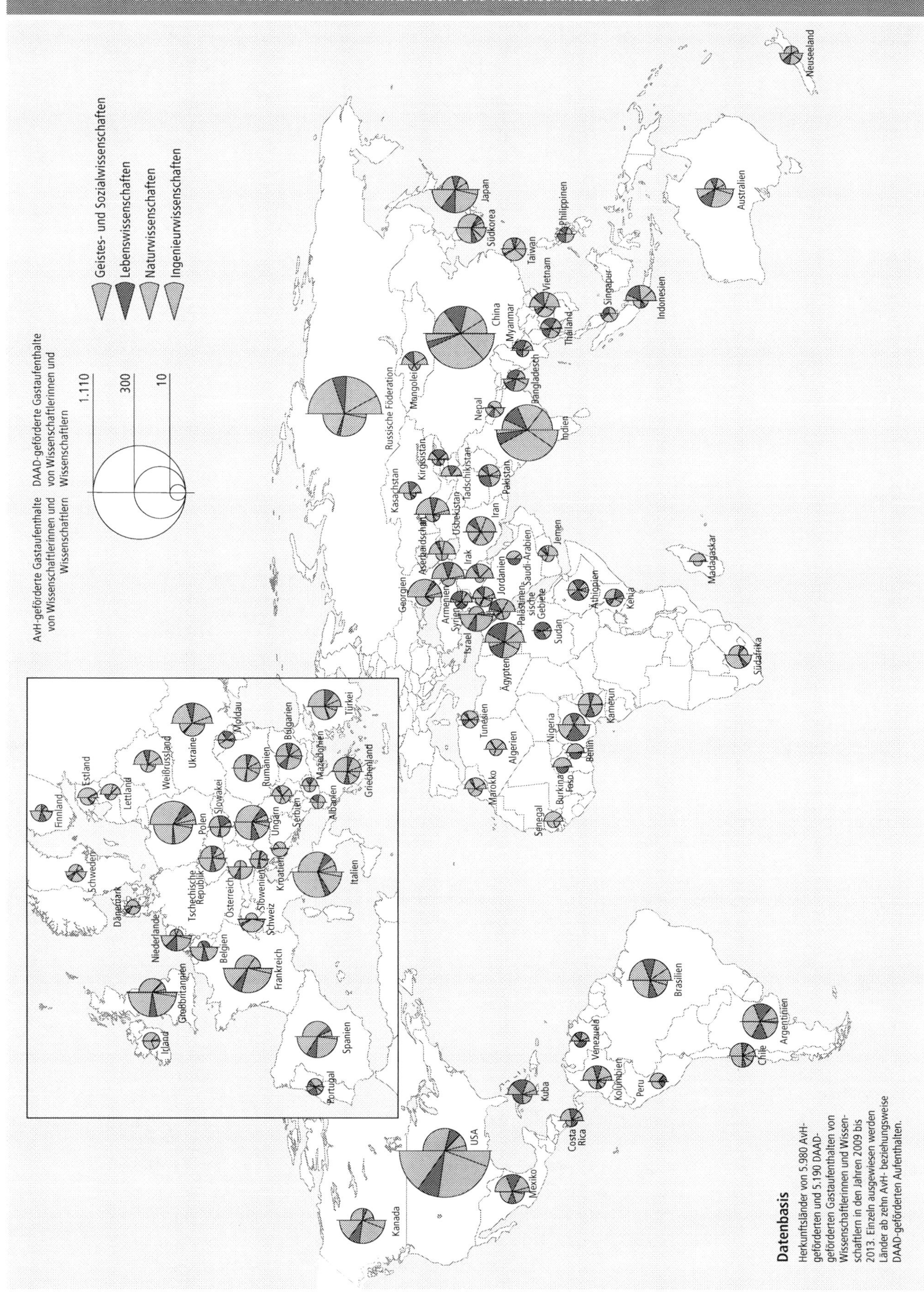

tion an der Spitze. Mit China, Brasilien und Indien sind auch die großen Schwellenländer sehr präsent. Erst an neunter Stelle folgen die USA.

Abbildung 2-11 weist als Weltkarte die Herkunftsländer der DAAD- und AvH-geförderten Gastaufenthalte von Wissenschaftlerinnen und Wissenschaftlern nach Herkunftsland und Wissenschaftsbereich aus. Auf der jeweils rechten Kreishälfte sind die Förderungen des DAAD und auf der linken Kreishälfte die Förderungen der AvH eingetragen.

Die geförderten Gastaufenthalte verteilen sich weltweit und mit unterschiedlichen Schwerpunkten. Dabei ist die Förderung durch den DAAD räumlich weiter gestreut. Die Top-Twenty-Länder decken hier nur einen Anteil von 62 Prozent der geförderten Wissenschaftlerinnen und Wissenschaftler ab, während sich bei der AvH bereits 77 Prozent der Geförderten auf die ersten 20 Herkunftsländer konzentrieren. Dies ist insbesondere darauf zurückzuführen, dass für fast die Hälfte der AvH-Preise Wissenschaftlerinnen und Wissenschaftler aus den USA nominiert wurden. Bei den vom DAAD geförderten Gastaufenthalten ist hingegen, wie bereits oben erwähnt, die Russische Föderation häufigstes Herkunftsland.

Deutlich wird anhand der Karte ebenfalls, dass die Herkunft der DAAD-Geförderten innerhalb Europas eher in Mittel- und Osteuropa liegt, während die AvH-Geförderten eher aus West- und Mitteleuropa sowie aus Asien nach Deutschland kommen. Afrikanische Geförderte stammen überwiegend aus Ägypten, aber auch Nigeria, Kamerun und Südafrika sind häufige Herkunftsländer.

Ein breites Angebot an Kennzahlen zur Internationalität deutscher Hochschulen stellen der DAAD, die Hochschulrektorenkonferenz (HRK) und die AvH gemeinsam mit ihrer jährlich aktualisierten Berichtsreihe „Internationalität an deutschen Hochschulen – Fünfte Erhebung von Profildaten 2014“ bereit (DAAD, HRK, AvH, 2014), die das BMBF finanziert. Zentrales Referenzwerk ist der ebenfalls vom BMBF finanzierte jährliche Bericht „Wissenschaft weltoffen“ (DAAD, DZHW, 2014), der umfassend Daten und Fakten zur Internationalität von Studium und Forschung in Deutschland liefert.

3 Einrichtungen und Regionen der Forschung in Deutschland

Nach dem Überblick über die verschiedenen Mittelgeber für Forschung in Deutschland leitet das vorliegende Kapitel auf die mittelempfangenden Einrichtungen und die von diesen geprägten Forschungsregionen über. In beiden Fällen kommen die Kennzahlen zum Einsatz, die in Kapitel 2 vorgestellt wurden.

Ausgehend von einer einfachen Übersicht der Standorte von Hochschulen und außeruniversitären Forschungseinrichtungen werden in Kapitel 3.2 bis 3.4 Kennzahlen ausgewiesen, die Aussagen zur einrichtungsspezifischen Beteiligung von Hochschulen an den Programmen der verschiedenen Förderer erlauben. Die entsprechenden Tabellen und Abbildungen fokussieren in der Regel auf die bei diesen Förderern besonders aktiven Einrichtungen. Die über das Webangebot zum DFG-Förderatlas zugänglichen ausführlichen Tabellen dokumentieren die entsprechenden Werte auch für weitere Hochschulen.

Bezogen auf die außeruniversitäre Forschung erfolgt in Kapitel 3.5 eine ergänzende Darstellung der Profildaten für die großen Wissenschaftsorganisationen. Auch hier bietet umfangreiches Tabellenmaterial im Internet die Möglichkeit einer detaillierten, auf die einzelnen Mitgliedsinstitute dieser Organisationen fokussierten Betrachtung (vgl. Tabelle Web-19, Web-24, Web-28 unter www.dfg.de/foerderatlas).

In Kapitel 3.6 und 3.7 folgt dann ein Perspektivwechsel hin zu den „Regionen der Forschung“. Nach einer Einführung in das mit dieser Ausgabe des DFG-Förderatlas neu entwickelte Regionenkonzept werden die Förderprofile dieser Regionen gemäß der Beteiligung dort tätiger Wissenschaftlerinnen und Wissenschaftler an der Förderung von DFG, Bund und EU beschrieben.

Schließlich stellt Kapitel 3.8 die Förderlinien der Exzellenzinitiative in den Mittelpunkt. Zunächst wird mithilfe einer Typologie, die Hochschulen anhand ihrer Beteiligung an der Exzellenzinitiative gruppiert, gezeigt, wie sich entsprechend klassifizierte Einrichtungen in ihrer Performanz bezüglich der herangezogenen Kennzahlen unterscheiden. Dem folgen einrichtungsübergreifende Betrachtungen zur regionalen Zusammenarbeit sowie zu internationalen Rekrutierungserfolgen der Exzellenzinitiative. Abschließend stellt das Kapitel Befunde einer bibliometrischen Analyse zu Unterschieden im Publikationsaufkommen von Hochschulen mit und ohne Beteiligung an den Förderlinien Graduiertenschulen und Exzellenzcluster vor.

3.1 Standorte der Forschung in Deutschland

Im Fokus des DFG-Förderatlas steht die öffentlich finanzierte Forschung an Hochschulen und außeruniversitären Forschungseinrichtungen. Einen Eindruck von der Vielfältigkeit dieser Forschungslandschaft bietet Abbildung 3-1 in kartografischer Form. Verzeichnet sind dort die Standorte von über 420 Hochschulen (110 Universitäten, rund 230 Fachhochschulen/Hochschulen ohne Promotionsrecht und über 80 Theologische, Musik- und Kunsthochschulen) sowie die Institute der vier im Rahmen der institutionellen Förderung gemeinsam von Bund und Ländern getragenen Wissenschaftsorganisationen Fraunhofer-Gesellschaft (FhG), Helmholtz-Gemeinschaft (HGF), Leibniz-Gemeinschaft (WGL) und Max-Planck-Gesellschaft (MPG). Institute dieser vier Organisationen finden sich in Deutschland an über 250 Standorten. Darüber hinaus wird Forschung in gut 60 Bundesforschungseinrichtungen durchgeführt, die ebenfalls in der Karte verzeichnet sind.

Basis der kartografischen Darstellung bildet das gemeinsam von DFG und DAAD entwickelte Verzeichnis deutscher Forschungsstätten „Research Explorer“, das Daten zu über 23.000 Instituten an Hochschulen und außeruniversitären Forschungseinrichtungen enthält und über vielfältige Suchmöglichkeiten erschließt (vgl. Abbildung 2-6).

Abbildung 3-1:
Standorte von Wissenschaftseinrichtungen in Deutschland

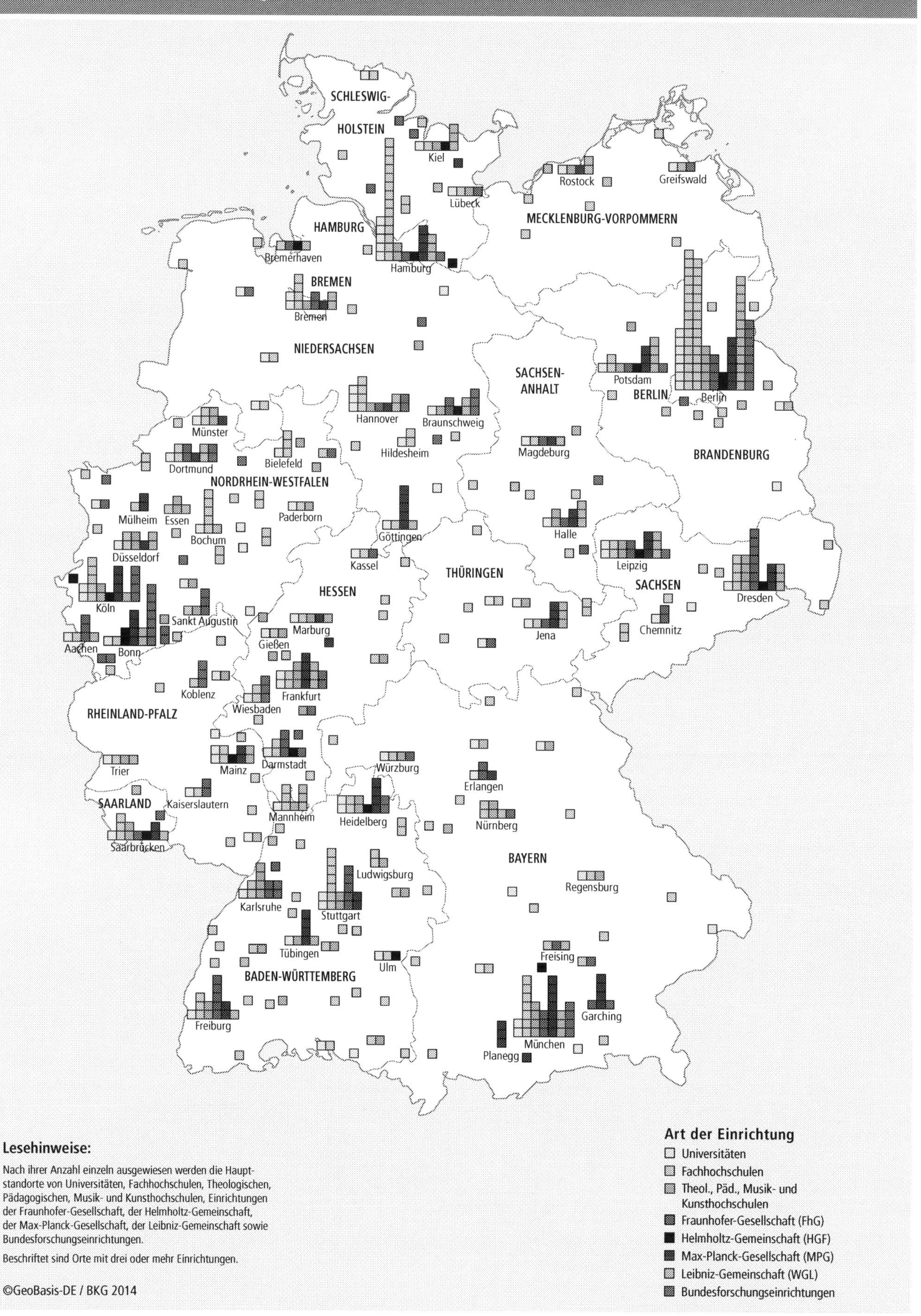

Aus Gründen der Darstellbarkeit nicht kartografisch ausgewiesen ist eine Vielzahl weiterer öffentlich finanzierter und im Research Explorer nachgewiesener Forschungseinrichtungen; zu nennen sind etwa die über 200 Landesforschungseinrichtungen sowie Bibliotheken, Archive und Sammlungen sowie die Akademien der Wissenschaften.

Die kartografische Darstellung lässt bereits gut erkennen, in welchen Regionen die öffentlich finanzierte Infrastruktur für Forschung und Entwicklung (FuE) gut ausgebaut ist, aber auch die Zusammenarbeit zwischen Hochschulen und außeruniversitären Forschungseinrichtungen über ein besonders solides Fundament verfügt. Das Thema wird in den Folgekapiteln weiter vertieft.

3.2 Einrichtungsbezogene Kennzahlen im Überblick

In Kapitel 2 wurden die verschiedenen Forschungsförderer vorgestellt, deren Förderhandeln mit den in diesem Bericht verwendeten Kennzahlen abgebildet wird. In diesem Kapitel erfolgt zunächst ein Überblick zu diesen Kennzahlen in der Differenzierung nach den Einrichtungsarten, an denen Wissenschaftlerinnen und Wissenschaftler mit den entsprechenden Mitteln Forschungsprojekte durchführen. Die gewählte Differenzierung lässt schnell erkennen, dass die im DFG-Förderatlas berücksichtigten Förderer selbst eine sehr unterschiedliche Ausrichtung auf die Forschung an Hochschulen, an außeruniversitären Forschungseinrichtungen sowie in Wirtschaft und Industrie aufweisen.

Forschungsförderer unterscheiden sich deutlich in ihren einrichtungsspezifischen Kundengruppen

Tabelle 3-1 gibt zunächst einen Überblick zur Beteiligung an den Drittmittelprogrammen von DFG, Bund und EU, mit gesondertem Ausweis der Förderung im Rahmen der Förderprogramme Industrielle Gemeinschaftsforschung (IGF) und Zentrales Innovationsprogramm Mittelstand – Kooperationen (ZIM-KOOP) des Bundes durch die Arbeitsgemeinschaft industrieller Forschungsvereinigungen (AiF). Eine sehr große Profilähnlichkeit ist

Tabelle 3-1:
Beteiligung[1] an Förderprogrammen für Forschungsvorhaben von DFG, Bund und EU nach Art der Einrichtung

Art der Einrichtung	DFG-Bewilligungen		Direkte FuE-Projektförderung des Bundes		IGF und ZIM-KOOP FuE-Projektförderung des Bundes		FuE-Förderung im 7. EU-FRP[2]	
	Mio. €	%	Mio. €	%	Mio. €	%	Mio. €	%
Hochschulen	6.746,2	87,9	3.460,6	37,6	541,0	57,1	1.113,6	37,6
Außeruniversitäre Einrichtungen	929,0	12,1	2.879,8	31,3	194,6	20,5	1.057,5	35,7
Fraunhofer-Gesellschaft (FhG)	22,6	0,3	721,9	7,8	71,0	7,5	242,4	8,2
Helmholtz-Gemeinschaft (HGF)	198,3	2,6	684,8	7,4	7,8	0,8	243,3	8,2
Leibniz-Gemeinschaft (WGL)	181,0	2,4	239,7	2,6	20,9	2,2	67,4	2,3
Max-Planck-Gesellschaft (MPG)	240,8	3,1	191,9	2,1	1,4	0,1	176,0	5,9
Bundesforschungseinrichtungen	50,8	0,7	137,3	1,5	11,7	1,2	34,5	1,2
Weitere Einrichtungen	235,6	3,1	904,2	9,8	81,9	8,6	293,7	9,9
Industrie und Wirtschaft	0,0	0,0	2.870,3	31,2	211,5	22,3	793,9	26,8
Insgesamt	7.675,2	100,0	9.210,7	100,0	947,2	100,0	2.965,0	100,0

[1] Nur Fördermittel für deutsche und institutionelle Mittelempfänger.
[2] Die hier ausgewiesenen Fördersummen zum 7. EU-Forschungsrahmenprogramm sind zu Vergleichszwecken auf einen 3-Jahreszeitraum entsprechend den Betrachtungsjahren der Fördersummen von DFG und Bund umgerechnet. Insgesamt haben die hier betrachteten Institutionen 6.918,4 Millionen Euro im 7. EU-Forschungsrahmenprogramm erhalten. Weitere methodische Ausführungen sind dem Methodenglossar im Anhang zu entnehmen.

Datenbasis und Quellen:
Arbeitsgemeinschaft industrieller Forschungsvereinigungen (AiF): Fördermittel für die Industrielle Gemeinschaftsforschung (IGF) und das Zentrale Innovationsprogramm Mittelstand – Kooperationen (ZIM-KOOP) 2011 bis 2013.
Bundesministerium für Bildung und Forschung (BMBF): Direkte FuE-Projektförderung des Bundes 2011 bis 2013 (Projektdatenbank PROFI).
Deutsche Forschungsgemeinschaft (DFG): DFG-Bewilligungen für 2011 bis 2013.
EU-Büro des BMBF: Beteiligungen am 7. EU-Forschungsrahmenprogramm (Laufzeit: 2007 bis 2013, Projektdaten mit Stand 21.02.2014).
Berechnungen der DFG.

hier für die direkte Projektförderung des Bundes und die EU-Förderung im 7. Forschungsrahmenprogramm festzustellen. In beiden Fällen entfallen die bereitgestellten Mittel zu ungefähr je einem Drittel auf Hochschulen, außeruniversitäre Forschungseinrichtungen sowie Industrie und Wirtschaft. Vergleiche mit entsprechenden Darstellungen in früheren Ausgaben des Förderatlas zeigen, dass dieses Verteilungsmuster eine hohe Stabilität hat. Aufseiten der außeruniversitären Einrichtungen dominieren in beiden Fällen die Fraunhofer-Gesellschaft (FhG) und die Helmholtz-Gemeinschaft (HGF).

Unter www.dfg.de/foerderatlas weist die Tabelle Web-28 die Beteiligung der genannten außeruniversitären Wissenschaftsorganisationen an den verschiedenen Förderprogrammen des 7. EU-Forschungsrahmenprogramms im Detail aus, die Tabelle Web-26 für die daran beteiligten deutschen Hochschulen.

Wie oben bereits für EU und Bund beschrieben, ist auch die institutionelle Zusammensetzung der DFG-Antragstellerschaft über die Jahre sehr konstant. Ihre Fördermittel werden ganz überwiegend von Forscherinnen und Forschern an Hochschulen nachgefragt, knapp 88 Prozent der DFG-Bewilligungen entfallen auf dieses Segment. Der höchste DFG-Anteil bei außeruniversitären Einrichtungen entfällt auf Angehörige der MPG, nur geringe Beteiligung ist für die FhG zu verzeichnen. Projekte in Industrie und Wirtschaft werden von der DFG nicht gefördert.

Die von der AiF umgesetzten und betreuten Programme der Industriellen Gemeinschaftsforschung (IGF) sowie das Zentrale Innovationsprogramm Mittelstand – Kooperationen (ZIM-KOOP) weisen wiederum ein sehr eigenständiges Beteiligungsprofil auf. Auch hier entfällt der Hauptanteil der Mittel in Höhe von 57 Prozent auf Hochschulen, aber auch außeruniversitäre Einrichtungen sowie Industrie und Wirtschaft sind mit jeweils ähnlich hohen Anteilen an den entsprechenden Programmen beteiligt – im Falle der Außeruniversitären mit klarem Fokus auf die Fraunhofer-Gesellschaft, die etwa ein Drittel der auf dieses Segment entfallenden AiF-Mittel verbucht.

Die aufgezeigten Unterschiede machen deutlich, wie wichtig es ist, die spezifische Ausrichtung nicht nur der einwerbenden Institutionen in den Blick zu nehmen, sondern auch das spezifische Profil der Förderer: Die DFG ist stark auf die erkenntnisgeleitete Forschung ausgerichtet und fördert vor allem den Hochschulsektor. Bund und EU und vor allem die AiF sind stärker auf die Anwendung und wirtschaftliche Verwertbarkeit wissenschaftlicher Erkenntnisse fokussiert. Daher sind hier wirtschaftsnahe Wissenschaftseinrichtungen wie zum Beispiel Technische Hochschulen oder auch Wirtschaft und Industrie selbst eine wichtige Zielgruppe. Umgekehrt gilt: Wer in großem Umfang Förderungen der DFG in Anspruch nimmt, profiliert sich in besonderer Weise auf dem Gebiet der erkenntnisgeleiteten Forschung. Forschungsinstitutionen hingegen, die ihre Fördermittel besonders bei Bund und EU einwerben, sind stärker auf die anwendungsnahe und unmittelbar wirtschaftlich verwertbare Forschung ausgerichtet.

Über das hochschulspezifische Drittmittelaufkommen bei Bund (mit gesondertem Ausweis der Programme IGF und ZIM-KOOP) und EU informieren Tabelle Web-23, Web-25 und Web-26 unter www.dfg.de/foerderatlas. Entsprechend der spezifischen Ausrichtung der direkten Projektförderung des Bundes haben hier vor allem Technische Hochschulen hohe Beträge eingeworben. Die höchste Summe entfällt mit knapp 150 Millionen Euro in drei Jahren (2011 bis 2013) auf die **TH Aachen.** Beträge über 100 Millionen Euro haben weiterhin Wissenschaftlerinnen und Wissenschaftler am **KIT Karlsruhe,** an der **TU München,** der **TU Dresden** und der **TU Berlin** eingeworben. Bei der EU sind mit jeweils knapp 80 Millionen Euro die **TU München** und die **TH Aachen** führend. Mit Beträgen über jeweils 60 Millionen Euro zählen auch die Universitäten **KIT Karlsruhe, U Stuttgart** und **TU Dresden** zu den führenden Hochschulen (vgl. Tabelle Web-6 unter www.dfg.de/foerderatlas).

AvH- und ERC-Geförderte setzen organisationsspezifisch unterschiedliche Akzente

Auch die beiden Kennzahlen zur internationalen Attraktivität und zum Erfolg im internationalen Wettbewerb sind in ihrer Verteilung auf die Einrichtungsarten über die Jahre sehr stabil. Zur Betrachtung kommen die Zahl der Forscherinnen und Forscher, die mit Mitteln der Alexander von Humboldt-Stiftung (AvH) einen längeren Forschungsaufenthalt an einem Standort ab-

Tabelle 3-2:
Anzahl der AvH- und ERC-Geförderten nach Art der Einrichtung

Art der Einrichtung	AvH-Geförderte		ERC-Geförderte[1]	
	N	%	N	%
Hochschulen	**4.575**	**76,5**	**426**	**65,6**
Außeruniversitäre Einrichtungen	**1.405**	**23,5**	**223**	**34,4**
Fraunhofer-Gesellschaft (FhG)	25	0,4	1	0,2
Helmholtz-Gemeinschaft (HGF)	209	3,5	45	6,9
Leibniz-Gemeinschaft (WGL)	204	3,4	12	1,8
Max-Planck-Gesellschaft (MPG)	749	12,5	127	19,6
Bundesforschungseinrichtungen	75	1,3	2	0,3
Weitere Einrichtungen	143	2,4	36	5,5
Insgesamt	**5.980**	**100,0**	**649**	**100,0**

[1] Ausgewiesen sind ERC-Geförderte in Deutschland.

Datenbasis und Quellen:
Alexander von Humboldt-Stiftung (AvH): Aufenthalte von AvH-Gastwissenschaftlerinnen und -wissenschaftlern 2009 bis 2013.
EU-Büro des BMBF: ERC-Förderung im 7. EU-Forschungsrahmenprogramm (Laufzeit: 2007 bis 2013, Projektdaten mit Stand 21.02.2014). Zahlen beinhalten Starting Grants (inklusive 2014), Advanced Grants und Consolidator Grants.
Berechnungen der DFG.

solvieren, sowie die Zahl der Personen, die im Berichtszeitraum 2007 bis 2014 einen Starting Grant oder einen Advanced Grant des European Research Council (ERC) eingeworben haben[1]. Wie schon im Förderatlas 2012 wählen drei von vier AvH-Geförderten Hochschulen für ihren Gastaufenthalt aus (vgl. Tabelle 3-2). Unter den außeruniversitären Einrichtungen dominiert klar die MPG als Zieladresse.

Auf zahlenmäßig deutlich kleinerer Basis (649 gegenüber 5.980 Personen) ergibt sich für ERC-Geförderte ein recht ähnliches Bild. Hier sind es zwei von drei international renommierten Wissenschaftlerinnen und Wissenschaftlern, die ihr mit einem ERC Grant gefördertes Forschungsvorhaben an einer Hochschule durchführen. Und auch hier ist es die MPG, die in diesem Fall mit knapp 20-prozentigem Anteil die zweitgrößte ERC-Gruppe an sich bindet – gefolgt von der HGF mit einem Anteil von knapp 7 Prozent.

1 Die Zahl der DAAD-Geförderten wird für den Vergleich nach Einrichtungsarten nicht herangezogen, da das jährliche DAAD-Fördervolumen für außeruniversitäre Forschungseinrichtungen gering ist. Siehe auch das Methodenglossar im Anhang unter dem Stichwort „DAAD-Förderung".

Wissenschaftlerinnen und Wissenschaftler an Hochschulen nutzen die verschiedenen Drittmittelquellen von Standort zu Standort mit unterschiedlichem Gewicht

In Kapitel 2 wurde auf Basis von Daten, die das Statistische Bundesamt bereitgestellt hat, bereits ausgeführt, welches Gewicht den verschiedenen Drittmittelgebern für den Hochschulbereich zukommt (vgl. Abbildung 2-5). Abbildung 3-2 zeigt, dass sich diese Anteile von Standort zu Standort durchaus unterscheiden – hier beschränkt auf die 40 drittmittelaktivsten Universitäten im Jahr 2012 (unter www.dfg.de/foerderatlas findet sich mit Tabelle Web-2 eine Übersicht in der Differenzierung nach Drittmittelgebern für 115 Hochschulen mit mehr als 5 Millionen Euro Drittmitteleinahmen).

Dabei ergibt sich etwa mit Blick auf den DFG-Anteil, der im Jahr 2012 bei durchschnittlich 33 Prozent lag, eine Spannweite von immerhin 20 bis annähernd 60 Prozent. Besonders hohe DFG-Anteile ergeben sich etwa für die Universitäten **U Konstanz** und **U Göttingen.** Vergleichsweise niedrige DFG-Anteile dokumentiert die amtliche Statistik für die **TU Chemnitz, U Duisburg-Essen, U Leipzig, TU München, U Stuttgart** und **U Ulm.**

Ähnlich verhält es sich mit den Werten für die Förderung durch den Bund. Einem Mit-

Abbildung 3-2:
Mittelgeberanteile an den Drittmitteln von Hochschulen 2012[1)]

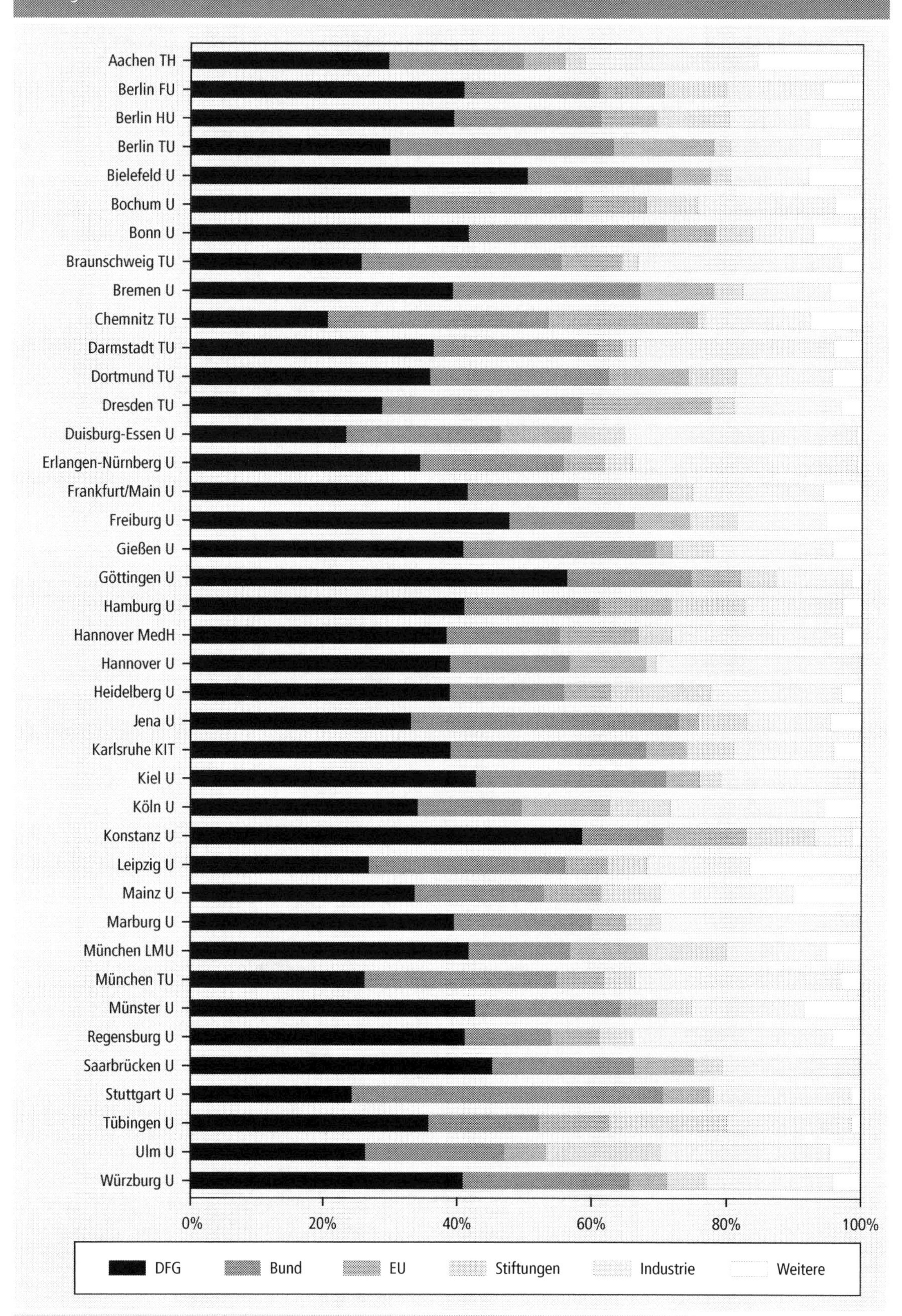

[1)] Abgebildet werden die 40 drittmittelaktivsten Hochschulen.

Datenbasis und Quelle:
Statistisches Bundesamt (DESTATIS): Bildung und Kultur. Finanzen der Hochschulen 2012. Fachserie 11, Reihe 4.5.
Berechnungen der DFG.

telwert in Höhe von 25 Prozent steht hier eine Spanne von 12 bis 46 Prozent gegenüber. Besonders hohe Anteile bei der Bundesförderung weisen die Universitäten **U Stuttgart, U Jena** und **TU Berlin** auf. Für die EU, Mittelwert rund 10 Prozent, reicht die Spanne von 2 bis 22 Prozent. Zu den besonders EU-affinen Hochschulen zählen die **TU Chemnitz,** die **TU Dresden** und, wie bei der Bund-Förderung, die **TU Berlin.**

Auch das Gewicht, das den bei Industrie und Wirtschaft eingeworbenen Drittmitteln zukommt, unterscheidet sich. Einem Gesamtwert von 19 Prozent insgesamt steht unter den 40 hier betrachteten Universitäten ein Spektrum von 6 bis 34 Prozent gegenüber. Ein vergleichsweise wirtschaftsnahes Drittmittelprofil weisen unter den 40 größten Drittmittel-Universitäten die **U Duisburg-Essen,** die **U Erlangen-Nürnberg** sowie die **TU München** auf.

Der Berichtskreis des Förderatlas fokussiert auf besonders drittmittelaktive Hochschulen

Wie schon in der hier einleitenden Übersicht auf Basis von Drittmitteldaten aus den Erhebungen des Statistischen Bundesamts werden in den folgenden Tabellen und Grafiken des Berichts nur die Werte für die jeweils 40 drittmittelaktivsten Hochschulen je Förderer ausgewiesen. Im Internet unter www.dfg.de/foerderatlas finden sich darüber hinaus zu jedem Thema umfassende tabellarische Übersichten nach Hochschulen und außeruniversitären Forschungseinrichtungen getrennt.

3.3 DFG-Bewilligungen an Hochschulen

Im Förderatlas 2012 wurde der Umstand, dass die Berichtsreihe seinerzeit einen Gesamtzeitraum von 20 Jahren (1991 bis 2010) abdeckte, zum Anlass genommen für eine umfassende Betrachtung der Rangreihenveränderungen über diese Zeitspanne (DFG, 2012: 73ff.). Der Hauptbefund war, dass die Rangreihen über die verschiedenen Ausgaben der Reihe hinweg eine auffallend hohe Stabilität aufweisen. Insbesondere zwischen den Rangreihen der Ausgaben 2012 und 2009 gab es praktisch kaum nennenswerte Unterschiede – statistisch zum Ausdruck gebracht in auffallend hohen Korrelationen der gegenübergestellten Rangreihen. Auch die Rangreihe des DFG-Förderatlas 2015 stimmt wieder sehr stark mit dem aus früheren Jahren bekannten Muster überein. Der Korrelationskoeffizient, der sich aus dem Vergleich der 2015er- und 2012er-Reihenfolge ergibt, liegt bei Spearman's R = 0,97 (ein Koeffizient von 1,0 wäre gegeben, wenn beide Reihen komplett identisch wären, der Wert -1,0 würde auf zwei komplett gegenläufige Rangreihen verweisen)[2].

Zu beachten ist dabei eine Erweiterung der Datenbasis, die auf die Rangfolgen generell aber kaum Einfluss ausübt: Mit dieser Ausgabe des DFG-Förderatlas werden, wie bereits in Kapitel 2.3 ausgeführt, erstmals auch die Summen ausgewiesen, die Hochschulen für Forschungsgroßgeräte sowie für Wissenschaftliche Literaturversorgungs- und Informationssysteme bei der DFG eingeworben haben. Dies trägt dem mehrfach geäußerten Wunsch Rechnung, im Förderatlas auch Aussagen zur Beteiligung von Forschungseinrichtungen an den entsprechenden Instrumenten zur Infrastrukturförderung zu treffen. Bisher war davon Abstand genommen worden, weil der Förderatlas auf DFG-Instrumente fokussiert, die eine fachliche Differenzierung der vorgestellten Kennzahlen zulassen. Die bis dahin einzige Ausnahme stellen die Zukunftskonzepte im Rahmen der Exzellenzinitiative dar, die ebenso wie die Infrastrukturförderung keine fachbezogenen Bewilligungen erfahren.

3.3.1 DFG-Bewilligungen an Hochschulen in der absoluten Betrachtung

Mit oder ohne Berücksichtigung der Infrastrukturprogramme ergeben sich mit Blick auf die Hochschulen, die die Rangreihe anführen, zwei bemerkenswerte Veränderungen im Detail: Wurde noch 2012 darauf verwiesen, dass die **LMU München** und die **TH Aachen** seit Beginn der Berichtsreihe jeweils mit erkennbarem Abstand die Rangreihe angeführt haben, bilden diese nun mit der **U Heidelberg** ein Führungstrio (vgl. Abbildung 3-3). Mit jeweils nur geringem Unterschied im bewilligten Mittelvolumen, aber doch deutlich abgesetzt von den folgenden

2 Siehe auch das Methodenglossar im Anhang unter dem Stichwort „Korrelationskoeffizient".

Abbildung 3-3:
DFG-Bewilligungen für 2011 bis 2013 nach Hochschulen und Fachgebieten[1]

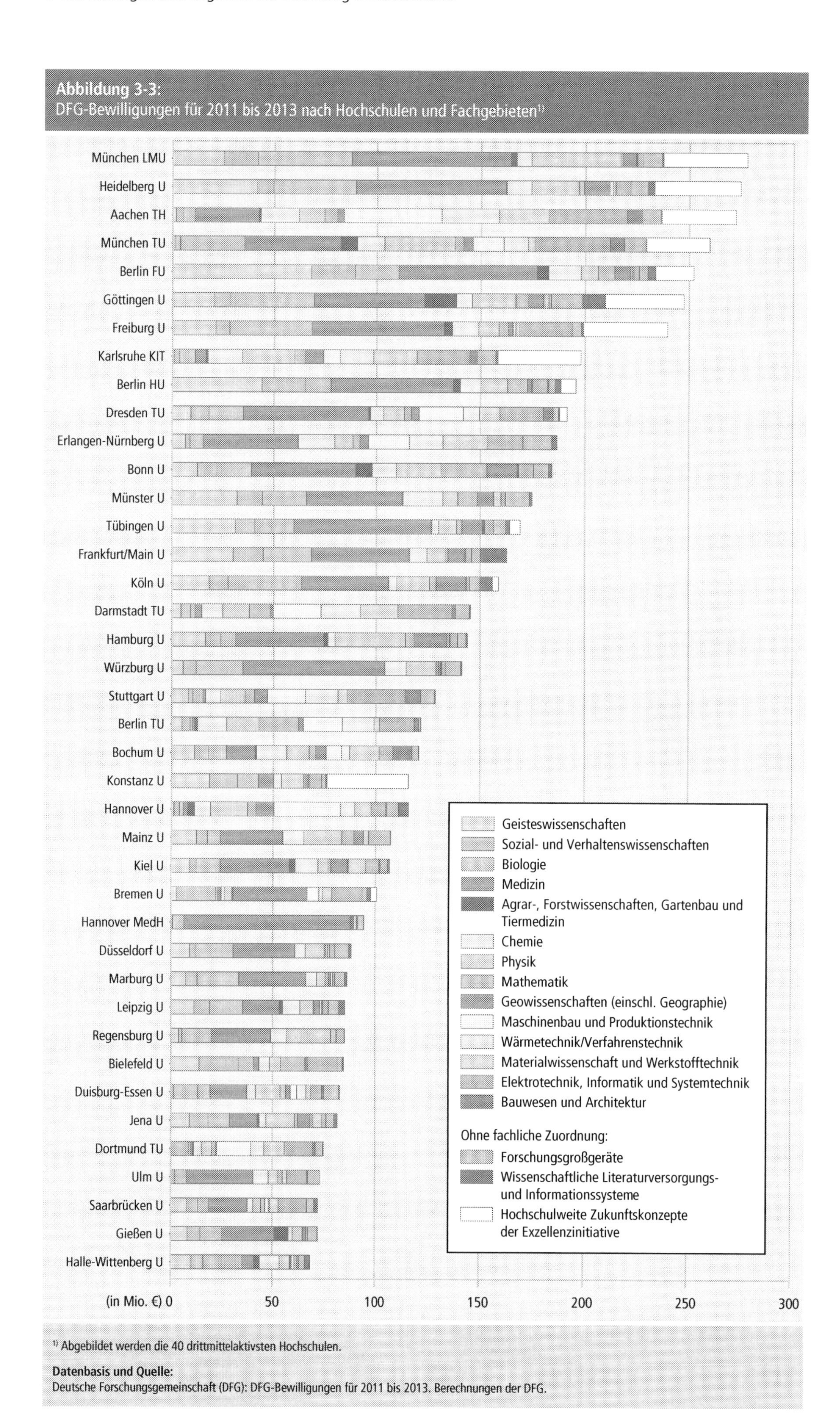

[1] Abgebildet werden die 40 drittmittelaktivsten Hochschulen.

Datenbasis und Quelle:
Deutsche Forschungsgemeinschaft (DFG): DFG-Bewilligungen für 2011 bis 2013. Berechnungen der DFG.

Hochschulen treten die drei Universitäten als DFG-drittmittelaktivste Hochschulen in Erscheinung (auch ohne die beiden neu berücksichtigten Infrastrukturprogramme, wobei hier der für die **TH Aachen** und **U Heidelberg** ermittelte Gesamtbeitrag bei jeweils 263 Millionen Euro, für die **LMU München** bei 268 Millionen Euro läge).

Die zweite bemerkenswerte Veränderung ergibt sich für die **TU Dresden.** Wurde für diese Universität schon im Förderatlas 2012 hervorgehoben, dass sie seit Beginn der Berichtsreihe eine Ausnahmeentwicklung durchlaufen hat – von Rang 35 in der ersten Hälfte der 1990er-Jahre auf Rang 13 im Berichtszeitraum 2008 bis 2010 –, ist sie nun Teil der zehn bewilligungsaktivsten DFG-Hochschulen. Größere Veränderungen ergeben sich schließlich weiterhin für die **TU Berlin** (plus 5 Rangplätze), die **U Marburg** (plus 6 Rangplätze) sowie insbesondere für die **U Leipzig** (plus 7 Rangplätze).

Die Zahl der Hochschulen mit DFG-geförderten Projekten nimmt nach wie vor zu, die Unterschiede in den Bewilligungsvolumina je Standort werden geringer

DFG-Bewilligungen verteilen sich ungleichmäßig auf die rund 420 Hochschulen in Deutschland. Insgesamt sind von der DFG im Zeitraum 2011 bis 2013 Forschungsvorhaben an 210 Hochschulen, davon 105 Universitäten, 82 Fachhochschulen und 23 Musik- und Kunsthochschulen, gefördert worden. Diese partizipieren allerdings in höchst unterschiedlichem Umfang an der DFG-Förderung. Wissenschaftlerinnen und Wissenschaftler aller Hochschulen gemeinsam warben im Berichtszeitraum 6.746 Millionen Euro bei der DFG ein. Davon entfielen 6.713 Millionen Euro auf Universitäten, die damit innerhalb des Hochschulsektors 99,5 Prozent des Bewilligungsvolumens auf sich verbuchen können. Auf die 40 bewilligungsaktivsten Hochschulen entfällt ein Betrag von 5.841 Millionen Euro. Dies entspricht einem Anteil von 86,6 Prozent an den im Förderatlas 2015 betrachteten Bewilligungen der DFG für den Hochschulsektor.

Dabei lässt sich eine interessante Entwicklung beobachten: Im Förderatlas 2012 summierte sich das DFG-Bewilligungsvolumen der auf dem ersten Rang platzierten TH Aachen noch auf einen um das 4,52-fach höheren Betrag als dem der Universität auf Rang 40 (TU Braunschweig). Aus den Werten der 2009er-Ausgabe errechnet sich ein Quotient von 4,92. In der aktuellen Übersicht liegt der Faktor im Vergleich der Ränge 1 (LMU München) und 40 (U Halle-Wittenberg) bei 4,06 und damit deutlich niedriger. Die „Drittmittel-Hochburgen" entfernen sich also nicht immer weiter von den kleineren Hochschulen. Vielmehr schließen Letztere auf, und der Abstand verringert sich.

Derzeit ist es noch zu früh, hieraus auf einen Trend zu schließen. Für den Moment lässt sich festhalten, dass es zwar eine ungleiche institutionelle Beteiligung an der Exzellenzinitiative gibt, aber keine Entwicklung hin zu einem Auseinanderdriften zunehmend drittmittelstarker versus zunehmend drittmittelschwacher Einrichtungen – zumindest bezogen auf die DFG-Förderung.

3.3.2 DFG-Rangreihen von Hochschulen im Vergleich der Wissenschaftsbereiche

Abbildung 3-3 veranschaulicht, dass sich das DFG-Bewilligungsvolumen der dort ausgewiesenen Universitäten sehr unterschiedlich auf die Fächer verteilt. Dabei wird deutlich, wie wichtig es ist, bei Forschungskennzahlen generell, aber insbesondere auch bei Kennzahlen, die sich auf Drittmitteldaten stützen, den sehr unterschiedlichen Stellenwert zu berücksichtigen, der Drittmitteln in den verschiedenen Fachkulturen zukommt (vgl. auch Kapitel 4.1). Bezogen auf DFG-Bewilligungen ist beispielsweise zu beachten, dass Hochschulen mit universitätsmedizinischem Schwerpunkt und Technische Hochschulen in der Regel überdurchschnittlich von DFG-Mitteln profitieren, zum einen, weil auf die Medizin generell ein großer Anteil der Bewilligungen der DFG entfällt (vgl. Abbildung 4-2), zum anderen, weil für Teile der Ingenieurwissenschaften besonders hohe Pro-Kopf-Bewilligungen typisch sind (vgl. Abbildung 4-1).

Um diesen Umstand zu berücksichtigen, stellt Tabelle 3-3 der aus der vorherigen Abbildung bekannten Übersicht für Universitäten insgesamt hier die Rangreihen der vier von der DFG unterschiedenen Wissenschaftsbereiche gegenüber.

In Kapitel 4 werden diese fachbezogenen Analysen weiter vertieft und die hochschulspezifischen Fördermittel weiter nach verschiedenen Forschungsfeldern unterschieden. Die in der Tabelle angegebenen Fördersum-

Tabelle 3-3:
Die Hochschulen mit den höchsten DFG-Bewilligungen für 2011 bis 2013 insgesamt und in den verschiedenen Wissenschaftsbereichen

DFG-Bewilligungen[1] gesamt		Geistes- und Sozialwissenschaften[2]		Lebens-wissenschaften[2]		Natur-wissenschaften[2]		Ingenieur-wissenschaften[2]	
Hochschule	**Mio. €**	**Hochschule**	**Mio. €**	**Hochschule**	**Mio. €**	**Hochschule**	**Mio. €**	**Hochschule**	**Mio. €**
München LMU	277,8	Berlin FU	89,3	München LMU	125,1	Bonn U	69,7	Aachen TH	143,5
Heidelberg U	274,7	Berlin HU	65,1	Heidelberg U	112,9	Hamburg U	57,5	Darmstadt TU	88,4
Aachen TH	272,5	Heidelberg U	49,4	Göttingen U	110,2	München LMU	57,1	Erlangen-Nürnberg U	74,4
München TU	259,9	Frankfurt/Main U	44,8	Freiburg U	108,6	Karlsruhe KIT	56,8	Stuttgart U	74,3
Berlin FU	252,2	Münster U	44,4	Berlin FU	93,1	München TU	55,9	Karlsruhe KIT	74,2
Göttingen U	247,6	München LMU	41,9	Würzburg U	92,3	Berlin TU	51,9	München TU	72,8
Freiburg U	239,6	Tübingen U	40,9	Hannover MedH	87,7	Heidelberg U	49,3	Dresden TU	64,4
Karlsruhe KIT	198,2	Bielefeld U	33,3	München TU	86,5	Münster U	43,4	Berlin TU	56,1
Berlin HU	195,8	Konstanz U	32,5	Tübingen U	85,6	Bremen U	42,2	Hannover U	55,2
Dresden TU	191,6	Göttingen U	28,0	Dresden TU	79,1	Göttingen U	41,8	Dortmund TU	48,5
Erlangen-Nürnberg U	186,7	Freiburg U	27,6	Köln U	78,8	Aachen TH	40,4	Bochum U	41,5
Bonn U	184,4	Köln U	27,3	Bonn U	76,0	Berlin FU	39,3	Chemnitz TU	33,1
Münster U	174,8	Mannheim U	24,0	Berlin HU	75,1	Hannover U	39,3	Braunschweig TU	30,4
Tübingen U	169,0	Hamburg U	23,8	Frankfurt/Main U	71,2	Mainz U	39,1	Freiburg U	28,7
Frankfurt/Main U	162,8	Bonn U	21,8	Münster U	68,5	Köln U	36,9	Freiberg TU	27,5
Köln U	158,8	Bremen U	21,7	Marburg U	53,3	Darmstadt TU	35,5	Bremen U	27,0
Darmstadt TU	145,3	Leipzig U	18,9	Erlangen-Nürnberg U	52,9	Erlangen-Nürnberg U	34,3	Ilmenau TU	24,0
Hamburg U	143,9	Potsdam U	18,8	Hamburg U	52,6	Bochum U	33,7	Kaiserslautern TU	22,2
Würzburg U	141,3	Jena U	18,1	Düsseldorf U	48,7	Berlin HU	33,5	Paderborn U	20,6
Stuttgart U	128,4	Bochum U	18,0	Kiel U	48,5	Regensburg U	31,9	Saarbrücken U	20,4
Berlin TU	121,5	Dresden TU	17,7	Regensburg U	43,7	Stuttgart U	30,7	Hamburg-Harburg TU	17,6
Bochum U	120,5	Mainz U	17,5	Gießen U	43,2	Freiburg U	29,0	Magdeburg U	17,2
Konstanz U	115,5	Halle-Wittenberg U	15,8	Ulm U	38,7	Würzburg U	26,9	Duisburg-Essen U	16,6
Hannover U	115,5	Gießen U	14,4	Aachen TH	38,1	Frankfurt/Main U	26,6	Kiel U	16,2
Mainz U	107,4	Saarbrücken U	13,3	Mainz U	37,1	Kiel U	25,6	Bielefeld U	15,5
Kiel U	106,7	Duisburg-Essen U	13,1	Leipzig U	35,9	Jena U	24,7	Clausthal TU	13,9
Bremen U	100,5	Marburg U	12,8	Halle-Wittenberg U	28,0	Tübingen U	24,5	Rostock U	13,8
Hannover MedH	94,3	Kiel U	12,0	Jena U	25,6	Bayreuth U	24,3	Ulm U	12,6
Düsseldorf U	88,1	Trier U	12,0	Lübeck U	25,0	Dresden TU	23,5	Siegen U	11,7
Marburg U	86,2	Düsseldorf U	11,9	Saarbrücken U	24,7	Bielefeld U	22,6	Bayreuth U	10,8
Leipzig U	85,3	Würzburg U	11,8	Duisburg-Essen U	24,6	Duisburg-Essen U	20,7	Kassel U	10,6
Regensburg U	85,1	Bamberg U	11,0	Bochum U	23,9	Potsdam U	18,7	Heidelberg U	10,0
Bielefeld U	84,5	Stuttgart U	10,3	Magdeburg U	19,3	Leipzig U	18,3	Berlin HU	9,0
Duisburg-Essen U	82,7	Darmstadt TU	9,1	Hohenheim U	18,3	Konstanz U	16,7	Bonn U	8,1
Jena U	81,6	Berlin TU	8,8	Konstanz U	17,7	Kaiserslautern TU	16,6	Jena U	7,8
Dortmund TU	74,9	Erlangen-Nürnberg U	8,7	Oldenburg U	15,2	Halle-Wittenberg U	15,4	Weimar U	7,6
Ulm U	73,2	Dortmund TU	8,6	Karlsruhe KIT	13,7	Düsseldorf U	15,3	Konstanz U	6,8
Saarbrücken U	72,3	Bayreuth U	8,3	Osnabrück U	12,4	Ulm U	13,9	Oldenburg U	6,1
Gießen U	72,2	Oldenburg U	7,8	Bayreuth U	12,4	Augsburg U	12,9	Münster U	5,7
Halle-Wittenberg U	68,4	Erfurt U	7,2	Greifswald U	12,3	Marburg U	12,2	München UdBW	5,4
Rang 1–40	**5.841,6**	**Rang 1–40**	**921,8**	**Rang 1–40**	**2.116,5**	**Rang 1–40**	**1.308,9**	**Rang 1–40**	**1.250,1**
Weitere HS[3]	**904,6**	**Weitere HS[3]**	**116,6**	**Weitere HS[3]**	**94,8**	**Weitere HS[3]**	**121,1**	**Weitere HS[3]**	**92,6**
HS insgesamt	**6.746,2**	**HS insgesamt**	**1.038,5**	**HS insgesamt**	**2.211,3**	**HS insgesamt**	**1.430,0**	**HS insgesamt**	**1.342,7**
Basis: N HS	**210**	**Basis: N HS**	**150**	**Basis: N HS**	**83**	**Basis: N HS**	**97**	**Basis: N HS**	**121**

[1] Einschließlich der hochschulweit erfolgenden Bewilligungen der 3. Förderlinie in der Exzellenzinitiative (Zukunftskonzepte) sowie der Infrastrukturförderung.
[2] Ohne Bewilligungen im Rahmen der Zukunftskonzepte und der Infrastrukturförderung.
[3] Daten zu weiteren Hochschulen gehen aus den Tabellen Web-7, Web-8, Web-9, Web-10 und Web-11 unter www.dfg.de/foerderatlas hervor.

Datenbasis und Quelle:
Deutsche Forschungsgemeinschaft (DFG): DFG-Bewilligungen für 2011 bis 2013.
Berechnungen der DFG.

men zu den vier Wissenschaftsbereichen schließen neben der Einzelförderung und den Koordinierten Programmen auch die erste und zweite Förderlinie der Exzellenzinitiative ein, nicht jedoch die Fördersummen für die hochschulweit ausgerichteten Zukunftskonzepte sowie die in diesem Förderatlas erstmals betrachteten Infrastrukturprogramme, da diese fachlich nicht zuzuordnen sind. Die Summe der Beträge in den vier Wissenschaftsbereichen je Hochschule fällt also geringer aus als der in der ersten Spalte ausgewiesene Betrag für DFG-Bewilligungen gesamt.

In den Geistes- und Sozialwissenschaften stehen mit großem Abstand die **FU Berlin** und die **HU Berlin** an der Spitze der Rangreihe. Mit absolut hohen Summen sind weiterhin die **U Heidelberg, U Frankfurt/Main** und **U Münster** sowie die **LMU München** und die **U Tübingen** in dieser Übersicht vertreten.

Einen Schwerpunkt auf die Lebenswissenschaften setzen vor allem die **LMU München** sowie die **U Heidelberg, U Göttingen** und **U Freiburg** – jeweils mit Bewilligungssummen deutlich über 100 Millionen Euro in den betrachteten drei Jahren.

Die meisten DFG-Fördermittel in den Naturwissenschaften (einschließlich Mathematik) konnten die **U Bonn, U Hamburg, LMU München,** das **KIT Karlsruhe,** die **TU München** sowie die **TU Berlin** einwerben.

Spitzenreiter in den Ingenieurwissenschaften (einschließlich Informatik) ist nach wie vor die **TH Aachen,** die mit über 140 Millionen Euro in drei Jahren die Rangreihe deutlich vor der **TU Darmstadt** sowie der **U Erlangen-Nürnberg, U Stuttgart,** dem **KIT Karlsruhe** und der **TU München** anführt.

In allen Fällen ergibt sich auch hier, mit Blick auf die einzelnen Wissenschaftsbereiche, eine große Ähnlichkeit mit den im Förderatlas 2012 berichteten Rangreihen. Statistisch kommt die hohe Übereinstimmung im bereits bekannten Rangkorrelations-Koeffizienten[3] zum Ausdruck, der sich in den vier Wissenschaftsbereichen in einem Spektrum von Spearman's R = 0,94 bis 0,97 bewegt. Diese Werte verweisen auf ein im Grunde hoch stabiles System.

Mit Blick auf die oben wegen ihrer etwas stärkeren Rangplatzveränderungen hervorgehobenen ostdeutschen Universitäten ergibt sich für die **TU Dresden** sowohl eine höhere Rangposition in den Geistes- und Sozialwissenschaften (Förderatlas 2012: Rang 27, 2015: Rang 21) wie in den Lebenswissenschaften (2012: Rang 16, 2015: Rang 10). Auch die **U Leipzig** nimmt heute im Vergleich stärker DFG-Mittel für geistes- und sozialwissenschaftliche Forschungsprojekte in Anspruch als im 2012 betrachteten Berichtszeitraum (2012: Rang 21, 2015: Rang 17). Für die anderen Wissenschaftsbereiche sind keine auffälligen Veränderungen feststellbar. Die **TU Berlin** weist einen leichten Zuwachs in den Ingenieurwissenschaften auf (2012: Rang 11, 2015: Rang 8), findet sich aber jetzt zum ersten Mal in der Liste der 40 bewilligungsaktivsten Hochschulen der Geistes- und Sozialwissenschaften (Rang 35).

Ebenfalls deutlich mehr DFG-Bewilligungen hat die **U Göttingen** erhalten, die in den Geistes- und Sozialwissenschaften sowie in den Naturwissenschaften vom jeweils 16. auf den 10. Rang aufstieg. In den Lebenswissenschaften gelang der Sprung vom 9. auf den 3. Rang. In den Geistes- und Sozialwissenschaften haben darüber hinaus die **U Freiburg,** die **U Potsdam,** die **U Düsseldorf** und die schon erwähnte **TU Berlin** ihre Position ausgebaut. In den Lebenswissenschaften gelang dies neben den schon erwähnten Standorten auch der **U Hamburg,** in den Naturwissenschaften in besonderer Weise der **TH Aachen** sowie der **TU Darmstadt** und der **U Freiburg.** In den Ingenieurwissenschaften weist schließlich die **U Erlangen-Nürnberg** größere Zuwächse auf (2012: Rang 8, 2015: Rang 3), und auch die **HU Berlin** findet sich erstmals unter den 40 bewilligungsaktivsten Universitäten in den Ingenieurwissenschaften (Rang 33) – in diesem Fall zurückzuführen vor allem auf Projekte im Fachgebiet Elektrotechnik, Informatik und Systemtechnik.

3.3.3 DFG-Bewilligungen an Hochschulen in der relativen Betrachtung

Einen weiteren Zugang zu der Frage, wie die unterschiedlichen fachlichen Profile von Hochschulen bei der Berechnung von Drittmittelkennzahlen zu berücksichtigen sind, bieten die folgenden Analysen. Die zugrunde liegende Methodik wurde erstmals im Förderatlas 2012 angewandt, um eine möglichst

3 Siehe auch das Methodenglossar im Anhang unter dem Stichwort „Korrelationskoeffizient".

einfache Antwort auf die Frage zu erhalten, wie erfolgreich es Hochschulen gelingt, ihre Gleichstellungsziele zu erreichen (DFG, 2012: 93ff.). Unter Zugrundelegung von Daten zum wissenschaftlichen Personal an Hochschulen wurde dort berechnet, wie viele Professorinnen beziehungsweise wissenschaftliche Mitarbeiterinnen eine Hochschule aufweisen müsste, wenn sie in jedem dort vertretenen Fachgebiet genauso viele Frauen beschäftigen würde, wie es dem Bundesdurchschnitt des jeweiligen Fachgebiets entspricht. Aus den bis zu 12 Einzelwerten wurde in Entsprechung zum jeweiligen Fächer-Mix einer Hochschule ein einrichtungsweiter, „statistisch erwarteter" Frauenanteil berechnet und dem tatsächlichen Frauenanteil gegenübergestellt. Mit dieser sehr einfachen Methode war es möglich, durchschnittliche von über- sowie von unterdurchschnittlich erfolgreichen Hochschulen zu unterscheiden. Diese Form des „Chancengleichheits-Monitorings" wurde wegen des großen Interesses an häufigeren Aktualisierungen 2014 in die gleichnamige Publikationsreihe der DFG überführt (vgl. www.dfg.de/zahlen-fakten).

Um in ähnlicher Weise zu ermitteln, welche DFG-Bewilligungssummen für eine Universität rein statistisch zu erwarten wären, wurde mithilfe der in Tabelle Web-34 (unter www.dfg.de/foerderatlas) ausgewiesenen Pro-Kopf-Bewilligungen für die Universitäten analog das fachstrukturbereinigte „statistisch erwartbare" Drittmittelvolumen gemäß dem Einrichtungsdurchschnitt berechnet. Die Berechnung beschränkt sich auf den Sektor Universitäten, da diese, wie zu Beginn dieses Kapitels ausgeführt, das Gros der DFG-Drittmittel einwerben. Die Zuordnung von DFG-Bewilligungen zu Personaldaten erfolgte auf Grundlage der in Tabelle 4-1 ausgewiesenen 14 Fachgebiete. Bezogen auf DFG-Bewilligungen aggregieren diese das nach 48 Fachkollegien aufgeschlüsselte Förderhandeln (vgl. Kapitel 4.1). Bezogen auf das Personal an Hochschulen erfolgt die Zuordnung auf der Grundlage der Fachsystematik des Statistischen Bundesamts (die entsprechende Konkordanz findet sich als Tabelle Web-32 unter www.dfg.de/foerderatlas). Die berechneten Kennzahlen bewegen sich von Universität zu Universität in einem mal kleineren, mal größeren Toleranzbereich, je nachdem, welche fachlichen Akzente innerhalb dieser Fachgebiete vor Ort jeweils gesetzt werden. Als Beitrag zur Diskussion um die Frage nach der relativen DFG-Aktivität einer Hochschule bieten die Zahlen gleichwohl hinreichend belastbare Anhaltspunkte[4].

Abbildung 3-4 weist die 40 Universitäten aus, die mit Blick auf die dort angesiedelten Professuren die höchsten Drittmittelquoten im Vergleich zum fachstrukturbereinigten statistischen Erwartungswert aufweisen. Betrachtet man die Abbildung zunächst als Rangreihe, fallen als wesentliche Unterschiede zur absoluten Betrachtung die Unterschiede an deren Spitze auf. Hier erscheinen nun auch eher mittelgroße und dementsprechend bei der absoluten DFG-Betrachtung auf mittleren Rängen geführte Universitäten wie **U Konstanz** und **MedH Hannover** auf hohen Rängen. Und auch der kleinen und stark auf die Geistes- und vor allem Sozialwissenschaften fokussierten Universität **U Bielefeld** gelingt unter Berücksichtigung ihres sehr spezifischen Fächerprofils der Sprung in die Gruppe der zehn fachstrukturbereinigt DFG-aktivsten Universitäten.

Bei genauerer Betrachtung ist gleichwohl festzuhalten, dass die Verteilung insgesamt nur wenige Unterschiede zu der in Tabelle 3-3 vorgestellten Rangfolge aufweist. So finden sich sechs der zehn die absolute Rangreihe anführenden Universitäten auch hier unter den zehn führenden Hochschulen, bei Ausweitung auf 20 Fälle liegt die Übereinstimmung bei 15 Hochschulen. Bezogen auf alle 80 der Berechnung zugrunde liegenden Hochschulen ergibt sich ein sehr hoher Korrelationskoeffizient von Spearman's R = 0,85. Grundsätzlich kann festgehalten werden, dass Hochschulen, die absolut betrachtet hohe DFG-Bewilligungsvolumina aufweisen, in aller Regel auch bei einer relativen Pro-Kopf-Betrachtung überdurchschnittliche Werte aufweisen. Die hier gewählte Methode bestätigt damit einen Befund, der schon in früheren Ausgaben des Förderatlas immer wieder akzentuiert wurde.

Die relative Betrachtung zeigt vor allem für an der Exzellenzinitiative beteiligte Hochschulen führende Plätze

Schon bezogen auf die absolute Betrachtung war ein deutlicher Zusammenhang zwischen der Beteiligung einer Hochschule an der Exzellenzinitiative und ihrer Positionierung in

4 Siehe auch das Methodenglossar im Anhang unter dem Stichwort „Fachstrukturbereinigte Drittmittel".

Abbildung 3-4:
Verhältnis der DFG-Bewilligungen für 2011 bis 2013 zu den fachstrukturbereinigten statistischen Erwartungswerten der 40 bewilligungsaktivsten Hochschulen

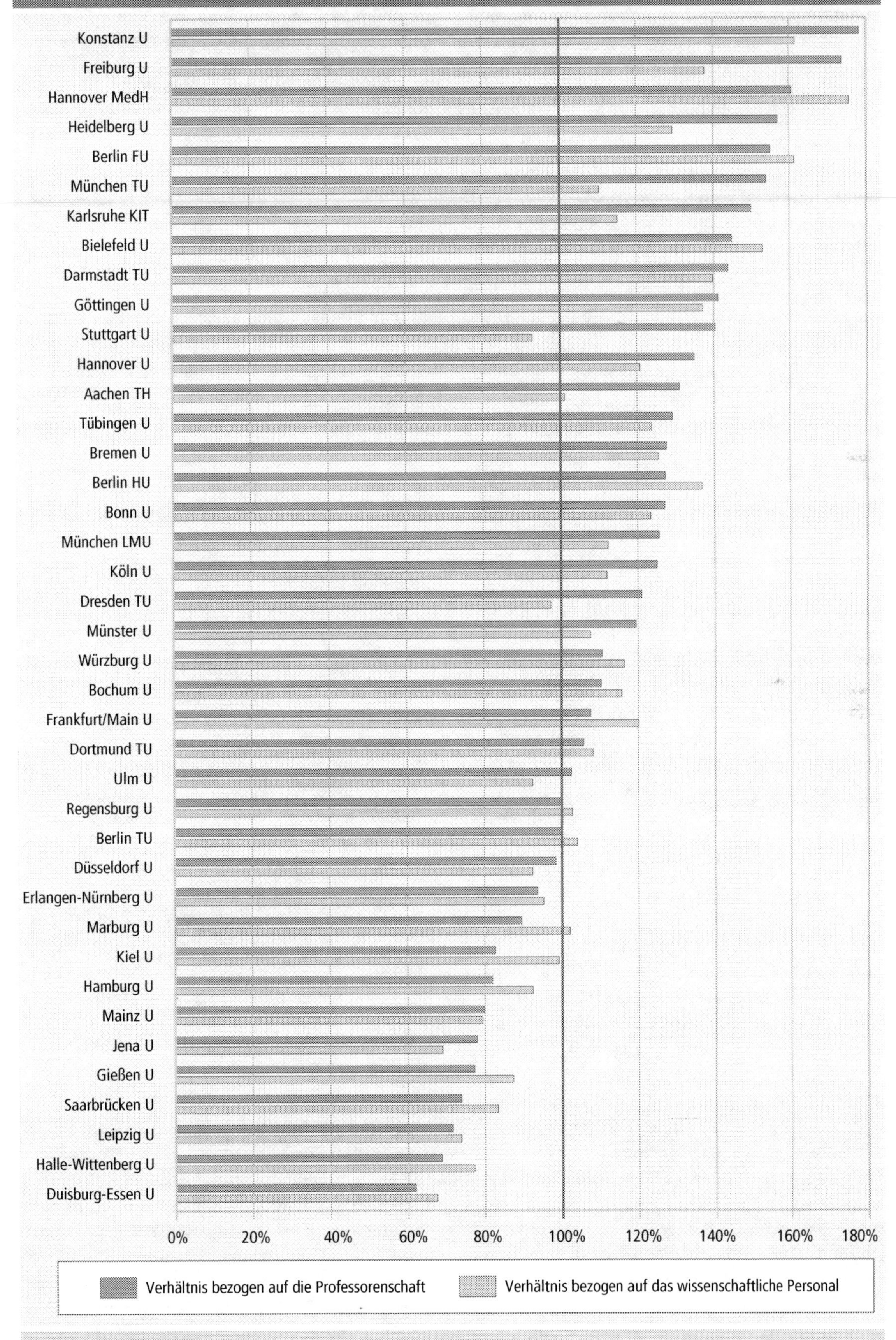

Datenbasis und Quellen:
Deutsche Forschungsgemeinschaft (DFG): DFG-Bewilligungen für 2011 bis 2013.
Statistisches Bundesamt (DESTATIS): Bildung und Kultur. Personal an Hochschulen 2012. Sonderauswertung zur Fachserie 11, Reihe 4.4.
Berechnungen der DFG.

der DFG-Bewilligungs-Rangreihe erkennbar. Dies gilt insbesondere für jene Hochschulen, die bereits in der ersten Phase der Exzellenzinitiative mit einem Zukunftskonzept erfolgreich waren und daher im hier betrachteten Berichtszeitraum (2011 bis 2013) dort in größerem Umfang Mittel einwarben. Allerdings üben die mit der Exzellenzinitiative eingeworbenen Mittel – sowohl für Zukunftskonzepte wie für die beiden von der DFG betreuten Förderlinien – in kaum einem Fall einen größeren Einfluss auf die Platzierung einer Hochschule aus. Die absolute Rangfolge der Universitäten würde auch ohne Berücksichtigung dieser Mittel sehr ähnlich ausfallen. So finden sich neun der zehn die gesamte absolute Rangreihe anführenden Universitäten auch in einer Rangreihe ohne Berücksichtigung der Mittel der Exzellenzinitiative unter den „Top Ten" (wenn auch innerhalb dieses Segments mit einigen Verschiebungen). Bei einer Ausweitung auf 20 Rangplätze sind es 19 Hochschulen, die in beiden Fällen die Rangreihen anführen. Mathematisch bringt der Korrelationskoeffizient von Spearman's R = 0,95 die große Ähnlichkeit der Rangreihen mit/ohne Berücksichtigung der Exzellenzmittel zum Ausdruck (vgl. auch Tabelle Web-12 unter www.dfg.de/foerderatlas).

Nimmt man nun erneut die personal- und fachrelativierte Abbildung in den Blick, erweisen sich auch hier die Zukunftskonzept-Universitäten als weit überdurchschnittlich DFG-aktiv. Dabei ist zu beachten, dass die Zukunftskonzept-Mittel (ebenso wie die Bewilligungen für Infrastrukturprogramme) wegen ihres fehlenden Fächerbezugs nicht in diese relativierte Berechnung eingeflossen sind.

Alle Zukunftskonzept-Universitäten sowohl der ersten wie der zweiten (erst 2012 entschiedenen) Phase finden sich auch in der relativen Betrachtung auf führenden Plätzen, sechs davon unter den zehn relativ DFG-aktivsten Universitäten. Von 40 relativ erfolgreichen Universitäten sind nur fünf *nicht* an der Exzellenzinitiative beteiligt. Unter den 20 führenden Universitäten haben nahezu alle zwei und mehr Graduiertenschulen oder Exzellenzcluster und zwölf darüber hinaus ein Zukunftskonzept eingeworben. Die einzige Ausnahme bildet die **U Mannheim** mit genau einer Graduiertenschule.

Abbildung 3-4 basiert auf Berechnungen auf Basis von Daten, die in Tabelle Web-34 und Web-4 unter www.dfg.de/foerderatlas dokumentiert sind.

Tabelle 3-4:
Die am häufigsten gewählten Hochschulen von AvH- und DAAD-Geförderten 2009 bis 2013

AvH-Geförderte		DAAD-Geförderte	
Hochschule	**N**	**Hochschule**	**N**
Berlin FU	296	Berlin FU	374
Berlin HU	278	Berlin HU	317
München LMU	261	Göttingen U	190
Bonn U	182	München LMU	179
Heidelberg U	182	Leipzig U	158
München TU	168	Berlin TU	152
Göttingen U	148	Heidelberg U	150
Freiburg U	144	Tübingen U	148
Münster U	140	Dresden TU	147
Frankfurt/Main U	125	Bonn U	135
Aachen TH	123	Freiburg U	132
Berlin TU	119	Aachen TH	125
Köln U	119	Gießen U	116
Karlsruhe KIT	106	Köln U	113
Erlangen-Nürnberg U	105	Hamburg U	110
Bochum U	102	Münster U	105
Hamburg U	97	Potsdam U	105
Tübingen U	91	München TU	100
Dresden TU	86	Hannover U	91
Darmstadt TU	82	Karlsruhe KIT	91
Rang 1–20	**2.954**	**Rang 1–20**	**3.038**
Weitere HS[1]	**1.621**	**Weitere HS[1]**	**2.152**
HS insgesamt	**4.575**	**HS insgesamt**	**5.190**
Basis: N HS	**112**	**Basis: N HS**	**72**

[1] Daten zu weiteren Hochschulen gehen aus den Tabellen Web-29 und Web-30 unter www.dfg.de/foerderatlas hervor.

Datenbasis und Quellen:
Alexander von Humboldt-Stiftung (AvH): Aufenthalte von Gastwissenschaftlerinnen und -wissenschaftlern 2009 bis 2013.
Deutscher Akademischer Austauschdienst (DAAD): Geförderte ausländische Wissenschaftlerinnen und Wissenschaftler 2009 bis 2013.
Berechnungen der DFG.

3.4 Internationale Attraktivität von Hochschulen

In Zusammenarbeit mit der Alexander von Humboldt-Stiftung (AvH), dem Deutschen Akademischen Austauschdienst (DAAD) und dem EU-Büro des Bundesministeriums für Bildung und Forschung (BMBF), das Daten zum 7. EU-Forschungsrahmenprogramm sowie zu den Programmen des European Research Councils (ERC) bereitstellte, war es für diesen DFG-Förderatlas wiederholt möglich, die auf monetären Daten fußenden Kennzahlen um personenbezogene Indikatoren zu ergänzen. Ausgewiesen wird in diesem Fall die Zahl der Personen, die deutsche Hochschulen und außeruniversitäre Forschungseinrichtungen für ihre Aufenthalte als AvH- oder DAAD-geförderte Gastwissenschaftlerinnen und -wissenschaftler ausgewählt haben oder ihr ERC-gefördertes Forschungsvorhaben an einer deutschen Forschungseinrichtung durchführen.

Tabelle 3-4 weist zunächst aus, welche Hochschulen für Geförderte der AvH und des DAAD besondere Anziehungskraft aufweisen. Mit Blick auf deren Gastwissenschaftlerprogramme werden die Rangreihen klar von den Hauptstadtuniversitäten **FU Berlin** und **HU Berlin** angeführt, und auch die **TU Berlin** kommt in beiden Fällen auf hohe Werte. Berlin erweist sich so als besonders attraktiver Forschungsstandort für international renommierte Gastwissenschaftlerinnen und -wissenschaftler. Bei AvH wie DAAD jeweils unter den zehn am häufigsten aufgesuchten Hochschulen finden sich weiterhin die **U Göttingen,** die **LMU München,** die **U Heidelberg** sowie die **U Bonn.** Unter AvH-Geförderten hoch im Kurs stehen noch die Traditionsuniversitäten **U Münster, U Freiburg** sowie die **TU München;** DAAD-Geförderte zieht es in großer Zahl auch nach **Leipzig, Tübingen** und **Dresden.**

Ein etwas anderes Bild ergibt sich anhand der Zahl der Geförderten in ERC-Programmen. Auf Basis eines 7-Jahresfensters (2007 bis 2013) wurden im hoch kompetitiven Wettbewerb 426 Starting, Advanced und Consolidator Grants für an deutschen Hochschulen durchgeführte Forschungsvorhaben vergeben (vgl. Tabelle 3-5). Im Vergleich zu den zuerst betrachteten Gastwissenschaftlerprogrammen haben wir es also hier mit einem deutlich kleineren Personenkreis zu tun. Zudem stehen hier nicht Aufenthalte von Gastwissenschaftlerinnen und -wissenschaftlern im Fokus der Programme. Der ERC fördert international anerkannte Spitzenwissenschaftlerinnen und -wissenschaftler unabhängig von ihrer nationalen Herkunft – und somit beispielsweise auch Deutsche, die einen ERC Grant an ihrer Heimatuniversität oder in ihrem Heimatland einwerben (vgl. Tabelle 2-8).

ERC-Geförderte präferieren deutlich die bayerische Metropole: Die **LMU München** und die **TU München** führen gemeinsam die Rangreihe der attraktivsten ERC-Standorte an. Gemeinsam mit den Zahlen zu AvH- und DAAD-Geförderten finden sich aber auch hier die Universitäten **U Heidelberg, U Bonn** und **FU Berlin** unter den zehn am häufigsten ausgewählten Hochschulen.

Gesamtübersichten zu den Zieladressen der von AvH und DAAD geförderten Personenaufenthalten an deutschen Hochschulen bieten die Tabellen Web-29 bis Web-31 unter www.dfg.de/foerderatlas. Die Tabellen sind differenziert nach Geschlecht. Eine entsprechende Übersicht zur Zahl der ERC-Geförderten findet sich als Tabelle Web-27 am gleichen Ort.

Tabelle 3-5:
Die am häufigsten gewählten Hochschulen von ERC-Geförderten 2007 bis 2013

Hochschule	Anzahl Geförderte
	N
München LMU	41
München TU	31
Heidelberg U	24
Freiburg U	21
Bonn U	16
Hamburg U	16
Tübingen U	16
Aachen TH	15
Berlin FU	15
Erlangen-Nürnberg U	15
Frankfurt/Main U	15
Göttingen U	13
Berlin HU	12
Dresden TU	11
Konstanz U	11
Mainz U	10
Münster U	10
Würzburg U	9
Berlin TU	8
Karlsruhe KIT	8
Rang 1–20	**317**
Weitere HS[1]	**109**
HS insgesamt	**426**
Basis: N HS	**57**

[1] Daten zu weiteren Hochschulen gehen aus der Tabelle Web-27 unter www.dfg.de/foerderatlas hervor.

Datenbasis und Quelle:
EU-Büro des BMBF: ERC-Förderung im 7. EU-Forschungsrahmenprogramm (Laufzeit: 2007 bis 2013, Projektdaten mit Stand 21.02.2014). Zahlen beinhalten Starting Grants (inklusive 2014), Advanced Grants und Consolidator Grants.

3.5 Förderprofile außeruniversitärer Forschungsorganisationen

In Kapitel 3.2 wurde bereits darauf verwiesen, dass die außeruniversitären Wissenschaftsorganisationen in unterschiedlichem Umfang an den Förderprogrammen der DFG, des Bundes und der EU partizipieren. Die Mittel der DFG entfallen mit rund 6.750 Millionen Euro, also einem Anteil von 88 Prozent, vor allem auf erkenntnisgeleitete Projekte an Hochschulen. Mit knapp 930 Millionen Euro liegt der absolute Betrag, den Wissenschaftlerinnen und Wissenschaftler an außeruniversitären Forschungseinrichtungen für einen Zeitraum von drei Jahren bei der DFG eingeworben haben, gleichwohl nur wenig unter dem bei der EU eingeworbenen Volumen (knapp 1.050 Millionen Euro). Deutlich umfangreicher sind demgegenüber die Mittel, die außeruniversitäre Forschungseinrichtungen über die direkte FuE-Förderung des Bundes eingeworben haben. Hier summiert sich der Betrag im 3-Jahreszeitraum (2011 bis 2013) auf fast 2.900 Millionen Euro (vgl. Tabelle 3-1 in Kapitel 3.2).

Tabelle Web-19, Web-24 und Web-28 (vgl. www.dfg.de/foerderatlas) weisen nach den einzelnen Forschungsorganisationen differenziert und für jedes partizipierende Institut im Detail aus, wie sich diese Summen auf die von den einzelnen Förderern unterschiedenen Fach- beziehungsweise Fördergebiete aufteilen. Die Werte liegen auch der folgenden Abbildung 3-5 zugrunde. Sie macht deutlich, in welchen Wissenschaftsbereichen die vier Wissenschaftsorganisationen sowie die Bundesforschungseinrichtungen bei jeweils welchem Förderer besonders aktiv sind.

Für die Abbildung wurde das aus dem DFG-Förderatlas 2012 bekannte Format des Radargrafen ausgewählt. Diese Darstellungsmethode erlaubt es, auf einen Blick zu erkennen, welche Förderer in welchen Wissenschaftsbereichen von den betrachteten Organisationen jeweils präferiert werden. Die vier Wissenschaftsbereiche markieren die Achsen des Grafen, die farbigen Linien repräsentieren die Anteile der drei Mittelgeber DFG, Bund und EU. Angegeben sind jeweils die Anteile eines Wissenschaftsbereichs an der Gesamtförderung des Mittelgebers in Prozent, sodass sich die vier Prozentwerte eines Vierecks, das durch die Werte aufgespannt wird, zu 100 Prozent addieren.

Ein Lesebeispiel: Knapp 50 Prozent der DFG-Förderung an die **Helmholtz-Gemeinschaft (HGF)** entfällt auf die Lebenswissenschaften, etwa 40 Prozent auf die Naturwissenschaften und die verbleibenden 10 Prozent auf die Ingenieurwissenschaften. Diese Verteilung und ebenso die Verteilungen auf Bund und EU entsprechen weitgehend der im Förderatlas 2012 erfolgten Darstellung (DFG, 2012: 100). Auch das Drittmittelprofil der HGF ist somit, ähnlich wie oben für einzelne Hochschulen mit Blick auf die DFG festgestellt, über die Zeit weitgehend stabil.

Dies gilt auch für die **Fraunhofer-Gesellschaft (FhG).** Diese ist bei allen drei Förderern ganz überwiegend auf ingenieurwissenschaftliche Fach- und Fördergebiete ausgerichtet. Auch das Profil der **Max-Planck-Gesellschaft (MPG)** ist im Zeitvergleich sehr stabil – mit hohen Anteilen an den Lebens- und Naturwissenschaften gewidmeten Förderprogrammen des Bundes und der DFG und einer sowohl die Lebens- wie die Ingenieurwissenschaften umfassende Partizipation an den EU-Programmen.

Leichte Akzentverschiebungen ergeben sich für die **Leibniz-Gemeinschaft (WGL)** und die **Bundesforschungseinrichtungen.** Im Gegensatz zu den drei vorgenannten Organisationen partizipieren diese bei allen drei Mittelgebern in sichtbarem Umfang auch an Programmen, die Projekte in den Geistes- und Sozialwissenschaften fördern. Im Vergleich zum Förderatlas 2012 tritt die WGL bei der DFG etwas stärker in den Lebenswissenschaften in Erscheinung – bei entsprechend relativem Rückgang der Einwerbungen für naturwissenschaftlich ausgerichtete Forschungsprojekte. Und die Bundesforschungseinrichtungen haben ihr EU-Profil gegenüber dem Förderatlas 2012 zulasten der Lebenswissenschaften stärker auf die Ingenieurwissenschaften ausgerichtet. Sonst gilt auch hier weitgehende Profilstabilität.

Beteiligung an ERC-Programmen

Oben wurde bereits für Hochschulen ausgewiesen, in welchem Umfang diese von den Programmen des European Research Councils (ERC) profitieren. Tabelle 3-6 bietet eine entsprechende Übersicht für außeruniversitäre Wissenschaftsorganisationen. Schon aus Tabelle 3-2 ist bekannt, dass diese etwa ein Drittel aller in Deutschland im Berichtszeitraum vom ERC geförderten Personen auf sich

Abbildung 3-5:
Fachliche Profile außeruniversitärer Wissenschaftsorganisationen: Fördermittel von DFG, Bund und EU nach Wissenschaftsbereichen

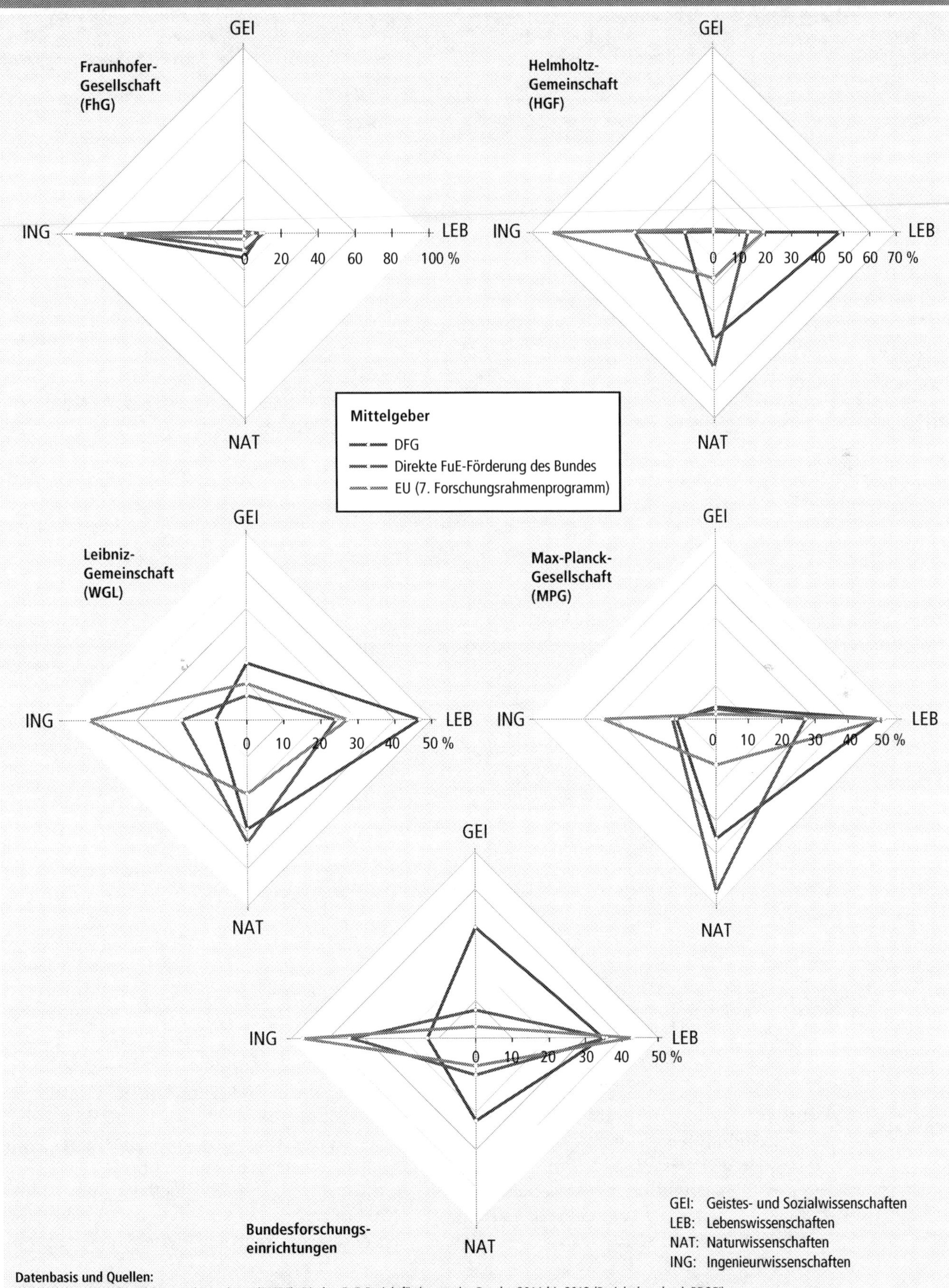

Datenbasis und Quellen:
Bundesministerium für Bildung und Forschung (BMBF): Direkte FuE-Projektförderung des Bundes 2011 bis 2013 (Projektdatenbank PROFI).
Deutsche Forschungsgemeinschaft (DFG): DFG-Bewilligungen für 2011 bis 2013.
EU-Büro des BMBF: Beteiligungen am 7. EU-Forschungsrahmenprogramm (Laufzeit: 2007 bis 2013, Projektdaten mit Stand 21.02.2014).
Berechnungen der DFG.

Tabelle 3-6:
ERC-Geförderte 2007 bis 2013 nach Wissenschaftsbereichen

Art der Einrichtung	Gesamt	Geistes- und Sozialwissen-schaften	Lebens-wissenschaften	Natur-wissenschaften	Ingenieur-wissenschaften
	N	N	N	N	N
Hochschulen	**426**	**64**	**132**	**138**	**92**
Außeruniversitäre Einrichtungen	**223**	**10**	**132**	**51**	**30**
Fraunhofer-Gesellschaft (FhG)	1				1
Helmholtz-Gemeinschaft (HGF)	45	1	34	7	3
Leibniz-Gemeinschaft (WGL)	12	2	3	3	4
Max-Planck-Gesellschaft (MPG)	127	4	68	36	19
Bundesforschungseinrichtungen	2	1			1
Weitere Einrichtungen	36	2	27	5	2
Insgesamt	**649**	**74**	**264**	**189**	**122**

Datenbasis und Quelle:
EU-Büro des BMBF: ERC-Förderung im 7. EU-Forschungsrahmenprogramm (Laufzeit: 2007 bis 2013, Projektdaten mit Stand 21.02.2014). Zahlen beinhalten Starting Grants (inklusive 2014), Advanced Grants und Consolidator Grants.
Berechnungen der DFG.

vereinen. Im Vergleich zu den Hochschulen und in Übereinstimmung mit den eben vorgestellten Befunden sind ERC-Geförderte in den Geistes- und Sozialwissenschaften nur in geringer Zahl an außeruniversitären Forschungseinrichtungen tätig. Der Schwerpunkt liegt vielmehr klar auf den Lebenswissenschaften und hier wiederum auf Einrichtungen der MPG, die mehr als die Hälfte aller außeruniversitär tätigen ERC-Geförderten in diesem Bereich an sich binden. Die MPG ist auch in den drei anderen Wissenschaftsbereichen für ERC-geförderte Wissenschaftlerinnen und Wissenschaftler die erste Adresse – gefolgt von der HGF, die hier ebenfalls klar einen Akzent auf die Lebenswissenschaften setzt.

3.6 Deutschland als polyzentrischer Forschungsraum

Deutschland weist eine Infrastruktur für Forschung und Entwicklung auf, die durch eine Vielzahl regionaler Verdichtungsräume geprägt ist. Forschung in Deutschland ist polyzentrisch, also nicht auf ein einzelnes Hauptzentrum fokussiert, sondern für viele Regionen strukturbildend. Die regionale Bedeutung von Forschung und Entwicklung sowie der Stellenwert, den hierbei insbesondere Hochschulen einnehmen, hat in den letzten Jahren wachsende Aufmerksamkeit erfahren. So stand die 57. Jahrestagung der Kanzlerinnen und Kanzler der Universitäten Deutschlands im Jahr 2014 unter dem Thema „Universitäten und Regionen: Effekte von Universitäten für die regionale Entwicklung“[5]. Auch der Wissenschaftsrat betont in seinem Perspektivpapier zum deutschen Wissenschaftssystem die immer größere Bedeutung regionaler Kooperation (WR, 2013: 15). Die folgenden Analysen beleuchten das Thema in unterschiedlicher Form.

3.6.1 Raumordnungsregionen als Analyseeinheiten im Förderatlas

Bereits in der zweiten Ausgabe der Berichtsreihe, damals unter dem Namen „Bewilligungen an Hochschulen und außeruniversitäre Forschungseinrichtungen 1996 bis 1998“ (DFG, 2000), wurde der besonderen Bedeutung der Profilbildung von Regionen Rechnung getragen, indem dort unter Zugriff auf Postleitzahl-Gebiete die regionale Verteilung des DFG-Bewilligungsvolumens kartografisch visualisiert wurde. Diesen Analysefokus hat die Reihe seither beibehalten und stetig weiterentwickelt. Mit dieser Ausgabe des Förderatlas kommt ein neues Regionenkon-

5 Vgl. www.uni-kanzler.de beziehungsweise Pasternack, 2014: 27.

zept zum Einsatz. Die zuletzt gewählte Methode, Kreise und kreisfreie Städte sowie teilweise zusammengeführte Ballungszentren (beispielsweise Ruhrgebiet) als Analyseeinheit zu betrachten, wird in die Raumordnungsregionen (ROR) des Bundesinstituts für Bau-, Stadt- und Raumforschung (BBSR) überführt[6]. Mit insgesamt 96 solcher Regionen erfolgt die Betrachtung in diesem Förderatlas insgesamt großräumig (die Zahl der unterschiedenen Kreise und kreisfreien Städte lag zum 31.12.2012 bei 402).

Nach eingehender Prüfung verschiedener Konzepte wie etwa den NUTS-Regionen[7] der Europäischen Raumbeobachtung sprach eine Reihe von Argumenten für das ROR-Konzept. Die Raumordnungsregionen dienen generell als Beobachtungs- und Analyseraster für die räumliche Berichterstattung. Dabei stellen, mit Ausnahme der Stadtstaaten, die Raumordnungsregionen großräumige funktional abgegrenzte Raumeinheiten dar, die im Prinzip durch ein ökonomisches Zentrum und sein Umland beschrieben werden. Sie ermöglichen die flächendeckende Klassifizierung der Bundesrepublik und erlauben, auf Daten unterschiedlicher Herkunft Bezug zu nehmen. Da sie jeweils vollständig deckungsgleich mit den administrativen Grenzen einer Stadt oder mehrerer Städte und Kreise sind[8], lassen sich ROR-Daten zu Daten dieser Kreise/Städte im Aggregat in Beziehung setzen. In umgekehrter Richtung sind die Raumordnungsregionen länderscharf, jede dieser Regionen ist in genau einem Bundesland verortet.

Die im Förderatlas verwendeten ROR-Bezeichnungen entsprechen der vom BBSR entwickelten Nomenklatur. Im Mittel weisen die Raumordnungsregionen (Stand 31.12.2012) eine Bevölkerung von rund 800.000 Personen auf; größte Region ist Berlin mit 3,3 Millionen Einwohnern, kleinste Region ist die Altmark in Brandenburg mit 200.000 Einwohnern.

3.6.2 Regionale Ansiedlung und Dichte von Forschungseinrichtungen

Abbildung 3-6 zeigt die 96 Raumordnungsregionen im Überblick. In Anlehnung an die in Abbildung 3-1 ausgewiesene Standortkarte macht sie weiterhin deutlich, in welchem Umfang die verschiedenen Regionen durch Forschungsinfrastrukturen geprägt sind. Auch hier bildet die Einrichtungsdatenbank[9] der DFG die Analysegrundlage, allerdings kommt ein anderer methodischer Ansatz zum Tragen. Um Regionen hinsichtlich ihrer forschungsbezogenen Standortdichte vergleichbar zu machen, weist die Grafik nicht die Zahl ihrer nach Einrichtungsart unterschiedenen Einrichtungen pro Ort aus, sondern informiert in abstrahierender Form sogenannter „Heat Maps" über deren regionale Streuung. Auf diese Weise lassen sich beispielsweise Aussagen zur Frage treffen, ob Regionen eher durch lokal stark fokussierte Einzelstandorte geprägt sind oder ob sie in der Fläche über eine breite Streuung von Forschungsstandorten verfügen. Festgestellt wird so auch, an welchen Orten die Einrichtungen einer Region maßgeblich die Forschungslandschaft innerhalb dieser Region prägen beziehungsweise an welchen Orten Verdichtungszentren Strukturen schaffen, die auch über Regionengrenzen hinausreichen[10].

Die Dichte von Forschungsstandorten in den Regionen wird visualisiert, indem sämtliche Adressen der in der DFG-Einrichtungsdatenbank erfassten Institute an Hochschulen und außeruniversitären Forschungseinrichtungen zugrunde gelegt wurden (rund 28.000 Einheiten, Januar 2015). Die **LMU München** beispielsweise geht so nicht, wie in Abbildung 3-1, allein mit ihrer zentralen Anschrift Geschwister-Scholl-Platz-1 in die kartografische Darstellung ein, sondern mit den Adressen aller zum Zeitpunkt der Betrachtung erfassten Fakultäten, Institute, Einrichtungen und Außenstellen; so beispielsweise auch mit dem Lehr- und Versuchsgut Oberschleißheim, das etwa 23 Kilometer Luftlinie nördlich von der Zentralverwaltung angesiedelt ist. Neben der **LMU München** liegen der Region München auch alle weiteren Hochschulen sowie die in der Datenbank erfassten

6 Vgl. www.bbsr.de beziehungsweise www.raumbeobachtung.de.

7 Nomenclature des unités territoriales statistiques. Siehe auch http://ec.europa.eu/eurostat/web/nuts/overview. Einen Überblick zu dieser und weiteren Raumordnungssystematiken bietet GESIS, 2013.

8 Eine Liste sowie eine Übersicht der Stadt- und Landkreise mit ihrer Zuordnung zu den Raumordnungsregionen finden sich unter www.bbsr.bund.de/BBSR/DE/Raumbeobachtung/Raumabgrenzungen/Raumordnungsregionen.

9 Siehe auch das Methodenglossar im Anhang unter dem Stichwort „DFG-Einrichtungsdatenbank".

10 Siehe auch das Methodenglossar im Anhang unter dem Stichwort „Regionen".

Abbildung 3-6:
Standortdichte von Forschungseinrichtungen in den Regionen in Deutschland 2015

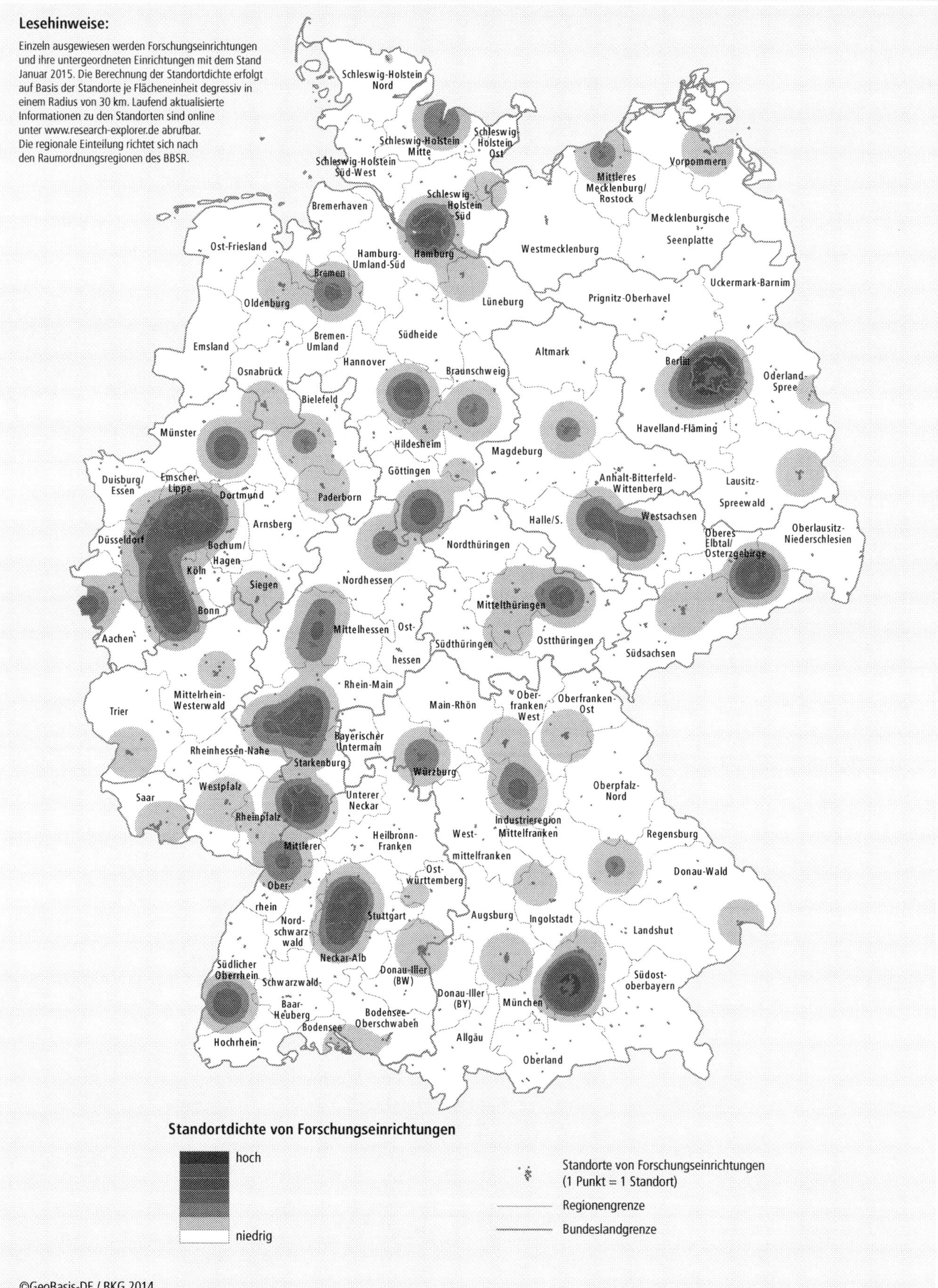

außeruniversitären Forschungseinrichtungen mit ihren verschiedenen Adressen der Analyse zugrunde. Wiederum am Beispiel der Region München bilden so insgesamt rund 1.600 Adressen die Analysebasis.

Als Regionen mit sehr hoher Einrichtungsdichte klar zu erkennen sind Berlin, München und Hamburg, aber auch das Rhein-Ruhr-Gebiet mit den Regionen Bochum/Hagen und Dortmund sowie den Regionen Köln und Bonn. Die Regionen Stuttgart, Neckar-Alb sowie die Region Unterer Neckar mit den beiden größeren Städten Mannheim und Heidelberg und die Region Oberes Elbtal/Osterzgebirge (rund um Dresden) weisen ebenfalls eine hohe Forschungsinfrastrukturdichte auf. Dies gilt auch, von Norden kommend, für die Regionen Hannover, Münster, Göttingen, Westsachsen, Halle/Saale, Ostthüringen, Rhein-Main (mit Zentrum in Frankfurt) und Südlicher Oberrhein (rund um Freiburg).

Der polyzentrische Charakter des deutschen Wissenschaftssystems zeigt sich darüber hinaus in einer Vielzahl weiterer Unterzentren mit einer kleineren Anzahl dort angesiedelter Forschungseinrichtungen. In allen Regionen, zu erkennen an den kleinen Markierungen außerhalb der durch die Dichtedarstellung herausragenden Ballungszentren, sind wenigstens vereinzelt Standorte von Forschungseinrichtungen angesiedelt, also beispielsweise auch im Emsland, in der Altmark oder im Allgäu.

Wie die Gesamtbetrachtung der verschiedenen Dichtegebiete zeigt, sind diese in der Regel mit ihrem Zentrum in einer einzelnen Raumordnungsregion verortet, in einigen Fällen ergeben sich aber auch Ausstrahlungen über Regionengrenzen hinaus. Insgesamt lässt sich festhalten, dass mit dem ROR-Konzept Forschungsregionen gut abzubilden sind.

3.7 Forschungsprofile von Regionen

Nachdem in den vorangegangenen Kapiteln einzelne Forschungseinrichtungen und Wissenschaftsorganisationen im Fokus der Betrachtung standen, richten die folgenden Analysen die Aufmerksamkeit auf die Forschungsprofile von Regionen. Auch hier liegen wiederum Daten zugrunde, die über Beteiligungen an den Programmen der drei großen Drittmittelgeber für Forschungsprojekte in Deutschland, also der DFG, des Bundes sowie der EU, Auskunft geben.

Die Gegenüberstellung dieser Forschungsprofile macht es zum einen möglich, Regionen bezüglich ihrer Drittmittelaktivität zu unterscheiden, zum anderen lassen sich aber auch regionen- und fördererspezifische fachliche und thematische Akzentuierungen erkennen. Zu erinnern ist dabei an die in diesem Kapitel einleitend herausgestellten Kennzahlenprofile (vgl. Tabelle 3-1): Während eine Darstellung auf Basis von DFG-Bewilligungen überwiegend zum Ausdruck bringt, wie Hochschulen und in geringeren Anteilen außeruniversitäre Forschungseinrichtungen das Profil einer Region prägen, werden in der Bundes- und EU-Förderung zu großen Teilen auch Beträge durch wirtschafts- und industriegetragene Einrichtungen eingeworben. Gerade mit Blick auf diese Daten macht die regionenspezifische Betrachtung auch das Potenzial deutlich, das diese Regionen für einrichtungsübergreifende Zusammenarbeit und Transfer zwischen Hochschulen, außeruniversitären Einrichtungen sowie Industrie und Wirtschaft bieten.

3.7.1 Forschungsprofile der DFG-Förderung

Die in Abbildung 3-7 präsentierte kartografische Darstellung weist aus, wie sich die DFG-Bewilligungen nach Förderinstrumenten auf verschiedene Regionen und Forschungsstandorte in Deutschland verteilen. In der Abbildung wird sichtbar, welche Regionen bezogen auf die DFG-Förderung sowie die Förderung im Rahmen der Exzellenzinitiative des Bundes und der Länder besonders forschungsaktiv sind. Die Differenzierung nach Förderinstrumenten lässt erkennen, wie erfolgreich einzelne Regionen etwa in der Exzellenzinitiative sind, aber auch, welchen Stellenwert die etablierten DFG-Verfahren einnehmen. Basis der Analyse bilden Mittel in Höhe von insgesamt 7.675 Millionen Euro für den Zeitraum 2011 bis 2013.

DFG-Einzelförderung übt in allen Forschungsregionen prägenden Einfluss aus

Abbildung 3-7 lässt zunächst erkennen, dass die DFG in praktisch allen Regionen, die über eine ausgebaute Forschungsinfrastruktur verfügen, als Drittmittelgeber in Anspruch genommen wird. Als bewilligungsstarke Regio-

Abbildung 3-7:
Regionale Verteilung von DFG-Bewilligungen für 2011 bis 2013 nach Förderinstrumenten

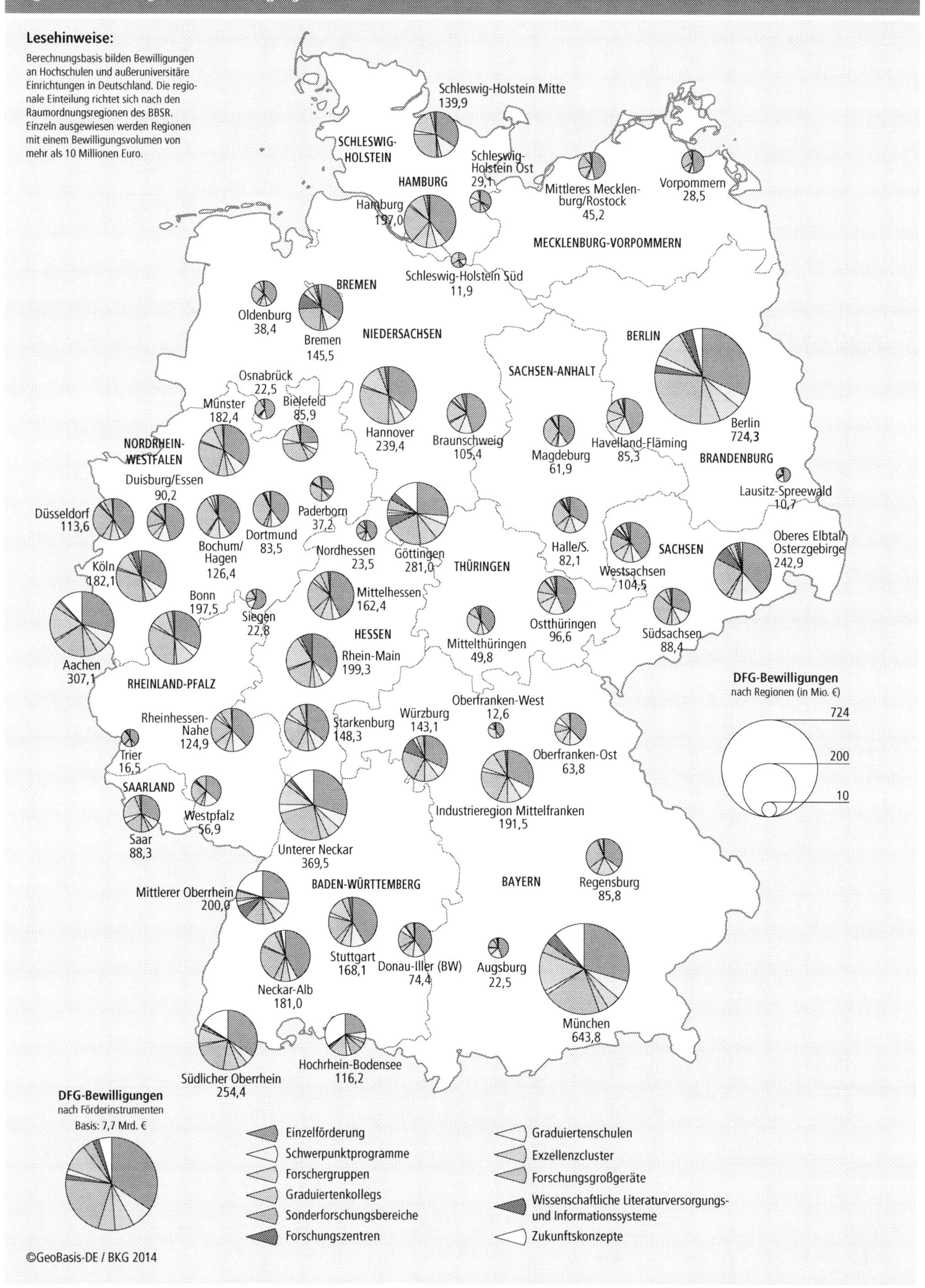

nen sind in der Abbildung zunächst Berlin und München deutlich auszumachen. An Berliner Hochschulen und außeruniversitäre Forschungseinrichtungen erfolgten Bewilligungen mit einem Volumen von über 720 Millionen Euro. Die Region München warb eine Bewilligungssumme von über 640 Millionen Euro ein. Mit einigem Abstand folgen die Region Unterer Neckar (Heidelberg/Mannheim) sowie die Regionen Aachen, Göttingen, Südlicher Oberrhein (Freiburg), Oberes Elbtal/Osterzgebirge (Dresden) und Hannover, die jeweils über 200 Millionen Euro DFG-Bewilligungen in den drei betrachteten Jahren erhalten haben[11].

Besonders herauszuheben ist dabei die Einzelförderung. Auf dieses klassische, lange Zeit als „Normalverfahren" bezeichnete Instrument, das es jeder Wissenschaftlerin und jedem Wissenschaftler ermöglicht, jederzeit individuell oder gemeinsam mit einem kleinen Kreis weiterer Projektbeteiligter ein thematisch frei gewähltes Forschungsprojekt zur Begutachtung einzureichen, entfällt insgesamt etwa ein Drittel des DFG-Bewilligungsvolumens. Im Regionenvergleich bewegt sich die Spanne zwischen 23 und 57 Prozent. Den niedrigsten Wert nimmt sie dabei in der Region Hochrhein-Bodensee ein, zurückzuführen auf das besondere Gewicht, das die dort von der **U Konstanz** eingeworbenen Mittel im Rahmen der Exzellenzinitiative einnehmen. Die Einzelförderung ist somit sozusagen flächendeckend das Rückgrat DFG-geförderter Forschung in Deutschland.

Weiterhin macht Abbildung 3-7 die breite Beteiligung an der Exzellenzinitiative deutlich. Für 55 von insgesamt 96 Regionen verzeichnet die Karte ein DFG-Bewilligungsvolumen von mehr als 10 Millionen Euro in drei Jahren (2011 bis 2013). Für 46 dieser Regionen sind Bewilligungen aus Exzellenzmitteln dokumentiert. Eine Konzentration auf Regionen, die anhand der in Kapitel 3.6 vorgestellten Analysen über eine besonders hohe Dichte an Forschungseinrichtungen verfügen, ist insbesondere für die Förderlinie Zukunftskonzepte zu erkennen. Dabei ist zu beachten, dass Regionen, in denen Universitäten erst in der zweiten Phase der Exzellenzinitiative ein Zukunftskonzept eingeworben haben, bei der hier gewählten Betrachtung der Jahre 2011 bis 2013 mit ihren für diese Förderlinie eingeworbenen Mitteln nur mit geringen Anteilen aufscheinen können. Dies sind beispielsweise die Region Köln und die Region Oberes Elbtal/Osterzgebirge mit der **TU Dresden.**

Regionen setzen in der DFG-Förderung fachlich unterschiedliche Akzente

Aus Abbildung 3-8 geht die regionale Verteilung der DFG-Bewilligungen in der Unterscheidung nach Fachgebieten hervor. Auch hier fokussiert die Darstellung auf Regionen mit einem Bewilligungsvolumen ab 10 Millionen Euro. Für eine bessere Vergleichbarkeit mit Abbildung 3-7 werden auch hier die fachlich nicht klassifizierten Förderverfahren (Forschungsgroßgeräte, Wissenschaftliche Literaturversorgungs- und Informationssysteme sowie Zukunftskonzepte) gesondert ausgewiesen.

Zu erkennen ist, dass die Regionen fachlich sehr unterschiedliche Akzente setzen. Da die DFG einen sehr klaren Schwerpunkt auf die Förderung erkenntnisgeleiteter Forschung an Hochschulen setzt, deckt sich das Bild der betrachteten Regionen weitgehend mit dem DFG-Profil der dort angesiedelten Universitäten. Mehrwert gewinnt die Darstellung dadurch, dass sie den Vergleich mit den Regionenprofilen bei Bund und EU zulässt (vgl. Abbildung 3-10 bis 3-12). Auf diese Weise werden fördererübergreifende Aussagen zu den fachlichen und förderfeldspezifischen Schwerpunktsetzungen und Schnittstellen in den Regionen möglich.

Hier – beschränkt auf eine kurze Beschreibung der mit DFG-Mitteln gesetzten Akzente – lassen sich zunächst in großer Zahl Regionen identifizieren, die einen substanziellen Teil ihrer Förderung für Forschungsprojekte auf medizinischem Gebiet einwerben. Insgesamt entfällt knapp ein Viertel des DFG-Bewilligungsvolumens auf das entsprechende Fachgebiet. Höher ist der Anteil aufgrund der dort angesiedelten medizinischen Hochschulen erwartungsgemäß in der Region Hannover, außerdem in Würzburg sowie in der Region Neckar-Alb (rund um Tübingen).

Ingenieurwissenschaftlich geprägte Regionen finden sich in Aachen, Stuttgart, Mittlerer Oberrhein (rund um Karlsruhe), Südsach-

11 Aufgrund der in Kapitel 3.6 erläuterten Änderung der regionalen Zuschnitte entsprechend der Raumordnungssystematik sowie der in Kapitel 2.3 erläuterten Aufnahme der Infrastrukturprogramme in die Analyse ist ein direkter Vergleich dieser mit der folgenden kartografischen Darstellungen mit den entsprechenden Abbildungen im Förderatlas 2012 nicht möglich.

Abbildung 3-8:
Regionale Verteilung von DFG-Bewilligungen für 2011 bis 2013 nach Fachgebieten

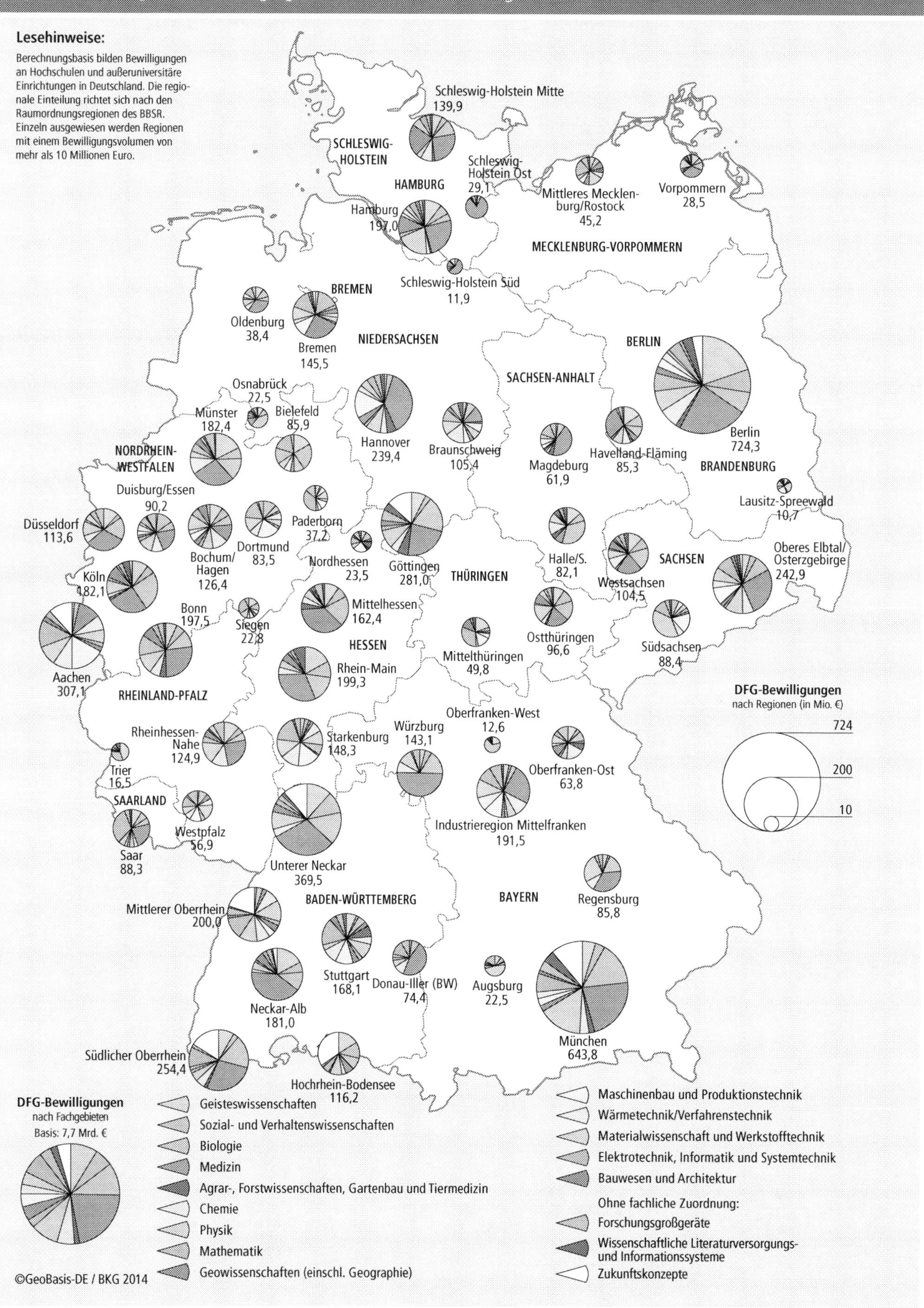

sen (um Freiberg und Chemnitz), Oberes Elbtal/Osterzgebirge (Dresden) sowie in der Industrieregion Mittelfranken (Erlangen und Nürnberg). Dies gilt auch für die Regionen Mittelthüringen (um Erfurt, Gotha und Weimar), Starkenburg (rund um Darmstadt) und Dortmund.

Als beispielsweise auf die Geowissenschaften fokussierte Regionen erweisen sich im Norden Bremen sowie Schleswig-Holstein Mitte (rund um Kiel), aber auch Havelland-Fläming mit dem **Helmholtz-Zentrum Potsdam – Deutsches GeoForschungs-Zentrum (GFZ).**

Hervorheben lässt sich abschließend auch das Profil beispielhaft ausgewählter kleiner Forschungsregionen wie Trier und Oberfranken-West (rund um Bamberg), die mit den dort angesiedelten Universitäten starke Akzente auf die Geisteswissenschaften sowie die Sozial- und Verhaltenswissenschaften setzen.

Förderatlas weist erstmals Daten zur regionalen Verteilung der von der DFG bewilligten und empfohlenen Großgeräteinvestitionen aus

Erstmalig im Förderatlas wird in diesem Kapitel auch die regionale Verteilung der von der DFG bewilligten und empfohlenen Großgeräteinvestitionen im Zeitraum 2011 bis 2013 betrachtet (vgl. Abbildung 3-9). Diese sind nur zu einem kleinen Teil[12] in den bisher analysierten Bewilligungsdaten der DFG enthalten, da die DFG in diesen Programmen in der Regel nur die Begutachtung vornimmt und eine verbindliche Empfehlung zur Förderung gibt beziehungsweise eine Kofinanzierung mit dem jeweiligen Bundesland erfolgt. Daher sind diese Programme bei der Betrachtung der DFG-Bewilligungen 2011 bis 2013 größtenteils nicht erfasst und werden im Folgenden separat betrachtet.

Forschungsgroßgeräte

Im Programm „Forschungsgroßgeräte" nach Art. 91b GG kann die DFG in Kofinanzierung mit dem jeweiligen Bundesland an Hochschulen Forschungsgroßgeräte fördern, die überwiegend der Forschung dienen. Die Investitionsvorhaben für die Hochschulforschung müssen sich durch herausragende wissenschaftliche Qualität und überzeugende Nutzungskonzepte auszeichnen. Bei positiver Begutachtung stellt die DFG 50 Prozent der Beschaffungskosten zur Verfügung, die anderen 50 Prozent müssen vom Sitzland oder von der Hochschule bereitgestellt werden. In diesem Programm wurden im Zeitraum 2011 bis 2013 rund 500 Millionen Euro bewilligt. Der Anteil der DFG an diesem Programm geht unter dem Förderverfahren Forschungsgroßgeräte (vgl. auch Tabelle 2-4) in die allgemeine Betrachtung und Analyse der DFG-Bewilligungen im Förderatlas ein. Die Komplementärfinanzierung sowie die im Folgenden vorgestellten Programme werden ausschließlich in diesem Kapitel näher beleuchtet.

Großgeräte der Länder

Im Rahmen des Programms „Großgeräte der Länder" werden Großgeräte an Hochschulen und Universitätsklinika von den Bundesländern beziehungsweise Hochschulen finanziert. Die DFG begutachtet im Auftrag der Länder Großgeräte aus diesem Programm, die für den Einsatz in Forschung, Ausbildung und Lehre sowie Krankenversorgung vorgesehen sind. Als Großgeräte gelten dabei auch IT-Systeme für Rechenzentren, Hochschulbibliotheken sowie Hochschul- und Klinikverwaltungssysteme. Zu den Anträgen werden seitens der DFG verbindliche Empfehlungen ausgesprochen, die den Ländern und Hochschulen als Grundlage für die jeweiligen Beschaffungsentscheidungen dienen. Im hier betrachteten Zeitraum hat die DFG in diesem Programm die Beschaffung von Großgeräten für rund 530 Millionen empfohlen.

Großgeräte in Forschungsbauten und Großgeräte als Forschungsbau

Forschungsbauten nach Art. 91b GG sind Neu-, Um- oder Erweiterungsbauten einschließlich Großgeräten an Hochschulen mit Kosten über 5 Millionen Euro. Die Anträge auf Forschungsbauten werden von den Ländern dem Wissenschaftsrat zur Begutachtung vorgelegt. Dieser spricht gegenüber der Gemeinsamen Wissenschaftskonferenz (GWK) Empfehlungen bezüglich der beantragten Vorhaben aus. Die GWK wiederum entschei-

12 Siehe auch das Methodenglossar im Anhang unter dem Stichwort „DFG-Großgeräteinvestitionen".

Abbildung 3-9:
Regionale Verteilung der von der DFG bewilligten und empfohlenen Großgeräteinvestitionen 2011 bis 2013

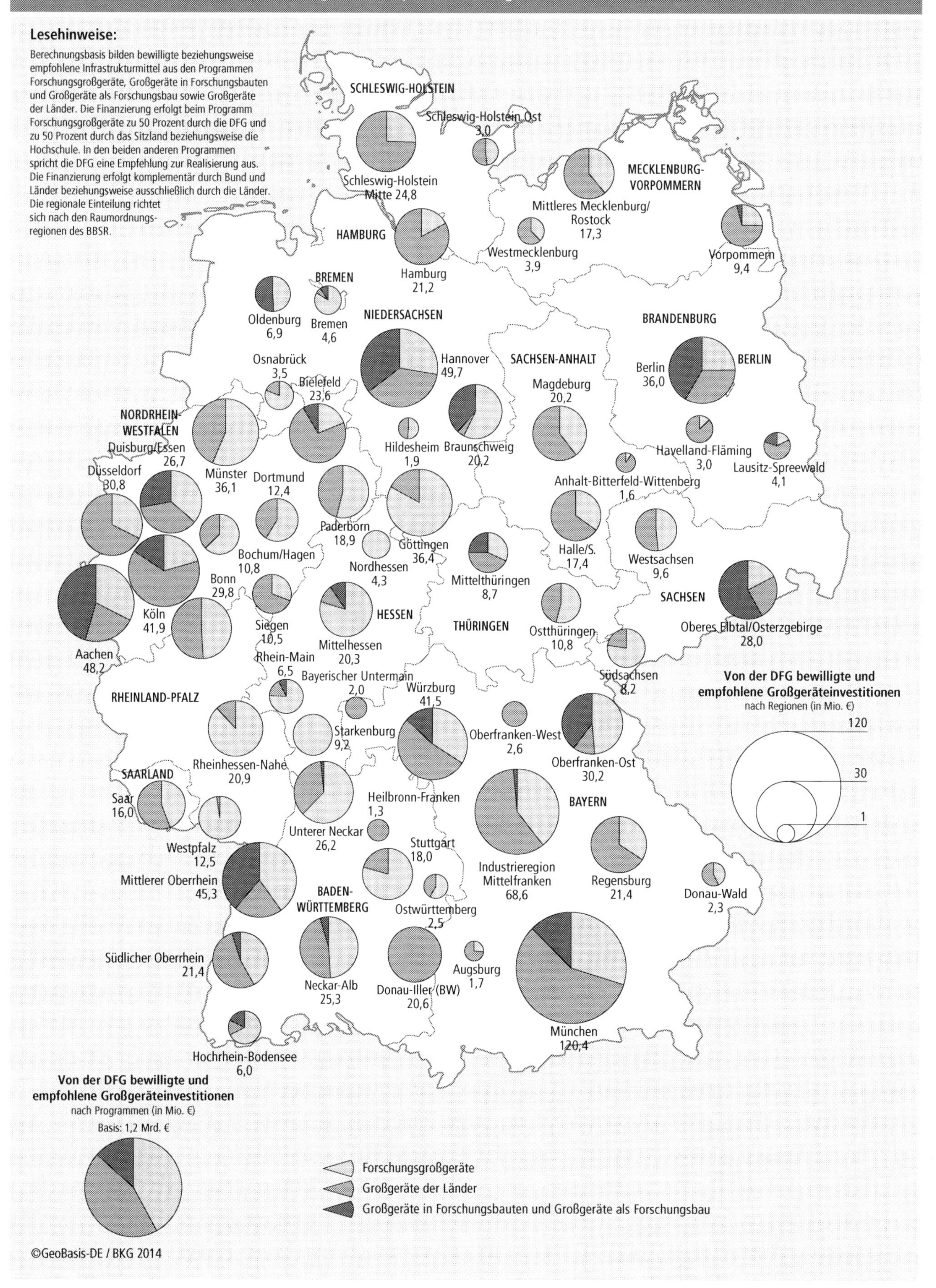

det jährlich, welche Forschungsbauten realisiert werden sollen. Darüber hinaus erfolgt für Großgeräte in Forschungsbauten eine Begutachtung durch die DFG, die ihre Empfehlung gegenüber dem Wissenschaftsrat ausspricht.

Großgeräte bis 5 Millionen Euro, die zu einem Forschungsbau gehören, können zusammen mit diesem beantragt und finanziert werden. Die DFG begutachtet diese Großgeräte und spricht eine Empfehlung zur Beschaffung gegenüber dem Wissenschaftsrat beziehungsweise dem BMBF aus. Die Finanzierung erfolgt gemeinsam durch das entsprechende Bundesland und den Bund. Im Rahmen dieses Programms wurden knapp 160 Millionen Euro im betrachteten Zeitraum empfohlen.

Gleichmäßige Verteilung der Großgeräteinvestitionen in Deutschland

Über die drei genannten Programme wurden im Zeitraum 2011 bis 2013 insgesamt knapp 1,2 Milliarden Euro durch die DFG bewilligt beziehungsweise empfohlen und durch die Hochschulen beschafft. Abbildung 3-9 zeigt auf, in welchen Regionen die Bundesländer unterstützt durch Bundesmittel substanzielle Investitionen in Großgeräte vorgenommen haben.

Bei der regionalen Verteilung der Großgeräteinvestitionen ragt insbesondere die Region München heraus. Hier wurde beispielsweise das Bayerische NMR-Zentrum mit einem 1,2 Gigaherz-NMR-Spektrometer[13] auf dem Campus der **TU München** als eine besonders herausragende Investition empfohlen. Dem Universitätsklinikum Münster stellte die DFG in gemeinsamer Finanzierung mit dem Bundesland Niedersachsen ein MR-PET-Hybridsystem (Magnetresonanz-Positronenemissions-Tomograph) zur Verfügung. Als notwendig sowie sinnvoll bewertete die DFG den Ausbau des hochschulinternen lokalen Netzes SIENET an der **U Siegen.** Auch andere Regionen wie die Industrieregion Mittelfranken, die Regionen Hannover, Aachen, Mittlerer Oberrhein (Karlsruhe), Köln und Würzburg profitieren von den Bewilligungen und Empfehlungen der DFG in großem Umfang und werben Mittel von jeweils über 40 Millionen Euro ein. Auffällig ist die generell sehr gleichmäßige Verteilung der Gerätemittel über die Regionen in Deutschland. Insgesamt haben 60 von insgesamt 96 Regionen Mittel für Großgeräteinvestitionen von mehr als 1 Million Euro erhalten.

13 Vgl. http://www.bnmrz.org.

3.7.2 Forschungsprofile der direkten FuE-Projektförderung des Bundes

Welche Regionen bei der Einwerbung von Mitteln der direkten FuE-Projektförderung des Bundes besonders aktiv sind und welche thematischen Schwerpunkte dabei jeweils gesetzt werden, veranschaulicht Abbildung 3-10. Dabei wird die in Tabelle 2-9 ausgewiesene Einteilung der FuE-Förderung des Bundes nach Fördergebieten zugrunde gelegt. Zu erkennen war bereits dort, dass die direkte FuE-Projektförderung des Bundes einen besonderen Fokus auf die „Hard Sciences" und hierbei insbesondere auf die Informatik und weitere Technikfelder legt. Beim Bund entfällt jeweils etwa ein Drittel der bereitgestellten Projektmittel auf Forscherinnen und Forscher an Hochschulen, an außeruniversitären Forschungseinrichtungen sowie in Industrie und Wirtschaft. Die regionale Betrachtung vermittelt hier also einen tatsächlich einrichtungstypübergreifenden Eindruck direkt bundesgeförderter Forschungsaktivitäten.

Großräumige Nutzung der direkten Projektförderung des Bundes in den Regionen

Mit über 77 geförderten Regionen, die ein Bewilligungsvolumen von mehr als 10 Millionen Euro aufweisen, ist die Bundesförderung räumlich sehr breit über die insgesamt 96 Raumordnungsregionen gestreut.

Besonders hohe Fördersummen entfallen auf die Regionen Berlin, München, Hamburg, Stuttgart und Aachen – mit Ausnahme des Stadtstaates Hamburg sind dies alles Regionen, die auch bei der DFG mit stark ingenieurwissenschaftlich geprägten Hochschulen reüssieren. Im Falle der Förderung des Bundes üben allerdings auch die rund um diese Hochschulen angesiedelten außeruniversitären Forschungseinrichtungen sowie die Industrie und Wirtschaft nachhaltig Einfluss auf die regionale Profilbildung. In Hamburg ist dies etwa die Airbus Industries, die gemein-

Abbildung 3-10:
Regionale Verteilung der FuE-Projektförderung des Bundes 2011 bis 2013 nach Fördergebieten

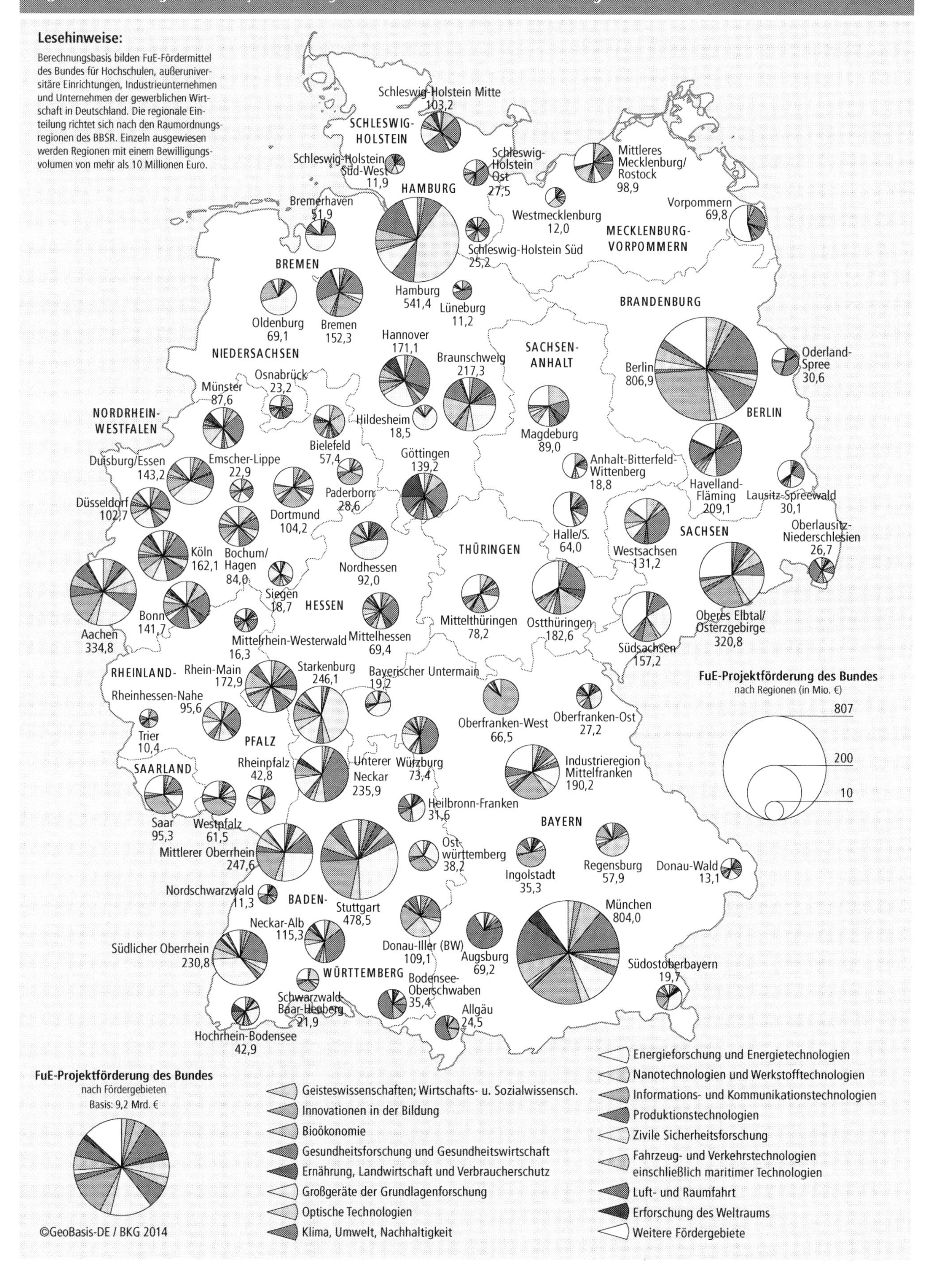

sam mit vielen anderen Unternehmen und außeruniversitären Forschungseinrichtungen mit Schwerpunkt in der Luft- und Raumfahrt in diesem Bereich in größerem Umfang Mittel der direkten FuE-Projektförderung des Bundes einwirbt. Große Wirkung zeigt hier insbesondere der in Kapitel 2.3 vorgestellte Spitzencluster-Wettbewerb: Der Luftfahrtcluster der Metropolregion Hamburg wurde im Jahr 2008 als einer der ersten von insgesamt 15 in drei Wettbewerbsrunden ausgewählten Verbünden in Deutschland prämiert.

Für Hamburg prägend ist aber auch die Bundesförderung für Großgeräte der Grundlagenforschung – vor allem der Bau des Europäischen Röntgenlasers XFEL am **Deutschen Elektronen-Synchrotron (DESY)** beansprucht einen großen Anteil der eingeworbenen Fördermittel.

Viele Regionen stark auf einzelne Fördergebiete konzentriert

Die Region Stuttgart setzt einen klaren Schwerpunkt auf das Fördergebiet Energieforschung und Energietechnologie. Dies beruht auf einer Reihe von Forschungsprojekten im Bereich der Erneuerbaren Energien, zum Teil unter Beteiligung von in der Region ansässigen Unternehmen wie beispielsweise der Daimler AG.

In der Region Berlin ist, wie schon bei den DFG-Bewilligungen, das Fördergebiet Geisteswissenschaften/Wirtschafts- und Sozialwissenschaften absolut am stärksten vertreten. Es ist mit seinem sowohl generell wie auch an diesem Standort sehr geringen Anteil am Gesamtvolumen nicht wirklich profilprägend. Weit größeres Gewicht nehmen hier Mittel für Projekte auf dem Gebiet der Informations- und Kommunikationstechnologie ein, etwa in Gestalt des **Gauss Centre for Supercomputing (GCS)**, das seinen Hauptsitz in der Bundeshauptstadt hat[14].

Auch viele weitere Regionen weisen einen Fokus auf wenige Fördergebiete auf. Hervorheben lässt sich etwa die Region Oberfranken-West, die mit dem an der **U Bamberg** angesiedelten Nationalen Bildungspanel (NEPS)[15] das Fördergebiet Innovation in der Bildung prägt. Ein weiteres Beispiel findet sich in der Region Unterer Neckar (Heidelberg und Mannheim) mit dem Schwerpunkt in der Gesundheitsforschung und Gesundheitswirtschaft. Zurückzuführen ist dies unter anderem auf das Bernstein Netzwerk Computational Neuroscience[16] mit weiteren Zentren in Berlin, Freiburg, Göttingen, München und Tübingen.

3.7.3 Forschungsprofile der EU-Förderung im 7. Forschungsrahmenprogramm

Am Beispiel der Förderung im 7. EU-Forschungsrahmenprogramm bieten die hier präsentierten Karten die Möglichkeit, zum einen die fördergebietsspezifischen Schwerpunktsetzungen der verschiedenen Forschungsregionen zu erkennen (vgl. Abbildung 3-11). Zum anderen lässt sich ablesen, mit welchen Anteilen die verschiedenen institutionellen Akteure – Hochschulen, die vier großen außeruniversitären Wissenschaftsorganisationen sowie Industrie und Wirtschaft – das regionale EU-Forschungsprofil prägen (vgl. Abbildung 3-12).

Bei der regionalen Betrachtung der Verteilung der EU-Fördermittel stehen, mit geringen Unterschieden, die gleichen Regionen im Fokus wie bei der in den vorherigen Kapiteln erfolgten Betrachtung der DFG-Bewilligungen und der direkten FuE-Projektförderung des Bundes. Die fünf Regionen mit der höchsten Beteiligung am 7. EU-Forschungsrahmenprogramm sind München, Berlin, Unterer Neckar, Stuttgart und Köln. Auffällig ist hier der große Erfolg der Region Köln, der insbesondere durch das **Deutsche Zentrum für Luft- und Raumfahrt (DLR)** in Köln begründet ist. In der Region Unterer Neckar (mit den Universitätsstädten Heidelberg und Mannheim) hat das **Europäische Laboratorium für Molekularbiologie (EMBL)** einen großen Anteil am Erfolg im 7. EU-Rahmenprogramm. Aber auch die dort angesiedelten Hochschulen vereinen gut ein Viertel der eingeworbenen EU-Mittel auf sich.

14 Das Gauss Centre for Supercomputing (GSC) führt die drei nationalen Supercomputing-Zentren in Stuttgart, Jülich und Garching bei München zusammen. Neben der Förderung durch den Bund erhält es insbesondere Mittel durch die für Forschung zuständigen Ministerien der Länder Baden-Württemberg, Bayern und Nordrhein-Westfalen (vgl. www.gauss-centre.eu).

15 Seit Januar 2014 wird das Nationale Bildungspanel am neu gegründeten Leibniz-Institut für Bildungsverläufe (LIfBi) betreut.

16 Vgl. www.nncn.de.

Abbildung 3-11:
Regionale Verteilung von FuE-Fördermitteln im 7. EU-Forschungsrahmenprogramm 2007 bis 2013 nach Fördergebieten

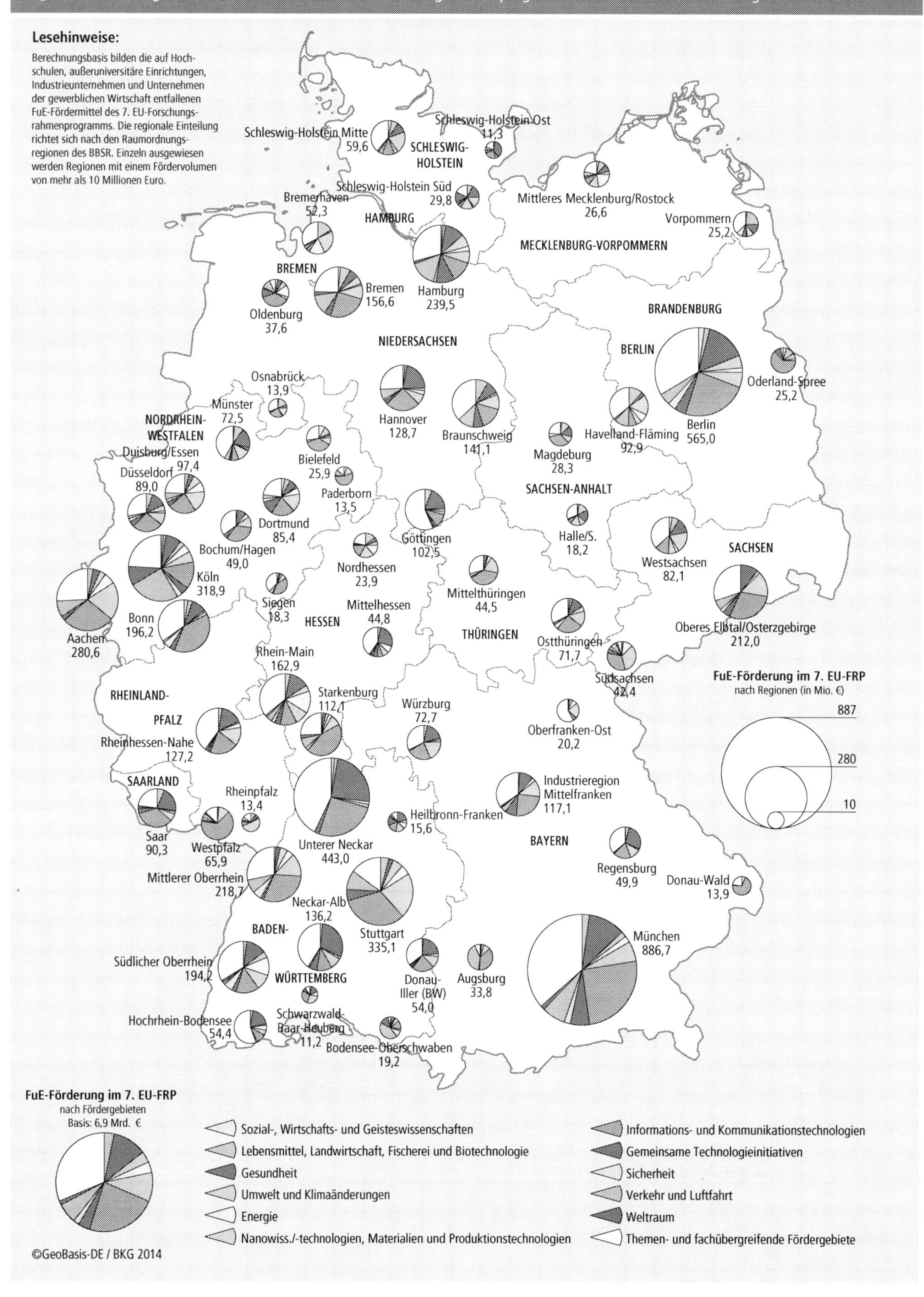

Abbildung 3-12:
Regionale Verteilung von FuE-Fördermitteln im 7. EU-Forschungsrahmenprogramm 2007 bis 2013 nach Mittelempfängern

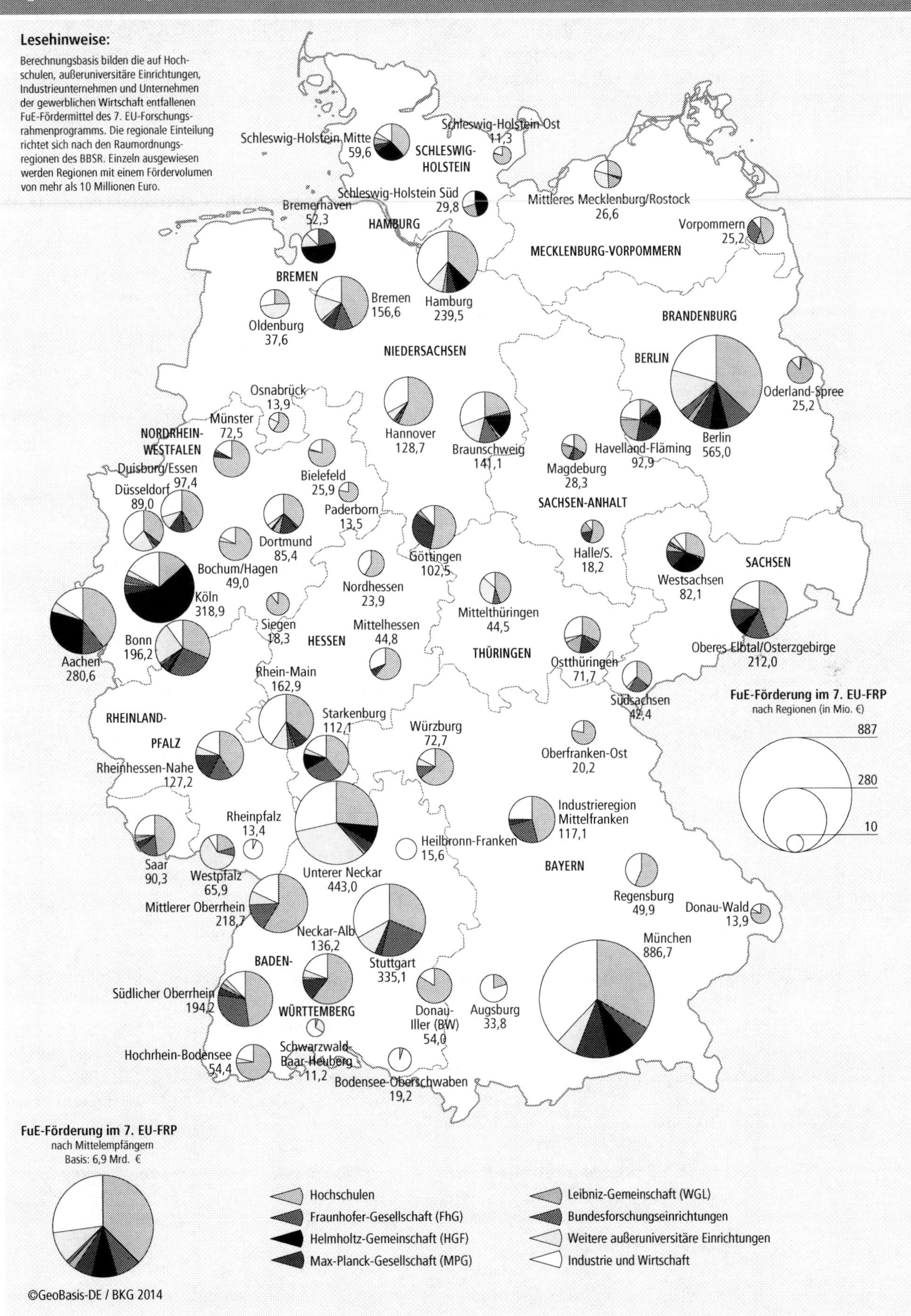

EU-Profile der Regionen weisen große Ähnlichkeit mit den Bund-Profilen auf

Die in den Regionen mit EU-Mitteln bearbeiteten Förderfelder weisen große Ähnlichkeiten mit denen des Bundes auf. Wie dort liegt der Fokus der Förderung auf Informatik und weiteren Technikfeldern sowie auf Forschung zum Wohl der Gesundheit. Akzente auf technischen Förderfeldern setzen Wissenschaftlerinnen und Wissenschaftler aus den auch beim Bund entsprechend profilierten Regionen München, Aachen, Berlin und Stuttgart, aber beispielsweise auch in den benachbarten Regionen Unterer Neckar und Starkenburg (Darmstadt). Auch die beiden Nachbarregionen Köln und Bonn weisen entsprechende Förderschwerpunkte auf. In den Gesundheitswissenschaften profilieren sich mit Blick auf EU-Mittel Berlin, München, Hannover und Unterer Neckar, aber auch viele kleinere Regionen wie Schleswig-Holstein Ost, Neckar-Alb und Regensburg.

Verkehr und Luftfahrt sind Fördergebiete, die im Norden Deutschlands (vor allem in Bremen und Hamburg), aber auch, und hier vor allem bezogen auf die schon oben erwähnte DLR, in Köln zum Tragen kommen. Köln ist dank der DLR auch eine der wenigen Regionen in Deutschland, die EU-Mittel für Projekte der Raumfahrtforschung einwirbt.

Hochschulen, Forschungsorganisationen sowie Industrie und Wirtschaft prägen das EU-Forschungsprofil von Region zu Region unterschiedlich stark

Mit Blick auf das 7. EU-Forschungsrahmenprogramm weist Abbildung 3-12 abschließend die regionalen Beteiligungsprofile der unterschiedenen Einrichtungsarten aus. Allgemein zu erkennen ist der bereits aus Kapitel 3-2 bekannte Befund einer vergleichsweise hohen Beteiligung des Hochschulsektors an den EU-Programmen – hier zeigt sich, dass dies auch in der Fläche für die Mehrzahl der betrachteten Regionen gilt.

In den besonders EU-aktiven Regionen Berlin und München partizipiert das gesamte Einrichtungsspektrum am 7. EU-Rahmenprogramm. Während allerdings in München der Sektor Industrie und Wirtschaft ein recht großes Gewicht aufweist, profiliert sich Berlin auch mit seinem stark ausdifferenzierten außeruniversitären Forschungsmarkt. Die auf Hochschulen entfallenden Anteile sind in etwa gleich stark.

Die Fraunhofer-Gesellschaft prägt insbesondere das EU-Profil der Region Südlicher Oberrhein. Dem Vergleich mit der Standortkarte in Abbildung 3-1 lässt sich entnehmen, dass im Zentrum dieser Region, der Universitätsstadt Freiburg, immerhin fünf Fraunhofer-Institute angesiedelt sind. Auch die Region Bonn weist einen ähnlich hohen FhG-Anteil auf, hier insbesondere zurückzuführen auf Einwerbungen des **Fraunhofer-Institutszentrum Schloss Birlinghoven (IZB)** und der ebenfalls in Sankt Augustin angesiedelten **Fraunhofer-Institute für angewandte Informationstechnik (FIT)** sowie **für intelligente Analyse- und Informationssysteme (IAIS).**

Die Helmholtz-Gemeinschaft weist große Anteile am EU-Engagement einer Region in Bremerhaven, Braunschweig, Aachen und Köln sowie in Westsachsen (rund um Leipzig) auf. Die Max-Planck-Gesellschaft ist vor allem in Göttingen (mit vier MPG-Instituten) besonders profilprägend. Eine starke Beteiligung von Industrie und Wirtschaft kennzeichnet die Region Hamburg; hohe Anteile sind hier aber auch für die Region Köln sowie die Region Rhein-Main und die angrenzende Region Rheinhessen-Nahe dokumentiert, also die Regionen rund um die Wirtschaftsstandorte Mainz, Wiesbaden und Frankfurt/Main.

Im Gesamtvergleich bieten die bis hier vorgestellten Darstellungen einen guten Überblick zu den von Region zu Region sehr unterschiedlich gesetzten fachlichen und fördergebietsspezifischen Schwerpunktsetzungen. Dabei darf nicht übersehen werden, dass hier nur drittmittelgeförderte Forschungsaktivitäten zur Betrachtung kommen und dass insbesondere mit Blick auf Bund und EU nur ausgewählte und in der Regel anwendungsnahe Fördergebiete Aufmerksamkeit erh alten. Das mit diesem Förderatlas eingeführte Konzept der Raumordnungsregionen lenkt den Blick auf größere räumliche Einheiten als in den früheren Ausgaben der Berichtsreihe, wo überwiegend Kreise und kreisfreie Städte Gegenstand der Analyse waren. Mit dem Raumordnungsregionen-Konzept wird dem Umstand Rechnung getragen, dass regionale Kooperationen häufig über Stadt- und Kreisgrenzen hinaus erfolgen. Die jetzt stärker aggregierende Darstellung wird dem eher gerecht.

In der folgenden, das Kapitel 3 abschließenden Betrachtung der Exzellenzinitiative wird das Regionenthema noch einmal aufgegriffen. Auch hier richtet sich der Blick auf die in den Regionen angesiedelten Forschungseinrichtungen und dabei auf die Frage, in welchem Umfang und mit welchen institutionellen Partnereinrichtungen (insbesondere Mitglieder der außeruniversitären Wissenschaftsorganisationen) die an Graduiertenschulen und Exzellenzclustern partizipierenden Wissenschaftlerinnen und Wissenschaftler tätig sind und einrichtungsübergreifend zusammenarbeiten.

3.8 Fokus Exzellenzinitiative

Der DFG-Förderatlas legt mit der hier vorgelegten Ausgabe einen thematischen Schwerpunkt auf die Exzellenzinitiative. Die Frage, ob und in welcher Form dieses mit hohem Mittelvolumen ausgestattete Sonderprogramm des Bundes und der Länder Wirkungen entfaltet, die sich auch in den Kennzahlen dieses Berichtssystems niederschlagen, wird an verschiedenen Stellen des Berichts aufgegriffen.

Im vorliegenden Kapitel nähern wir uns dem Thema mithilfe einer Typologie, die es erlaubt, einzelne Aspekte der Systemwirkung der Exzellenzinitiative einer statistischen Betrachtung zu unterziehen. Die Typologie fokussiert dabei nicht auf die Programme, sondern auf die Einrichtungen, die diese Programme maßgeblich tragen und dabei im Engeren auf die 45 Universitäten, die im folgenden Unterkapitel als Exzellenzinitiative-Universitäten eingeführt werden.

Dabei werden zunächst die der Typologie zugrunde liegenden Überlegungen vorgestellt. Darauf aufbauend wird für die wichtigsten der in diesem DFG-Förderatlas berichteten Kennzahlen ausgewiesen, in welchem Umfang sich für Hochschulen typspezifische Akzentuierungen erkennen lassen.

Kapitel 3.8.2 beleuchtet auf Basis von Daten aus dem jährlich durchgeführten DFG-Monitoring zur Exzellenzinitiative den Aspekt der regionalen Profilbildung, indem dargestellt wird, in welchem Umfang es dem Programm gelingt, die regionalen Infrastrukturen zu vernetzen und Wissenschaftlerinnen und Wissenschaftler an den dort angesiedelten Forschungseinrichtungen in gemeinsame Forschungsvorhaben einzubinden.

Ebenfalls auf Basis des DFG-Monitorings weitet Kapitel 3.8.3 den Blick auf eine internationale Dimension des Forschungshandelns in Graduiertenschulen und Exzellenzclustern. Zur Betrachtung kommen hier statistische Daten, die darüber Auskunft geben, in welchem Umfang und bezogen auf welche Herkunftsländer es der Exzellenzinitiative gelungen ist, das in den beiden Förderlinien tätige wissenschaftliche Personal international zu rekrutieren.

Kapitel 3.8.4 geht abschließend unter Zugriff auf bibliometrische Methoden auf die Frage ein, ob und in welchem Umfang sich Einrichtungen der Exzellenzinitiative hinsichtlich ihrer Publikationsaktivität besonders profilieren.

3.8.1 Einrichtungstypologische Betrachtung der Exzellenzinitiative

Um systematische Zusammenhänge zwischen einer Förderung im Rahmen der Exzellenzinitiative und der Leistungskraft von Forschungseinrichtungen statistisch zu fassen, bietet sich die Methode der einrichtungsbezogenen Typisierung an. Im Fokus der Betrachtung stehen somit nicht einzelne Einrichtungen oder Programme, sondern Gruppen von Einrichtungen mit gemeinsamen Merkmalen. Bei der Entwicklung der Typologie waren die folgenden Anforderungen leitend:

- Leichte Nachvollziehbarkeit
- Wenige Gruppen mit hinreichenden Gruppengrößen
- Möglichkeit der Teilgruppenbildung für tiefer gehende Analysen

Diesen Maßgaben folgend, fokussiert die Typologie auf Universitäten, die an der Exzellenzinitiative mit erfolgreich bewilligten Programmen beteiligt sind oder waren. Für die Typisierung der Hochschulen wurden also die Antragsbeteiligungen an den Förderlinien Graduiertenschule (GSC) und Exzellenzcluster (EXC) sowie an Zukunftskonzepten (ZUK) zum alleinigen Maßstab. Eine Hochschule wird dabei dann als antragstellende Hochschule gewertet, wenn sie im Antrag als „Host University“ aufgeführt oder im Rahmen der Begutachtung und Entscheidung als solche behandelt wurde[17].

17 Bei GSC/EXC konnten pro Antrag mehrere Hochschulen als „Host University“ genannt werden. Unter diesen musste/-n die Sprecherhochschule/-n hervorgehoben werden. Als „Standbein“ für ein ZUK wurden nur die GSC/EXC-Anträge gewertet, bei denen die Hochschule Sprecherhochschule war.

Tabelle 3-7:
Personalbestand und Drittmitteleinnahmen von Hochschulen 2012 nach Beteiligungsform an der Exzellenzinitiative

Art der Hochschule	Gesamt	Wissenschaftliches Personal					Drittmittel 2012	
		Gesamt		Professorenschaft			Gesamt	
	N	N	%	N	%	Ø	Mio. €	%
Universitäten	**110**	**189.886**	**84,4**	**23.559**	**53,7**	**214,2**	**6.269,1**	**92,7**
davon mit Beteiligung an der Exzellenzinitiative	**45**	**147.924**	**65,7**	**16.677**	**38,0**	**370,6**	**5.140,5**	**76,0**
Zukunftskonzept-Universitäten	14	64.198	28,5	6.589	15,0	470,6	2.536,0	37,5
Universitäten mit zwei und mehr GSC/EXC	17	56.052	24,9	6.715	15,3	395,0	1.850,9	27,4
Universitäten mit einer GSC oder einem EXC	14	27.674	12,3	3.373	7,7	240,9	753,6	11,1
davon ohne Beteiligung an der Exzellenzinitiative	**65**	**41.963**	**18,6**	**6.882**	**15,7**	**105,9**	**1.128,5**	**16,7**
Weitere Hochschulen	**317**	**35.228**	**15,6**	**20.303**	**46,3**	**64,0**	**490,7**	**7,3**
Hochschulen insgesamt	**427**	**225.114**	**100,0**	**43.862**	**100,0**	**102,7**	**6.759,8**	**100,0**

Datenbasis und Quellen:
Statistisches Bundesamt (DESTATIS): Bildung und Kultur. Finanzen der Hochschulen 2012. Sonderauswertungen zur Fachserie 11, Reihe 4.5
Statistisches Bundesamt (DESTATIS): Bildung und Kultur. Personal an Hochschulen 2012. Sonderauswertung zur Fachserie 11, Reihe 4.4.
Berechnungen der DFG.

Berücksichtigt werden Erfolge in beiden Förderperioden, also auch Universitäten, die zunächst eine Verbundeinrichtung erfahren, in der zweiten Stufe aber keine Fortsetzungsbewilligung erhalten haben. Insgesamt werden so 45 Universitäten als Exzellenzinitiative-Einrichtungen definiert, für die gilt, dass sie gemäß obiger Regel an mindestens einer bewilligten Graduiertenschule beziehungsweise einem geförderten Exzellenzcluster beteiligt waren oder sind. Einen Überblick zu diesen Einrichtungen mittels einer kartografischen Darstellung gibt bereits Abbildung 2-7 für die Förderperiode 2012 bis 2017 (vgl. für die Gesamtübersicht Tabelle A-2 im Anhang).

In der Typologie werden diese 45 Universitäten weiter unterteilt und der Gesamtheit aller Hochschulen gegenübergestellt. Tabelle 3-7 weist aus, welche Teilgruppen unterschieden werden. Die Differenzierung innerhalb des Typs „Universität mit Beteiligung an der Exzellenzinitiative" folgt maßgeblich dem Wunsch, Universitäten mit erfolgreich eingeworbenen Zukunftskonzepten gesondert auszuweisen und zwischen Universitäten mit starker und weniger starker Beteiligung an den Förderlinien Graduiertenschulen und Exzellenzcluster zu unterscheiden. Weiterhin ermöglicht die Typologie den Vergleich von Universitäten mit und ohne Beteiligung an der Exzellenzinitiative sowie von Universitäten und Hochschulen insgesamt. Als Universitäten gehen in die Betrachtung 110 Hochschulen gemäß Zuordnung der Hochschulrektorenkonferenz (HRK)[18] ein.

Die in Tabelle 3-7 nachrichtlich ausgewiesenen Angaben zur absoluten und durchschnittlichen Zahl der Professuren der in einer Rubrik zusammengefassten Hochschulen quantifizieren den bekannten Zusammenhang zwischen der Größe von Hochschulen und ihrer Beteiligung an der Exzellenzinitiative. Zukunftskonzept-Universitäten konzentrieren sich deutlich auf das Segment großer, personalstarker Universitäten. Auch die Frage, wie viele Graduiertenschulen oder Exzellenzcluster erfolgreich eingerichtet werden konnten, korreliert aus naheliegenden Gründen mit der Größe einer Hochschule. Es sind daher auch eher kleine Standorte, die die Vergleichsgruppe der nicht an der Exzellenzinitiative beteiligten Universitäten prägen.

Zu beachten ist dabei gleichwohl, dass sich hinter den Durchschnittswerten zum Teil große Spannweiten verbergen. Die Gruppen der Typologie sind also hinsichtlich der Größe der jeweils vereinten Hochschulen nicht überschneidungsfrei, es finden sich in jeder Kategorie sowohl kleinere wie größere Universitäten.

18 Vgl. www.hochschulkompass.de (Stand Juni 2014).

Kennzahlenvergleich macht große Profilunterschiede entlang der Typologie zur Hochschulbeteiligung an der Exzellenzinitiative deutlich

Mit der Typologie ist es nun möglich, die verschiedenen in diesem DFG-Förderatlas zum Einsatz gebrachten Kennzahlen gegenüberzustellen und hinsichtlich der Beteiligungsmerkmale von Hochschulen an der Exzellenzinitiative zu vergleichen. Das Ergebnis halten die hier gezeigten drei Tabellen 3-7 bis 3-9 fest. Als feste Bezugsgröße für eine Relativierung der Kennzahlen weist Tabelle 3-7 die Anteile der je Kategorie tätigen Personalzahlen aus.

An den 45 Hochschulen mit Beteiligung an der Exzellenzinitiative sind mit Stand 2012 knapp 150.000 Wissenschaftlerinnen und Wissenschaftler tätig, was etwa einem Anteil von zwei Dritteln am wissenschaftlichen Personal deutscher Hochschulen entspricht. Bezogen auf Professuren liegt der Anteil bei 38 Prozent. Der Unterschied in den Anteilen deutet bereits auf einen generell wichtigen Unterschied hin: Universitäten und hierunter insbesondere die großen, an der Exzellenzinitiative beteiligten Einrichtungen verfügen über eine bessere Personalausstattung im Mittelbaubereich. Hier ergibt sich ein direkter Bezug zu den eingeworbenen Drittmitteln, da diese zu großen Teilen der Finanzierung befristeter Projektstellen dienen. Weil die Zahlen für wissenschaftliches Personal somit in gewissem Umfang eine abhängige Größe der eingeworbenen Drittmittel darstellen, konzentrieren sich die folgenden Vergleiche auf die Zahlen zur Professorenschaft.

Bereits der Vergleich mit den DESTATIS-Zahlen zu den Drittmitteleinnahmen der Hochschulen in Tabelle 3-7 ergibt den Befund einer hohen Konzentration auf an der Exzellenzinitiative beteiligte Einrichtungen. 5.141 von insgesamt 6.760 Millionen Euro Drittmitteleinnahmen des Jahres 2012 entfallen auf dieses Segment, mithin gut drei Viertel des Gesamtvolumens. Die 14 Universitäten mit Zukunftskonzept vereinen knapp 38 Prozent aller Drittmittel auf sich. Das ist mehr als doppelt so viel, wie es dem Anteil der an diesen Universitäten tätigen Professorenschaft entspricht. Universitäten mit Zukunftskonzepten sind somit also stark überdurchschnittlich drittmittelaktiv.

Mit Blick auf die weiteren Kategorien der Typologie übersteigt auch bei Universitäten mit zwei und mehr GSC/EXC (ohne ZUK) der Anteil an den Drittmitteleinnahmen (27 Prozent) den an der Professorenschaft ausgerichteten Erwartungswert (15 Prozent) um fast das Doppelte. Bei Universitäten mit einer

Tabelle 3-8:
Beteiligung an Förderprogrammen für Forschungsvorhaben von DFG, Bund und EU nach Beteiligungsform an der Exzellenzinitiative

Art der Hochschule	DFG-Bewilligungen[1]		Direkte FuE-Projektförderung des Bundes		FuE-Förderung im 7. EU-FRP[2]	
	Mio. €	%	Mio. €	%	Mio. €	%
Universitäten	**6.712,5**	**99,5**	**3.190,6**	**92,2**	**1.096,2**	**98,4**
davon mit Beteiligung an der Exzellenzinitiative	**5.839,8**	**86,6**	**2.534,1**	**73,2**	**954,1**	**85,7**
Zukunftskonzept-Universitäten	2.953,7	43,8	1.196,8	34,6	518,8	46,6
Universitäten mit zwei und mehr GSC/EXC	2.049,9	30,4	916,8	26,5	318,8	28,6
Universitäten mit einer GSC oder einem EXC	836,2	12,4	420,5	12,2	116,5	10,5
davon ohne Beteiligung an der Exzellenzinitiative	**872,7**	**12,9**	**656,5**	**19,0**	**142,1**	**12,8**
Weitere Hochschulen	**33,8**	**0,5**	**270,0**	**7,8**	**17,4**	**1,6**
Hochschulen insgesamt	**6.746,2**	**100,0**	**3.460,6**	**100,0**	**1.113,6**	**100,0**

[1] Einschließlich 1.076,1 Millionen Euro im Rahmen der Exzellenzinitiative des Bundes und der Länder.
[2] Die ausgewiesenen Fördersummen zum 7. EU-Forschungsrahmenprogramm sind auf einen 3-Jahreszeitraum entsprechend den Fördersummen von DFG und Bund umgerechnet. Insgesamt haben die betrachteten Hochschulen 2.598,5 Millionen Euro in diesem Programm erhalten (vgl. Methodenglossar).

Datenbasis und Quellen:
Bundesministerium für Bildung und Forschung (BMBF): Direkte FuE-Projektförderung des Bundes 2011 bis 2013 (Projektdatenbank PROFI).
Deutsche Forschungsgemeinschaft (DFG): DFG-Bewilligungen für 2011 bis 2013.
EU-Büro des BMBF: Beteiligungen am 7. EU-Forschungsrahmenprogramm (Laufzeit: 2007 bis 2013, Projektdaten mit Stand 21.02.2014).
Berechnungen der DFG.

Tabelle 3-9:
Anzahl der AvH-, DAAD- und ERC-Geförderten an Hochschulen nach Beteiligungsform an der Exzellenzinitiative

Art der Hochschule	AvH-Geförderte		DAAD-Geförderte		ERC-Geförderte[1]	
	N	%	N	%	N	%
Universitäten	**4.542**	**99,3**	**36.547**	**98,2**	**426**	**100,0**
davon mit Beteiligung an der Exzellenzinitiative	**4.011**	**87,7**	**28.468**	**76,5**	**395**	**92,7**
Zukunftskonzept-Universitäten	2.102	46,0	14.839	39,9	231	54,2
Universitäten mit zwei und mehr GSC/EXC	1.383	30,2	9.860	26,5	128	30,0
Universitäten mit einer GSC oder einem EXC	526	11,5	3.769	10,1	36	8,5
davon ohne Beteiligung an der Exzellenzinitiative	**531**	**11,6**	**8.079**	**21,7**	**31**	**7,3**
Weitere Hochschulen	**33**	**0,7**	**665**	**1,8**	**0**	**0,0**
Hochschulen insgesamt	**4.575**	**100,0**	**37.212**	**100,0**	**426**	**100,0**

[1] Ausgewiesen sind ERC-Geförderte in Deutschland.

Datenbasis und Quellen:
Alexander von Humboldt-Stiftung (AvH): Aufenthalte von Gastwissenschaftlerinnen und -wissenschaftlern 2009 bis 2013.
Deutscher Akademischer Austauschdienst (DAAD): Aufenthalte von DAAD-Gastwissenschaftlerinnen und -wissenschaftlern sowie Graduierten 2009 bis 2013.
EU-Büro des BMBF: ERC-Förderung im 7. EU-Forschungsrahmenprogramm (Laufzeit: 2007 bis 2013, Projektdaten mit Stand 21.02.2014). Zahlen beinhalten Starting Grants (inklusive 2014), Advanced Grants und Consolidator Grants.
Berechnungen der DFG.

Graduiertenschule oder einem Exzellenzcluster liegt er im Erwartungsbereich, bei weiteren Hochschulen schließlich darunter.

In Tabelle 3-8 werden die drei drittmittelbasierten Kennzahlen DFG-Bewilligungen (einschließlich der Exzellenzinitiative des Bundes und der Länder), direkte FuE-Projektförderung des Bundes und FuE-Förderung im 7. EU-Forschungsrahmenprogramm verglichen. Auch hier mit Zukunftskonzept-Universitäten beginnend, binden diese einen Anteil von 44 Prozent aller DFG-Bewilligungen. Dabei ist zu beachten, dass dieser hohe Wert auch ein Effekt der Beteiligung selbst ist, da diese Universitäten nicht nur Mittel der dritten Förderlinie Zukunftskonzepte einwerben, sondern auch Mittel für wenigstens eine Graduiertenschule und wenigstens einen Exzellenzcluster. So stehen etwa 25 Prozent der DFG-Bewilligungen für Universitäten mit Zukunftskonzepten in direktem Zusammenhang mit dem Erfolg in der Exzellenzinitiative. Bei der Gegenüberstellung mit den Daten zur direkten FuE-Projektförderung des Bundes sowie zur EU-Beteiligung ergibt sich gleichwohl ein sehr ähnliches Bild. Bezogen auf die Beteiligung am 7. EU-Forschungsrahmenprogramm liegen die Drittmitteleinwerbungen von Zukunftskonzept-Universitäten mit 47 Prozent sogar noch etwas über dem Wert der DFG, und auch beim Bund ist der Anteil mit 35 Prozent vergleichsweise hoch.

Für die beiden weiteren Kategorien liegen die Werte bezüglich der drei Kennzahlen auf jeweils einem Level nahe 30 Prozent (Universitäten mit zwei und mehr GSC/EXC) beziehungsweise um die 10 bis 12 Prozent (Universitäten mit einer GSC/einem EXC). Weitere Hochschulen sind sowohl bei der DFG wie bei der EU nur in geringem Umfang aktiv (unter 1 beziehungsweise unter 2 Prozent). An der direkten FuE-Projektförderung des Bundes partizipieren sie mit fast 8 Prozent.

Der letzte Kennzahlenvergleich in Tabelle 3-9 bezieht die Programme zur Gewinnung ausländischer Gastwissenschaftlerinnen und -wissenschaftler von AvH und DAAD sowie das ERC-Programm zur Förderung internationaler Spitzenwissenschaftlerinnen und -wissenschaftler ein. Auch hier bewegen sich die Anteile der mit der Typologie unterschiedenen Hochschularten auf dem von oben bekannten Niveau. Hervorzuheben ist hier insbesondere der hohe Anteil an ERC-Geförderten bei ZUK-Universitäten. 231 von 426 ERC Grantees an deutschen Hochschulen (54 Prozent) profitieren vom Forschungsumfeld an diesen Universitäten, alle an der Exzellenzinitiative beteiligten Universitäten gemeinsam binden knapp 93 Prozent aller an deutschen Hochschulen tätigen ERC-Geförderten ein.

Insgesamt weisen die dargestellten Werte in sehr unterschiedlichen Dimensionen auf Konzentrationseffekte zugunsten von an der Exzellenzinitiative beteiligten Universitäten hin. Zwischen der Zahl der an einer Hochschule tätigen Wissenschaftlerinnen und Wissenschaftler und ihrem Beteiligungsgrad an der Exzellenzinitiative gibt es einen engen Bezug. Die in den Tabellen ausgewiesenen Zusammenhänge sind daher ursächlich weniger der Initiative zuzurechnen als vielmehr der Größe der an diesen Programmen partizipierenden Universitäten. Große Hochschulen verfügen in der Regel über bessere Ressourcen (beispielsweise Geräte und Bibliotheken) und sie bieten dank ihrer meist in Metropolenregionen erfolgenden Ansiedlung oft eine größere Auswahl an potenziellen Kooperationspartnern vor Ort. Diese Regionen sind beliebte Zieladresse für ausländische Gastwissenschaftlerinnen und -wissenschaftler und bieten auch ERC-geförderten Spitzenwissenschaftlerinnen und -wissenschaftlern attraktive Arbeitsmöglichkeiten. Verschiedene Faktoren kumulieren und schaffen wechselseitig gute Rahmenbedingungen für Forschung – und so eben auch für eine Beteiligung an der Exzellenzinitiative.

3.8.2 Regionale Zusammenarbeit im Rahmen der Exzellenzinitiative

Für die Exzellenzinitiative spielt der Aspekt der Kooperation eine zentrale Rolle. Die Exzellenzinitiative baut in der Regel auf vorhandene Netzwerke, die im Rahmen des Programms verstärkt und in ihren Beziehungen intensiviert werden, schafft aber auch Rahmenbedingungen für neue Formen der Kooperation. Das Spektrum reicht dabei von der Intensivierung inneruniversitärer Arbeitskontakte über Institute und Fachbereiche hinweg (und somit auch zwischen Fächern, vgl. hierzu die Analysen in Kapitel 5), bindet andere Hochschulen sowie außeruniversitäre Forschungseinrichtungen der Region ein und attrahiert schließlich auch, mit Blick auf die internationale Vernetzung, Wissenschaftlerinnen und Wissenschaftler aus anderen Ländern und Kontinenten (vgl. Kapitel 3.8.3).

In diesem Kapitel wird die Frage beleuchtet, in welchem Umfang die Exzellenzinitiative zur regionalen Vernetzung von Forschungsaktiven beiträgt. Auch dieser Aspekt kennt viele Facetten, etwa bezüglich der gemeinsamen Nutzung von Forschungsinfrastrukturen, der Kooperation mit regionalen Wirtschaftspartnern sowie mit Museen und anderen kulturellen Einrichtungen. Raum bietet sie dabei etwa auch für die Interaktion mit regionalen Schulen, etwa im Format von Schülerlabors, Studium-Generale-Programmen oder Beteiligungen an Programmen wie Kinderuniversität usw.

Für diesen DFG-Förderatlas wurde aus dem weiten Spektrum an Aktivitäten mit primär regionaler Ausrichtung ein Aspekt herausgegriffen, der die aktiv an Graduiertenschulen und Exzellenzclustern beteiligten Wissenschaftlerinnen und Wissenschaftler in den Mittelpunkt stellt. Basierend auf den jährlichen Erhebungen des DFG-Monitorings der Exzellenzinitiative[19] wurde für diese Personen die Forschungseinrichtung ermittelt, an der sie während ihrer Beteiligung primär tätig waren beziehungsweise sind. Dabei lassen sich zunächst grundsätzlich drei Personengruppen unterscheiden:

- Personen, die an der Universität wissenschaftlich aktiv sind, die auch den Verbund beheimatet. Diese Personen werden als „hochschulintern" eingebunden betrachtet.
- Personen mit einer Tätigkeit außerhalb dieser Universität, aber innerhalb der Region gelten als „regional" eingebunden.
- Verbundbeteiligte Personen außerhalb der Region werden dementsprechend der Rubrik „überregional" zugeordnet.

Zu beachten ist, dass diese Betrachtung Gastwissenschaftlerinnen und -wissenschaftler nicht berücksichtigt und ebenso nicht aus Mitteln der Exzellenzinitiative finanzierte Kooperationspartnerinnen und -partner, zum Beispiel aus Industrie und Wirtschaft sowie aus dem Ausland.

Mit Blick auf die Regionen ist bei dieser Betrachtung von Interesse, inwieweit es den dort angesiedelten Schulen und Clustern gelingt, Wissenschaftlerinnen und Wissenschaftler an anderen Hochschulen oder außeruniversitären Forschungseinrichtungen in ihren Verbund aktiv einzubinden. Die folgende Abbildung 3-13 differenziert daher nicht nur nach hochschulintern, regional und überregional eingebunden, sondern mit Blick auf die Region auch danach, ob es sich um eine andere Hochschule handelt oder ein Institut der vier großen außeruniversitären Wissenschaftsorganisationen.

Der Abbildung liegen Daten zu insgesamt knapp 21.000 an 49 Graduiertenschulen und 49 Exzellenzclustern beteiligten Personen zugrunde, für die im Rahmen des DFG-Monitorings Informationen zur primären For-

19 Siehe auch das Methodenglossar im Anhang unter dem Stichwort „DFG-Monitoring der Exzellenzinitiative".

Abbildung 3-13:
Regionale Zusammenarbeit in Graduiertenschulen und Exzellenzclustern 2012/2013

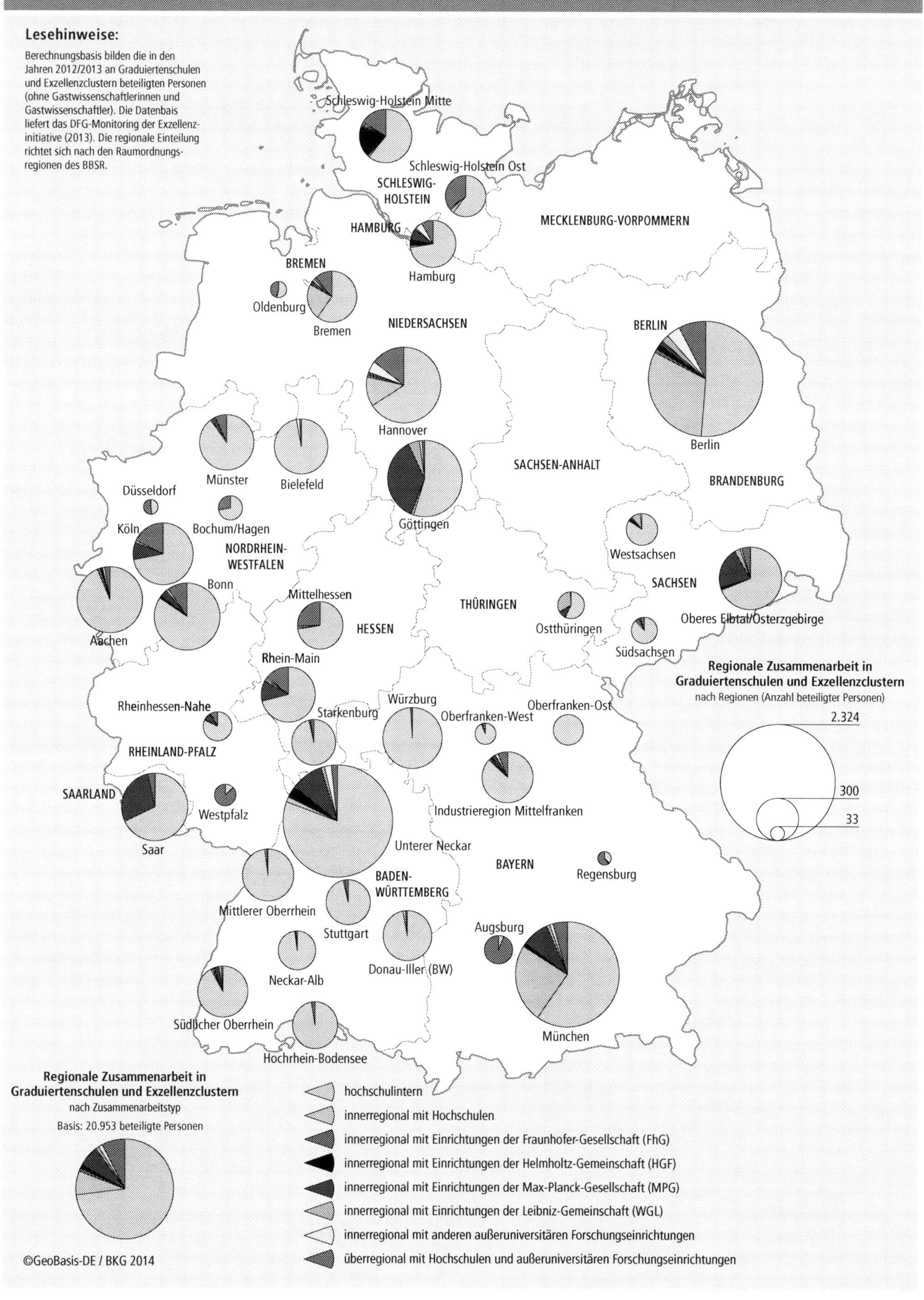

schungsstätte gewonnen werden konnten. Richtet man den Blick zunächst auf die Regionen mit besonders personalstarker Exzellenzbeteiligung, fallen vor allem Berlin, München und die Region Unterer Neckar ins Auge. Letztere umfasst die beiden Universitäten **U Heidelberg** und **U Mannheim,** mit Beteiligung an vier Graduiertenschulen und zwei Exzellenzclustern.

Wie die kartografische Darstellung im Mittel aller Regionen zeigt, sind drei von vier an den Förderlinien der Exzellenzinitiative beteiligte Wissenschaftlerinnen und Wissenschaftler an der Hochschule tätig, die auch die jeweilige Schule oder der jeweilige Cluster trägt. Etwa gleich große Anteile zwischen 7 und 8 Prozent entfallen auf Beteiligte an regionalen Hochschulen, regionalen Max-Planck-Instituten oder auf überregional Beteiligte in Nachbarregionen. Insgesamt nur in geringem Umfang eingebunden sind Wissenschaftlerinnen und Wissenschaftler, deren primäre Forschungsstelle an Instituten der Fraunhofer-Gesellschaft (FhG), der Helmholtz-Gemeinschaft (HGF), der Leibniz-Gemeinschaft (WGL) sowie an weiteren regionalen außeruniversitären Forschungseinrichtungen liegt.

Vergleicht man die Regionen, fallen zunächst die Standorte mit mehreren Universitäten auf, also insbesondere München und Berlin, aber auch Hannover **(U Hannover und MedH Hannover)** und Bremen **(U Bremen** und **JU Bremen).** Hier entfällt ein jeweils substanzieller Anteil der Beteiligungen auf die an einer Schule oder einem Cluster eingebundenen Partnerhochschulen in der Region. Die besonderen Potenziale für Zusammenarbeit zwischen benachbarten Universitäten, wie sie anhand von Abbildung 3-1 herausgearbeitet wurden, werden also genutzt.

Standorte mit starker Einbindung von Wissenschaftlerinnen und Wissenschaftlern an in der Region angesiedelten Max-Planck-Instituten finden sich in der Region Saar, der Region um Dresden (Oberes Elbtal/Osterzgebirge) sowie vor allem in der Region Göttingen. Für diese Region hat bereits Abbildung 3-12 den besonderen Stellenwert dort angesiedelter Max-Planck-Institute für das Forschungsprofil der Region ausgewiesen – in diesem Fall anhand der organisationsspezifischen Beteiligungen am 7. EU-Forschungsrahmenprogramm.

Eine über die Region hinausreichende Einbindung ist vor allem für die großen Metropolregionen in Deutschland zu erkennen, die durch fließende Übergänge geprägt sind, beispielsweise Rhein-Main mit der benachbarten Region Mittelhessen und Rhein-Ruhr sowie die ebenfalls benachbarten Regionen Köln und Bonn.

Für nur wenige Regionen ergibt sich aus dem DFG-Monitoring eine rein hochschulinterne Beteiligung an den dort angesiedelten Graduiertenschulen beziehungsweise Exzellenzclustern. Hierzu zählen Bielefeld, Oberfranken-Ost und Würzburg. Eine sehr hohe hochschulinterne Konzentration zeigen darüber hinaus aber auch die Regionen Aachen, Stuttgart, Südlicher Oberrhein **(U Freiburg),** Hochrhein-Bodensee **(U Konstanz)** und Münster. In allen diesen Fällen ist zu beachten, dass Regionen, deren Universitäten erst in der zweiten Phase der Exzellenzinitiative (2012) erfolgreich waren, in der statistischen Betrachtung nur in geringem Maße aufscheinen können, da sich die hier neu entstandenen Verbünde der Exzellenzinitiative zum Zeitpunkt des DFG-Monitorings noch im Aufbau befanden. Dies gilt zum Beispiel für die Region Oberfranken-West mit der **U Bamberg** sowie für die Region um die **U Regensburg** und die **TU Chemnitz** (Südsachsen).

3.8.3 Internationale Zusammenarbeit in Graduiertenschulen und Exzellenzclustern

Wurde im vorherigen Kapitel die Frage der regionalen Effekte der Exzellenzinitiative schlaglichtartig beleuchtet, gilt die Aufmerksamkeit im Folgenden ihrer Internationalität. Ein wichtiges Motiv der Exzellenzinitiative war und ist es, mit den dort angebotenen Programmen neue Möglichkeiten der internationalen Zusammenarbeit zu schaffen. Im Rahmen der Förderlinien Graduiertenschulen (GSC) und Exzellenzcluster (EXC) wird dies auf verschiedenen Wegen erreicht. Sei es durch eine Zusammenarbeit mit international angesehenen Arbeitsgruppen, im Recruiting internationaler Spitzenwissenschaftlerinnen und -wissenschaftler für mit der Exzellenzinitiative neu geschaffene Professuren oder andere Leitungsstellen, in der Durchführung internationaler Tagungen und Workshops usw. – Internationalität kennt vielerlei Facetten und Möglichkeiten der Ausgestaltung.

Für diesen Förderatlas wurde ein einzelner Aspekt herausgegriffen. Betrachtet wird hier, wiederum unter Zugriff auf Daten des DFG-Monitorings, die personelle Zusammensetzung der im Rahmen der Exzellenzinitiative geförderten Graduiertenschulen und Exzellenzcluster. Diese Verbünde rekrutieren ihr wissenschaftliches Personal international. Für das Jahr 2013 konnten über das DFG-Monitoring Daten zu rund 2.400 in GSC und rund 1.600 in EXC eingebundenen Wissenschaftlerinnen und Wissenschaftlern gewonnen werden, die vor ihrem Eintritt in diese Programme in einem anderen Land tätig waren. Bei diesen Personen mit Auslandsherkunft handelt es sich zum Teil um Personen der entsprechenden Nationalität, zum Teil aber auch um Deutsche, die die Exzellenzinitiative zum Anlass nahmen, nach einem in der Regel längeren Auslandsaufenthalt in ihre Heimat zurückzukehren.

Insgesamt liegt der Anteil der an GSC und EXC beteiligten Wissenschaftlerinnen und Wissenschaftler mit Auslandsherkunft bei 23 Prozent. Ordnet man Verbünde nach ihrer fachlichen Schwerpunktsetzung den vier von der DFG unterschiedenen Wissenschaftsbereichen zu, ergibt sich eine gewisse Spannweite: Der Anteil der Beteiligten mit Auslandsherkunft bewegt sich zwischen 10 Prozent im Wissenschaftsbereich Lebenswissenschaften und 43 Prozent im Wissenschaftsbereich Ingenieurwissenschaften.

Zu den großen Herkunftsländern der Beteiligten an der Exzellenzinitiative zählen in Europa Großbritannien, Italien und Frankreich, aber auch kleinere Länder wie die Niederlande und die deutschsprachigen Nachbarländer Österreich und die Schweiz. Über Europa hinaus rekrutieren Exzellenzprogramme junge Wissenschaftlerinnen und Wissenschaftler insbesondere in Indien und China, aber auch in den USA.

Abbildung 3-14 weist alle Länder aus, die im DFG-Monitoring für das Jahr 2013 von mindestens fünf Beteiligten an Verbünden der Exzellenzinitiative als Herkunftsland angegeben wurden. Die Darstellung unterscheidet nach den beiden Förderlinien GSC und EXC sowie jeweils nach den vier Wissenschaftsbereichen.

In den meisten mitteleuropäischen Ländern halten sich GSC und EXC quantitativ die Waage, das heißt beide Förderlinien rekrutieren in ähnlichem Umfang im Ausland. Graduiertenschulen rekrutieren tendenziell stärker in Osteuropa, aber beispielsweise auch in der Türkei und Griechenland, in den afrikanischen Ländern sowie im asiatischen Raum in Indien, Taiwan oder Pakistan. Die Werte für Exzellenzcluster liegen etwas höher in den USA sowie in Schweden und Japan – und somit in Ländern, die generell als sehr forschungsstark angesehen sind.

Mit Blick auf die Fächer ergeben sich wenige Auffälligkeiten. Indische Nachwuchskräfte fokussieren auf lebenswissenschaftlich ausgerichtete GSC, Ähnliches gilt für Taiwan – in beiden Fällen maßgeblich zulasten der Geistes- und Sozialwissenschaften. Bei den afrikanischen Ländern zeigt sich eine vergleichsweise starke Ausrichtung auf geistes- und sozialwissenschaftlich ausgerichtete GSC. Generell ist festzuhalten, dass die Attraktivität der Exzellenzinitiative im Vergleich der Wissenschaftsbereiche sehr homogen ist. In der Regel entsenden Länder Forscherinnen und Forscher aus allen vier Wissenschaftsbereichen und auch in ähnlichen Proportionen.

3.8.4 Exzellenzinitiative in der bibliometrischen Betrachtung

Wissenschaftlicher Ertrag wird vor allem dann fruchtbar, wenn er veröffentlicht wird. Qualitativ hochwertige Publikationen sind ein international anerkannter Maßstab für Erfolge in der Forschung. Hervorragende Publikationen waren daher bei den Begutachtungen von Anträgen auf Förderung im Rahmen der Exzellenzinitiative ein wichtiger Indikator für wissenschaftliche Leistungsfähigkeit. Dabei stützte sich die Bewertung auf die Einschätzung der für das in einem Verbund zu erforschende Thema international ausgewiesenen Expertinnen und Experten. Ausschlaggebend war allein die inhaltliche Bewertung. Quantifizierende Kennzahlen waren weder für die Gutachterinnen und Gutachter noch für die anschließend mit der Entscheidung befassten Gremien ausschlaggebend.

Für eine Betrachtung des Verlaufs der Exzellenzinitiative und als Antwort auf die Frage, welche „messbaren" Erfolge diese bisher kennzeichnet, ist es gleichwohl naheliegend, auf bibliometrische Kennzahlen zurückzugreifen. Neben den bekannten blinden Flecken bibliometrischer Analyse gibt es eine Reihe von Besonderheiten des Untersuchungsgegenstands „Exzellenzinitiative", die eine bibliometrische Betrachtung des Publikationsoutputs der Exzellenzinitiative erschweren:

- Der Versuch, ein komplexes Phänomen wie „Publikationsqualität" auf einfache Weise messbar zu machen, gelingt in vorsichtiger

Abbildung 3-14:
Internationalität der Graduiertenschulen und Exzellenzcluster – Herkunftsländer der beteiligten Personen 2013

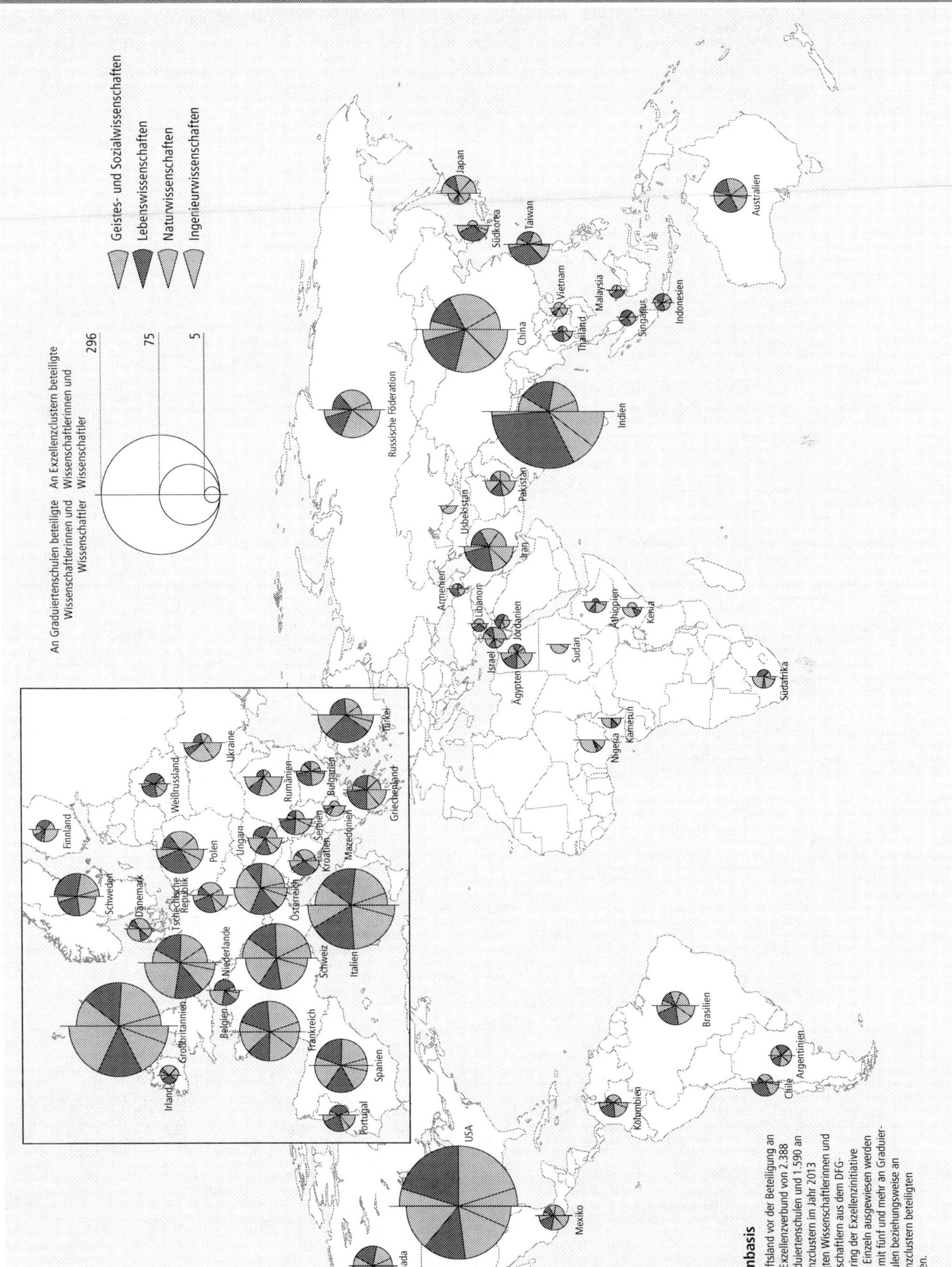

Datenbasis

Herkunftsland vor der Beteiligung an einem Exzellenzverbund von 2.388 an Graduiertenschulen und 1.590 an Exzellenzclustern im Jahr 2013 beteiligten Wissenschaftlerinnen und Wissenschaftlern aus dem DFG-Monitoring der Exzellenzinitiative (2013). Einzeln ausgewiesen werden Länder mit fünf und mehr an Graduiertenschulen beziehungsweise an Exzellenzclustern beteiligten Personen.

Näherung am ehesten mithilfe von Zitationsanalysen: Hohe Zitationsraten sind ein allgemein anerkannter Orientierungswert für Qualität, oder allgemeiner formuliert, für Wirkung. Aber für solche Analysen ist die Exzellenzinitiative noch zu jung. Publikationen als Ertrag geförderter Projekte brauchen Zeit; weitere Zeit wird für deren Rezeption in anderen Publikationen und – nicht zu unterschätzen – für die Aufnahme dieser Zitationen in bibliometrische Datenbanken benötigt (Marx/Bornmann, 2012).

- Die Publikationskulturen sind von Fach zu Fach sehr unterschiedlich. Bibliometrische Datenbanken weisen Aufsätze in international anerkannten Fachzeitschriften nach. Die für die Geistes- und Sozialwissenschaften spezifische Zeitschriftenkultur sowie deren Buchformate (Monografien und Sammelbände) werden erst sukzessive Teil solcher Nachweissysteme. Sie sind derzeit daher noch weit davon entfernt, ein angemessenes Abbild der Forschung in diesen Bereichen zu bieten.
- Ein hinreichend genaues Bild zur Publikationsaktivität liefern bibliometrische Kennzahlen vor allem dann, wenn größere Aggregate untersucht werden, also bei der Betrachtung der Publikationsleistung von Ländern oder größeren Themenfeldern. Bei engerem Fokus, etwa auf Einrichtungen oder gar auf einzelne Projekte oder Fördermaßnahmen, sind belastbare Aussagen nur bei intensiver Qualitätssicherung vor Ort – durch Vertreter der Verwaltung (zum Beispiel Hochschulbibliothek) der beschriebenen Forschungseinrichtungen oder direkte Befragung der dort aktiven Wissenschaftlerinnen und Wissenschaftler –, also nur mit hohem administrativem Aufwand möglich[20].

In der vorliegenden Analyse wird aus diesen Gründen nur ein Schlaglicht auf die Entwicklung in beispielhaft ausgewählten Fächern geworfen, in diesem Fall Chemie und Physik. Die Auswahl dieser Fächer ist dadurch begründet, dass sie als typische „Zeitschriftenwissenschaften" mit zudem hochgradig englischsprachiger Publikationskultur in bibliometrischen Datenbanken sehr gut abgebildet sind (Moed, 2006). Einen Eindruck vermittelt hier bereits die letzte Ausgabe des Förderatlas, die Forschungs- und Vernetzungsprofile in der Chemie mit bibliometrischen Methoden beleuchtete (DFG, 2012: 177ff.). Zur Betrachtung kommt der Zeitraum 2002 bis 2013. Dabei werden Exzellenzstandorte in den Blick genommen und in Relation gestellt zu verschiedenen nationalen und internationalen Vergleichsgruppen. Somit wird der Fördereffekt der Exzellenzinitiative zwar nicht unmittelbar quantifiziert, aber aufgezeigt, wie sich diese schon zu Beginn der Förderung herausragenden Zentren der Forschung in den Bereichen Chemie und Physik in den letzten zwölf Jahren entwickelt haben. Aus der vorliegenden Analyse können so Hinweise gewonnen werden, ob sich für Hochschulen mit Beteiligung an der Exzellenzinitiative bereits vor Beginn der Förderung andere Publikationsaktivitäten feststellen lassen als in den Vergleichsgruppen.

In der Analyse berücksichtigt sind Publikationen, die in der bibliometrischen Datenbank Web of Science den Fachgebieten Chemie und Physik zugeordnet sind. In der Kategorie Exzellenzhochschule wurden dabei alle im Rahmen der Exzellenzinitiative geförderten Hochschulstandorte berücksichtigt, für die ein Forschungsschwerpunkt in der Chemie und Physik feststellbar war. Von insgesamt 45 Exzellenzuniversitäten trifft dies auf 21 Einrichtungen zu. Die Zuordnung von Publikationen zu Hochschulen erfolgte anhand der Adressen der beteiligten Autoren. Die Einrichtungen werden nicht einzeln betrachtet, sondern gruppiert.[21]

Exzellenzuniversitäten üben messbaren Einfluss auf das Publikationsaufkommen deutscher Universitäten aus

Abbildung 3-15 stellt die Entwicklung des Publikationsaufkommens in Deutschland im Vergleich zur Entwicklung weltweit und in besonders forschungsstarken Ländern dar. Das weltweite Publikationsaufkommen hat im Zeitraum 2002 bis 2013 in den betrachteten Fachgebieten, aber auch bezogen auf das gesamte Kontinuum von Fächern und Forschungsschwerpunkten stark zugenommen.

20 Neuere bibliometrische Ansätze bedienen sich der Möglichkeit, Daten aus sogenannten „funding acknowledgements" auszuwerten, um Zusammenhänge zwischen Förderung und Publikationsertrag zu analysieren. Die dabei zu beachtenden Schwierigkeiten beschreiben Sirtes, 2013, und Sirtes et al, 2015.

21 Siehe auch das Methodenglossar im Anhang unter dem Stichwort „Bibliometrie".

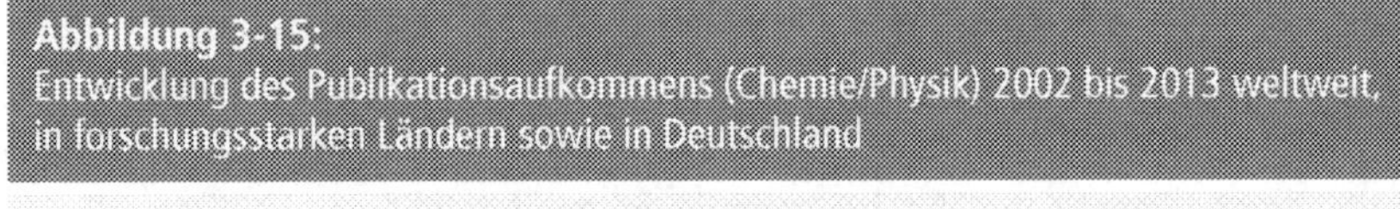

Abbildung 3-15:
Entwicklung des Publikationsaufkommens (Chemie/Physik) 2002 bis 2013 weltweit, in forschungsstarken Ländern sowie in Deutschland

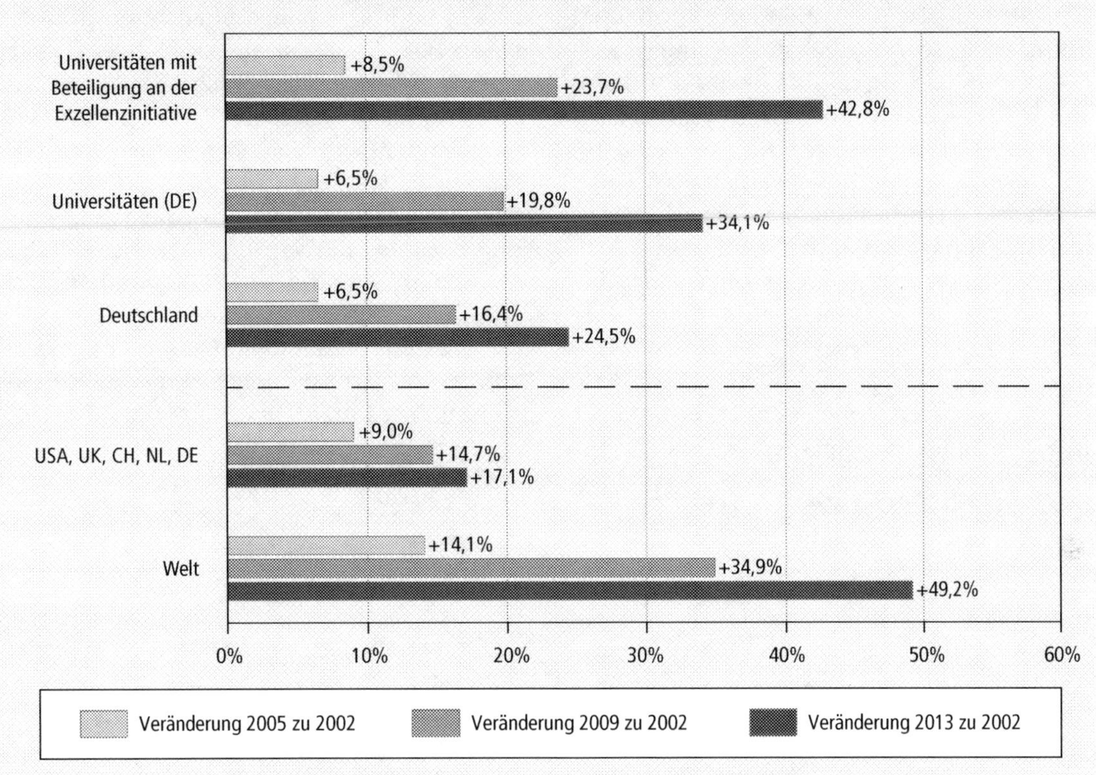

Weitere methodische Ausführungen zu den bibliometrischen Analysen sind dem Methodenglossar im Anhang zu entnehmen.

Datenbasis und Quelle:
SCIE, Publikationen in den Subject Categories Chemie und Physik mit mindestens einem Autor einer Forschungseinrichtung der jeweiligen Kategorie. Publikationen können mehreren Kategorien zugeordnet sein.
Berechnungen der DFG.

Dies folgt schon früh entdeckten Wachstumsgesetzen für wissenschaftliche Produktivität (De Solla Price, 1963), hängt aber auch mit der weltweit weiterhin wachsenden Zahl publizierender Wissenschaftlerinnen und Wissenschaftler zusammen. Insbesondere China hat seinen Anteil am weltweiten Publikationsaufkommen in den letzten Jahren vervierfacht (OECD, 2014). Darüber hinaus werden auch zunehmend sich verändernde Kommunikations- und Anreizstrukturen als Wachstumsfaktor diskutiert.

Auch die Publikationsaktivitäten an deutschen Forschungseinrichtungen haben sich im betrachteten Zeitraum intensiviert: Wurden im Jahr 2002 insgesamt rund 22.000 Publikationen in den hier betrachteten Fachgebieten Chemie und Physik veröffentlicht, waren es im Jahr 2013 annähernd 28.000 Aufsätze. Dies entspricht einem Wachstum von rund 25 Prozent. Damit liegt der rein quantitative Zuwachs in Deutschland unter dem weltweiten Vergleichswert von 49 Prozent, aber über dem Wert der Vergleichsgruppe besonders forschungsstarker Länder (17 Prozent).

Hochschulen, die im Rahmen der Exzellenzinitiative gefördert wurden, haben an diesem Wachstum einen wesentlichen Anteil. Während das Publikationsaufkommen bezogen auf alle deutschen Universitäten um 34 Prozent zugenommen hat, betrug der Anstieg der 21 hier betrachteten Universitäten mit Beteiligung an der Exzellenzinitiative rund 43 Prozent.

Festhalten lässt sich also, dass das Publikationsaufkommen in Deutschland in den betrachteten Fachgebieten in den letzten zwölf Jahren deutlich und stärker als in anderen forschungsstarken Ländern zugenommen hat. Diejenigen Standorte, die im Rahmen der Exzellenzinitiative gefördert werden, tragen in besonderem Maße zu dieser Steigerung bei. Schon im Jahr 2006 zählten die 21 betrachteten Standorte zu den publikationsstarken Universitäten – wesentliches Kriterium für die Förderung war ja die Intensität, mit der an den Standorten geforscht wurde. Bis zum Jahr 2013 haben diese Standorte ihren Vorsprung aber nicht nur gehalten, sondern ausgebaut: Ihr Anteil am Publikationsaufkommen in der Chemie und der Physik hat im Verhältnis stark zugenommen.

Die Frage, ob und inwieweit die Exzellenzinitiative den Hauptmotor dieser Entwicklung darstellt, kann zum jetzigen Zeitpunkt mit den verfügbaren Datengrundlagen und der hier zum Einsatz gebrachten Methodik nur mit Einschränkung beantwortet werden. Insbesondere bleibt die Frage offen, ob mit dem rein quantitativen Zuwachs auch eine qualitative Veränderung einhergegangen ist respektive ob die „Wirkung" von Publikationen aus Universitäten mit Beteiligung an der Exzellenzinitiative, gemessen in überdurchschnittlichem Zitiererfolg, stärker gewachsen ist als die von Publikationen ohne unmittelbaren Bezug zur Exzellenzinitiative. Entsprechende Analysen wären zu gegebener Zeit Gegenstand vertiefender Betrachtungen. Auch andere mit der Förderung verknüpfte Effekte – etwa der Ausbau von Kooperationsbeziehungen zwischen Hochschulen und außeruniversitären Einrichtungen sowie zwischen deutschen und ausländischen Standorten der Spitzenforschung oder Änderungen im fachlichen Zuschnitt der Publikationsaktivitäten – könnten weitere hilfreiche Hinweise für eine empirisch gestützte Diskussion um die Erfolge der Exzellenzinitiative geben.

4 Fachliche Förderprofile von Forschungseinrichtungen

Das folgende Kapitel beschreibt im Schwerpunkt die fachlichen Profile von Hochschulen und außeruniversitären Forschungseinrichtungen. Hierfür herangezogen werden die in Kapitel 2 beschriebenen Daten von ausgewählten Forschungsförderern. Die Druckfassung des Berichts richtet ihre Aufmerksamkeit vor allem auf die bei diesen Förderern aktivsten Hochschulen. Der mit diesem Förderatlas erstmals nur online angebotene Tabellenanhang macht auch die Daten für weitere Hochschulen sowie für außeruniversitäre Forschungseinrichtungen zugänglich.

Der Bund und die EU fördern Forschung in erster Linie in thematisch definierten Fördergebieten. Daten hierüber werden gemäß ihrer eigenen Systematik dokumentiert und soweit möglich den vier von der DFG unterschiedenen Wissenschaftsbereichen zugeordnet.

Einleitend werden die unterschiedlichen fachlichen Schwerpunktsetzungen der verschiedenen Förderer mittels eines Kennzahlenvergleichs gegenübergestellt. Dem folgt eine detaillierte Betrachtung der fachlichen und fördergebietsspezifischen Profile der bei diesen Förderern besonders aktiven Hochschulen.

In diesem Förderatlas wird dabei auch erstmals die Frage untersucht, wie sich die fachlichen Profile von Hochschulen über die Zeit entwickeln. Basis der Betrachtung bilden Daten zur fachlichen Ausrichtung der von der DFG geförderten Projekte an ausgewählten Hochschulen in einem 11-Jahreszeitraum (2003 bis 2013). Zum Einsatz kommt dabei die DFG-Fachsystematik, die auch die weitere Gliederungsstruktur des Kapitels vorgibt.

Entsprechend der Unterscheidung nach vier Wissenschaftsbereichen – Geistes- und Sozialwissenschaften, Lebenswissenschaften, Naturwissenschaften und Ingenieurwissenschaften – erfolgt ab Kapitel 4.4 eine detaillierte Betrachtung der Förderprofile von Hochschulen und außeruniversitären Forschungseinrichtungen. Zur Betrachtung kommen dabei auch die einrichtungsübergreifenden Vernetzungseffekte, die sich aus der gemeinsamen Beteiligung an Koordinierten Programmen der DFG sowie an Graduiertenschulen und Exzellenzclustern je Wissenschaftsbereich ergeben. In der Differenzierung nach Forschungsfeldern (je nach Wissenschaftsbereich zwischen sieben und 18 Kategorien) erfolgt dabei auch eine Detailbetrachtung der in der DFG-Förderung je Standort gesetzten fachlichen Akzente. Eine tabellarische Betrachtung dieser Forschungsfelder erfolgt schließlich auch in einer nach 14 Fachgebieten geordneten Weise.

4.1 Die DFG-Fachsystematik

Die in der Berichtsreihe DFG-Förderatlas berichteten Kennzahlen fokussieren auf Fächer und tragen so dem Umstand Rechnung, dass die Aussagekraft dieser Kennzahlen von Fach zu Fach sehr unterschiedlich ist. Bezogen auf die DFG profitiert die Reihe seit jeher von dem Umstand, dass die Förderung von Forschungsprojekten bei der DFG ebenfalls stark fachbezogen organisiert ist. Das Gros der DFG-Förderinstrumente wird in der DFG-Geschäftsstelle in Fachreferaten betreut. Das dort tätige wissenschaftliche Personal verfügt über eine fundierte, dem betreuten Fächerspektrum zuzuordnende Ausbildung (mindestens Promotion) sowie häufig auch über mehrjährige eigene Forschungserfahrung. Die Gutachterinnen und Gutachter, die die Bewertung eines Förderantrags vornehmen, werden aufgrund ihrer fachlich einschlägigen Expertise ausgewählt. Liegen Anträge „zwischen den Fächern", hat auch dies Konsequenzen für die Gutachterauswahl. Eine Ende 2013 veröffentlichte DFG-Studie zeigt, dass solche fachübergreifenden Begutachtungen von DFG-Anträgen tatsächlich eher die Regel als die Ausnahme darstellen (DFG, 2013a).

Tabelle 4-1:
DFG-Systematik der Fachkollegien, Fachgebiete und Wissenschaftsbereiche

Fachkollegium		Fachgebiet		Wissenschafts-bereich
101	Alte Kulturen	Geisteswissenschaften	GEI	Geistes- und Sozial-wissenschaften
102	Geschichtswissenschaften			
103	Kunst-, Musik-, Theater- und Medienwissenschaften			
104	Sprachwissenschaften			
105	Literaturwissenschaft			
106	Außereuropäische Sprachen und Kulturen, Sozial- und Kulturanthropologie, Judaistik und Religionswissenschaft			
107	Theologie			
108	Philosophie			
109	Erziehungswissenschaft	Sozial- und Verhaltens-wissenschaften	SOZ	
110	Psychologie			
111	Sozialwissenschaften			
112	Wirtschaftswissenschaften			
113	Rechtswissenschaften			
201	Grundlagen der Biologie und Medizin	Biologie	BIO	Lebens-wissenschaften
202	Pflanzenwissenschaften			
203	Zoologie			
204	Mikrobiologie, Virologie und Immunologie	Medizin	MED	
205	Medizin			
206	Neurowissenschaft			
207	Agrar-, Forstwissenschaften, Gartenbau und Tiermedizin	Agrar-, Forstwissenschaften, Gartenbau und Tiermedizin	AFT	
301	Molekülchemie	Chemie	CHE	Natur-wissenschaften
302	Chemische Festkörper- und Oberflächenforschung			
303	Physikalische und Theoretische Chemie			
304	Analytik, Methodenentwicklung (Chemie)			
305	Biologische Chemie und Lebensmittelchemie			
306	Polymerforschung			
307	Physik der kondensierten Materie	Physik	PHY	
308	Optik, Quantenoptik und Physik der Atome, Moleküle und Plasmen			
309	Teilchen, Kerne und Felder			
310	Statistische Physik, Weiche Materie, Biologische Physik, Nichtlineare Dynamik			
311	Astrophysik und Astronomie			
312	Mathematik	Mathematik	MAT	
313	Atmosphären- und Meeresforschung	Geowissenschaften (einschl. Geographie)	GEO	
314	Geologie und Paläontologie			
315	Geophysik und Geodäsie			
316	Geochemie, Mineralogie und Kristallographie			
317	Geographie			
318	Wasserforschung			
401	Produktionstechnik	Maschinenbau und Produktionstechnik	MPT	Ingenieur-wissenschaften
402	Mechanik und Konstruktiver Maschinenbau			
403	Verfahrenstechnik, Technische Chemie	Wärmetechnik/ Verfahrenstechnik	WVT	
404	Wärmeenergietechnik, Thermische Maschinen, Strömungsmechanik			
405	Werkstofftechnik	Materialwissenschaft und Werkstofftechnik	MWT	
406	Materialwissenschaft			
407	Systemtechnik	Elektrotechnik, Informatik und Systemtechnik	EIS	
408	Elektrotechnik			
409	Informatik			
410	Bauwesen und Architektur	Bauwesen und Architektur	BAU	

Stand 2015. Tabelle A-1 im Anhang weist die zusätzliche Differenzierung nach 209 Fächern aus.

Am Beispiel der von der DFG eingesetzten Fachkollegien wird die Fachorientierung des DFG-Förderhandelns besonders augenfällig. Bei den Fachkollegien handelt es sich um Gremien, denen im Prozess der Bearbeitung und Begutachtung von DFG-Anträgen eine wichtige Schlüsselrolle zukommt. Sie bewerten die vorgelegten Anträge auf Basis der hierzu erstellten Gutachten und priorisieren sie gegebenenfalls in Abhängigkeit vom zur Verfügung stehenden Budget. Eine wichtige Funktion ist aber auch die Qualitätssicherung der Begutachtung und der Gutachterauswahl – mit der Konsequenz, dass Fachkollegiatinnen und -kollegiaten im Zweifel Anträge bis zum Vorliegen weiterer Gutachten zurückstellen, weil die vorliegenden Unterlagen den erforderlichen Ansprüchen nicht genügten oder der Verdacht einer Befangenheit vorliegt[1].

Bei allen in diesem Kapitel vorgestellten Analysen nach fachlich-thematischen Gesichtspunkten wird die DFG-Fachsystematik als strukturierendes Element herangezogen. In Abhängigkeit von der Datenlage und dort, wo es die Fragestellung nahelegt, folgen einzelne Kennzahlen ausschließlich der Ebene von Wissenschaftsbereichen. Wo möglich, geht der Bericht im Detail auch auf die zweite Ebene der Systematik ein (14 Fachgebiete beziehungsweise die vergleichbare Ebene der Systematik der anderen betrachteten Förderer). Bei den Förderprofilen der DFG wird zusätzlich eine Auswertung auf der dritten Ebene der 48 Forschungsfelder vorgenommen. Die drei oberen Ebenen der Systematik weist Tabelle 4-1 aus, im Anhang findet sich Tabelle A-1, die auch die vierte Ebene der 209 Fächer dokumentiert[2].

1 In 48 Kollegien arbeiten insgesamt 609 von der Scientific Community im 4-Jahresrhythmus gewählte Fachkollegiatinnen und -kollegiaten – jeweils mit Fokus auf eines von 209 Fächern, die diesen Kollegien hierarchisch zugeordnet sind. Weitere Informationen zur Funktion, Wahl und Zusammensetzung der Fachkollegien und ihrer Fächer finden sich unter www.dfg.de/fachkollegien.

2 Siehe auch das Methodenglossar im Anhang unter dem Stichwort „DFG-Fachsystematik".

4.2 Fachbezogene Kennzahlen im Überblick

Die Unterteilung des Kapitels nach Wissenschaftsbereichen und Fachgebieten trägt dem Umstand Rechnung, dass sich die Aussagekraft von Forschungskennzahlen in aller Regel von Fachgebiet zu Fachgebiet stark unterscheidet. Leicht verdeutlichen lässt sich das an der (im Förderatlas nicht betrachteten) Kennzahl „eingereichte/genehmigte Patente", die für geistes- und sozialwissenschaftliche Forschungsprojekte sicher einen deutlich geringeren Stellenwert besitzt als in eher technisch ausgerichteten Disziplinen. Gerade im Kontext dieses DFG-Förderatlas ist zu betonen, dass auch die Kennzahl „Drittmitteleinwerbungen" fachspezifisch ein unterschiedliches Gewicht hat. Bereits in früheren Ausgaben wurde die große Spannweite der je Fachgebiet üblichen Pro-Kopf-Einwerbungen von Drittmitteln aufgezeigt. Auch in diesem Förderatlas finden sich entsprechende Tabellen – einmal bezogen auf Drittmitteleinnahmen insgesamt (gemäß DESTATIS) und einmal auf DFG-Bewilligungen – im Online-Angebot zum Förderatlas (vgl. Tabelle Web-33 und Web-34 unter www.dfg.de/foerderatlas).

Um die große Spannweite zu verdeutlichen, führt Abbildung 4-1 die in den eben genannten Tabellen ausgewiesenen Pro-Kopf-Zahlen für die Professorenschaft zu den Drittmitteleinnahmen der Universitäten 2012 und die entsprechenden Pro-Kopf-Bewilligungen der DFG (2011 bis 2013) in einem Streudiagramm zusammen.

In Kapitel 2.2 wurde bereits dargestellt, dass der Anteil der DFG an den Drittmitteln im Hochschulsystem im Jahr 2012 etwa 33 Prozent beträgt. Das Erhebungsverfahren des Statistischen Bundesamts (DESTATIS) lässt leider keine Aussagen darüber zu, wie sich die Beträge der einzelnen Förderer auf Fächer verteilen. Die Abbildung stellt daher die DFG-intern erhobenen Daten zu DFG-Bewilligungen und die von DESTATIS zusammengeführten Daten zu Drittmitteleinnahmen von Universitäten insgesamt je Fachgebiet gegenüber.

Der Vergleich bestätigt zunächst die Größenordnung des eben berichteten DFG-Anteils. Aufseiten der DFG wird für drei Bewilligungsjahre knapp der gleiche Betrag bewilligt, der aufseiten DESTATIS für ein Jahr als Durchschnittswert der Pro-Kopf-Einnahmen in der Professorenschaft verbucht ist (254.000 Euro gegenüber 266.000 Euro).

Abbildung 4-1:
DFG-Bewilligungen für 2011 bis 2013 und Drittmitteleinnahmen gesamt 2012 nach Fachgebieten und Professorenschaft an Universitäten

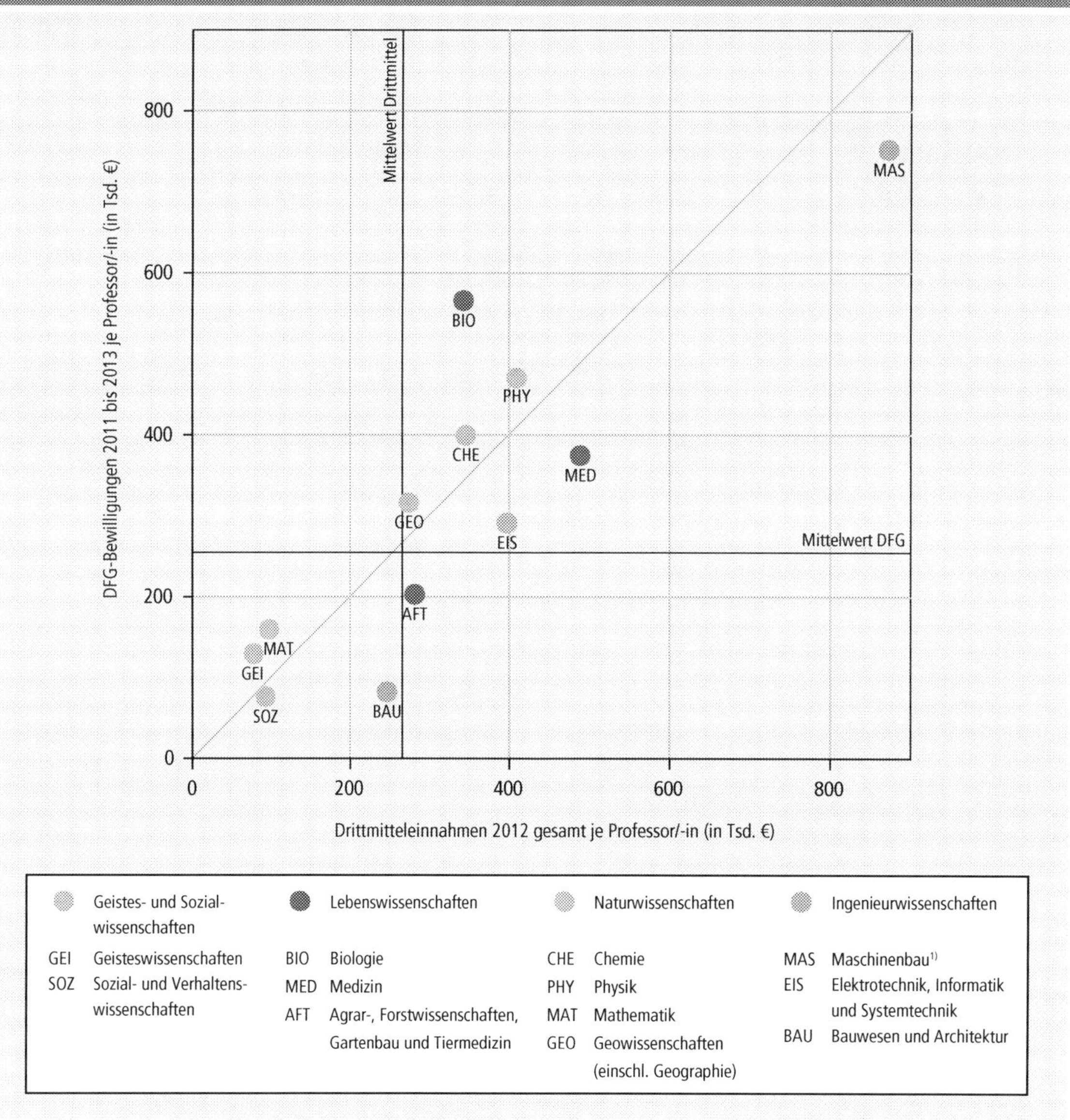

[1)] Die Fachsystematik des Statistischen Bundesamtes in der Finanzstatistik lässt die Differenzierung für die DFG-Fachgebiete Maschinenbau und Produktionstechnik, Wärmetechnik/Verfahrenstechnik sowie Materialwissenschaft und Werkstofftechnik nicht zu. Für statistische Zwecke werden sie hier in Abweichung zur üblichen DFG-Systematik zu einem Fachgebiet „Maschinenbau" zusammengefasst.

Datenbasis und Quellen:
Deutsche Forschungsgemeinschaft (DFG): DFG-Bewilligungen für 2011 bis 2013.
Statistisches Bundesamt (DESTATIS): Bildung und Kultur. Finanzen der Hochschulen 2012. Fachserie 11, Reihe 4.5.
Berechnungen der DFG.

Wie die Abbildung erkennen lässt, sind die Werte für die meisten Fachgebiete alle sehr nah entlang der Diagonalen angeordnet. Eine vollständige Anordnung auf der Diagonalen würde bedeuten, dass DFG-Bewilligungen der genau gleichen Verteilungslogik folgen wie Drittmitteleinnahmen insgesamt. Die Kennzahlen auf Basis von DFG-Bewilligungen wären dann vollständig repräsentativ für die Drittmitteleinnahmen der Universitäten generell. Der sich aus der Rangfolge der Fachgebiete ergebende Korrelationswert in Höhe von Spearman's R = 0,83 bringt zum Ausdruck, dass die Ähnlichkeit der Verteilung sehr groß ist. Die Visualisierung macht aber auch kleinere Abweichungen deutlich. So erweist sich vor allem die Biologie als Fachgebiet, das vergleichsweise stark auf DFG-Mittel ausgerichtet ist. Umgekehrt weisen die zu Maschinenbau zusammengefassten Fachgebiete[3] sowie das Fachgebiet Bauwesen und Architektur eine etwas größere Affinität zu anderen Drittmittelgebern auf.

Sichtbar wird weiterhin, dass es eine große Spannweite der Pro-Kopf-Werte gibt, je nachdem, welchem Fachgebiet eine Professur zugeordnet ist. Während den Geistes- sowie den Sozial- und Verhaltenswissenschaften Werte um die 100.000 Euro zugeordnet sind (DFG-Bewilligungen für die Jahre 2011 bis 2013 beziehungsweise Drittmitteleinnahmen insgesamt 2012), erreicht die Professorenschaft in den Fachgebieten des Maschinenbaus um 9- bis 11-fach höhere Werte (vgl. im Detail Tabelle Web-33 und Web-34 unter www.dfg.de/foerderatlas).

Der Maschinenbau übersteigt dabei zwar, wie die Abbildung zeigt, die in den anderen Fachgebieten üblichen Werte deutlich. Aber auch zwischen diesen ergeben sich markante Unterschiede. Drittmittel als Leistungsindikator, wie sie etwa im Rahmen der leistungsorientierten Mittelvergabe (LOM) in praktisch allen Bundesländern üblich sind (KMK, 2011), sollten daher nach Möglichkeit die Fachzugehörigkeit des Einwerbenden berücksichtigen. Konkret in den Geistes- und Sozialwissenschaften und in der Mathematik sind andere Maßstäbe anzulegen als in den Ingenieurwissenschaften und bei den zwischen diesen Extremen angesiedelten Lebens- und Naturwissenschaften. Dies gilt sowohl mit Blick auf einzelne Personen oder Institute als auch bezogen auf ganze Einrichtungen (etwa Hochschulen), die in Abhängigkeit von ihrem fachlichen Profil eine sehr unterschiedliche Drittmittelaffinität aufweisen (vgl. Kap. 3.3).

3 Die Fachsystematik des Statistischen Bundesamts in der Finanzstatistik lässt die Differenzierung für die DFG-Fachgebiete Maschinenbau und Produktionstechnik, Wärmetechnik/Verfahrenstechnik sowie Materialwissenschaft und Werkstofftechnik nicht zu. Für statistische Zwecke werden sie hier in Abweichung zur üblichen DFG-Systematik zu einem Fachgebiet Maschinenbau zusammengefasst.

Fördermittelgeber setzen fachlich sehr unterschiedliche Akzente

Die folgenden Kompaktdarstellungen geben einen zusammenfassenden Überblick, wie sich die im Förderatlas verwendeten Kennzahlen je nach Fördereinrichtung fachlich unterschiedlich gewichten.

Tabelle 4-2 vergleicht zunächst die monetären, auf Drittmitteldaten basierenden Kennzahlen. Die DFG fördert gemäß ihrem Satzungsziel die Wissenschaft „in allen ihren Zweigen". Diesem Ziel entsprechend verteilen sich die für Forschungsprojekte bereitgestellten Mittel im Vergleich der Förderer relativ gleichmäßig über die vier Wissenschaftsbereiche. Die Geistes- und Sozialwissenschaften, die bei den beiden anderen hier behandelten Fördermittelgebern nur

Tabelle 4-2:
Beteiligung[1] an Förderprogrammen für Forschungsvorhaben von DFG, Bund und EU nach Wissenschaftsbereichen

Wissenschaftsbereich	DFG-Bewilligungen		Direkte FuE-Projektförderung des Bundes		FuE-Förderung im 7. EU-FRP[2]	
	Mio. €	%	Mio. €	%	Mio. €	%
Geistes- und Sozialwissenschaften	1.129,5	14,7	434,6	4,7	28,8	1,0
Lebenswissenschaften	2.574,3	33,5	1.631,8	17,7	428,8	14,5
Naturwissenschaften	1.679,6	21,9	1.699,7	18,5	106,8	3,6
Ingenieurwissenschaften	1.486,8	19,4	4.225,2	45,9	1.365,8	46,1
Ohne fachliche Zuordnung	805,0	10,5	1.219,4	13,2	1.034,8	34,9
Insgesamt	**7.675,2**	**100,0**	**9.210,7**	**100,0**	**2.965,0**	**100,0**

[1] Nur Fördermittel für deutsche und institutionelle Mittelempfänger (inklusive Industrie und Wirtschaft).
[2] Die hier ausgewiesenen Fördersummen zum 7. EU-Forschungsrahmenprogramm sind zu Vergleichszwecken auf einen 3-Jahreszeitraum entsprechend den Betrachtungsjahren der Fördersummen von DFG und Bund umgerechnet. Insgesamt haben die hier betrachteten Institutionen 6.918,4 Millionen Euro im 7. EU-Forschungsrahmenprogramm erhalten. Weitere methodische Ausführungen sind dem Methodenglossar im Anhang zu entnehmen.

Datenbasis und Quellen:
Bundesministerium für Bildung und Forschung (BMBF): Direkte FuE-Projektförderung des Bundes 2011 bis 2013 (Projektdatenbank PROFI).
Deutsche Forschungsgemeinschaft (DFG): DFG-Bewilligungen für 2011 bis 2013.
EU-Büro des BMBF: Beteiligungen am 7. EU-Forschungsrahmenprogramm (Laufzeit: 2007 bis 2013, Projektdaten mit Stand 21.02.2014).
Berechnungen der DFG.

Tabelle 4-3:
Anzahl der AvH-, DAAD- und ERC-Geförderten nach Wissenschaftsbereichen

Wissenschaftsbereich	AvH-Geförderte		DAAD-Geförderte		ERC-Geförderte[1]	
	N	%	N	%	N	%
Geistes- und Sozialwissenschaften	1.776	29,7	2.156	41,5	74	11,4
Lebenswissenschaften	895	15,0	1.018	19,6	264	40,7
Naturwissenschaften	2.636	44,1	1.268	24,4	189	29,1
Ingenieurwissenschaften	673	11,3	747	14,4	122	18,8
Insgesamt	**5.980**	**100,0**	**5.190[2]**	**100,0**	**649**	**100,0**

[1] Ausgewiesen sind ERC-Geförderte in Deutschland.
[2] Inklusive DAAD-Geförderte ohne Angabe des Wissenschaftsbereichs.

Datenbasis und Quellen:
Alexander von Humboldt-Stiftung (AvH): Aufenthalte von AvH-Gastwissenschaftlerinnen und -wissenschaftlern 2009 bis 2013.
Deutscher Akademischer Austauschdienst (DAAD): Geförderte ausländische Wissenschaftlerinnen und Wissenschaftler 2009 bis 2013.
EU-Büro des BMBF: ERC-Förderung im 7. EU-Forschungsrahmenprogramm (Laufzeit: 2007 bis 2013, Projektdaten mit Stand 21.02.2014). Zahlen beinhalten Starting Grants (inklusive 2014), Advanced Grants und Consolidator Grants.
Berechnungen der DFG.

zwischen 1 und 5 Prozent ausmachen, liegen bei der DFG bei fast 15 Prozent. Mit einem Anteil von knapp 34 Prozent bilden bei der DFG die Lebenswissenschaften einen deutlichen Schwerpunkt, der vor allem auf die Medizin zurückzuführen ist (vgl. Tabelle Web-7 unter www.dfg.de/foerderatlas). Sowohl die Förderung durch den Bund als auch die Förderung im Rahmen des 7. EU-Forschungsrahmenprogramms legen mit jeweils 46 Prozent einen deutlichen Fokus auf die Ingenieurwissenschaften. Die in der Tabelle als „Ohne fachliche Zuordnung" gekennzeichneten Summen lassen sich aus unterschiedlichen Gründen nicht eindeutig einem bestimmten Wissenschaftsbereich zuordnen. Für die DFG sind dies beispielsweise die Infrastrukturförderung und die hochschulweiten Zukunftskonzepte im Rahmen der Exzellenzinitiative (vgl. Tabelle 2-5).

Bei der FuE-Projektförderung des Bundes (vgl. Tabelle 2-9) handelt es sich ebenfalls zum Teil um Infrastrukturprogramme sowie um interdisziplinäre Programme. Die Förderung der EU im 7. Forschungsrahmenprogramm lässt sich nur (vgl. Tabelle 2-7) im Spezifischen Programm *Zusammenarbeit* fachlich zuordnen. Daher ist nur dieses in Tabelle 4-2 ausgewiesen. Alle weiteren Spezifischen Programme lassen diese Unterteilung nicht zu. Aber auch im Spezifischen Programm *Zusammenarbeit* gibt es mit der Sicherheitsforschung und den Querschnittsaktivitäten Bereiche, die sich nicht fachlich klassifizieren lassen.

Auch bezogen auf die Kennzahlen für internationale Attraktivität ergeben sich mit Blick auf Tabelle 4-3 markante Unterschiede. Die Förderung längerer Forschungsaufenthalte durch die AvH konzentriert sich insbesondere auf Wissenschaftlerinnen und Wissenschaftler aus den Naturwissenschaften (44 Prozent) und den Geistes- und Sozialwissenschaften (30 Prozent).

Der ERC fördert in Deutschland in besonderem Umfang Personen aus den Lebenswissenschaften (41 Prozent) und weist als weiteren Schwerpunkt die Naturwissenschaften auf (29 Prozent).

An den DAAD-Programmen partizipieren hingegen insbesondere Gastwissenschaftlerinnen und -wissenschaftler aus dem geistes- und sozialwissenschaftlichen Fächerspektrum (42 Prozent), mit Abstand gefolgt von den Naturwissenschaften (24 Prozent).

Im Vergleich zu den drittmittelbasierten Kennzahlen weisen Bund und EU einen klar erkennbaren Schwerpunkt auf die Ingenieurwissenschaften auf. Auch die Kennzahlen für internationale Attraktivität bilden eigene Dimensionen ab. Sowohl generell als auch im Vergleich der einzelnen Instrumente bestätigt sich hier noch einmal die von oben bekannte Aussage: Jede Kennzahl misst Spezifisches und ist sowohl von Wissenschaftsbereich zu Wissenschaftsbereich wie (wenn auch im Detail nicht für jede Kennzahl darstellbar) von Fach zu Fach von unterschiedlicher Aussagekraft.

4.3 Fachliche und fördergebietsspezifische Profile von Hochschulen in der Gesamtbetrachtung

Bereits seit der 2006 erschienenen Ausgabe arbeitet die Berichtsreihe mit Analysen, die die fachlichen und fördergebietsspezifischen Profile von Hochschulen und außeruniversitären Forschungseinrichtungen ausweisen, die bei DFG, Bund oder EU in größerem Umfang drittmittelaktiv sind. Mit diesem Ansatz wird verdeutlicht, welche besonderen Fächerstrukturen diese Hochschulen jeweils aufweisen. Dabei richtet sich das Augenmerk wie bisher und jenseits der bekannten Allianzen von Universitäten mit hochschulmedizinischen Einrichtungen und/oder von Technischen Hochschulen auch auf die Frage, welche Hochschulen ein ähnliches Profil zeigen: Eine solche Ähnlichkeit ist Voraussetzung für einen inhaltlich belastbaren Kennzahlenvergleich innerhalb spezifischer Untergruppen von Universitäten.

4.3.1 Fachliche Förderprofile von Hochschulen bei der DFG

Die Abbildungen 4-2 und 4-3 visualisieren zunächst mit Blick auf DFG-Bewilligungen 2011 bis 2013 die fachlichen Profile der 80 bewilligungsaktivsten DFG-Hochschulen in der Unterscheidung nach den 14 Fachgebieten der DFG-Fachsystematik. Die in einem algorithmischen Verfahren erzeugte Visualisierung wurde am Max-Planck-Institut für Gesellschaftsforschung in Köln entwickelt. Sie erlaubt, über die Darstellung der prozentualen fachgebietsspezifischen Bewilligungen das fachliche Profil dieser Hochschulen untereinander zu vergleichen und mit grafischer Unterstützung die jeweiligen Akzentuierungen und Ähnlichkeiten herauszuarbeiten.

Dazu werden zum einen die Fachgebiete durch Kreissymbole dargestellt, zum anderen die mittelempfangenden Hochschulen in Form von Kreisdiagrammen. Dabei variiert die Größe der Kreissymbole mit der Höhe des Fördervolumens je Fachgebiet. Die Höhe der fächerübergreifenden Fördersumme je Hochschule wird entsprechend durch die Größe der hochschulspezifischen Kreisdiagramme veranschaulicht.

Die Positionierung dieser Fächersymbole und Kreisdiagramme in der Fläche wird in mehreren Iterationen so optimiert, dass Ähnlichkeitsstrukturen in den Schwerpunkten zwischen den Hochschulen sichtbar werden. Die Nähe einer Hochschule zu einem Fördergebiet korreliert mit einer Schwerpunktsetzung in diesem Fördergebiet. Je näher zwei Hochschulen nebeneinanderliegen, desto ähnlicher sind sie sich in ihrer fachlichen Ausrichtung und/oder in einer spezifischen Akzentuierung. Sind zwei Hochschulen in der Abbildung weit entfernt zueinander angeordnet, unterscheiden sie sich in der Regel auch sehr deutlich in ihren fachlichen Profilen[4].

Abbildung 4-2 vergleicht so zunächst die fachlichen Profile der 40 bei der DFG bewilligungsaktivsten Hochschulen. Das Volumen der DFG-Bewilligungssumme erstreckt sich dabei über eine Spannweite von rund 63 Millionen Euro **(U Halle-Wittenberg)** bis 228 Millionen Euro **(LMU München).**

Im Vergleich zu den Vorjahren profitiert die Darstellung von einer Modifikation der Analysebasis. Zum einen konnten die fachlich ausgerichteten Förderlinien der Exzellenzinitiative (Graduiertenschulen und Exzellenzcluster) unter Zugriff auf statistische Näherungsverfahren präziser abgebildet werden[5], zum anderen wird hier erstmals das ganze Spektrum der 14 von der DFG unterschiedenen Fachgebiete ausgeschöpft[6]. Auch diese Neuerungen tragen dazu bei, dass die folgenden Abbildungen im Vergleich zur Version des Förderatlas 2012 einige kleine, wenn auch markante Veränderungen aufweisen (DFG, 2012: 86f.).

Der für diese Analyse eingesetzte Algorithmus ordnet die 40 bewilligungsaktivsten Universitäten bei der DFG entsprechend ihren fachlichen Akzentsetzungen an. Oben finden sich Hochschulen mit universitätsmedizinischen Schwerpunkten und unten eher technisch orientierte Hochschulen. Gemäß ihrer Ausrichtung auf beide Felder findet sich etwa die **TU München** in der Mitte zwischen diesen beiden Polen, die oben durch die **LMU München,** mit einem besonders hohen Medizinanteil, und unten durch die **TH Aachen,** mit einem besonders starken Schwerpunkt in

4 Siehe auch das Methodenglossar im Anhang unter dem Stichwort „Profilanalysen".

5 Siehe auch das Methodenglossar im Anhang unter dem Stichwort „Exzellenzinitiative".

6 Im vorherigen Förderatlas waren aus datentechnischen Gründen drei von fünf ingenieurwissenschaftlichen Fachgebieten zu einem Gebiet Maschinenbau zusammengefasst.

Abbildung 4-2:
Förderprofile der Hochschulen: Fächerlandkarte auf Basis von DFG-Bewilligungen für 2011 bis 2013 (Rang 1–40)

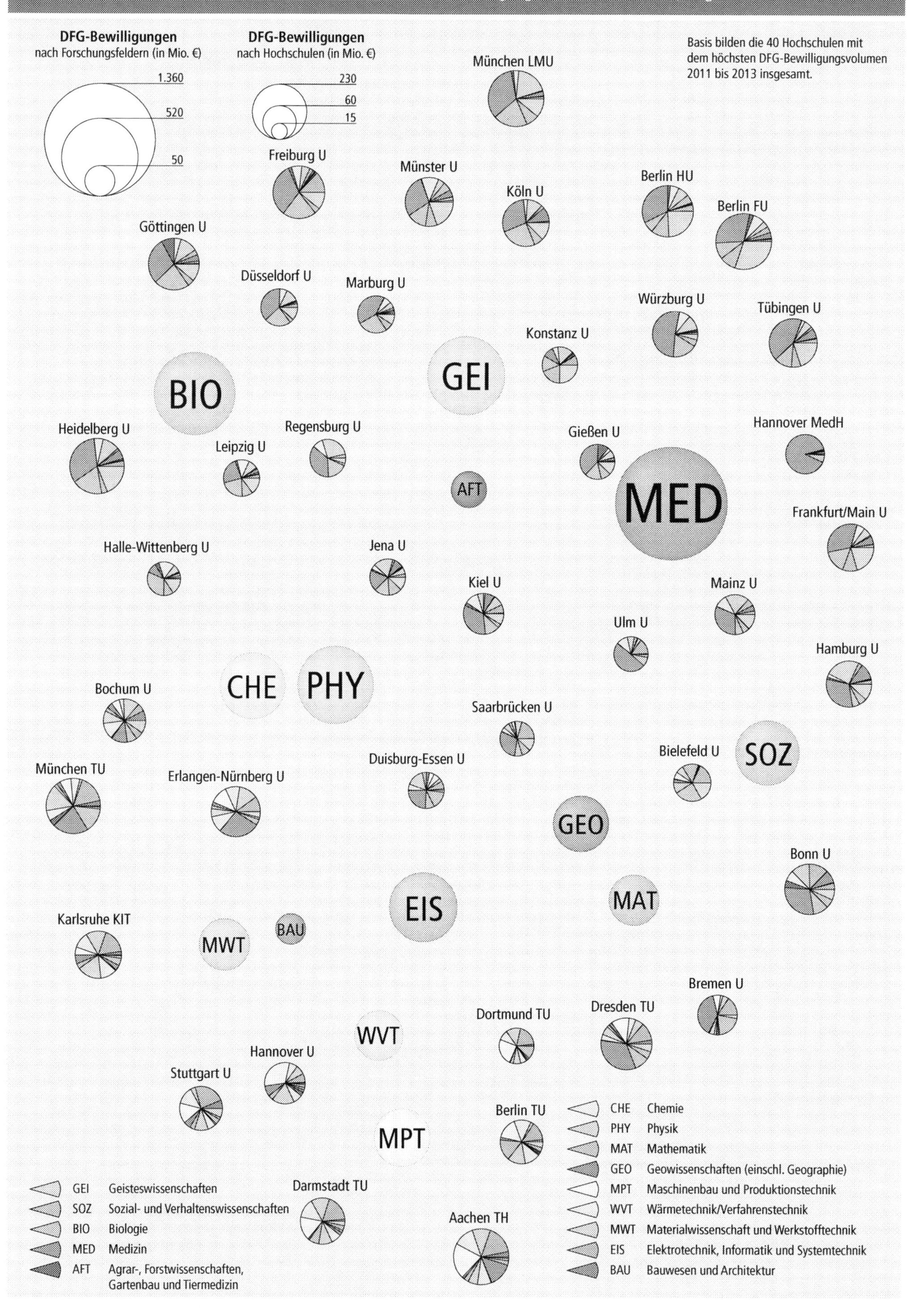

Abbildung 4-3:
Förderprofile der Hochschulen: Fächerlandkarte auf Basis von DFG-Bewilligungen für 2011 bis 2013 (Rang 41–80)

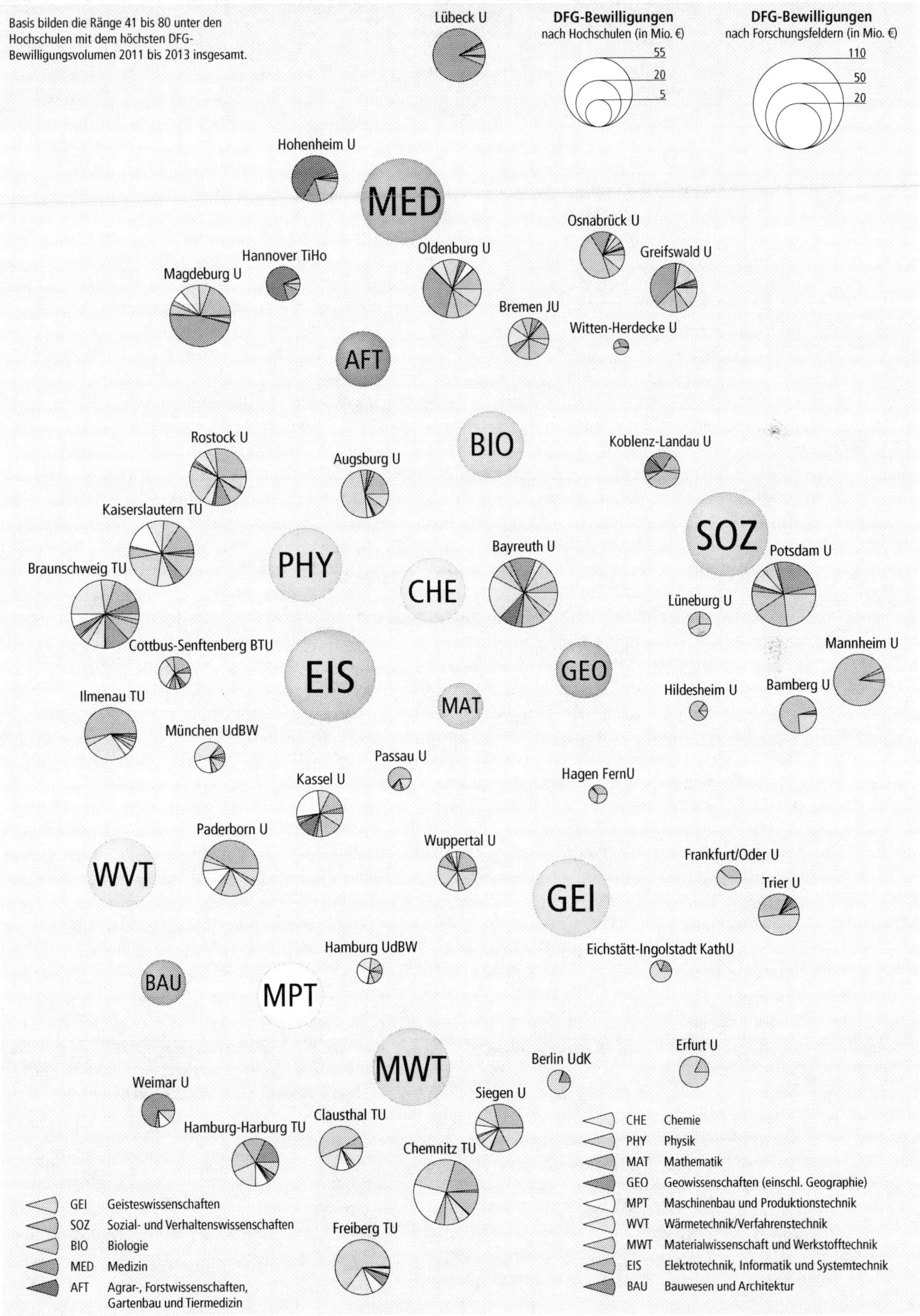

Basis bilden die Ränge 41 bis 80 unter den Hochschulen mit dem höchsten DFG-Bewilligungsvolumen 2011 bis 2013 insgesamt.

DFG-Bewilligungen
nach Hochschulen (in Mio. €)
55
20
5

DFG-Bewilligungen
nach Forschungsfeldern (in Mio. €)
110
50
20

Lübeck U
Hohenheim U
MED
Osnabrück U
Hannover TiHo
Oldenburg U
Greifswald U
Magdeburg U
Bremen JU
Witten-Herdecke U
AFT
Rostock U
BIO
Koblenz-Landau U
Augsburg U
Kaiserslautern TU
SOZ
Bayreuth U
Potsdam U
PHY
Braunschweig TU
CHE
Lüneburg U
Cottbus-Senftenberg BTU
Mannheim U
EIS
GEO
Ilmenau TU
Hildesheim U
Bamberg U
MAT
München UdBW
Passau U
Kassel U
Hagen FernU
Paderborn U
Wuppertal U
Frankfurt/Oder U
WVT
GEI
Trier U
Hamburg UdBW
Eichstätt-Ingolstadt KathU
BAU
MPT
Erfurt U
Berlin UdK
MWT
Weimar U
Siegen U
Clausthal TU
Hamburg-Harburg TU
Chemnitz TU
Freiberg TU

GEI Geisteswissenschaften
SOZ Sozial- und Verhaltenswissenschaften
BIO Biologie
MED Medizin
AFT Agrar-, Forstwissenschaften, Gartenbau und Tiermedizin

CHE Chemie
PHY Physik
MAT Mathematik
GEO Geowissenschaften (einschl. Geographie)
MPT Maschinenbau und Produktionstechnik
WVT Wärmetechnik/Verfahrenstechnik
MWT Materialwissenschaft und Werkstofftechnik
EIS Elektrotechnik, Informatik und Systemtechnik
BAU Bauwesen und Architektur

den Ingenieurwissenschaften, markiert werden.

Überwiegend rechts im Bild finden sich Universitäten mit vergleichsweise hohen Anteilen an sozial- und verhaltenswissenschaftlichen DFG-Projekten, beispielsweise die **U Bielefeld,** oben rechts eher Universitäten, die (auch) den Geisteswissenschaften breiten Raum bieten, hier sind die **U Tübingen** sowie die **HU Berlin** und die **FU Berlin** zu nennen. Letztere sind aufgrund ihres hohen Anteils geisteswissenschaftlicher DFG-Projekte sehr nah angeordnet, weisen aber auch generell große Profilähnlichkeit auf. Dies erklärt, neben der räumlichen Nähe der beiden Berliner Universitäten, warum gerade hier die einrichtungsübergreifende Zusammenarbeit in vielen Forschungsfeldern so fruchtbar ist (vgl. hierzu insbesondere die kartografischen Netzwerkanalysen zu Kooperationsbeziehungen in den einzelnen Wissenschaftsbereichen in den Kapiteln 4.4 bis 4.7).

Die grün eingefärbten naturwissenschaftlichen Fächer Physik und Chemie sind mittig angeordnet. Dies ist darauf zurückzuführen, dass sie an den meisten hier betrachteten Hochschulen ein zentrales Element der DFG-geförderten Forschung bilden. In Mathematik und Geowissenschaften starke Mittelempfänger finden sich in der Abbildung rechts und etwas weiter unten angeordnet. So zeigt die **U Bremen** eine sehr starke Akzentuierung der Geowissenschaften, die **U Bonn** sowie die **U Bielefeld** weisen vergleichsweise hohe Mathematik-Anteile auf.

Mit der neuen Möglichkeit der Unterscheidung von fünf statt bisher drei ingenieurwissenschaftlichen Fachgebieten lassen sich auch hier die jeweiligen Akzentuierungen nun besser erkennen: Während insbesondere die **U Hannover,** die **TU Dortmund** und auch die **TH Aachen** auf Maschinenbau und Produktionstechnik setzen, ergibt sich für die **TU München** ein starkes DFG-Profil auf dem Gebiet der Elektrotechnik, Informatik und Systemtechnik. Dieses Fachgebiet prägt auch die insgesamt weniger technisch ausgerichtete **U Saarbrücken.**

Wirft man am Beispiel der Technischen Hochschulen nochmals einen Blick auf das Gesamtportfolio, lassen sich etwa die **TU Dortmund,** die **TU Darmstadt** sowie die **TH Aachen** hervorheben. Deren spezielles Profil schlägt sich mit einem Gesamtanteil von jeweils über 60 Prozent DFG-Förderung in ingenieurwissenschaftlichen Fachgebieten nieder. Auch die **U Stuttgart** gehört mit einem ähnlich hohen Anteil in diese Gruppe. An der **TU München** sowie an der **U Erlangen-Nürnberg** fällt der Anteil der technischen Fächer deutlich geringer aus, das Gesamtprofil wird durch starke Anteile an Medizin-Projekten ergänzt. Am **KIT Karlsruhe** sowie an der **U Hannover** wird schließlich die starke Ausrichtung auf ingenieurwissenschaftliche Forschung mit einem vergleichsweise hohen Anteil an DFG-Projekten mit naturwissenschaftlicher Ausrichtung kombiniert.

Solche standortspezifischen Settings sind es, die je eigene Rahmenbedingungen für inneruniversitäre fachübergreifende Zusammenarbeit schaffen. Dieses Thema wird in Kapitel 5 wieder aufgegriffen, wenn die Frage nach der Interdisziplinarität von DFG-geförderten Programmen mit Fokus auf die Förderlinien Graduiertenschulen und Exzellenzcluster der Exzellenzinitiative untersucht wird.

Abbildung 4-2 hat überwiegend große und personalstarke Universitäten im Blick, viele davon Volluniversitäten mit einer großen Spannweite an (Studien-)Fächern, die das jeweilige Forschungsprofil mitgestalten. Abbildung 4-3 weist Hochschulen aus, die, gemessen an ihrem bei der DFG eingeworbenen DFG-Bewilligungsvolumen die Ränge 41 bis 80 belegen (vgl. auch Tabelle Web-7 unter www.dfg.de/foerderatlas).

Diese kleineren Standorte sind in der Regel deutlich stärker als die größeren fachlich fokussiert. Dies bildet sich auch im Profil der DFG-Bewilligungen 2011 bis 2013 ab. Oben im Bild konzentriert sich etwa das DFG-Bewilligungsvolumen der **U Lübeck** ganz überwiegend auf die Medizin, während die **U Hohenheim** und die **Tierhochschule Hannover** sehr hohe Anteile des insgesamt kleinen Fachgebiets Agrar-, Forstwissenschaften, Gartenbau und Tiermedizin aufweisen. Rechts im Bild erscheinen die **U Mannheim** und die **U Bamberg** als ganz überwiegend auf die Sozial- und Verhaltenswissenschaften ausgerichtet. Die Universitäten **U Frankfurt/Oder, U Eichstätt-Ingolstadt, U Erfurt** und **U Trier** sowie die **UdK Berlin** widmen sich in großen Teilen geisteswissenschaftlicher Forschung.

Unter den Hochschulen mit ingenieurwissenschaftlicher Prägung erweist sich die **TU Freiberg** als Standort mit starken Anteilen an DFG-Projekten der Materialwissenschaft und Werkstofftechnik, während die **Bauhaus-U Weimar** ihrem Namen als Hochschule der Architektur und des Bauwesens gerecht wird. Die **TU Ilmenau,** links im Bild, lässt klar einen Schwerpunkt auf dem Gebiet Elektrotechnik, Informatik und Systemtechnik erkennen. Die **U Augsburg** hat schließlich einen auffallend hohen Anteil an Physik-Projekten eingeworben. Der Physik-Schwerpunkt findet seinen Ausdruck nicht zuletzt in der erfolgreichen Zusammenarbeit mit den beiden Münchner Universitäten am Exzellenzcluster *„Nanosystems Initiative Munich (NIM)"*.

4.3.2 Fachliche DFG-Profile in der zeitlichen Entwicklung

In diesem Band der Reihe Förderatlas wird erstmalig der Frage nachgegangen, welche Veränderungen die DFG-Förderprofile von Hochschulen über die Zeit durchlaufen. Mit Betrachtung eines 11-Jahreszeitraums (2003 bis 2013) wird dabei untersucht, ob sich an den einzelnen Hochschulen fachliche Konzentrationen oder Diversifizierungen abzeichnen.

Die aktuellen fachlichen Profile von Hochschulen (2011 bis 2013), wie sie sich aus den Beteiligungen an den Förderprogrammen der DFG ableiten, werden in den folgenden Kapiteln detailliert betrachtet. In Entsprechung zu den Abbildungen 4-2 und 4-3 wird dort dargestellt, welche fachlichen Schwerpunkte diese in den einzelnen Wissenschaftsbereichen jeweils charakterisieren. In diesem Kapitel steht die Frage im Vordergrund, welche Entwicklungen diesen aktuellen Profilen vorangegangen sind.

Tatsächlich kommt der Frage nach der *Entwicklung* fachlicher Profile in der forschungspolitischen Diskussion ein hoher Stellenwert zu. Schon früh widmete etwa die Hochschulrektorenkonferenz (HRK) dem Thema 2004 eine Tagung „Profilbildung von Hochschulen – Grundlage für Qualität und Exzellenz"[7]. Klar mit dem Auftrag versehen, einen weithin sichtbaren Beitrag zur Profilbildung von Spitzenuniversitäten zu leisten, wurde 2005 schließlich die Exzellenzinitiative des Bundes und der Länder auf den Weg gebracht (o. V., 2005: 6). Auch der Wissenschaftsrat hat das Thema 2010 in seiner Schrift „Empfehlungen zur Differenzierung der Hochschulen" beleuchtet. Eine der zentralen dort festgehaltenen Empfehlungen lautet, die Hochschulen sollen „die innere Ausdifferenzierung einzelner Leistungsbereiche gezielt vorantreiben und entsprechend unterschiedliche Strukturbedingungen (zum Beispiel bei der Personalstruktur) etablieren; dabei sollen sie berücksichtigen, dass Fächer und Disziplinen weiterhin eine wichtige Differenzierungsgrenze darstellen" (WR, 2010: 9).

Gerade die letzte Quelle leitet mit ihrem Verweis auf Fächer und Disziplinen über zu einem Punkt, der in der Diskussion um Profilbildung vereinzelt als mögliche Schattenseite betont wird. Im Tagungsband der Konferenz „Profilbildung jenseits der Exzellenz", die die Friedrich-Ebert-Stiftung 2012 veranstaltete, wird etwa mit direktem Bezug auf die Exzellenzinitiative die „Gefahr der Reduzierung von Vielfalt" betont, die mit Profilbildung einhergehe und vor allem kleine oder auch „exotische" Fächer treffe, die „immer mehr ausgedünnt" würden (Borgwardt, 2013: 42).

Diese Diskussion aufgreifend stellt sich also zunächst die Frage, inwieweit sich empirische Evidenzen für die so angenommene Entwicklung feststellen lassen. Gibt es einen Trend zu einer Fokussierung auf immer weniger „starke" Drittmittelfächer? Zeigen sich gar direkte Bezüge zur Exzellenzinitiative, sind also Universitäten, die an diesem Programm partizipieren, in besonderer Weise durch entsprechende Konzentrationsentwicklungen geprägt?

In der öffentlichen Diskussion findet sich neben der Konzentrationsdebatte ein weiteres Motiv, das allerdings einen gegenläufigen Trend adressiert. Weil die Einwerbung von Drittmitteln vor allem an den Hochschulen immer wichtiger wird, partizipieren nun auch Angehörige solcher Fächer an Drittmittelprogrammen, die ihre Forschungsvorhaben zuvor ohne diese Mittel oder mit deutlich geringeren Beträgen Dritter finanzierten. Gibt es also auf der anderen Seite einen Trend der zunehmenden Breite fachlicher Beteiligung an den Förderprogrammen der DFG? Sind an den verschiedenen Standorten heute mehr Fächer und diese im größeren Umfang an DFG-Fördermitteln interessiert (oder auch: auf diese angewiesen) als in den Jahren zuvor?

Wenn im Folgenden am Beispiel DFG-geförderter Forschung der Frage nachgegangen wird, wie sich die fachlichen Beteiligungen

7 Der aktuelle Webauftritt der HRK stellt über die dort zugängliche Forschungslandkarte ebenfalls die Forschungsprofile der Hochschulen dar. Er weist profilbildende Forschung an Universitäten sowie an Fachhochschulen aus. Angezeigt werden dabei pro Hochschule bis zu acht Forschungsschwerpunkte (vgl. www.forschungslandkarte.de).

der Hochschulen an den Förderinstrumenten der DFG über die Zeit verändern, können die hierbei festgestellten Befunde weder als Beleg noch als Widerlegung für Entwicklungen gelesen werden, die diese Hochschulen in ihrer Gesamtheit durchlaufen. Sie beschreiben ausschließlich die Entwicklung des fachlichen DFG-Förderprofils dieser Hochschulen. Gleichwohl besteht der Anspruch, zumindest bezogen auf das Förderhandeln der DFG, statistisch belastbar zu beschreiben, ob und in welchem Umfang sich Entwicklungen zweierlei Art feststellen lassen:

- In welchem Umfang zeichnen sich Universitäten durch einen Trend zu einer im Zeitverlauf kleiner werdenden Zahl profilbildender DFG-Forschungsfelder aus? Solche Hochschulen werden im Folgenden als sich fachlich konzentrierende Hochschulen bezeichnet.
- In welchem Umfang gibt es auf der anderen Seite Universitäten, die im Zeitverlauf ihre DFG-Beteiligung fachlich ausgeweitet haben? Diese Hochschulen werden als sich fachlich diversifizierende Hochschulen bezeichnet.

Um mit statistischen Methoden zu prüfen, ob und in welchem Umfang sich Evidenzen für die eine wie für die andere Entwicklung feststellen lassen, wird ein Förderzeitraum von elf Jahren (2003 bis 2013) betrachtet. Für diese Zeitspanne wird untersucht, wie sich unter Zugrundelegung von insgesamt 69 Universitäten das Profil der diesen Hochschulen zugesprochenen DFG-Bewilligungen fachlich von Jahr zu Jahr geändert hat. Dabei werden alle diejenigen Hochschulen näher betrachtet, die in diesem Zeitraum jedes Jahr eine Bewilligungssumme von mehr als 1 Million Euro von der DFG erhalten haben.

Der fachlichen Betrachtung zugrunde gelegt wird dabei die Aufschlüsselung der DFG-Fachsystematik nach 48 Forschungsfeldern (in Entsprechung zu den 48 Fachkollegien der DFG). Die Auswahl des ersten Betrachtungsjahres ist zunächst methodisch bedingt. Im Jahr 2003 hat die DFG das vorherige System der Fachausschüsse abgelöst und durch die Fachkollegien ersetzt. Diese Fachkollegien/Forschungsfelder bilden seither ein weitgehend stabiles Element der DFG-Fachsystematik – eine wichtige Voraussetzung für eine Zeitreihenbetrachtung. Des Weiteren sollte der betrachtete Zeitraum hinreichend früh vor Beginn der Exzellenzinitiative aufsetzen, um mögliche Effekte dieses Programms ablesbar zu machen.

Ein Trend, der den Zeitraum jenseits der Frage nach den Verschiebungen fachlicher Schwerpunkte prägt, ist das Wachstum der Mittel, die diesen 69 Hochschulen im Berichtszeitraum durch die DFG bewilligt wurden. Der Bewilligungsbetrag lag für das Jahr 2003 bei rund 1 Milliarde Euro, im Jahr 2013 waren es fast 2 Milliarden Euro, also doppelt so viel. Festhalten lässt sich so zunächst, dass durch die Exzellenzinitiative, aber auch durch das generelle Wachstum des DFG-Budgets heute an diesen Hochschulen (sowie weit über diesen Kreis hinaus), deutlich mehr Personen von DFG-Mitteln profitieren als zu Beginn der 2000er-Jahre. Die Frage ist nun, ob sich die Bewilligungen, die diese Personen bei der DFG eingeworben haben, im Zeitverlauf auf einen enger werdenden Kreis an Fächern konzentrieren oder ob dieser Kreis ebenfalls gewachsen ist.

Als Maß für entsprechende Profilveränderungen wird der Gini-Koeffizient genutzt. Dieses Konzentrationsmaß wird häufig eingesetzt, um etwa Ungleichheiten in der Einkommensverteilung zu messen (DESTATIS, 2014b: 25). Bezogen auf das Förderhandeln der DFG kam es beispielsweise in einer Studie zum Einsatz, die den Einfluss der Größe und Reputation von Universitäten auf die Forschungsförderung untersuchte (Auspurg/Hinz/Güdler, 2008). Dabei liegt der normierte Wert des Gini-Koeffizienten grundsätzlich zwischen 0 und 1. Bei seiner Anwendung auf die hier untersuchte Fragestellung würde dabei ein Wert von 1 bedeuten, dass die DFG-Bewilligungssumme für ein Jahr auf ein einziges von 48 Forschungsfeldern entfiel. Ein Wert von 0 würde demgegenüber anzeigen, dass sich die eingeworbene DFG-Bewilligungssumme gleichmäßig über alle Forschungsfelder verteilt[8].

Zu beachten ist, dass unter Zugriff auf die beschriebene Methode keine Aussagen darüber getroffen werden können und sollen, ob einzelne Universitäten heute in anderen Fächern als zu Beginn des Untersuchungszeitraums bei der DFG aktiv sind beziehungsweise wie sich im Zeitverlauf die Verteilung von Mitteln auf spezifische Fächer ändert. Von Jahr zu Jahr unterschiedliche Fächeranteile folgen natürlichen Entwicklungen. So ist es ganz offensichtlich, dass eine Hochschule, die über mehrere Jahre in einem ausgewählten

8 Siehe auch das Methodenglossar im Anhang unter dem Stichwort „Gini-Koeffizient".

Forschungsfeld erfolgreich einen großen Sonderforschungsbereich betrieben hat, nach Auslaufen der Mittel für diesen SFB in eben diesem Forschungsfeld zunächst einmal über ein in der Regel deutlich sinkendes Mittelvolumen verfügt. Selbst die Mittel für kleine DFG-Einzelvorhaben können die nach Forschungsfeldern differenzierenden Bilanzen einzelner Hochschulen von Jahr zu Jahr in unterschiedlichem Umfang beeinflussen. Der Gini-Koeffizient fokussiert nicht auf so begründete Schwankungen, sondern allein auf die oben formulierte Frage: Grenzen Hochschulen im Laufe der zeitlichen Entwicklung ihr DFG-Fächerprofil auf ein engeres Set an Fächern ein? Oder sind sie heute mit einer größeren Zahl an Fächern bei der DFG aktiv als zu Beginn des Berichtszeitraums?

DFG-Bewilligungen sehr breit über die Forschungsfelder verteilt

Abbildung 4-4 ordnet die 69 betrachteten Universitäten nach zwei Kriterien auf einer über zwei Achsen aufgespannten Fläche an. Die Achsen zeigen dabei den Gini-Koeffizienten für den aktuellen 3-Jahreszeitraum (2011 bis 2013) sowie den Gini-Koeffizienten für den Vergleichszeitraum 2003 bis 2005. Der Abstand eines Punktes zur Diagonalen weist aus, wie stark sich der Koeffizient im Zeitverlauf verändert hat. Oberhalb der Achse sind dabei Hochschulen angeordnet, die im Zeitverlauf ihr fachliches DFG-Bewilligungsprofil verengt haben, unterhalb der Achse finden sich in Entsprechung Hochschulen, deren fachliches Profil ausgeweitet wurde. Aufmerksamkeit verdient hier zunächst das Symbol, das die Veränderung des Gini-Koeffizienten für die DFG insgesamt ausweist. Der Wert bewegt sich in den beiden Vergleichszeiträumen 2003 bis 2005 und 2011 bis 2013 in einer Größe zwischen 0,47 und 0,45. Dies verdeutlicht, dass sich die DFG-Mittel zwar auf alle 48 Forschungsfelder verteilen, dass dabei aber nicht für jedes Feld der genau gleiche Betrag bewilligt wird (was ein Gini-Koeffizient von 0,0 zum Ausdruck bringen würde). Entsprechend ihrem Auftrag dient die DFG der Förderung der Wissenschaft „in allen ihren Zweigen". Das Antragsaufkommen, das die DFG aus den verschiedenen Fach-Communities erreicht beziehungsweise das mit ihrem begrenzten Budget zu bedienen ist, ist dabei nicht gleich verteilt, sondern unterscheidet Forschungsfelder mit großem (zum Beispiel für Projekte, die dem Fachkollegium 205 „Medizin" zugeordnet sind) und geringem (zum Beispiel Fachkollegium 107 „Theologie") absoluten DFG-Drittmittelbedarf.

Hochschulen unterscheiden sich stark hinsichtlich ihrer fachlichen Konzentration

Richtet man den Blick auf die in der Abbildung 4-4 ausgewiesenen Hochschulen, wird deutlich, dass der Gini-Koeffizient deren Konzentration auf eine mehr oder weniger große Zahl an Forschungsfeldern gut nachvollziehbar in eine Kennzahl übersetzt. Im unteren Teil der Abbildung finden sich vor allem Hochschulen, die dem Modell der Volluniversität folgen. Besonders breit aufgestellt erscheinen hier die **U Bochum** und die **U Jena.** Die **U Bochum,** um dieses Beispiel herauszugreifen, kann hinsichtlich ihrer fachlichen Beteiligung an den Förderprogrammen der DFG tatsächlich als die Universität mit dem am stärksten ausgeprägten DFG-Profil bezeichnet werden – keine Universität deckt ähnlich repräsentativ das Fächerspektrum ab, das die DFG als Förderer insgesamt kennzeichnet. Dies macht auch die Gegenüberstellung mit Abbildung 4-2 deutlich, in der sich die DFG-Bewilligungen dieser Ruhr-Universität relativ gleichmäßig über die 14 Fachgebiete der DFG verteilen.[9]

Hoch spezialisierte Universitäten wie die **MedH Hannover,** die (auf Architektur und Bauwesen fokussierte) **Bauhaus-U Weimar,** die **Tierhochschule Hannover** und die **U Mannheim** (die sich vor allem in den Sozial- und Wirtschaftswissenschaften einen Namen macht) sind dementsprechend ganz oben in Abbildung 4-4 zu finden. Ebenfalls überwiegend in der oberen Hälfte angeordnet sind auch die Technischen Hochschulen, die in der Regel ein engeres, auf technische Fächer ausgerichtetes Fächerspektrum bedienen.

Zurückkommend auf die im Vordergrund des Interesses stehende Frage nach den Veränderungen über die Zeit zeigt die Abbildung zwei wesentliche Sachverhalte: Es finden sich wesentlich mehr Hochschulen (n = 40), die

9 Die Fachgebiete bilden in der DFG-Fachsystematik die den Forschungsfeldern/Fachkollegien übergeordnete Kategorie (vgl. Tabelle 4-1 sowie Tabelle A-1 im Anhang).

Abbildung 4-4:
DFG-Forschungsfeldkonzentration (Gini-Koeffizient) für 2003 bis 2013 im Vergleich

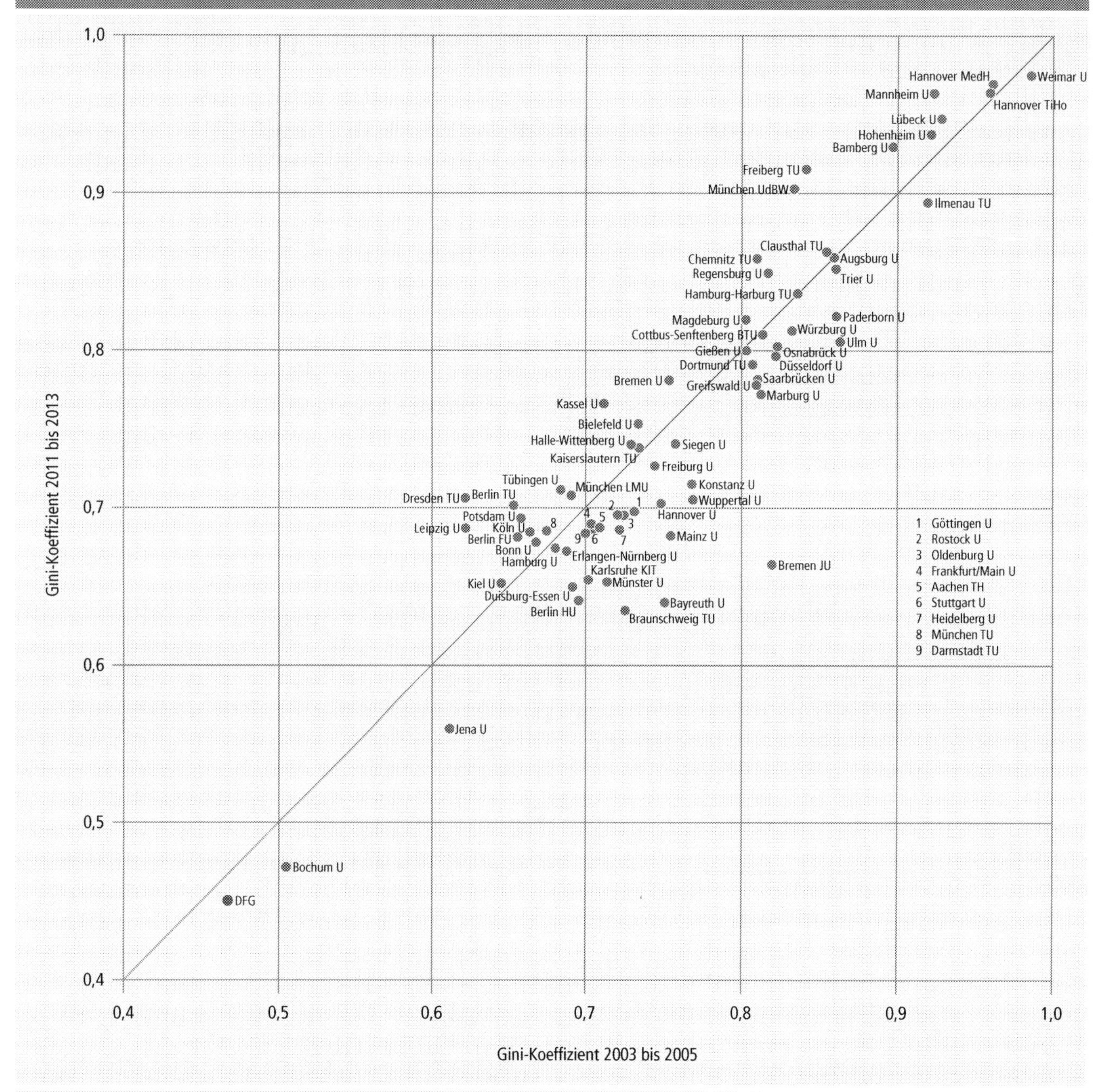

Einzeln betrachtet werden die 69 Universitäten, die im Zeitraum 2003 bis 2013 in jedem Jahr eine Gesamtbewilligungssumme von über 1 Million Euro aufweisen. Weitere methodische Ausführungen sind dem Methodenglossar im Anhang zu entnehmen.

Datenbasis und Quelle:
Deutsche Forschungsgemeinschaft (DFG): DFG-Bewilligungen für 2003 bis 2013.
Berechnungen der DFG.

ihre Beteiligung an DFG-Programmen im Zeitverlauf fachlich ausgeweitet haben (und deshalb unterhalb der Diagonalen angesiedelt sind), als Hochschulen (n = 29), die einem fachlichen Konzentrationsprozess folgen (oberhalb der Diagonalen). Die Unterschiede in den Gini-Koeffizienten zwischen den beiden 3-Jahreszeiträumen sind aber in der ganz überwiegenden Zahl der Fälle sehr klein, und die Korrelation der zum Vergleich gegenübergestellten Gini-Rangreihen ist mit Spearman's R = 0,85 entsprechend hoch.

Nur wenige Universitäten weisen also im Verlauf des Berichtszeitraums signifikante Veränderungen ihrer fachlichen Konzentration auf. Zwar hat sich an der überwiegenden Zahl der Universitäten im Zeitverlauf das bei der DFG eingeworbene Drittmittelvolumen deutlich erhöht, die einrichtungsspezifischen Konzentrationsmaße haben sich bis auf wenige Ausnahmen für die meisten Universitäten im Zeitverlauf aber kaum verändert.

Es sind so auch nur sehr wenige Universitäten, die aufgrund etwas höherer Abweichungen zwischen den Gini-Koeffizienten der beiden im Vergleich gegenübergestellten Zeiträume als sich fachlich konzentrierend beziehungsweise umgekehrt als fachlich diversifizierend hervorzuheben sind. Abbildung 4-5 weist die jeweils fünf Hochschulen mit den am stärksten ausgeprägten Entwicklungen in eine der beiden Richtungen im Zeitreihenformat aus. Die Tabelle Web-35 unter www.dfg.de/foerderatlas zeigt die Entwicklung des Gini-Koeffizienten pro Jahr für alle 69 betrachteten Universitäten. Die Trends für die fünf ausgewählten fachlich konzentrierenden Hochschulen sind in Dunkelblau dargestellt, die Trends der fünf fachlich diversifizierenden Hochschulen in Hellblau.

Für die fachlich konzentrierenden Universitäten lassen sich zwei Gruppen unterscheiden: Zum einen finden sich hier die beiden schon zu Beginn des Zeitraums fachlich stark konzentrierten Hochschulen **TU Freiberg** und **UdBW München**, an denen sich die DFG-Aktivität im Zeitverlauf auf einen stärker fokussierten Kreis an Fächern konzentriert hat. Zum anderen scheinen mit der **U Kassel**, der **TU Dresden** und der **U Leipzig** hier auch drei Hochschulen auf, an denen ausgehend von einer fachlich breiten Aufstellung sich die Bewilligungen der DFG heute

Abbildung 4-5:
Entwicklung des DFG-Forschungsfeldprofils (Gini-Koeffizient) der 10 Universitäten mit der stärksten Veränderung 2003 bis 2013

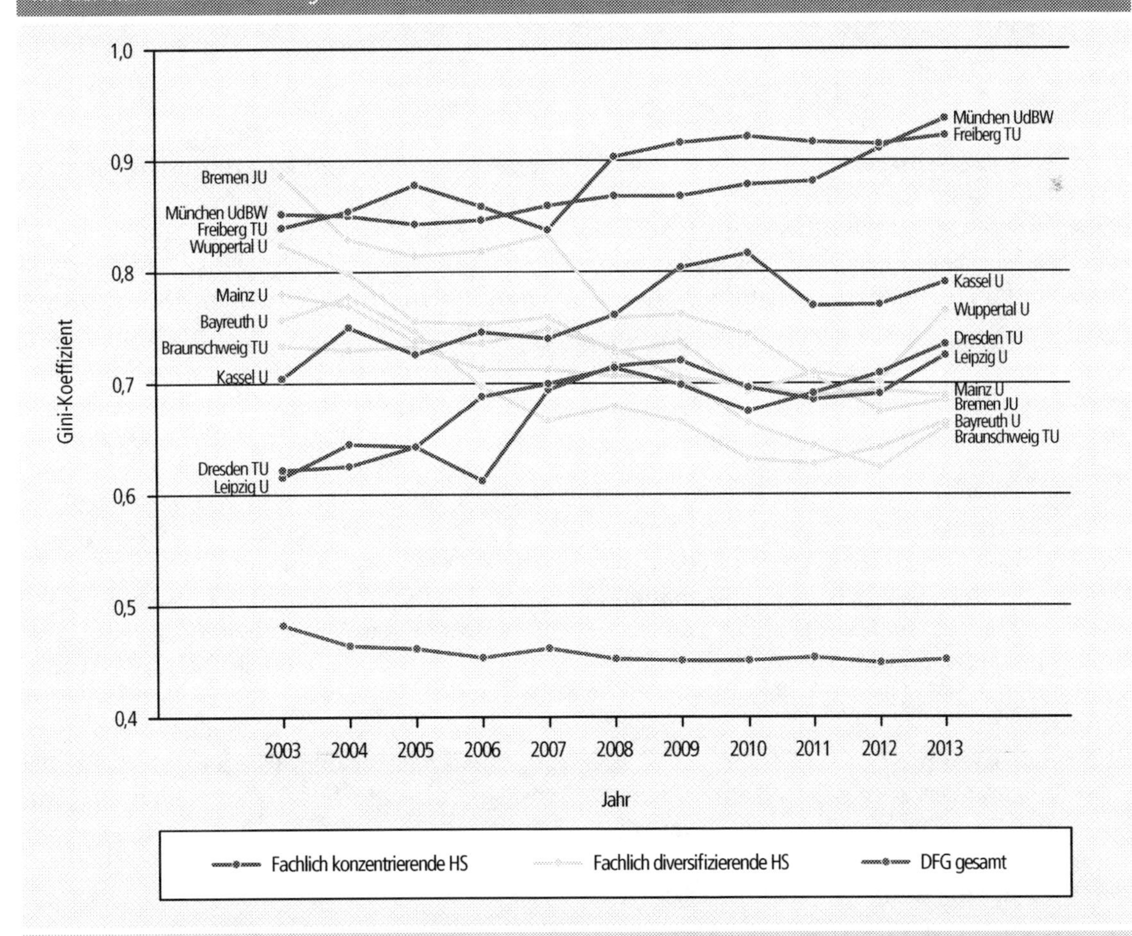

Daten zu weiteren Hochschulen gehen aus der Tabelle Web-35 unter www.dfg.de/foerderatlas hervor.
Weitere methodische Ausführungen sind dem Methodenglossar im Anhang zu entnehmen.

Datenbasis und Quelle:
Deutsche Forschungsgemeinschaft (DFG): DFG-Bewilligungen für 2003 bis 2013.
Berechnungen der DFG.

auf DFG-Projekte eines fachlich engeren Spektrums verteilen.

Auch das Profil der sich fachlich diversifizierenden Universitäten, also der Hochschulen, die im Jahr 2003 in weniger Forschungsfeldern DFG-aktiv waren als 2013, ist breit. Beispielsweise war die erst 2001 gegründete **JU Bremen** in ihrer Aufbauphase vor allem in den Sozial- und Verhaltenswissenschaften DFG-aktiv, deckt jetzt aber auch beispielsweise die Forschungsfelder Chemie und Elektrotechnik, Informatik und Systemtechnik ab (vgl. Tabelle Web-7 bis Web-11). Im Zeitverlauf hat sie nicht nur ihr Fächerspektrum deutlich ausgeweitet, sondern auch die insgesamt eingeworbene DFG-Bewilligungssumme erheblich gesteigert. Zur Gruppe der fachlich diversifizierenden Universitäten gehört aber auch die große Volluniversität **U Mainz,** die ebenso wie die **TU Braunschweig** und die **U Bayreuth** ihr schon zu Beginn sehr breit aufgestelltes DFG-Fächerprofil weiter ausgebaut hat.

Wie schon in Abbildung 4-4 ist auch hier die Entwicklung des Konzentrationsmaßes für das Fächerprofil der DFG insgesamt ausgewiesen. Beachtenswert ist, dass der Gini-Koeffizient für die DFG über die Zeit zwar recht stabil ist – in der Tendenz aber, wie bereits oben analysiert, eine kontinuierlich leicht abnehmende Entwicklung zeigt. Auch die DFG selbst ist somit durch eine im Zeitverlauf gleichmäßigere Verteilung ihrer Mittel auf die 48 unterschiedlichen Forschungsfelder gekennzeichnet. Der Trend weist also auch hier in Richtung Diversifizierung.

Die Stabilität von Fächeranteilen über die Zeit war schon in früheren Ausgaben der Berichtsreihe thematisiert worden (DFG, 2012: 75) und ist auch an anderen Stellen in diesem Bericht wiederholt Thema. Festzuhalten bleibt, dass sich die in den folgenden Kapiteln je Wissenschaftsbereich beschriebenen fachlichen Profile der DFG-Beteiligung für die Mehrzahl der Hochschulen als im Zeitverlauf sehr stabil erweisen.

Profilbildung ist so gesehen kein Prozess, der in Form großer raumgreifender Umwälzungen von diesen zu jenen Forschungsfeldern vonstattengeht. Sie geschieht eher innerhalb organisatorisch fixer Rahmenbedingungen und allenfalls mit oft großem zeitlichem Vorlauf. So wie eine Hochschule ohne Chemie-Lehrstühle schwerlich ein ausgeprägtes Chemie-Profil entwickeln kann, so sicher kann man auf der anderen Seite davon ausgehen, dass eine Universität mit vielen und leistungsstarken Mathematikern auch bei der DFG in großem Umfang Mittel der Mathematik einwirbt.

Übertragen auf die Exzellenzinitiative heißt das: Universitäten, die im hier betrachteten Zeitraum mit Graduiertenschulen und Exzellenzclustern reüssierten, gründen diesen Erfolg ganz wesentlich auf Strukturen und Entwicklungen, die in den erfolgreichen Fächern bereits vorher angelegt waren. Mit Exzellenzprogrammen wurden Hochschulen in Forschungsfeldern gestärkt, die schon vorher stark und deshalb auch bei der DFG erfolgreich waren – sei es in Form von eingeworbenen Sonderforschungsbereichen oder Emmy Noether-Nachwuchsgruppen, mit Einzelanträgen oder Graduiertenkollegs. Hinzu kommt, dass Graduiertenschulen und Exzellenzcluster aufgrund ihrer explizit interdisziplinären Ausrichtung (vgl. Kapitel 5) in der Regel grundsätzlich eher die Budgets mehrerer Fächer stärken, sich also auch hier kaum Mittelakkumulationen auf wenige Einzelfächer ergeben[10].

So gesehen ist allerdings auch die Erwartung irreführend, dass Profilbildung einhergehen habe mit einer Bevorzugung eines immer enger werdenden Kreises an Fächern. Vielmehr dient Profilbildung dem Ziel, die *thematischen* Schwerpunktsetzungen von Forschungseinrichtungen innerhalb der an einem Standort sich in einem längeren Prozess etablierenden Fachkulturen herauszuarbeiten.

Für das Gros der hier betrachteten Universitäten gilt, dass die Gewinne der von der Exzellenzinitiative profitierenden Fächer in der Regel nicht mit Verlusten der hieran nicht oder nur am Rande beteiligten Fächer einhergehen. Dabei erscheint der „Verlust"-Begriff schon deshalb wenig adäquat, weil es sich bei den Mitteln der Exzellenzinitiative um ein zusätzliches Budget handelt. Die Frage ist also eher, ob auch dieses größere, die Exzellenzinitiative einschließende Budget ähnlichen quantitativen Verteilungsregeln folgt wie zuvor. Und diese Frage kann weitgehend bejaht werden.

10 Siehe auch das Methodenglossar im Anhang unter dem Stichwort „Exzellenzinitiative".

4.3.3 Förderprofile von Hochschulen bei Bund und EU

Die Förderprofile der bei Bund und EU aktiven Hochschulen werden in Abbildung 4-6 und Abbildung 4-7 nach derselben Methode wie für die DFG-Bewilligungen in Kapitel 4.3.1 illustriert. Aus Tabelle 4-2 in Kapitel 4.2 ist bekannt, dass beide Förderer im Vergleich zur DFG eine deutlich stärkere Ausrichtung auf anwendungsorientierte und dabei vor allem ingenieurwissenschaftliche Forschung aufweisen. Zu der anwendungsnahen Forschung gehört auch der medizinische Bereich, der bei der EU ganz überwiegend dem finanziell gut ausgestatteten Fördergebiet Gesundheit und beim Bund dem ebenfalls großen Fördergebiet Gesundheitsforschung und Gesundheitswirtschaft zugeordnet ist.

Die Tabellen, die den beiden Abbildungen zugrunde liegen, können unter www.dfg.de/foerderatlas (Tabelle Web-23 und Web-26) abgerufen werden.

Diese Unterschiede in der fachlichen Ausrichtung erklären, warum manche Hochschule, die bei der DFG mit einem breiten Fächerspektrum und großen Bewilligungssummen in Erscheinung tritt, hier nur in den entsprechenden Teilgebieten aktiv ist. Dabei kristallisiert sich in beiden Fällen eine ähnliche Ordnung entlang der spezifischen Schwerpunktsetzungen der Hochschulen heraus.

Sowohl bei den Förderprofilen der EU als auch beim Bund rechts beziehungsweise rechts unten im Bild finden sich in größerer Zahl Hochschulen mit starker Beteiligung an den Förderprogrammen der Gesundheitsforschung. Mit Blick auf die Förderprogramme des Bundes sind das **KIT Karlsruhe,** die **U Hannover** sowie die **U Stuttgart** Standorte, die vor allem die Energieforschung und Energietechnologien akzentuieren. Bei der EU ist dieses Fördergebiet mit Ausnahme der **TU Hamburg-Harburg** dagegen für kaum einen Standort wirklich prägend.

Die bei Bund wie EU als „Informations- und Kommunikationstechnologien (IuK)" überschriebenen und vor allem bei der EU in großem Umfang von deutschen Hochschulen genutzten Förderprogramme ordnen die daran partizipierenden Einrichtungen links (EU) beziehungsweise links oben (Bund) im Bild an. Wie schon bei der DFG mit Bezug auf das Fachgebiet Elektrotechnik, Informatik und Systemtechnik sind die **TU Berlin,** das **KIT Karlsruhe,** die **U Stuttgart,** die **TH Aachen** sowie die **TU Darmstadt** stark an den entsprechenden Programmen beteiligt. Bei der EU ist der Kreis der Hochschulen mit starken IuK-Anteilen dabei allerdings deutlich größer als beim Bund: Mehr als 23 Hochschulen werben über ein Viertel ihrer EU-Drittmittel für IuK-Projekte ein, bei sieben Hochschulen ist es sogar mehr als die Hälfte. Darunter findet sich beispielsweise die **U Bielefeld** (IuK-Anteil 60 Prozent), die auch bei der DFG einen hohen Anteil entsprechender Projekte aufweist, dort aber sonst vor allem durch ihr Engagement in den Geistes- und Sozialwissenschaften bekannt ist. Beim Bund spielt dieser Bereich eine eher untergeordnete Rolle. Ins Auge fällt hier vor allem die **U Bamberg,** die ihre Bundesförderung zu fast 100 Prozent aus dem Fördergebiet „Innovationen in der Bildung (BIL)" schöpft. Signifikante Anteile an der Bundesförderung aus diesem Fördergebiet sowie aus den Geisteswissenschaften und den Wirtschafts- und Sozialwissenschaften (GWS) finden sich darüber hinaus an der **U Bochum,** der **U Bonn,** der **U Köln** sowie der **LMU München,** der **U Ulm** und der **U Frankfurt/Main.**

In der Gesamtschau vermitteln die Abbildungen einen sehr detaillierten und in großen Teilen kongruenten Eindruck von den fachlichen sowie auf spezifische Förderfelder ausgerichteten Schwerpunktsetzungen der berücksichtigten Hochschulen. Bezogen auf Bund und EU geraten dabei insbesondere die dort favorisiert geförderten anwendungsnahen Förderfelder in den Blick, bei der EU ist dies etwa der IuK- sowie der Gesundheitsbereich, beim Bund der etwas weiter gefasste Ingenieurbereich sowie ebenfalls die Gesundheitsforschung. Die DFG ist fachlich grundsätzlich breiter aufgestellt.

Was der Vergleich damit auch verdeutlicht: Auf Drittmitteldaten gestützte Aussagen zu den fachlichen Profilen von Hochschulen sind ganz entscheidend beeinflusst von den Quellen, die für solche Aussagen herangezogen werden. Der DFG-Förderatlas verfügt über eine hinreichend breite Datenbasis, die auch Vergleiche zulässt. In Abbildung 2-5 konnte mithilfe von Daten des Statistischen Bundesamts gezeigt werden, dass rund 67 Prozent aller Drittmittel von Hochschulen bei DFG, Bund und EU eingeworben werden. Zumindest für die drittmittelfinanzierte Forschung ist das hier dargestellte und nach diesen Förderern differenzierende Bild der Förderprofile von Hochschulen daher als weitgehend repräsentativ für die dort drittmittelfinanzierte Forschung anzunehmen.

Abbildung 4-6:
Förderprofile der Hochschulen: Fächerlandkarte auf Basis der FuE-Projektförderung des Bundes 2011 bis 2013

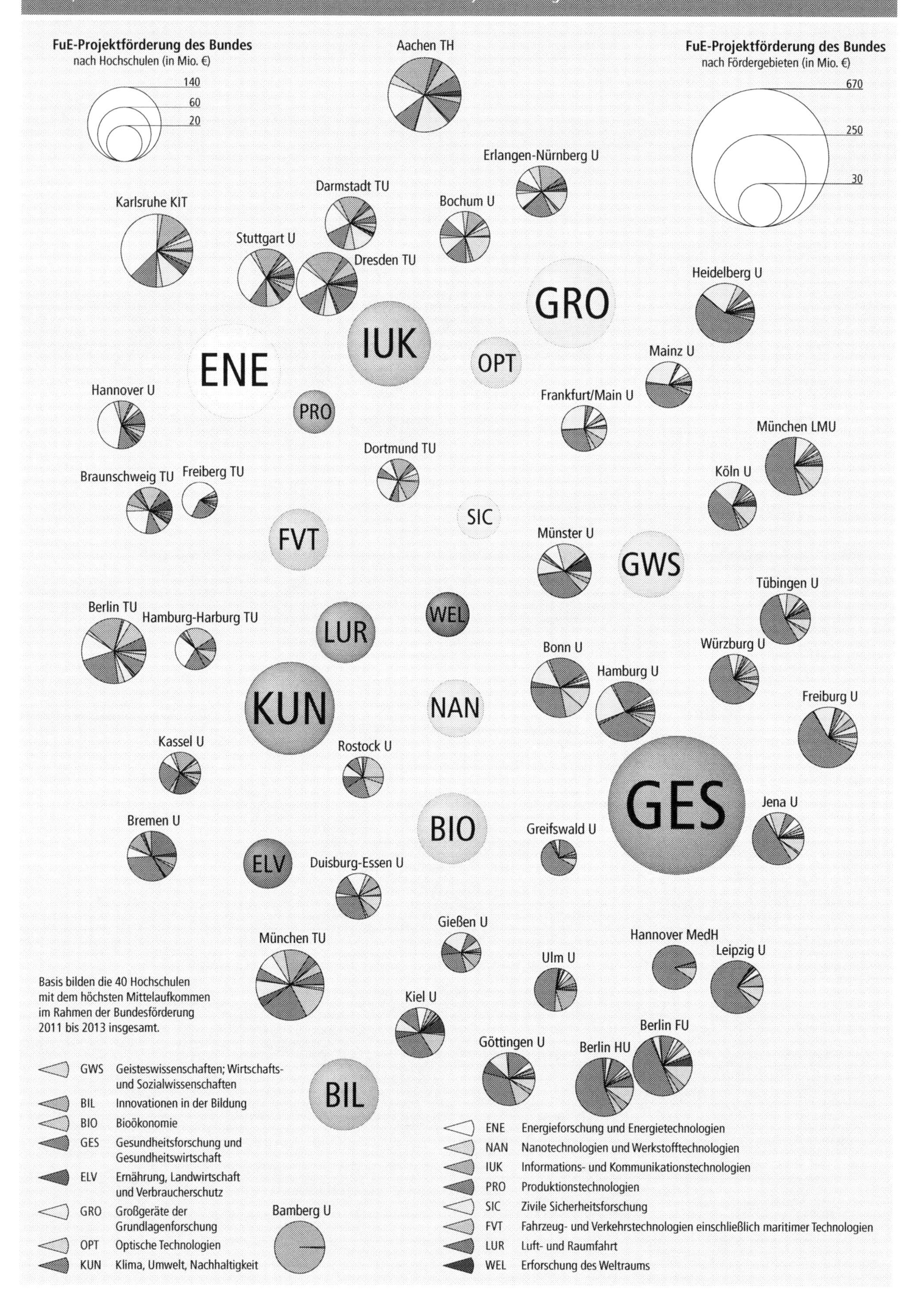

Abbildung 4-7:
Förderprofile der Hochschulen: Fächerlandkarte auf Basis der FuE-Förderung im 7. EU-Forschungsrahmenprogramm 2007 bis 2013

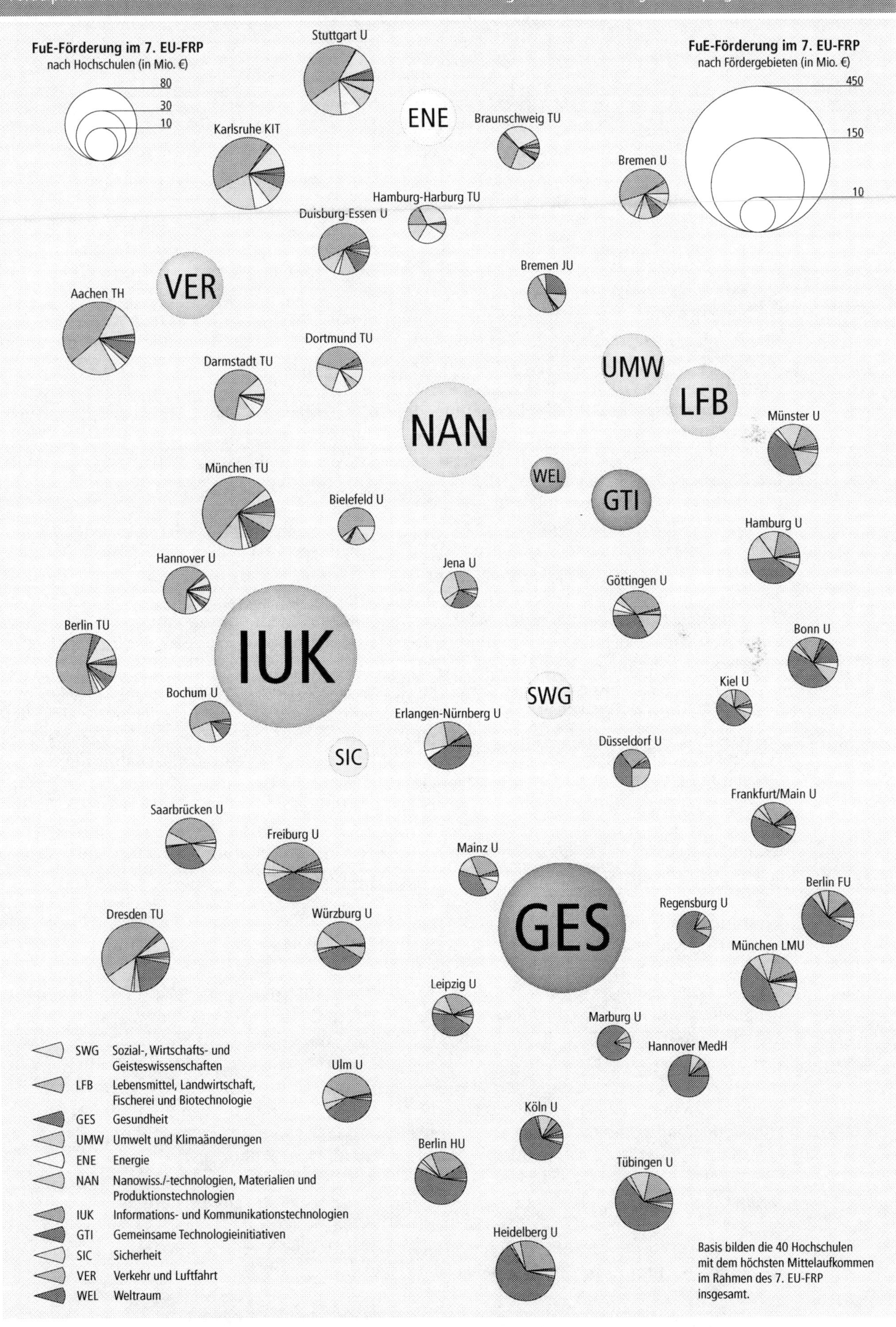

Basis bilden die 40 Hochschulen mit dem höchsten Mittelaufkommen im Rahmen des 7. EU-FRP insgesamt.

4.4 Förderprofile in den Geistes- und Sozialwissenschaften

Die Geistes- und Sozialwissenschaften prägen die deutschen Hochschulen, nicht zuletzt personell: Mehr als die Hälfte der in Deutschland Studierenden ist in diesem Fächerspektrum eingeschrieben (DESTATIS, 2014a: 33). Von 44.000 Professorinnen und Professoren sowie 225.000 wissenschaftlichen Mitarbeiterinnen und Mitarbeitern, die an Hochschulen arbeiten, gehören 47 Prozent (30 Prozent) zu diesen Fächergruppen (vgl. Tabelle Web-4 unter www.dfg.de/foerderatlas).

Obwohl die Geistes- und Sozialwissenschaften sowohl absolut wie auch bezogen auf die pro Kopf eingeworbenen Summen im Vergleich der Wissenschaftsbereiche weniger drittmittelaktiv erscheinen (vgl. Kapitel 4.1), gewinnen auch hier Drittmittel zunehmend an Bedeutung. Im Berichtszeitraum dieses Förderatlas (2011 bis 2013) hat die DFG 1.130 Millionen Euro (vgl. Tabelle 4-4) und damit 156 Millionen Euro mehr als im Zeitraum 2008 bis 2010 für Forschung in den Geistes- und Sozialwissenschaften bewilligt (DFG, 2012: 68). Dies ist eine Steigerung um 16 Prozent, ein Wachstum, das weit über dem der drei anderen DFG-Wissenschaftsbereiche liegt.

Im Jahr 2012 haben die Hochschulen Drittmitteleinnahmen in Höhe von 1.038 Millionen Euro in den Geistes- und Sozialwissenschaften verbucht (vgl. Tabelle Web-1 unter www.dfg.de/foerderatlas). Dem stehen im 3-Jahreszeitraum 2011 bis 2013 DFG-Bewilligungen in Höhe von knapp 1.040 Millionen Euro gegenüber. Vereinfachend umgerechnet stammen damit rund 33 Prozent der Drittmitteleinnahmen in den Geistes- und Sozialwissenschaften von der DFG.

Zum Wachstum beigetragen haben speziell auf die Bedürfnisse der Geistes- und Sozialwissenschaften ausgerichtete Förderinstrumente. Dazu gehören zum Beispiel Kollegforschergruppen, die Villa-Vigoni-Gespräche sowie bi- und multilaterale Ausschreibungen mit Partnerorganisationen speziell in den Geistes- und Sozialwissenschaften, beispielsweise mit der französischen L'Agence nationale de la recherche (ANR) oder im Rahmen der Ausschreibungen zur Open Research Area in the Social Sciences (ORA).

Über die Angebote der DFG hinaus gibt es für die Geistes- und Sozialwissenschaften vielfältige Angebote weiterer Förderer, insbesondere von Stiftungen. Genannt seien hier nur stellvertretend die Volkswagenstiftung, die Gerda-Henkel-Stiftung oder die Fritz-Thyssen-Stiftung.

4.4.1 Überblick

Die DFG ist im Vergleich zu EU und Bund der größte Drittmittelgeber der Geistes- und Sozialwissenschaften (vgl. Tabelle 4-4). Von den 1.130 Millionen Euro, die für die Jahre 2011 bis 2013 bewilligt wurden, gehen über 90 Prozent an Wissenschaftlerinnen und Wissenschaftler, die an Hochschulen forschungsaktiv sind. Absolut und prozentual mehr Mittel als in der vergangenen Berichtsperiode fließen an außeruniversitäre Einrichtungen. Besonders hervorzuheben sind hier die Leibniz-Gemeinschaft (WGL) sowie mit einigem Abstand die Weiteren Einrichtungen, zu denen viele Museen und Bibliotheken zählen. Auch die Bundesforschungseinrichtungen sind mit knapp 15 Millionen Euro sehr aktiv.

Unter den im Förderatlas betrachteten Förderern gewinnt auch der Bund für Geistes- und Sozialwissenschaften zunehmend an Gewicht. Das BMBF hat im Dezember 2012 das Rahmenprogramm Geistes-, Kultur- und Sozialwissenschaften veröffentlicht, das auf die „Förderinitiative Freiraum für die Geisteswissenschaften" (2007 bis 2012) aufbaut. Deutlich umfangreicher als bei der DFG profitieren von der Förderung des Bundes in großer Zahl Wissenschaftlerinnen und Wissenschaftler an außeruniversitären Forschungseinrichtungen, auch hier vor allem an Instituten der Leibniz-Gemeinschaft sowie in Museen und weiteren kulturellen Einrichtungen.

Steigerung der EU-Förderung

Von Mitteln der EU profitieren die deutschen Geistes- und Sozialwissenschaften in nur geringem, wenn auch im Zeitverlauf wachsendem Umfang. Der auf einen 3-Jahreszeitraum umgerechnete Betrag in Höhe von 28 Millionen Euro liegt um fast 44 Prozent über dem im letzten Förderatlas dokumentierten 3-Jahreswert (DFG, 2012: 112). Ähnlich zum Bund partizipieren in großem Umfang außeruniversitäre Einrichtungen insbesondere der Leibniz-Gesellschaft sowie Weitere Einrichtungen an den Programmen der EU.

Tabelle 4-4:
Beteiligung[1] an Förderprogrammen für Forschungsvorhaben von DFG, Bund und EU nach Art der Einrichtung in den Geistes- und Sozialwissenschaften

Art der Einrichtung	DFG-Bewilligungen		Direkte FuE-Projektförderung des Bundes		FuE-Förderung im 7. EU-FRP[2]	
	Mio. €	%	Mio. €	%	Mio. €	%
Hochschulen	**1.038,5**	**91,9**	**292,6**	**68,2**	**16,4**	**57,9**
Außeruniversitäre Einrichtungen	**91,0**	**8,1**	**136,3**	**31,8**	**11,9**	**42,1**
Fraunhofer-Gesellschaft (FhG)	0,2	0,0	2,1	0,5	0,4	1,5
Helmholtz-Gemeinschaft (HGF)	0,3	0,0	1,1	0,3	1,5	5,4
Leibniz-Gemeinschaft (WGL)	26,3	2,3	15,7	3,7	4,3	15,2
Max-Planck-Gesellschaft (MPG)	8,6	0,8	5,7	1,3	0,6	2,3
Bundesforschungseinrichtungen	14,6	1,3	10,3	2,4	0,8	2,8
Weitere Einrichtungen	41,1	3,6	101,4	23,6	4,2	15,0
Insgesamt	**1.129,5**	**100,0**	**428,9**	**100,0**	**28,3**	**100,0**

[1] Nur Fördermittel für deutsche und institutionelle Mittelempfänger (ohne Industrie und Wirtschaft).
[2] Die hier ausgewiesenen Fördersummen zum 7. EU-Forschungsrahmenprogramm sind zu Vergleichszwecken auf einen 3-Jahreszeitraum entsprechend den Betrachtungsjahren der Fördersummen von DFG und Bund umgerechnet. Insgesamt haben die ausgewiesenen Einrichtungen im hier betrachteten Wissenschaftsbereich 66,1 Millionen Euro im 7. EU-Forschungsrahmenprogramm erhalten. Weitere methodische Ausführungen sind dem Methodenglossar im Anhang zu entnehmen.

Datenbasis und Quellen:
Bundesministerium für Bildung und Forschung (BMBF): Direkte FuE-Projektförderung des Bundes 2011 bis 2013 (Projektdatenbank PROFI).
Deutsche Forschungsgemeinschaft (DFG): DFG-Bewilligungen für 2011 bis 2013.
EU-Büro des BMBF: Beteiligungen am 7. EU-Forschungsrahmenprogramm (Laufzeit: 2007 bis 2013, Projektdaten mit Stand 21.02.2014).
Berechnungen der DFG.

Außeruniversitär nutzen vor allem Wissenschaftlerinnen und Wissenschaftler der WGL sowie Angehörige Weiterer Einrichtungen die Förderangebote von DFG, Bund und EU

Mit Blick auf die Mittel des Bundes sind außeruniversitär beispielsweise das **Deutsche Institut für Internationale Pädagogische Forschung (DIPF)** in Frankfurt sowie das **Leibniz-Institut für Sozialwissenschaften (GESIS)** sehr aktiv. Unter den Weiteren Einrichtungen stechen insbesondere die **Geisteswissenschaftlichen Zentren Berlin (GWZ)** sowie das **Geisteswissenschaftliche Zentrum Geschichte und Kultur Ostmitteleuropas (GWZO)** in Leipzig hervor. Bei der DFG-Förderung ist das **Deutsche Archäologische Institut (DAI)** mit weitem Abstand größter Bewilligungsempfänger – unter anderem in Form einer Beteiligung am Exzellenzcluster *„Topoi – Die Formation und Transformation von Raum und Wissen in den antiken Kulturen"*. Größere Sichtbarkeit erlangt hier auch das **Wissenschaftszentrum Berlin für Sozialforschung (WZB),** etwa durch seinen Beitrag zur *„Graduate School of North American Studies"*.

Die Tabellen Web-8, Web-19, Web-23, Web-24, Web-26 und Web-28 unter www.dfg.de/foerderatlas geben nach Fachgebieten differenziert weitere Informationen zum Drittmittelerfolg von Hochschulen und außeruniversitärer Forschung bei der DFG, dem Bund und der EU.

Mit den strukturbildenden Förderinstrumenten der DFG sowie in der Exzellenzinitiative wird unter anderem das Ziel verfolgt, die Zusammenarbeit zwischen einzelnen Wissenschaftlerinnen und Wissenschaftlern auch und insbesondere einrichtungsübergreifend zu unterstützen. Mit den kartografischen Netzwerkabbildungen im Förderatlas soll diese Zusammenarbeit anhand gemeinsamer Bewilligungen sichtbar gemacht werden.

In den Geistes- und Sozialwissenschaften waren zwischen 2011 und 2013 Wissenschaftlerinnen und Wissenschaftler aus rund 140 Einrichtungen an den zugrunde gelegten Förderinstrumenten der DFG einschließlich der Exzellenzinitiative des Bundes und der Länder in leitender Funktion beteiligt. Dabei handelt es sich beispielsweise bei den Sonderforschungsbereichen um die Teilprojektleiterinnen und -leiter, bei den Graduiertenkollegs um die am Lehrkörper eines Kollegs beteiligten Hochschullehrerinnen und -lehrer. Bei der Exzellenzinitiative werden die Graduiertenschulen und Exzellenzcluster jeweils mit den im Antrag genannten Principal Investigators sowie deren Forschungseinrichtung berücksichtigt.

Gegenüber dem Förderatlas 2012 (DFG, 2012: 113) sind die Zahl der beteiligten Einrichtungen und die Zahl der berücksichtigten Projektleitungen (vgl. Tabelle Web-13 unter www.dfg.de/foerderatlas sowie DFG, 2012: 41) aufgrund der im Jahr 2012 entschiedenen zweiten Phase der Exzellenzinitiative (vgl. Kapitel 2.3) weiter gestiegen. Einfluss auf die Zahlen hat aber eine geänderte Methodik: Wurde im Förderatlas 2012 noch eine standortspezifische Zuordnung auf Grundlage von jährlich bei der DFG einzureichenden Verwendungsnachweisen zu den bereitgestellten Mitteln vorgenommen, so erfolgt die Zuordnung nun anhand von Angaben zu den Forschungseinrichtungen der Principal Investigators, die eine Graduiertenschule oder einen Exzellenzcluster tragen. Zudem wurden die Verbünde nicht nur einem primären Wissenschaftsbereich zugeordnet, sondern können, in Entsprechung zu ihrem häufig interdisziplinären Charakter, in mehreren Wissenschaftsbereichen netzwerkbildend sein[11].

Das sich aus diesen gemeinsamen Beteiligungen ergebende Netzwerk in den Geistes- und Sozialwissenschaften zeigt Abbildung 4-8. Dabei symbolisieren die Kreisdurchmesser die Zahl der gemeinsamen Beteiligungen an den Förderinstrumenten, die Verbindungslinien weisen auf zwei und mehr gemeinsame Beteiligungen hin[12].

Ausgeprägte Clusterbildung in Berlin

Die Abbildung lässt zunächst jene Hochschulen erkennen, die in den Geistes- und Sozialwissenschaften besonders viele Projekte in den Koordinierten Programmen der DFG sowie im Rahmen der Exzellenzinitiative eingeworben haben. Neben der **FU Berlin** und der **HU Berlin** sind dies beispielsweise die Universitäten **LMU München, U Tübingen, U Göttingen** und **U Münster.** Die beiden erstgenannten Universitäten, aber auch die **TU Berlin,** die **U Potsdam** und die **U Frankfurt/Oder** sowie die hier und in den folgenden Netzwerkanalysen gesondert ausgewiesene **Charité Berlin** prägen einen für diesen Wissenschaftsbereich außergewöhnlich dichten Kooperationscluster in der Berliner Region. Neben den genannten Hochschulen partizipiert vor allem hier eine Vielzahl außeruniversitärer Forschungseinrichtungen an DFG-geförderten Verbundprojekten – besonders sichtbar etwa in Gestalt des **Max-Planck-Instituts für Bildungsforschung (MPIB)** sowie des **Wissenschaftszentrums Berlin für Sozialforschung (WZB).**

Große Anzahl an Hochschulen in den Geistes- und Sozialwissenschaften DFG-aktiv

In den Jahren 2011 bis 2013 konnten viele Hochschulen mehr DFG-Mittel einwerben als in der vorangegangenen Berichtsperiode. Dies geht einher mit einer breiteren Verteilung der Mittel: Die Anzahl von Hochschulen, die in den Geistes- und Sozialwissenschaften Bewilligungen von der DFG erhalten haben, stieg von 142 auf 150. Damit weist dieser Wissenschaftsbereich die mit Abstand größte Beteiligung von Hochschulen auf (zum Vergleich: Lebenswissenschaften (83 Hochschulen), Naturwissenschaften (97), Ingenieurwissenschaften (121)). Wie schon in Kapitel 3 für Hochschulen insgesamt ausgeführt, zeigt sich auch mit Blick auf die Geistes- und Sozialwissenschaften eine behutsame Annäherung der Bewilligungsvolumina zwischen den großen und weniger großen Standorten. Lag im Förderatlas 2012 der Betrag für die Hochschule mit dem höchsten DFG-Bewilligungsvolumen noch um den Faktor 17,8:1 höher als für die Hochschule auf dem 40. Rang, hat sich jetzt der Abstand auf 12,4:1 verringert. Diese Gegenüberstellung zeigt, dass in den vergangenen drei Jahren die Konzentration von DFG-Mitteln auf wenige Standorte abgenommen hat, heute also eine auch institutionell gleichmäßigere Beteiligung erfolgt als noch im Berichtszeitraum 2008 bis 2010.

Die anhand des DFG-Bewilligungsvolumens berechnete Rangfolge der Universitäten hat sich sowohl in der absoluten als auch in der personalrelativierten Betrachtung gegenüber der Vorperiode nur wenig verändert. Wie auch in der Gesamtbetrachtung (vgl. Kapitel 3.5) ist die **U Heidelberg** als Aufsteiger nun direkt hinter den Berliner Universitäten auf Platz 3 angesiedelt (vgl. Tabelle 4-5).

Wie schon anhand der gemeinsamen Interaktion in DFG-geförderten Programmen verdeutlicht werden konnte, sind vor allem Hochschulen am Standort Berlin in den Geistes- und Sozialwissenschaften sehr DFG-aktiv.

11 Siehe auch das Methodenglossar im Anhang unter dem Stichwort „Exzellenzinitiative".

12 Siehe auch das Methodenglossar im Anhang unter dem Stichwort „Kartografische Netzwerkanalyse".

Abbildung 4-8:
Gemeinsame Beteiligungen von Wissenschaftseinrichtungen an DFG-geförderten Verbundprogrammen sowie daraus resultierende Kooperationsbeziehungen 2011 bis 2013 in den Geistes- und Sozialwissenschaften

Art der Einrichtung
- Hochschulen
- Fraunhofer-Gesellschaft (FhG)
- Helmholtz-Gemeinschaft (HGF)
- Leibniz-Gemeinschaft (WGL)
- Max-Planck-Gesellschaft (MPG)
- Bundesforschungseinrichtungen
- Weitere Einrichtungen

Basis bilden Einrichtungen, die im Berichtszeitraum Fördermittel im Rahmen von Koordinierten Programmen der DFG (ohne SPP) und der Exzellenzinitiative des Bundes und der Länder eingeworben haben.

Stiftung Schleswig-Holsteinische Landesmuseen
Leibniz-I f d Pädagogik d Naturwissenschaften u Mathematik
Kiel U
Greifswald U
Lübeck U
Hamburg BLS
MPI f ausländisches u internationales Privatrecht
Hamburg U
Bremen JU
Lüneburg U
Oldenburg U
Bremen U
Berlin HU
Berlin KHB
Berlin TU
Berlin Charité
Berlin IPU
ITB
MPI f Bildungsforsch
Berlin HSoG
Wissenschaftszentrum Berlin f Sozialforsch
Berlin UdK
BE-BB AKAD W
SWP
Potsdam U
GWZ
Stiftung Preußischer Kulturbesitz
DIW
Frankfurt/Oder U
Potsdam-Institut f Klimafolgenforsch
MPI WG
DAI
Potsdam FH
Berlin ESMT
Berlin FU
Hannover U
Bielefeld U
Hildesheim U
Münster U
Forschungsinstitut Arbeit, Bildung, Partizipation
Göttingen U
Dortmund TU
Duisburg-Essen U
BGUK Berg BO
Zentrum f Sozialforsch
Neanderthal Museum
Bochum U
Leipzig U
Hagen FernU
Halle-Wittenberg U
MPI f evolutionäre Anthropologie
Düsseldorf U
Kassel U
Weimar U
Köln U
MPI f Gesellschaftsforsch
MPI f Kognitions- u Neurowiss
Aachen TH
IZA
Siegen U
Marburg U
Herder-I f historische Ostmitteleuropaforsch
Erfurt U
Dresden TU
Rheinisches Amt f Bodendenkmalpflege
MPI z Erforsch v Gemeinschaftsgütern
Jena U
Max Weber Stiftung
Bonn U
Gießen U
Frankfurt/Main U
Frankfurt/Main HfB
Hessische Stiftung Friedens- u Konfliktforsch
Frobenius-Institut
MPI f europäische Rechtsgeschichte
Mainz U
Frankfurt/Main PhilThH
Bayreuth U
Bamberg U
Trier U
Koblenz-Landau U
Darmstadt TU
Würzburg U
Zentral-I f Seelische Gesundheit
Zentrum f Europäische Wirtschaftsforsch
Erlangen-Nürnberg U
Saarbrücken U
Heidelberg U
Heidelberg HJS
Mannheim U
Regensburg U
Stuttgart U
Tübingen U
Leibniz-I f Wissensmedien
Ulm U
München LMU
MPI f Steuerrecht u Öffentliche Finanzen
Freiburg U
MPI f Innovation u Wettbewerb
Weingarten PH
Konstanz U

Gemeinsame Beteiligungen
nach Einrichtungen (N ≥ 3)
50
25
5

Gemeinsame Beteiligungen
zwischen Einrichtungen (N ≥ 2)
20
10
2

Abkürzungsverzeichnis

BE-BB AKAD W	Berlin-Brandenburgische Akademie der Wissenschaften
BGUK Berg BO	Berufsgenossenschaftliches Universitätsklinikum Bergmannsheil
DAI	Deutsches Archäologisches Institut
DIW	Deutsches Institut für Wirtschaftsforschung
GWZ	Geisteswissenschaftliche Zentren Berlin
ITB	Institut für Theoretische Biologie
IZA	Forschungsinstitut zur Zukunft der Arbeit
MPI WG	Max-Planck-Institut für Wissenschaftsgeschichte
SWP	Stiftung Wissenschaft und Politik

Tabelle 4-5:
Die Hochschulen mit den absolut und personalrelativiert höchsten DFG-Bewilligungen für 2011 bis 2013 in den Geistes- und Sozialwissenschaften

Absolute DFG-Bewilligungssumme		Personalrelativierte DFG-Bewilligungssumme[1]					
Hochschule	**Gesamt**	**Hochschule**	**Professorenschaft**		**Hochschule**	**Wissenschaftler/-innen**	
	Mio. €		N	Tsd. € je Prof.		N	Tsd. € je Wiss.
Berlin FU	89,3	Berlin FU	305	293,3	Berlin FU	1.374	65,0
Berlin HU	65,1	Konstanz U	118	276,3	Konstanz U	546	59,5
Heidelberg U	49,4	Heidelberg U	190	260,3	Heidelberg U	997	49,5
Frankfurt/Main U	44,8	Stuttgart U	41	249,4	Berlin HU	1.400	46,5
Münster U	44,4	Berlin HU	294	221,3	Tübingen U	930	44,0
München LMU	41,9	Bielefeld U	152	219,2	Bielefeld U	762	43,8
Tübingen U	40,9	Berlin TU	45	195,3	Berlin TU	220	40,1
Bielefeld U	33,3	Tübingen U	210	194,9	Frankfurt/Main U	1.381	32,4
Konstanz U	32,5	Freiburg U	144	191,8	Freiburg U	872	31,7
Göttingen U	28,0	Bremen U	118	183,6	Bremen U	685	31,7
Freiburg U	27,6	Mannheim U	149	161,2	Göttingen U	974	28,8
Köln U	27,3	Münster U	276	160,6	Münster U	1.552	28,6
Mannheim U	24,0	Frankfurt/Main U	301	148,8	Bonn U	780	27,9
Hamburg U	23,8	Darmstadt TU	64	142,1	Darmstadt TU	335	27,1
Bonn U	21,8	Göttingen U	204	137,3	Stuttgart U	393	26,1
Bremen U	21,7	Potsdam U	139	135,1	Saarbrücken U	539	24,8
Leipzig U	18,9	München LMU	325	129,0	München LMU	1.727	24,3
Potsdam U	18,8	Dresden TU	138	128,5	Jena U	781	23,2
Jena U	18,1	Saarbrücken U	111	120,2	Potsdam U	827	22,7
Bochum U	18,0	Bonn U	182	119,3	Mannheim U	1.064	22,6
Dresden TU	17,7	Jena U	163	110,9	Erfurt U	346	20,9
Mainz U	17,5	Düsseldorf U	116	102,4	Gießen U	694	20,7
Halle-Wittenberg U	15,8	Leipzig U	199	94,8	Halle-Wittenberg U	771	20,5
Gießen U	14,4	Halle-Wittenberg U	167	94,6	Trier U	598	20,1
Saarbrücken U	13,3	Trier U	127	94,6	Dresden TU	906	19,6
Duisburg-Essen U	13,1	Gießen U	155	92,5	Hamburg U	1.248	19,1
Marburg U	12,8	Chemnitz TU	62	92,2	Leipzig U	991	19,0
Kiel U	12,0	Bamberg U	120	91,5	Düsseldorf U	631	18,9
Trier U	12,0	München TU	41	90,2	Bayreuth U	444	18,8
Düsseldorf U	11,9	Bremen JU	41	88,9	Köln U	1.479	18,5
Würzburg U	11,8	Köln U	315	86,7	Bochum U	1.043	17,3
Bamberg U	11,0	Oldenburg U	91	85,8	Bamberg U	661	16,6
Stuttgart U	10,3	Bayreuth U	98	84,8	Kiel U	738	16,3
Darmstadt TU	9,1	Ulm U	25	81,8	Marburg U	785	16,3
Berlin TU	8,8	Bochum U	224	80,6	Ulm U	137	15,0
Erlangen-Nürnberg U	8,7	Marburg U	160	79,8	Mainz U	1.172	14,9
Dortmund TU	8,6	Würzburg U	149	79,1	Dortmund TU	592	14,6
Bayreuth U	8,3	Dortmund TU	112	77,0	Oldenburg U	539	14,4
Oldenburg U	7,8	Kiel U	158	76,0	Würzburg U	868	13,6
Erfurt U	7,2	Karlsruhe KIT	50	71,2	Frankfurt/Oder U	282	13,4
Rang 1–40	**921,8**	**Rang 1–40**	**6.080**	**151,6**	**Rang 1–40**	**33.064**	**27,9**
Weitere HS[2]	**116,6**	**Weitere HS[2]**	**14.451**	**8,1**	**Weitere HS[2]**	**33.101**	**3,5**
HS insgesamt	**1.038,5**	**HS insgesamt**	**20.531**	**50,6**	**HS insgesamt**	**66.165**	**15,7**
davon Univ.	**1.026,7**	**davon Univ.**	**10.217**	**100,5**	**davon Univ.**	**48.825**	**21,0**
Basis: N HS	**150**	**Basis: N HS**	**396**	**150**	**Basis: N HS**	**411**	**150**

[1] Die Berechnungen erfolgen nur für Hochschulen, an denen 20 und mehr Professorinnen und Professoren beziehungsweise 100 und mehr Wissenschaftlerinnen und Wissenschaftler insgesamt im Jahr 2012 im hier betrachteten Wissenschaftsbereich hauptberuflich tätig waren.
[2] Daten zu weiteren Hochschulen gehen aus den Tabellen Web-7 und Web-8 unter www.dfg.de/foerderatlas hervor.

Datenbasis und Quellen:
Deutsche Forschungsgemeinschaft (DFG): DFG-Bewilligungen für 2011 bis 2013.
Statistisches Bundesamt (DESTATIS): Bildung und Kultur. Personal an Hochschulen 2012. Sonderauswertung zur Fachserie 11, Reihe 4.4.
Berechnungen der DFG.

FU Berlin und **HU Berlin** warben 2011 bis 2013 über 89 Millionen Euro respektive 65 Millionen Euro bei der DFG ein.

In der personalrelativierten Betrachtung profiliert sich auch die **TU Berlin.** Neben ihr wirbt die zahlenmäßig kleine geistes- und sozialwissenschaftliche Professorenschaft an der **U Stuttgart** hohe personalrelativierte Bewilligungssummen ein, und wie schon im letzten Förderatlas weist auch die **U Konstanz** wegen ihres besonderen Erfolgs in der Exzellenzinitiative hohe Pro-Kopf-Bewilligungen auf.

Abgesehen von diesen und wenigen weiteren Ausnahmen erweisen sich die absolute und die personalrelativierte Rangreihe als hoch korrelativ. Die **FU Berlin** führt beide Rangreihen an und von den 20 absolut starken DFG-Standorten finden sich 15 auch in der relativen Betrachtung in der Gruppe der „Top Twenty".

Mit Blick auf die Exzellenzinitiative ist schließlich festzuhalten, dass diese vor allem an jenen Hochschulen Wissenschaftlerinnen und Wissenschaftler des geistes- und sozialwissenschaftlichen Fächerspektrums einbindet, die auch generell sehr drittmittelaktiv bei der DFG sind. Die 16 insgesamt bewilligungsaktivsten Universitäten sind jeweils an mindestens einer Graduiertenschule oder einem Exzellenzcluster in diesem Wissenschaftsbereich beteiligt.

Hochschulen setzen in den Geistes- und Sozialwissenschaften sehr unterschiedliche fachliche Akzente

Analog zu den in Kapitel 4.3 gezeigten DFG-Förderprofilen der Hochschulen in der Unterscheidung nach 14 Fachgebieten bietet Abbildung 4-9 einen Einblick in die Profile innerhalb des Wissenschaftsbereichs Geistes- und Sozialwissenschaften. Im Vergleich zu den Vorjahren profitieren diese Visualisierungen von einer besseren Erfassung der fachlich ausgerichteten Förderlinien der Exzellenzinitiative[13]. Die der Abbildung zugrunde gelegten Daten gehen für diese 40 sowie weitere 41 Hochschulen aus Tabelle Web-8 unter www.dfg.de/foerderatlas hervor.

Die Abbildung differenziert die DFG-Bewilligungssumme in den Geistes- und Sozialwissenschaften nach 13 Forschungsfeldern. Diese werden entsprechend ihrem Bewilligungsvolumen in unterschiedlich großen Kreisen dargestellt. Der Algorithmus, der dieser Abbildung zugrunde liegt, ordnet Hochschulen und Forschungsfelder anhand ihrer Ähnlichkeit an. Vereinfacht ausgedrückt gilt, dass die Nähe zweier Symbole für Forschungsfelder in der Regel einhergeht mit der Häufigkeit, mit der diese Felder das Profil mehrerer (rund um diese Forschungsfelder angesiedelter) Hochschulen prägen. Die Ordnung der Hochschulsymbole lässt sich ähnlich lesen: In der Grafik benachbart angesiedelte Hochschulen weisen in Bezug auf einzelne oder mehrere Forschungsfelder vergleichbare Gewichtungen auf. Voneinander weit entfernt angeordnete Hochschulen unterscheiden sich entsprechend stark.

Die **U Bamberg** und **TU Dortmund** haben so ihre jeweiligen Schwerpunkte in der Erziehungswissenschaft und den Sozialwissenschaften, an der **TU Dortmund** ergänzt durch einen starken Fokus auf DFG-geförderte Projekte in den Wirtschaftswissenschaften. Eher im Zentrum der Abbildung sind Hochschulen platziert, die, wie die **LMU München,** das geistes- und sozialwissenschaftliche Fächerspektrum in großer Breite repräsentieren. Eine Fokussierung auf die Sprachwissenschaften weisen die links abgebildeten **U Stuttgart, U Düsseldorf** und **U Saarbrücken** auf. Die ebenfalls in den Sprachwissenschaften (vgl. Tabelle 4-7) stark vertretene **U Tübingen** ist durch ihr breiteres Profil weiter in die Mitte der Abbildung gerückt. Ähnliches gilt für die **U Potsdam,** die aufgrund eines weiteren Schwerpunkts in der Psychologie weiter oben angesiedelt ist. Oben finden sich schließlich in der Mehrzahl Hochschulen mit hohen Anteilen an DFG-Mitteln für geschichtswissenschaftliche Forschung. Beispielhaft gilt dies für die im Wissenschaftsbereich sehr DFG-aktiven Standorte **U Konstanz** und **U Freiburg,** aber auch für die kleineren Standorte **U Trier, U Gießen** und **TU Dresden.**

Ein Drittel der AvH-Gastaufenthalte erfolgt in den Geistes- und Sozialwissenschaften

Fast ein Drittel, nämlich rund 1.800 von 6.000 Gastwissenschaftlerinnen und -wissenschaftlern, deren Aufenthalte an deutschen Forschungsstätten von der Alexander von Humboldt-Stiftung gefördert werden, forscht

13 Siehe auch das Methodenglossar im Anhang unter dem Stichwort „Exzellenzinitiative".

Abbildung 4-9:
Förderprofile der Hochschulen: Fächerlandkarte auf Basis von DFG-Bewilligungen für 2011 bis 2013 in den Geistes- und Sozialwissenschaften

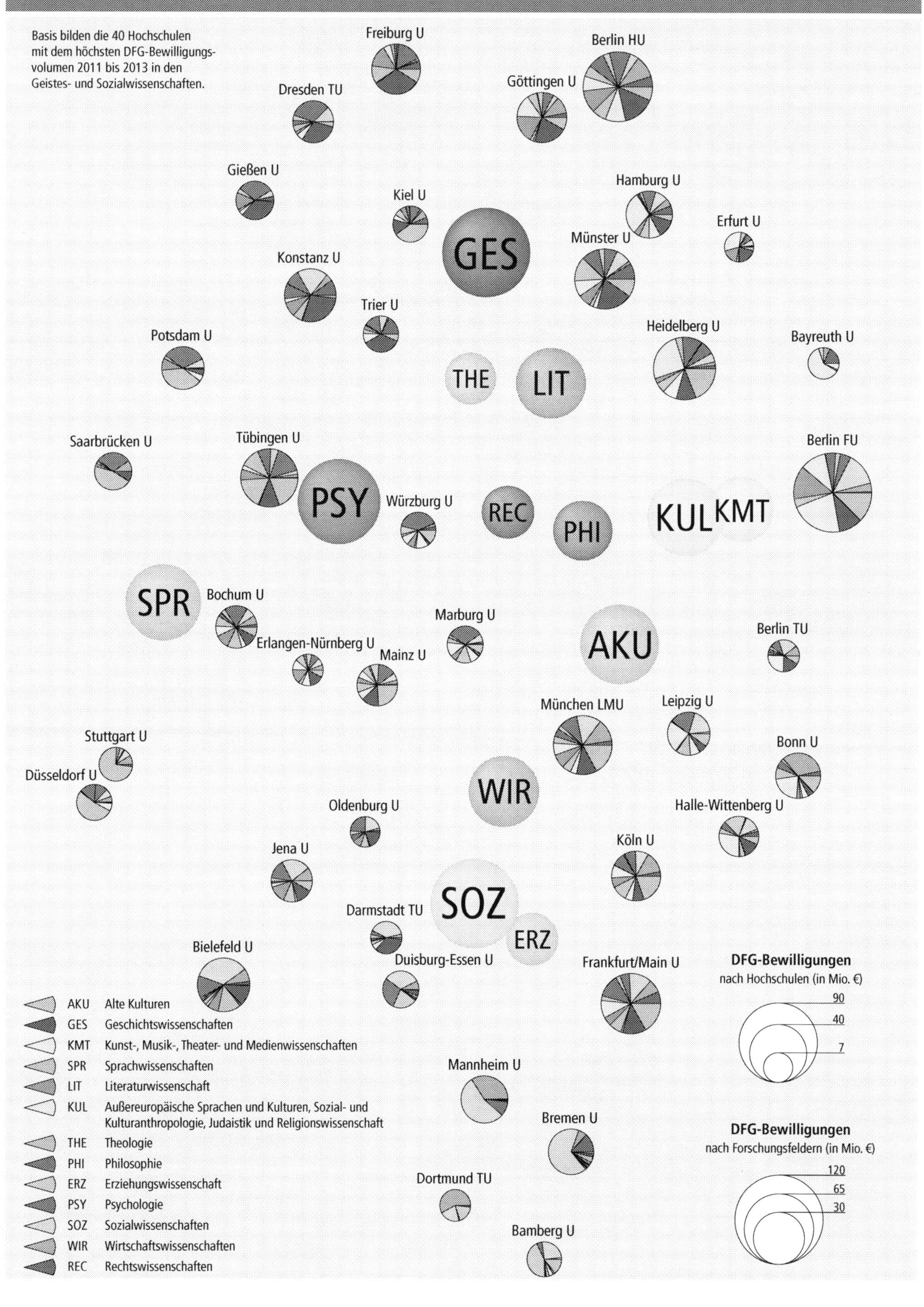

auf dem Gebiet der Geistes- und Sozialwissenschaften. Große Universitäten können naturgemäß viele Gastwissenschaftlerinnen und -wissenschaftler anziehen. Besonders attraktiv sind für die Zielgruppe internationaler Spitzenforscherinnen und -forscher Universitäten in Metropolen und in klassischen Universitätsstädten (vgl. Tabelle 4-6). So kann Berlin mit **FU Berlin** und **HU Berlin,** die beide sowohl personal- als auch DFG-drittmittelstark sind, die meisten Gastaufenthalte verzeichnen (beide jeweils 186). Die Geförderten des DAAD zieht es ebenfalls ganz überwiegend nach Berlin. Als Universitätsstädte auch über die deutschen Grenzen hinaus bekannt und bei Gastwissenschaftlerinnen und -wissenschaftlern beliebt sind die **U Heidelberg** und die **U Freiburg.**

Berlin auch als Zieladresse für AvH- und DAAD-Geförderte besonders attraktiv – Hamburg zieht in großem Umfang ERC Grantees an

Die 64 ERC-geförderten Wissenschaftlerinnen und Wissenschaftler in den Geistes- und Sozialwissenschaften verteilen sich auf 23 verschiedene Hochschulen. Eine besondere Konzentration ist an der **U Hamburg** festzustellen. Insgesamt neun ERC-Projekte dieser Disziplinen werden an der norddeutschen Universität durchgeführt, allein drei davon sind im **Asien-Afrika-Institut** beheimatet. Nach Hamburg weisen die **LMU München** und die **U Konstanz** besonders viele, nämlich jeweils sechs ERC Grants in den Geistes- und Sozialwissenschaften auf.

Tabelle 4-6:
Die am häufigsten gewählten Hochschulen von AvH-, DAAD- und ERC-Geförderten in den Geistes- und Sozialwissenschaften

AvH-Geförderte		DAAD-Geförderte		ERC-Geförderte	
Hochschule	**N**	**Hochschule**	**N**	**Hochschule**	**N**
Berlin FU	186	Berlin FU	273	Hamburg U	9
Berlin HU	186	Berlin HU	216	Konstanz U	6
München LMU	123	Leipzig U	108	München LMU	6
Heidelberg U	74	München LMU	99	Berlin FU	5
Freiburg U	64	Heidelberg U	92	Berlin HU	5
Köln U	61	Bonn U	71	Bonn U	4
Frankfurt/Main U	57	Freiburg U	70	Frankfurt/Main U	4
Bonn U	50	Tübingen U	67	Mannheim U	4
Münster U	45	Köln U	62	Heidelberg U	3
Tübingen U	42	Hamburg U	59	Dresden TU	2
Göttingen U	36	Göttingen U	58	Erfurt U	2
Hamburg U	35	Potsdam U	55	Münster U	2
Berlin TU	31	Frankfurt/Main U	50	Tübingen U	2
Bochum U	29	Münster U	44		
Leipzig U	28	Mainz U	42		
Mainz U	25	Bayreuth U	41		
Konstanz U	24	Bremen U	41		
Potsdam U	22	Halle-Wittenberg U	39		
Bielefeld U	19	Dresden TU	35		
Würzburg U	19	Berlin TU	34		
Rang 1–20	**1.156**	**Rang 1–20**	**1.556**	**Rang 1–10**	**54**
Weitere HS[1]	**345**	**Weitere HS[1]**	**600**	**Weitere HS[1]**	**10**
HS insgesamt	**1.501**	**HS insgesamt**	**2.156**	**HS insgesamt**	**64**
Basis: N HS	**86**	**Basis: N HS**	**66**	**Basis: N HS**	**23**

[1] Daten zu weiteren Hochschulen gehen aus den Tabellen Web-27, Web-29 und Web-30 unter www.dfg.de/foerderatlas hervor.

Datenbasis und Quellen:
Alexander von Humboldt-Stiftung (AvH): Aufenthalte von AvH-Gastwissenschaftlerinnen und -wissenschaftlern 2009 bis 2013.
Deutscher Akademischer Austauschdienst (DAAD): Geförderte ausländische Wissenschaftlerinnen und Wissenschaftler 2009 bis 2013.
EU-Büro des BMBF: ERC-Förderung im 7. EU-Forschungsrahmenprogramm (Laufzeit: 2007 bis 2013, Projektdaten mit Stand 21.02.2014). Zahlen beinhalten Starting Grants (inklusive 2014), Advanced Grants und Consolidator Grants.
Berechnungen der DFG.

Daten zur Zahl der DAAD-, AvH- und ERC-Geförderten an diesen und weiteren Hochschulen sowie an außeruniversitären Forschungseinrichtungen gehen aus Tabelle Web-27, Web-29, Web-30 und Web-31 unter www.dfg.de/foerderatlas hervor.

4.4.2 Geisteswissenschaften

Tabelle 4-7 differenziert die absoluten Bewilligungen der Jahre 2011 bis 2013 nach Hochschulen und Forschungsfeldern innerhalb des DFG-Fachgebiets Geisteswissenschaften. Die Geisteswissenschaften in ihrer Gesamtheit konnten die auf sie entfallenen Bewilligungen um fast 80 Millionen Euro gegenüber dem vorherigen Zeitraum 2008 bis 2010 steigern.

Die bereits anhand von Abbildung 4-9 beschriebenen Profile einzelner Hochschulen spiegeln sich hier noch einmal in den DFG-Bewilligungssummen wider. Als sehr DFG-aktiv erweisen sich Wissenschaftlerinnen und Wissenschaftler der **FU Berlin** und **HU Berlin.** Insbesondere die **FU Berlin** hat erfolgreich DFG-Mittel in den Forschungsfeldern Alte Kulturen, Literaturwissenschaft und vor allem Kunst-, Musik-, Theater- und Medienwissenschaften eingeworben. Als eine von insgesamt 73 in diesem Forschungsfeld aktiven Hochschulen kann die **FU Berlin** mit 19 Millionen Euro mit Abstand die meisten DFG-

Tabelle 4-7:
Die Hochschulen mit den höchsten DFG-Bewilligungen für 2011 bis 2013 im Fachgebiet Geisteswissenschaften

Hochschule	Gesamt	davon							
		AKU	GES	KMT	SPR	LIT	KUL	THE	PHI
	Mio. €	Mio. €	Mio. €	Mio. €	Mio. €	Mio. €	Mio. €	Mio. €	Mio. €
Berlin FU	68,0	11,0	8,8	19,3	3,2	12,2	9,5	0,2	3,7
Berlin HU	44,2	4,1	9,8	6,2	4,3	6,9	4,4	3,4	5,1
Heidelberg U	41,6	9,3	5,1	3,8	2,6	1,3	12,5	1,8	5,1
Münster U	31,8	4,3	8,6	1,1	0,9	3,1	3,8	5,8	4,3
Tübingen U	31,0	7,9	4,7	0,2	7,2	2,4	1,0	4,5	3,1
Frankfurt/Main U	29,8	7,5	5,7	0,4	3,1	2,1	4,2	1,1	5,6
München LMU	24,8	7,2	4,7	1,5	2,1	3,2	2,8	1,6	1,9
Freiburg U	20,9	2,4	8,6	0,2	3,2	3,9	1,4	0,7	0,5
Göttingen U	20,2	2,3	6,0	0,3	0,6	5,1	4,1	1,8	0,2
Konstanz U	18,5	0,6	9,2	0,2	1,9	2,9	0,8		3,0
Köln U	18,1	5,4	2,0	1,4	2,8	1,7	2,3	0,1	2,4
Hamburg U	16,2	1,1	3,0	1,9	1,7	1,0	7,1	0,2	0,3
Bielefeld U	13,6	0,2	4,2	0,3	4,7	2,4	0,5	0,8	0,5
Bonn U	12,1	2,8	1,0	0,9	0,3	0,6	4,7	1,8	
Mainz U	12,1	4,2	2,4	1,1	1,4	0,7	1,0	1,0	0,3
Leipzig U	11,3	1,9	1,2	1,4	2,1	0,2	4,5		0,1
Bochum U	11,2	1,3	1,7	0,7	2,1	2,0	1,4	1,4	0,6
Potsdam U	10,8	0,1	0,9	0,9	7,2	1,7			0,0
Halle-Wittenberg U	9,9	1,0	2,0	0,1	0,7	0,2	4,4	0,6	0,9
Düsseldorf U	9,1	0,0	0,1	0,8	6,3	0,0	0,1		1,8
Rang 1–20	**455,3**	**74,6**	**90,0**	**42,6**	**58,1**	**53,4**	**70,5**	**26,8**	**39,3**
Weitere HS[1)]	**167,6**	**18,3**	**43,5**	**28,8**	**28,5**	**21,1**	**12,9**	**8,5**	**6,1**
HS insgesamt	**622,9**	**92,8**	**133,4**	**71,4**	**86,6**	**74,5**	**83,4**	**35,3**	**45,4**
Basis: N HS	**123**	**55**	**69**	**73**	**60**	**59**	**35**	**45**	**46**

AKU: Forschungsfeld Alte Kulturen.
GES: Forschungsfeld Geschichtswissenschaften.
KMT: Forschungsfeld Kunst-, Musik-, Theater- und Medienwissenschaften.
SPR: Forschungsfeld Sprachwissenschaften.
LIT: Forschungsfeld Literaturwissenschaft.
KUL: Forschungsfeld Außereuropäische Sprachen und Kulturen, Sozial- und Kulturanthropologie sowie Judaistik und Religionswissenschaft.
THE: Forschungsfeld Theologie.
PHI: Forschungsfeld Philosophie.

[1)] Daten zu weiteren Hochschulen gehen aus der Tabelle Web-8 unter www.dfg.de/foerderatlas hervor.

Datenbasis und Quelle:
Deutsche Forschungsgemeinschaft (DFG): DFG-Bewilligungen für 2011 bis 2013.
Berechnungen der DFG.

Mittel verbuchen. Graduiertenschulen und Exzellenzcluster tragen zu diesem Erfolg bei, etwa in Gestalt des in diesem Forschungsfeld angesiedelten Exzellenzclusters *„Languages of Emotion"*, der neben der genannten Universität eine Reihe weiterer Forschungseinrichtungen am Standort einbindet.

Die **U Heidelberg** profiliert sich mit DFG-Mitteln insbesondere im Forschungsfeld Außereuropäische Sprachen und Kulturen, Sozial- und Kulturanthropologie sowie Judaistik und Religionswissenschaft, das mit insgesamt rund 13 Millionen Euro zu den DFG-Mitteln im hier betrachteten Fachgebiet beiträgt.

Die Geschichtswissenschaften sind ein Schwerpunkt vieler Hochschulen, und so ist die Gesamtbewilligungssumme von 133 Millionen Euro auf 69 Hochschulen mit vielen diesen Bereich akzentuierenden Standorten verteilt.

Einige Hochschulen spezialisieren sich sehr dezidiert. So werben die **U Potsdam** und die **U Düsseldorf** von ihren Gesamtbewilligungen von 11 beziehungsweise 9 Millionen Euro in den Geisteswissenschaften circa zwei Drittel in den Sprachwissenschaften ein, in denen sie – gemeinsam mit der **U Tübingen** – die größten DFG-Mittelempfänger sind. Die große Bedeutung der Sprachwissenschaften für die genannten Universitäten wurde bereits in Abbildung 4-9 deutlich, die die fachlichen DFG-Profile von Hochschulen in den Geistes- und Sozialwissenschaften miteinander vergleicht.

Vor allem in Berlin werben außeruniversitäre Forschungseinrichtungen bei der DFG erfolgreich Mittel ein

Bei den außeruniversitären Forschungseinrichtungen ist in den Geisteswissenschaften bei der DFG vor allem das **Deutsche Archäologische Institut (DAI)** mit rund 11 Millionen Euro erfolgreich. Aber auch die **Geisteswissenschaftlichen Zentren Berlin (GWZ)** und die **Stiftung Preußischer Kulturbesitz (SPK)** in Berlin haben jeweils mehr als 4 Millionen Euro von der DFG im Zeitraum 2011 bis 2013 eingeworben.

Übersichten der bei der DFG insgesamt aktiven Hochschulen und außeruniversitären Forschungseinrichtungen in den Geisteswissenschaften gehen aus Tabelle Web-8 und Web-19 unter www.dfg.de/foerderatlas hervor.

4.4.3 Sozial- und Verhaltenswissenschaften

Sozial- und verhaltenswissenschaftliche Forschung wird an 107 Hochschulen mit DFG-Mitteln finanziert. Tabelle 4-8 zeigt die absoluten DFG-Bewilligungen 2011 bis 2013 für dieses Fachgebiet für die 20 bewilligungsaktivsten Hochschulen an. Diese vereinen rund 62 Prozent der gesamten Mittel auf sich (262 von 416 Millionen Euro). Die weiteren Bewilligungen in Höhe von 154 Millionen Euro werden an 87 weitere Hochschulen vergeben.

In der Erziehungswissenschaft werden insgesamt mit 42 Millionen Euro in drei Jahren vergleichsweise wenig DFG-Drittmittel eingeworben. Die Streuung ist zudem breit, die je Standort bewilligten Beträge belaufen sich in der Regel auf Beträge unter 2 Millionen Euro. Ein Zentrum findet sich an der **U Bamberg** (rund 5 Millionen Euro), das auch durch seine Beteiligung am deutschlandweit vernetzten Schwerpunktprogramm *„Kompetenzmodelle zur Erfassung individueller Lernergebnisse und zur Bilanzierung von Bildungsprozessen"* sowie mit der Forschergruppe *„Bildungsprozesse, Kompetenzentwicklung und Formation von Selektionsentscheidungen im Vor- und Grundschulalter (BiKS)"* in größerem Umfang Mittel bei der DFG eingeworben hat. Wie die Analysen in Kapitel 3.7 zeigen, partizipieren Wissenschaftlerinnen und Wissenschaftler der **U Bamberg** auch an der direkten Projektförderung des Bundes in großem Umfang am Fördergebiet *„Innovationen in der Bildung"*.

Auch Wissenschaftlerinnen und Wissenschaftler aus den Rechtswissenschaften sind vergleichsweise selten bei der DFG antragsaktiv. Insgesamt wurden hier im Zeitraum von drei Jahren 34 Millionen Euro für rechtswissenschaftliche Projekte an Hochschulen vergeben. Die Universitäten mit den höchsten Bewilligungsvolumina waren dabei die **U Münster,** die **HU Berlin** und die **U Konstanz.**

Die stärkste Drittmittelorientierung im hier betrachteten Fachgebiet weisen die Sozialwissenschaften auf, die sich im Kern auf die Fächer Soziologie sowie Kommunikations- und Politikwissenschaften konzentrieren. Auf 20 Hochschulen entfallen hier fast 100 Millionen Euro. Dies entspricht einem Anteil von etwa 70 Prozent an den insgesamt von der DFG für die Sozial- und Verhaltenswissenschaften an diesen Hochschulen bereitgestellten Mitteln. Hohe DFG-Aktivität

Tabelle 4-8:
Die Hochschulen mit den höchsten DFG-Bewilligungen für 2011 bis 2013 im Fachgebiet Sozial- und Verhaltenswissenschaften

Hochschule	Gesamt	davon				
		ERZ	PSY	SOZ	WIR	REC
	Mio. €	Mio. €	Mio. €	Mio. €	Mio. €	Mio. €
Mannheim U	23,6		2,4	13,1	8,1	0,1
Berlin FU	21,3	1,8	4,0	12,0	3,1	0,4
Berlin HU	20,9	2,0	6,3	2,6	6,8	3,2
Bielefeld U	19,7	0,3	4,5	11,5	2,6	0,7
Bremen U	19,1	0,2	0,2	14,5	1,3	2,9
München LMU	17,1	0,9	4,3	5,7	5,2	1,0
Frankfurt/Main U	15,0	1,1	2,3	5,5	3,2	2,9
Konstanz U	14,0	0,1	3,0	6,3	1,4	3,1
Münster U	12,6	1,4	3,0	3,6	0,7	3,8
Duisburg-Essen U	11,7	2,9	3,7	4,2	1,0	
Tübingen U	9,9	1,8	6,3	0,9	0,7	0,2
Bonn U	9,6		1,2	0,4	7,2	0,8
Köln U	9,2	0,2	2,1	2,3	3,8	0,8
Jena U	9,1	0,5	2,7	4,1	1,8	0,1
Dresden TU	8,7	0,7	5,8	2,1	0,1	
Dortmund TU	8,5	1,6	0,1	1,8	5,0	
Bamberg U	8,3	4,7	0,6	2,8	0,2	
Potsdam U	8,0	0,4	6,2	1,2	0,1	
Heidelberg U	7,8	0,2	3,5	2,3	0,9	0,8
Göttingen U	7,8	1,0	2,0	1,0	3,1	0,8
Rang 1–20	**261,8**	**21,7**	**64,2**	**98,0**	**56,4**	**21,6**
Weitere HS[1]	**153,7**	**20,2**	**56,7**	**40,3**	**24,0**	**12,5**
HS insgesamt	**415,6**	**41,9**	**120,9**	**138,3**	**80,4**	**34,0**
Basis: N HS	**107**	**65**	**72**	**75**	**73**	**44**

ERZ: Forschungsfeld Erziehungswissenschaft.
PSY: Forschungsfeld Psychologie.
SOZ: Forschungsfeld Sozialwissenschaften.
WIR: Forschungsfeld Wirtschaftswissenschaften.
REC: Forschungsfeld Rechtswissenschaften.

[1] Daten zu weiteren Hochschulen gehen aus der Tabelle Web-8 unter www.dfg.de/foerderatlas hervor.

Datenbasis und Quelle:
Deutsche Forschungsgemeinschaft (DFG): DFG-Bewilligungen für 2011 bis 2013.
Berechnungen der DFG.

verzeichnen hier die Universitäten **U Bremen, U Mannheim, FU Berlin** und **U Bielefeld.** Die Sichtbarkeit dieser Universitäten wird jeweils durch mindestens eine Graduiertenschule oder einen Exzellenzcluster sowie durch Sonderforschungsbereiche in diesem Fachgebiet verstärkt. Zu nennen sind hier beispielsweise die Bielefelder Graduiertenschule *„Bielefeld Graduate School in History and Sociology (BGHS)"* oder die Mannheimer *„Graduiertenschule in Wirtschafts- und Sozialwissenschaften: Empirische und quantitative Methoden"*, die auch die starke Position Mannheims in den Wirtschaftswissenschaften zum Ausdruck bringt. Insgesamt zieht in den Sozial- und Verhaltenswissenschaften die **U Mannheim** mit ihrer klaren Schwerpunktsetzung auf dieses Fachgebiet die meisten DFG-Drittmittel an.

Im Bereich der außeruniversitären Forschung in den Sozialwissenschaften konnte das **Wissenschaftszentrum Berlin für Sozialforschung (WZB)** fast 5 Millionen Euro einwerben.

Übersichten der bei der DFG insgesamt aktiven Hochschulen und außeruniversitären Forschungseinrichtungen in den Sozial- und Verhaltenswissenschaften gehen aus Tabelle Web-8 und Web-19 unter www.dfg.de/foerderatlas hervor.

4.5 Förderprofile in den Lebenswissenschaften

Die Lebenswissenschaften machen mit knapp 2,6 Milliarden Euro fast genau ein Drittel der gesamten DFG-Bewilligungen der Jahre 2011 bis 2013 aus und bilden so in der monetären Betrachtung vor allem mit den Fachgebieten Medizin und Biologie einen Schwerpunkt der DFG-Förderung. Auch die in Kapitel 4.2 vorgestellten Zahlen des Statistischen Bundesamts (DESTATIS) haben gezeigt, dass dieser Wissenschaftsbereich über die DFG hinaus in großem Umfang zu den Drittmitteleinnahmen der Hochschulen beiträgt. Im Jahr 2012 belief sich der Anteil auf etwa 37 Prozent. Auch personell ist der Wissenschaftsbereich an Hochschulen stark vertreten. Sein Anteil am wissenschaftlichen Personal beträgt 34 Prozent, darunter macht allein das Fachgebiet Medizin 27 Prozent aus (vgl. Tabelle Web-4 unter www.dfg.de/foerderatlas).

Der Förderatlas 2012 widmete den Bewilligungen an universitätsmedizinischen Einrichtungen ein Sonderkapitel (DFG, 2012: 165ff.). In Zusammenarbeit mit dem Medizinischen Fakultätentag[14] wurden dort DFG-Bewilligungen mit Zahlen zum wissenschaftlichen Personal an diesen Einrichtungen in Beziehung gesetzt. Entsprechend aktualisierte Analysen werden mit diesem Förderatlas unter www.dfg.de/foerderatlas bereitgestellt.

4.5.1 Überblick

Wie in allen Wissenschaftsbereichen wird auch in den Lebenswissenschaften der Großteil der DFG-Mittel an Wissenschaftlerinnen und Wissenschaftler an Hochschulen vergeben. Mit 14 Prozent der Bewilligungen nimmt hier aber auch die außeruniversitäre Forschung eine vergleichsweise starke Stellung ein (vgl. Tabelle 4-9) – leicht übertroffen nur in den Naturwissenschaften mit einem Anteil von knapp 15 Prozent (vgl. Tabelle 4-15). Gegenüber dem im vorherigen Förderatlas betrachteten Zeitraum 2008 bis 2010 stieg das Bewilligungsvolumen in den Lebenswissenschaften um fast 300 Millionen Euro (13 Prozent).

14 Vgl. www.mft-online.de und www.landkarte-hochschulmedizin.de.

Die direkte Projektförderung des Bundes umfasst in den Lebenswissenschaften die Fördergebiete Bioökonomie, Gesundheitsforschung und Gesundheitswirtschaft sowie Ernährung, Landwirtschaft und Verbraucherschutz. Auch hier ist ein Zuwachs zu verzeichnen, in diesem Fall um fast 18 Prozent.

Vergleichsweise stabil ist dagegen das Budget für lebenswissenschaftliche Forschungsprojekte, das in den einschlägigen EU-Programmen an Forscherinnen und Forscher vergeben wurde (326 gegenüber 305 Millionen Euro) (DFG, 2012: 123).

Der große Anteil, den die außeruniversitären Einrichtungen bei der Einwerbung von DFG-Drittmitteln in den Lebenswissenschaften ausmachen, ist vor allem auf die Institute der MPG sowie die Einrichtungen der HGF und der WGL zurückzuführen. Dazu gehören zum Beispiel das **Deutsche Krebsforschungszentrum (DKFZ)** in Heidelberg, das **Max-Delbrück-Centrum für Molekulare Medizin (MDC)** in Berlin, aber auch das **Max-Planck-Institut für Biochemie (MPIB)** in München, das **Max-Planck-Institut für biophysikalische Chemie (MPIBPC)** in Göttingen oder das **Leibniz-Institut für Molekulare Pharmakologie (FMP)** in Berlin.

Die außeruniversitären Forschungseinrichtungen werben in den Lebenswissenschaften vor allem Mittel im Rahmen der direkten Projektförderung des Bundes ein und machen bei diesem Förderer 30 Prozent der Gesamtbewilligungen aus. Gerade die Einrichtungen der FhG sind hier sehr aktiv. So hat das **Fraunhofer-Institut für Toxikologie und experimentelle Medizin (ITEM)** in Hannover fast 15 Millionen Euro im Rahmen der direkten Projektförderung des Bundes eingeworben.

Unter den Einrichtungen der HGF ist wiederum das **Deutsche Krebsforschungszentrum (DKFZ)** in Heidelberg mit über 30 Millionen Euro sehr stark vertreten. Aus der WGL nimmt das **Leibniz-Institut für Pflanzengenetik und Kulturpflanzenforschung (IPK)** in Gatersleben eine prominente Rolle in den Lebenswissenschaften ein.

Eine Übersicht der bei DFG, Bund und EU in den Lebenswissenschaften aktiven Hochschulen und außeruniversitären Forschungseinrichtungen bieten Tabelle Web-9, Web-19, Web-23, Web-24, Web-26 und Web-28 unter www.dfg.de/foerderatlas.

Tabelle 4-9:
Beteiligung[1] an Förderprogrammen für Forschungsvorhaben von DFG, Bund und EU nach Art der Einrichtung in den Lebenswissenschaften

Art der Einrichtung	DFG-Bewilligungen		Direkte FuE-Projektförderung des Bundes		FuE-Förderung im 7. EU-FRP[2]	
	Mio. €	%	Mio. €	%	Mio. €	%
Hochschulen	**2.211,3**	**85,9**	**991,9**	**69,8**	**199,2**	**61,2**
Außeruniversitäre Einrichtungen	**363,0**	**14,1**	**428,9**	**30,2**	**126,4**	**38,8**
Fraunhofer-Gesellschaft (FhG)	2,0	0,1	76,7	5,4	10,0	3,1
Helmholtz-Gemeinschaft (HGF)	95,7	3,7	91,8	6,5	26,2	8,1
Leibniz-Gemeinschaft (WGL)	80,3	3,1	57,6	4,1	11,9	3,7
Max-Planck-Gesellschaft (MPG)	117,5	4,6	52,0	3,7	22,3	6,9
Bundesforschungseinrichtungen	17,1	0,7	49,3	3,5	10,8	3,3
Weitere Einrichtungen	50,3	2,0	101,4	7,1	45,0	13,8
Insgesamt	**2.574,3**	**100,0**	**1.420,8**	**100,0**	**325,6**	**100,0**

[1] Nur Fördermittel für deutsche und institutionelle Mittelempfänger (ohne Industrie und Wirtschaft).
[2] Die hier ausgewiesenen Fördersummen zum 7. EU-Forschungsrahmenprogramm sind zu Vergleichszwecken auf einen 3-Jahreszeitraum entsprechend den Betrachtungsjahren der Fördersummen von DFG und Bund umgerechnet. Insgesamt haben die ausgewiesenen Einrichtungen im hier betrachteten Wissenschaftsbereich 759,8 Millionen Euro im 7. EU-Forschungsrahmenprogramm erhalten. Weitere methodische Ausführungen sind dem Methodenglossar im Anhang zu entnehmen.

Datenbasis und Quellen:
Bundesministerium für Bildung und Forschung (BMBF): Direkte FuE-Projektförderung des Bundes 2011 bis 2013 (Projektdatenbank PROFI).
Deutsche Forschungsgemeinschaft (DFG): DFG-Bewilligungen für 2011 bis 2013.
EU-Büro des BMBF: Beteiligungen am 7. EU-Forschungsrahmenprogramm (Laufzeit: 2007 bis 2013, Projektdaten mit Stand 21.02.2014).
Berechnungen der DFG.

DFG-Förderung trägt in den Lebenswissenschaften zu einer Vielzahl regionaler Clusterbildungen bei

Nach der in Kapitel 4.4 am Beispiel der Geistes- und Sozialwissenschaften näher erläuterten Methode werden auch für die Lebenswissenschaften die Vernetzungseffekte visualisiert, die sich aus den Beteiligungen von Wissenschaftlerinnen und Wissenschaftlern an DFG-geförderten Verbünden für deren Hochschulen und außeruniversitären Forschungseinrichtungen ergeben (vgl. Abbildung 4-10). In den Netzwerkabbildungen werden im Unterschied zur sonstigen Praxis des Förderatlas die drei **Universitätskliniken Charité Berlin**, **Universitätsklinikum Gießen-Marburg** und **Universitätsklinikum Schleswig-Holstein** gesondert ausgewiesen, um deren Stellenwert für die regionale und überregionale Vernetzung sichtbar machen zu können[15].

Insgesamt sind Wissenschaftlerinnen und Wissenschaftler aus 190 Einrichtungen, darunter 123 außeruniversitäre Institute, in leitender Funktion an Projekten an den hier zugrunde gelegten Verbünden beteiligt.

In der Analyse wird ein äußerst dichtes Netzwerk an Beziehungen zwischen regional und überregional aktiven Einrichtungen sichtbar. Mehrere Regionen bilden einen sehr dichten Cluster an universitären und außeruniversitären Einrichtungen, die gemeinsam in DFG-Verbünden forschen. Zu nennen ist hier die Region München, mit beispielsweise der **LMU München,** der **TU München,** dem **Helmholtz-Zentrum München (HGMU)** sowie dem **Max-Planck-Institut für Biochemie (MPIB).** Weiterhin unterhält, wie bereits im vorherigen Förderatlas betont (DFG, 2012: 125), die Region Berlin mit der **Charité Berlin,** der **FU Berlin,** der **HU Berlin** und dem **Max-Delbrück-Centrum für Molekulare Medizin (MDC)** ein diese und weitere Einrichtungen einbindendes, stark interagierendes DFG-gefördertes Netzwerk. Auch die Regionen Gießen und Unterer Neckar mit dem dort ansässigen **Deutschen Krebsforschungszentrum (DKFZ),** dem **Europäischen Laboratorium für Molekularbiologie (EMBL)** und der **U Heidelberg** sind über DFG-Verbünde regional eng vernetzt und binden dabei auch in großer Zahl Max-Planck-Institute ein. Über eine überregionale Einbindung in DFG-geförderte Netz-

15 Siehe auch das Methodenglossar im Anhang unter dem Stichwort „Kartografische Netzwerkanalyse“.

Abbildung 4-10:
Gemeinsame Beteiligungen von Wissenschaftseinrichtungen an DFG-geförderten Verbundprogrammen sowie daraus resultierende Kooperationsbeziehungen 2011 bis 2013 in den Lebenswissenschaften

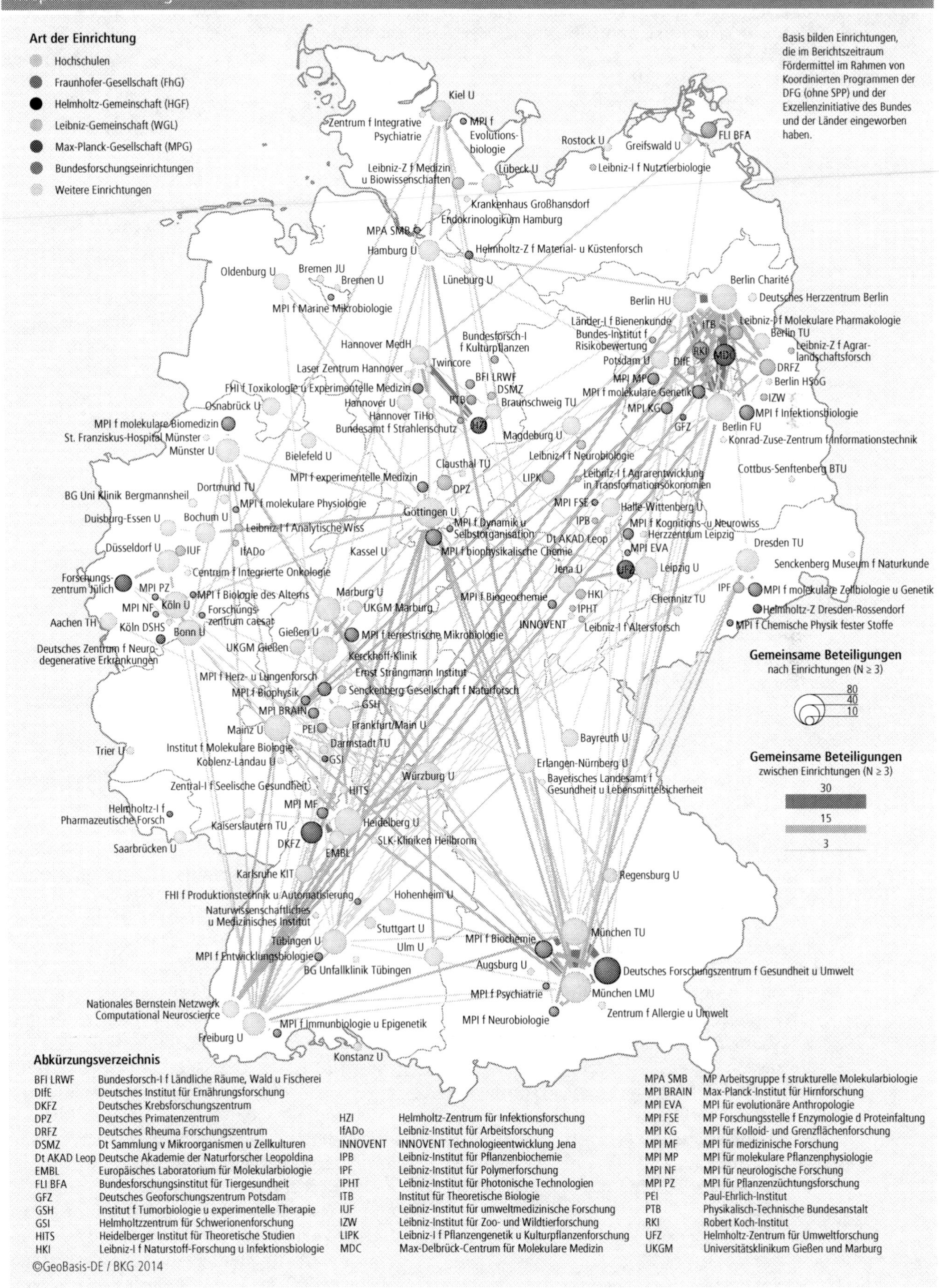

werke verfügen schließlich insbesondere Wissenschaftlerinnen und Wissenschaftler an den Universitäten **U Göttingen** (auch hier in regional enger Kooperation mit Instituten der MPG), **U Würzburg** und **U Bonn.**

LMU München besonders DFG-aktiv

Tabelle 4-10 weist die absoluten und die personalrelativierten Zahlen für die 40 Hochschulen mit den höchsten DFG-Bewilligungen für die Jahre 2011 bis 2013 aus. Die Tabelle der absoluten DFG-Bewilligungen wird von der **LMU München** angeführt, gefolgt von den sich bezüglich ihrer eingeworbenen Bewilligungsvolumina nur wenig unterscheidenden Universitäten **U Heidelberg, U Göttingen** und **U Freiburg**. Vor allem die **U Göttingen** hat ihre Position gegenüber dem Förderatlas 2012 verbessert (DFG, 2012: 126).

Die Lebenswissenschaften weisen im Vergleich der Wissenschaftsbereiche eine starke Konzentration der DFG-Bewilligungen auf wenige Standorte auf. Dies erklärt sich durch das besondere Gewicht der medizinischen Forschung, die vor allem an Universitäten mit Klinikbetrieb ihren Raum findet. Das Verhältnis des Betrags, den die Universität mit dem höchsten DFG-Bewilligungsvolumen für 2011 bis 2013 eingeworben hat, liegt in einem Verhältnis von 10,2:1 über dem Betrag der Universität auf Rang 40. Im Förderatlas 2012 lag das Verhältnis mit Bezug auf die Jahre 2008 bis 2010 auf ähnlichem Niveau (10,5:1). Eine Zunahme der Konzentration ist somit nicht erfolgt.

In der personalrelativierten Betrachtung resultieren einzelne Veränderungen aus einer methodischen Modifikation gegenüber dem Förderatlas 2012, sichtbar vor allem an der jetzt führenden Position der **U Konstanz.** Wurden drei Jahre zuvor nur Hochschulen mit 30 und mehr Professorinnen und Professoren beziehungsweise 250 und mehr Wissenschaftlerinnen und Wissenschaftlern in die personalrelativierte Betrachtung je Wissenschaftsbereich einbezogen, so wurde diese Grenze im vorliegenden Förderatlas auf 20 beziehungsweise 100 Personen gesenkt[16]. An der **U Konstanz** entfällt auf 25 Professorinnen und Professoren, die diesem Wissenschaftsbereich zuzuordnen sind, ein Bewilligungsvolumen von 17,7 Millionen Euro. Das entspricht zwar weniger als 15 Prozent des etwa für die LMU München ausgewiesenen Betrags, führt aber in der Pro-Kopf-Betrachtung zu einem Wert von über 700.000 Euro je Professur in drei Jahren. Eine hohe Positionierung in der personalrelativierten Rangreihe erreichen so nun auch die **U Bayreuth** (23 Professuren), die **TU Braunschweig** (25 Professuren) sowie die **U Osnabrück** (28 Professuren).

Insgesamt kann aber auch hier, wie schon für die Geistes- und Sozialwissenschaften dargestellt, eine recht hohe Übereinstimmung zwischen der absoluten und der personalrelativierten Reihe festgehalten werden. Hier sind es 14 von 20 Hochschulen, die in beiden Rangreihen einen von 20 führenden Plätzen belegen. Und es sind vor allem die größeren Standorte mit 100 und mehr Professuren, die auch personalrelativiert hohe DFG-Bewilligungssummen einwerben.

In den Lebenswissenschaften dominieren Standorte mit medizinischer Ausrichtung

Abbildung 4-11 illustriert die DFG-geförderten fachlichen Forschungsschwerpunkte der 40 bewilligungsaktivsten Hochschulen in Form einer profilanalytischen Grafik. Dabei konnte, wie bereits im Kapitel 4.3 näher erläutert, in einer Weiterentwicklung der Methodik gegenüber dem Förderatlas 2012 auch die Exzellenzinitiative des Bundes und der Länder in die Betrachtung der fachlichen DFG-Profile aufgenommen werden. Die der Abbildung 4-11 zugrunde liegenden Daten können unter www.dfg.de/foerderatlas in Tabelle Web-9 eingesehen werden.

Die Symbole der Hochschulen werden nahe zu den lebenswissenschaftlichen Forschungsfeldern der DFG angeordnet, die am ehesten deren jeweiliger Schwerpunktsetzung (gemessen als Anteil am bei der DFG eingeworbenen Bewilligungsvolumen) entsprechen. Für die meisten der in den Lebenswissenschaften aktiven Hochschulen bilden die Forschungsfelder Medizin, Neurowissenschaft und Mikrobiologie, Virologie und Immunologie den Schwerpunkt. Die **MedH Hannover,** die **U Ulm** und die **TU Dresden** fokussieren vor allem auf das Forschungsfeld Medizin. Das Forschungsfeld Grundlagen der

16 Siehe auch das Methodenglossar im Anhang unter dem Stichwort „Hochschulpersonal".

Tabelle 4-10:
Die Hochschulen mit den absolut und personalrelativiert höchsten DFG-Bewilligungen für 2011 bis 2013 in den Lebenswissenschaften

Absolute DFG-Bewilligungssumme		Personalrelativierte DFG-Bewilligungssumme[1]					
Hochschule	Gesamt	Hochschule	Professorenschaft		Hochschule	Wissenschaftler/-innen	
	Mio. €		N	Tsd. € je Prof.		N	Tsd. € je Wiss.
München LMU	125,1	Konstanz U	25	702,5	Konstanz U	235	75,0
Heidelberg U	112,9	Freiburg U	156	694,6	Karlsruhe KIT	209	65,5
Göttingen U	110,2	Dresden TU	124	638,1	Oldenburg U	244	62,1
Freiburg U	108,6	Köln U	126	626,2	Bayreuth U	200	61,9
Berlin FU	93,1	Tübingen U	144	595,6	Osnabrück U	209	59,3
Würzburg U	92,3	Hannover MedH	152	577,2	Kaiserslautern TU	142	57,6
Hannover MedH	87,7	München TU	155	558,2	Braunschweig TU	223	49,7
München TU	86,5	Heidelberg U	205	551,3	Stuttgart U	132	46,1
Tübingen U	85,6	Würzburg U	170	543,1	Göttingen U	2.478	44,5
Dresden TU	79,1	Göttingen U	203	542,8	Würzburg U	2.096	44,0
Köln U	78,8	Bayreuth U	23	534,9	Bochum U	550	43,5
Bonn U	76,0	München LMU	256	488,8	Dresden TU	1.940	40,8
Berlin HU	75,1	Frankfurt/Main U	147	484,0	Hannover MedH	2.191	40,0
Frankfurt/Main U	71,2	Berlin FU	195	477,1	Darmstadt TU	139	38,4
Münster U	68,5	Oldenburg U	32	471,6	Hannover U	198	36,8
Marburg U	53,3	Braunschweig TU	25	441,0	Frankfurt/Main U	1.946	36,6
Erlangen-Nürnberg U	52,9	Osnabrück U	28	440,7	Freiburg U	2.992	36,3
Hamburg U	52,6	Münster U	157	437,1	Köln U	2.221	35,5
Düsseldorf U	48,7	Marburg U	125	428,3	München TU	2.447	35,4
Kiel U	48,5	Ulm U	94	411,5	Berlin FU	2.636	35,3
Regensburg U	43,7	Kaiserslautern TU	20	408,1	Marburg U	1.520	35,1
Gießen U	43,2	Bonn U	192	396,6	Tübingen U	2.520	34,0
Ulm U	38,7	Düsseldorf U	124	391,4	Regensburg U	1.312	33,3
Aachen TH	38,1	Regensburg U	112	389,2	München LMU	3.880	32,3
Mainz U	37,1	Berlin HU	196	383,4	Heidelberg U	3.546	31,8
Leipzig U	35,9	Bochum U	63	381,2	Bielefeld U	323	31,8
Halle-Wittenberg U	28,0	Magdeburg U	53	361,7	Bonn U	2.463	30,9
Jena U	25,6	Aachen TH	113	337,6	Münster U	2.297	29,8
Lübeck U	25,0	Erlangen-Nürnberg U	162	325,9	Berlin HU	2.540	29,6
Saarbrücken U	24,7	Lübeck U	79	316,2	Kiel U	1.659	29,2
Duisburg-Essen U	24,6	Kiel U	157	309,2	Erlangen-Nürnberg U	1.988	26,6
Bochum U	23,9	Hamburg U	184	285,2	Hohenheim U	693	26,4
Magdeburg U	19,3	Jena U	90	283,1	Gießen U	1.653	26,1
Hohenheim U	18,3	Mainz U	133	279,4	Düsseldorf U	2.004	24,3
Konstanz U	17,7	Gießen U	158	273,7	Magdeburg U	827	23,3
Oldenburg U	15,2	Saarbrücken U	91	271,1	Ulm U	1.661	23,3
Karlsruhe KIT	13,7	Darmstadt TU	20	267,2	Hannover TiHo	384	21,9
Osnabrück U	12,4	Hannover U	28	264,1	Lübeck U	1.160	21,5
Bayreuth U	12,4	Bielefeld U	40	256,8	Hamburg U	2.469	21,3
Greifswald U	12,3	Hohenheim U	79	232,9	Aachen TH	1.842	20,7
Rang 1–40	**2.116,5**	**Rang 1–40**	**4.636**	**456,6**	**Rang 1–40**	**60.171**	**35,2**
Weitere HS[2]	**94,8**	**Weitere HS[2]**	**1.969**	**48,2**	**Weitere HS[2]**	**16.636**	**5,7**
HS insgesamt	**2.211,3**	**HS insgesamt**	**6.604**	**334,8**	**HS insgesamt**	**76.806**	**28,8**
davon Univ.	**2.209,5**	**davon Univ.**	**5.547**	**398,3**	**davon Univ.**	**74.747**	**29,6**
Basis: N HS	**83**	**Basis: N HS**	**174**	**83**	**Basis: N HS**	**184**	**83**

[1] Die Berechnungen erfolgen nur für Hochschulen, an denen 20 und mehr Professorinnen und Professoren beziehungsweise 100 und mehr Wissenschaftlerinnen und Wissenschaftler insgesamt im Jahr 2012 im hier betrachteten Wissenschaftsbereich hauptberuflich tätig waren.
[2] Daten zu weiteren Hochschulen gehen aus den Tabellen Web-7 und Web-9 unter www.dfg.de/foerderatlas hervor.

Datenbasis und Quellen:
Deutsche Forschungsgemeinschaft (DFG): DFG-Bewilligungen für 2011 bis 2013.
Statistisches Bundesamt (DESTATIS): Bildung und Kultur. Personal an Hochschulen 2012. Sonderauswertung zur Fachserie 11, Reihe 4.4.
Berechnungen der DFG.

Abbildung 4-11:
Förderprofile der Hochschulen: Fächerlandkarte auf Basis von DFG-Bewilligungen für 2011 bis 2013 in den Lebenswissenschaften

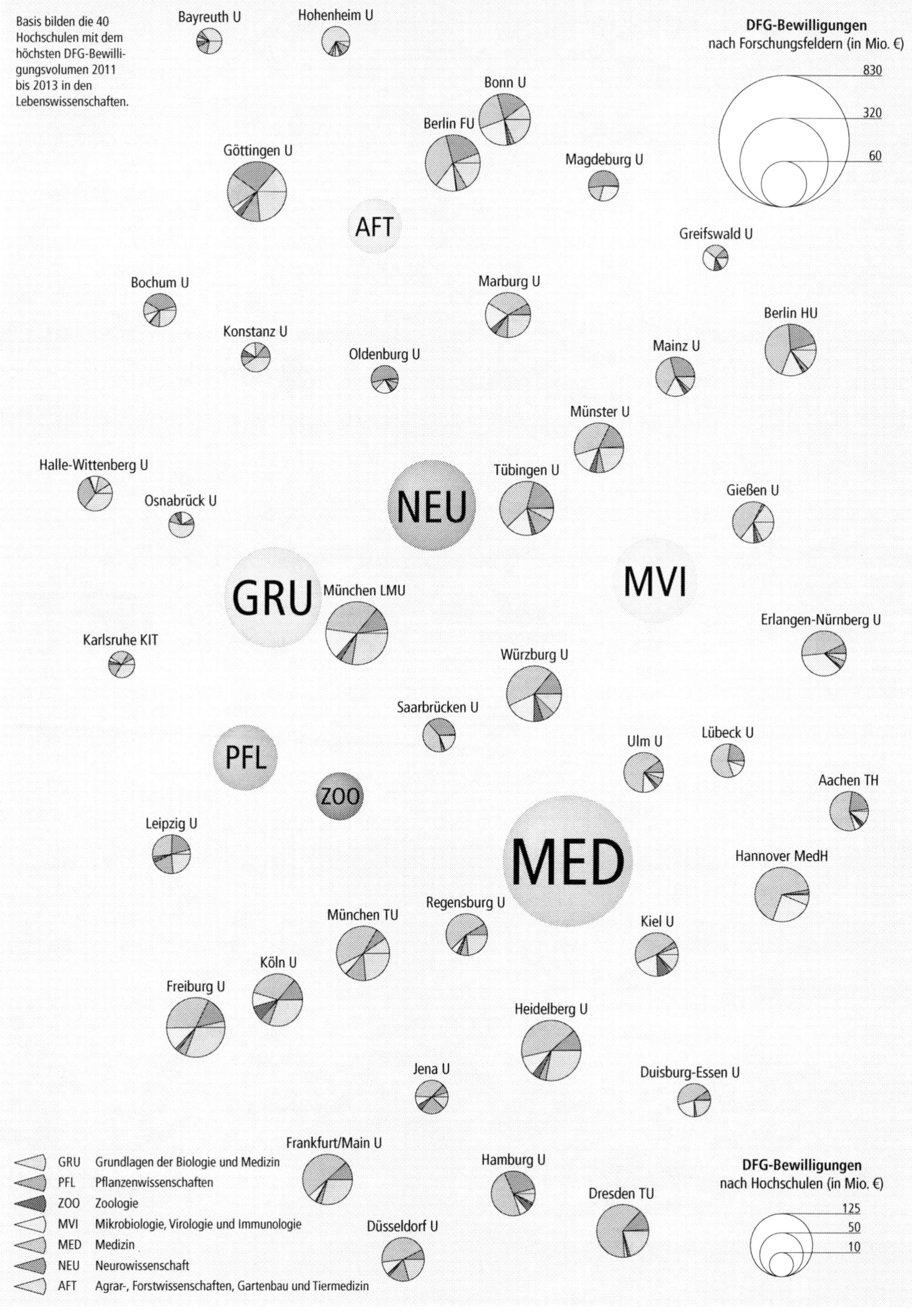

Biologie und Medizin prägt vor allem die in der Mitte links angeordneten Hochschulen. Beispielsweise weist die **U Osnabrück** mehr als 54 Prozent ihrer Bewilligungen in den Lebenswissenschaften in diesem Forschungsfeld auf.

In der Abbildung oben dargestellt sind die Hochschulen mit einem auf die Agrar-, Forstwissenschaften, Gartenbau und Tiermedizin fokussierenden DFG-Forschungsprofil. Beispielsweise wirbt die **U Hohenheim** 66 Prozent ihrer DFG-Bewilligungen in den Lebenswissenschaften in diesem Forschungsfeld ein. Auch die **U Bayreuth** hat einen Schwerpunkt in diesem Bereich. Die deutlich kleineren Forschungsfelder Zoologie und Pflanzenwissenschaften sind bei einzelnen Einrichtungen relativ stark vertreten (vgl. Tabelle 4-12), sind aber für keine Hochschule ausdrücklich profilprägend.

U Göttingen sehr beliebt bei AvH- und DAAD-Geförderten – ERC Grantees bevorzugen die LMU München

Insgesamt 59 Hochschulen wurden im Zeitraum von 2009 bis 2013 von AvH-geförderten Gastwissenschaftlerinnen und -wissenschaftlern der Lebenswissenschaften besucht, 58 Hochschulen von DAAD-Geförderten (vgl. Tabelle 4-11). Bei beiden Förderern zählt die **U Göttingen** die meisten Aufenthalte. Bemerkenswert ist auch die hohe Attraktivität der **U Gießen** sowie der **U Hohenheim** für DAAD-geförderte Aufenthalte.

Im Vergleich der Wissenschaftsbereiche können die Lebenswissenschaften an deutschen Hochschulen mit insgesamt 132 ERC-Geförderten besonders viele ERC Grants einwerben. Die **LMU München,** die, wie die vorherige Tabelle auswies, in den Lebenswissenschaften die führende Rolle bezogen auf das absolute DFG-Bewilligungsvolumen einnimmt, ist hier auch für ERC-geförderte Wissenschaftlerinnen und Wissenschaftlern eine „erste Adresse".

Ausführliche Tabellen zur Zahl der AvH-, DAAD- und ERC-Geförderten je Hochschule und außeruniversitärer Forschungseinrichtung finden sich als Tabelle Web-27, Web-29, Web-30 und Web-31 unter www.dfg.de/foerderatlas.

4.5.2 Biologie

Für das Fachgebiet Biologie zeigt Tabelle 4-12 die absoluten DFG-Bewilligungen je Hochschule differenziert nach den drei biologischen Forschungsfeldern Grundlagen der Biologie und Medizin, Pflanzenwissenschaften und Zoologie für die 20 bewilligungsaktivsten Hochschulen.

Während die DFG-Bewilligungssumme in den Lebenswissenschaften insgesamt gegenüber dem Berichtszeitraum des Förderatlas 2012, wie in Kapitel 4.5.1 beschrieben, um 13 Prozent gestiegen ist, betrug diese Steigerung im Fachgebiet Biologie knapp 5 Prozent. Dabei hat die **LMU München** ihr DFG-Bewilligungsvolumen in der Biologie gehalten, während insbesondere die **U Göttingen** und die **U Heidelberg** ihre DFG-Förderung deutlich ausbauen konnten. Die Steigerung des DFG-Bewilligungsvolumens wird an beiden Standorten durch eine Vielzahl von Projekten in fast allen Förderinstrumenten der DFG getragen. An der **U Heidelberg** ist der Exzellenzcluster *„Zelluläre Netzwerke: Von der Analyse molekularer Mechanismen zum quantitativen Verständnis komplexer Funktionen"* teilweise in diesem Fachgebiet zu Hause. An der **U Göttingen** sind Angehörige der entsprechenden Disziplinen in der *„Göttinger Graduiertenschule für Neurowissenschaften, Biophysik und Molekulare Biowissenschaften"* engagiert.

Die Max-Planck-Gesellschaft konnte mit dem **Max-Planck-Institut für Biochemie (MPIB)** in Martinsried, dem **Max-Planck-Institut für Pflanzenzüchtungsforschung (MPIPZ)** in Köln und dem **Max-Planck-Institut für biophysikalische Chemie (MPIBPC)** in Göttingen sowie weiteren Instituten größere Summen im Fachgebiet Biologie bei der DFG einwerben. Aber auch das **Helmholtz-Zentrum München (HMGU)** und das **Europäische Laboratorium für Molekularbiologie (EMBL)** gehören zu den großen außeruniversitären Einrichtungen, die bei der DFG im Fachgebiet Biologie erfolgreich sind.

Übersichten der bei der DFG insgesamt aktiven Hochschulen und außeruniversitären Forschungseinrichtungen in der Biologie gehen aus Tabelle Web-9 und Web-19 unter www.dfg.de/foerderatlas hervor.

Tabelle 4-11:
Die am häufigsten gewählten Hochschulen von AvH-, DAAD- und ERC-Geförderten in den Lebenswissenschaften

AvH-Geförderte		DAAD-Geförderte		ERC-Geförderte	
Hochschule	**N**	**Hochschule**	**N**	**Hochschule**	**N**
Göttingen U	36	Göttingen U	90	München LMU	16
Berlin FU	33	Gießen U	64	Freiburg U	11
München LMU	33	Berlin HU	57	Heidelberg U	10
Freiburg U	28	Hohenheim U	45	München TU	10
München TU	27	Bonn U	44	Göttingen U	8
Bonn U	26	München LMU	44	Tübingen U	8
Heidelberg U	26	Berlin FU	39	Frankfurt/Main U	7
Tübingen U	20	Tübingen U	37	Dresden TU	6
Köln U	18	Freiburg U	36	Köln U	5
Würzburg U	18	Münster U	33	Berlin HU	4
Gießen U	17	München TU	32	Würzburg U	4
Berlin HU	15	Heidelberg U	30		
Hamburg U	15	Leipzig U	29		
Kiel U	14	Hamburg U	27		
Dresden TU	12	Köln U	27		
Düsseldorf U	12	Jena U	22		
Regensburg U	12	Dresden TU	20		
Münster U	11	Greifswald U	19		
Erlangen-Nürnberg U	10	Kiel U	19		
Marburg U	10	Rostock U	18		
Potsdam U	10				
Rang 1–20	**403**	**Rang 1–20**	**732**	**Rang 1–10**	**89**
Weitere HS[1]	**172**	**Weitere HS[1]**	**286**	**Weitere HS[1]**	**43**
HS insgesamt	**575**	**HS insgesamt**	**1.018**	**HS insgesamt**	**132**
Basis: N HS	**59**	**Basis: N HS**	**58**	**Basis: N HS**	**34**

[1] Daten zu weiteren Hochschulen gehen aus den Tabellen Web-27, Web-29 und Web-30 unter www.dfg.de/foerderatlas hervor.

Datenbasis und Quellen:
Alexander von Humboldt-Stiftung (AvH): Aufenthalte von AvH-Gastwissenschaftlerinnen und -wissenschaftlern 2009 bis 2013.
Deutscher Akademischer Austauschdienst (DAAD): Geförderte ausländische Wissenschaftlerinnen und Wissenschaftler 2009 bis 2013.
EU-Büro des BMBF: ERC-Förderung im 7. EU-Forschungsrahmenprogramm (Laufzeit: 2007 bis 2013, Projektdaten mit Stand 21.02.2014). Zahlen beinhalten Starting Grants (inklusive 2014), Advanced Grants und Consolidator Grants.
Berechnungen der DFG.

4.5.3 Medizin

Die DFG-Förderung im Fachgebiet Medizin umfasst Projekte an 76 Hochschulen und 152 außeruniversitären Forschungsstätten. Unter Letzteren sind die bereits mehrfach erwähnten Einrichtungen **Deutsches Krebsforschungszentrum (DKFZ), Max-Delbrück-Zentrum für Molekulare Medizin (MDC)** sowie das **Zentralinstitut für Seelische Gesundheit (ZI)** in Mannheim zu nennen. Einen vollständigen Überblick geben Tabelle Web-9 und Web-19 unter www.dfg.de/foerderatlas.

Insgesamt sind von den 1.652 Millionen Euro für DFG-geförderte Projekte in der Medizin fast 1.450 Millionen Euro an Hochschulen bewilligt worden (vgl. Tabelle 4-13). Führende Hochschule ist dabei die **MedH Hannover,** die über 80 Millionen Euro auf sich vereinen konnte. Dabei profitiert die Hochschule von ihrer Beteiligung an den Exzellenzclustern *„REBIRTH: Von Regenerativer Biologie zu Rekonstruktiver Therapie"*, *„Hören für alle: Modelle, Technologien und Lösungsansätze für Diagnostik, Wiederherstellung und Unterstützung des Hörens"* sowie an der Graduiertenschule *„Biomedizinische Graduiertenschule Hannover"*.

Ihr folgen an an zweiter und dritter Stelle die **LMU München** und die **U Heidelberg,** die ebenfalls mit Graduiertenschulen und

Tabelle 4-12:
Die Hochschulen mit den höchsten DFG-Bewilligungen für 2011 bis 2013 im Fachgebiet Biologie

Hochschule	Gesamt	davon		
		GRU	PFL	ZOO
	Mio. €	Mio. €	Mio. €	Mio. €
München LMU	45,6	34,4	7,8	3,4
Göttingen U	41,4	25,7	11,9	3,8
Freiburg U	40,6	33,4	5,0	2,2
Heidelberg U	40,3	31,6	4,3	4,5
Köln U	36,0	24,1	4,8	7,0
München TU	31,6	20,4	11,0	0,2
Frankfurt/Main U	23,5	20,7	2,3	0,6
Würzburg U	23,2	11,3	6,7	5,2
Berlin FU	21,4	15,5	5,5	0,5
Münster U	21,4	14,9	3,7	2,9
Marburg U	20,8	13,6	4,8	2,4
Halle-Wittenberg U	19,5	9,9	9,2	0,4
Tübingen U	18,7	6,6	10,2	1,9
Düsseldorf U	18,7	10,0	7,5	1,1
Bonn U	17,4	14,1	1,8	1,5
Dresden TU	17,3	16,0	1,0	0,3
Leipzig U	16,6	8,5	7,0	1,2
Regensburg U	14,4	10,3	2,7	1,3
Berlin HU	12,7	9,7	2,1	1,0
Kiel U	11,8	5,9	1,1	4,7
Rang 1–20	**493,2**	**336,8**	**110,3**	**46,1**
Weitere HS[1)]	**165,0**	**95,3**	**45,7**	**24,0**
HS insgesamt	**658,2**	**432,1**	**156,0**	**70,1**
Basis: N HS	**62**	**57**	**51**	**47**

GRU: Forschungsfeld Grundlagen der Biologie und Medizin.
PFL: Forschungsfeld Pflanzenwissenschaften.
ZOO: Forschungsfeld Zoologie.

[1)] Daten zu weiteren Hochschulen gehen aus der Tabelle Web-9 unter www.dfg.de/foerderatlas hervor.

Datenbasis und Quelle:
Deutsche Forschungsgemeinschaft (DFG): DFG-Bewilligungen für 2011 bis 2013.
Berechnungen der DFG.

Exzellenzclustern in der Medizin erfolgreich waren. Die **U Tübingen,** die im vorherigen Förderatlas noch nicht unter den ersten fünf Hochschulen vertreten war, konnte insbesondere mit dem Exzellenzcluster *„Werner Reichardt Centrum für Integrative Neurowissenschaften (CIN)"* ihre DFG-Bewilligungssumme in der Neurowissenschaft sowie der Medizin deutlich steigern. Im Forschungsfeld Mikrobiologie, Virologie und Immunologie ist neben den beiden insgesamt sehr DFG-aktiven Universitäten **MedH Hannover** und **U Heidelberg** auch die **U Erlangen-Nürnberg** mit über 19 Millionen Euro sehr erfolgreich bei der Einwerbung von DFG-Projekten.

Bund fördert in großem Umfang Projekte in der Gesundheitsforschung

Wie bereits aus Tabelle 4-9 hervorgeht, fördert auch der Bund in großem Umfang Projekte in den Lebenswissenschaften. Das für die Medizin beim Bund entscheidende Förderfeld „Gesundheitsforschung und Gesundheitswirtschaft" wurde 2011 bis 2013 mit über 1.045 Millionen Euro ausgestattet (vgl. Tabelle 2-8). Davon gingen etwa 70 Prozent an Hochschulen. Führend sind hier die Hochschulen **U Freiburg, U Heidelberg** und die **HU Berlin.** In der gleichen Übersicht können auch die entsprechenden Zahlen für die – deutlich geringere – Förderung

Tabelle 4-13:
Die Hochschulen mit den höchsten DFG-Bewilligungen für 2011 bis 2013 im Fachgebiet Medizin

Hochschule	Gesamt	davon		
		MVI	MED	NEU
	Mio. €	Mio. €	Mio. €	Mio. €
Hannover MedH	81,5	21,2	58,5	1,8
München LMU	76,7	19,7	42,3	14,7
Heidelberg U	72,2	12,1	47,7	12,4
Würzburg U	68,9	16,4	39,7	12,8
Tübingen U	66,6	13,8	35,3	17,6
Berlin FU	66,3	11,4	33,1	21,8
Freiburg U	64,2	13,5	35,3	15,5
Dresden TU	61,0	1,6	49,6	9,9
Berlin HU	59,1	10,5	32,2	16,4
Göttingen U	53,5	3,4	21,0	29,0
Bonn U	50,6	16,3	20,0	14,4
Frankfurt/Main U	47,5	3,8	35,4	8,3
München TU	46,9	5,3	35,3	6,3
Münster U	46,5	9,7	25,2	11,5
Erlangen-Nürnberg U	46,4	19,3	23,6	3,6
Hamburg U	43,3	3,1	25,5	14,6
Köln U	42,6	7,1	25,2	10,4
Kiel U	34,0	9,3	22,6	2,1
Ulm U	32,9	4,2	24,8	3,9
Marburg U	32,3	10,4	17,7	4,2
Rang 1–20	**1.093,1**	**212,1**	**649,9**	**231,0**
Weitere HS[1)]	**354,2**	**65,1**	**194,6**	**94,5**
HS insgesamt	**1.447,3**	**277,2**	**844,6**	**325,5**
Basis: N HS	**76**	**56**	**69**	**58**

MVI: Forschungsfeld Mikrobiologie, Virologie und Immunologie.
MED: Forschungsfeld Medizin.
NEU: Forschungsfeld Neurowissenschaft.

[1)] Daten zu weiteren Hochschulen gehen aus der Tabelle Web-9 unter www.dfg.de/foerderatlas hervor.

Datenbasis und Quelle:
Deutsche Forschungsgemeinschaft (DFG): DFG-Bewilligungen für 2011 bis 2013.
Berechnungen der DFG.

der EU im Bereich der Gesundheit eingesehen werden.

Übersichten der bei der DFG insgesamt aktiven Hochschulen und außeruniversitären Forschungseinrichtungen in der Medizin gehen aus Tabelle Web-9 und Web-19 unter www.dfg.de/foerderatlas hervor.

4.5.4 Agrar-, Forstwissenschaften, Gartenbau und Tiermedizin

Wissenschaftlerinnen und Wissenschaftler aus dem relativ kleinen Fachgebiet Agrar-, Forstwissenschaften, Gartenbau und Tiermedizin haben bei der DFG rund 130 Millionen Euro eingeworben. Davon entfielen 106 Millionen Euro auf Forschung an Hochschulen. Tabelle 4-14 zeigt die 20 Hochschulen mit dem höchsten Bewilligungsvolumen. Es liegt nahe, dass auch auf diese Fächer spezialisierte kleinere Hochschulen wie die **U Hohenheim** und die **Tierhochschule Hannover** erfolgreich Drittmittel in diesem Fachgebiet einwerben.

Neben insgesamt 54 Hochschulen haben 42 außeruniversitäre Forschungseinrichtungen bei der DFG Mittel für Forschungsprojekte dieses Fachgebiets eingeworben. Zu nennen sind hier etwa das **Friedrich-Loeffler-Institut – Bundesforschungsinstitut für Tiergesundheit (FLI)** auf der Insel Riem, das **Max-Planck-Institut für Pflanzenzüchtungsforschung (MPIPZ)** in Köln

Tabelle 4-14:
Die Hochschulen mit den höchsten DFG-Bewilligungen für 2011 bis 2013 im Fachgebiet Agrar-, Forstwissenschaften, Gartenbau und Tiermedizin

Hochschule	Gesamt
	Mio. €
Göttingen U	15,3
Hohenheim U	12,1
München TU	8,0
Bonn U	7,9
Gießen U	6,7
Hannover TiHo	6,6
Berlin FU	5,4
Bayreuth U	4,4
Freiburg U	3,8
Berlin HU	3,3
Hannover U	3,2
München LMU	2,8
Kiel U	2,7
Halle-Wittenberg U	2,5
Kassel U	2,5
Hamburg U	2,0
Leipzig U	1,5
Koblenz-Landau U	1,4
Berlin TU	1,1
Jena U	1,1
Rang 1–20	**94,4**
Weitere HS[1)]	**11,5**
HS insgesamt	**105,9**
Basis: N HS	**54**

[1)] Daten zu weiteren Hochschulen gehen aus der Tabelle Web-9 unter www.dfg.de/foerderatlas hervor.

Datenbasis und Quelle:
Deutsche Forschungsgemeinschaft (DFG): DFG-Bewilligungen für 2011 bis 2013.
Berechnungen der DFG.

und das **Leibniz-Institut für Pflanzengenetik und Kulturpflanzenforschung (IPK)** in Gatersleben, die jeweils über 2 Millionen Euro DFG-Bewilligungen erhalten haben.

Übersichten der bei der DFG insgesamt aktiven Hochschulen und außeruniversitären Forschungseinrichtungen in diesem Fachgebiet gehen aus Tabelle Web-9 und Web-19 unter www.dfg.de/foerderatlas hervor.

4.6 Förderprofile in den Naturwissenschaften

Die DFG ist mit über 1.400 Millionen Euro Förderung im 3-Jahreszeitraum der größte Drittmittelförderer der Naturwissenschaften an deutschen Hochschulen. Über die unmittelbar für naturwissenschaftliche Forschungsprojekte direkt bewilligten Summen spielen gerade hier die für Forschungsinfrastrukturen und dabei insbesondere die für wissenschaftliche Großgeräte bereitgestellten Mittel eine wichtige Rolle (vgl. Kapitel 3.3). Naturwissenschaftliche Forschung ist für die Mehrzahl der Hochschulen konstitutiv (vgl. Abbildung 4-1 und 4-2). Gerade hier ergeben sich vielfältige Kooperationsbezüge sowohl innerhalb des naturwissenschaftlichen Fächerspektrums wie auch im Wechselspiel zu den Ingenieur- sowie den Lebenswissenschaften. In Kapitel 5, das sich der Frage nach der interdisziplinären Ausrichtung von Graduiertenschulen und Exzellenzclustern widmet, wird die besondere Rolle, die dabei gerade naturwissenschaftliche Fächer einnehmen, weiter vertieft.

4.6.1 Überblick

Gegenüber dem vorherigen Förderatlas ist die durch die DFG bereitgestellte Bewilligungssumme in den Naturwissenschaften um knapp 7 Prozent gestiegen (DFG, 2012: 138). Neben der DFG hat auch der Bund seine Projektförderung im Bereich der Naturwissenschaften ausgebaut. Mit einer Summe von fast 1.430 Millionen Euro finanziert er diesen Wissenschaftsbereich nun in ähnlicher Höhe wie die DFG. Demgegenüber fällt die auf einen vergleichbaren 3-Jahreszeitraum umgerechnete Förderung der EU in Höhe von 90 Millionen Euro deutlich geringer aus (vgl. Tabelle 4-15).

Die beiden größten Förderer in den Naturwissenschaften, DFG und Bund, erreichen jeweils etwas unterschiedliche Kundenkreise: Während die DFG mit über 85 Prozent ihrer Bewilligungen vor allem Forschung an Hochschulen unterstützt, gehen 54 Prozent der Mittel des Bundes an außeruniversitäre Einrichtungen.

Die Institute der Max-Planck-Gesellschaft erhalten von den außeruniversitären Einrichtungen die meisten DFG-Mittel, insgesamt 85 Millionen Euro, darunter zum Beispiel das **Fritz-Haber-Institut der Max-Planck-Ge-**

Tabelle 4-15:
Beteiligung[1] an Förderprogrammen für Forschungsvorhaben von DFG, Bund und EU nach Art der Einrichtung in den Naturwissenschaften

Art der Einrichtung	DFG-Bewilligungen		Direkte FuE-Projektförderung des Bundes		FuE-Förderung im 7. EU-FRP[2]	
	Mio. €	%	Mio. €	%	Mio. €	%
Hochschulen	**1.430,0**	**85,1**	**656,3**	**46,0**	**27,3**	**30,2**
Außeruniversitäre Einrichtungen	**249,7**	**14,9**	**770,6**	**54,0**	**62,9**	**69,8**
Fraunhofer-Gesellschaft (FhG)	2,9	0,2	65,2	4,6	7,1	7,8
Helmholtz-Gemeinschaft (HGF)	79,4	4,7	348,7	24,4	23,5	26,0
Leibniz-Gemeinschaft (WGL)	50,4	3,0	79,4	5,6	8,7	9,7
Max-Planck-Gesellschaft (MPG)	85,0	5,1	98,2	6,9	6,0	6,7
Bundesforschungseinrichtungen	10,9	0,7	13,7	1,0	1,9	2,1
Weitere Einrichtungen	21,0	1,3	165,5	11,6	15,7	17,4
Insgesamt	**1.679,6**	**100,0**	**1.426,9**	**100,0**	**90,2**	**100,0**

[1] Nur Fördermittel für deutsche und institutionelle Mittelempfänger (ohne Industrie und Wirtschaft).
[2] Die hier ausgewiesenen Fördersummen zum 7. EU-Forschungsrahmenprogramm sind zu Vergleichszwecken auf einen 3-Jahreszeitraum entsprechend den Betrachtungsjahren der Fördersummen von DFG und Bund umgerechnet. Insgesamt haben die ausgewiesenen Einrichtungen im hier betrachteten Wissenschaftsbereich 210,5 Millionen Euro im 7. EU-Forschungsrahmenprogramm erhalten. Weitere methodische Ausführungen sind dem Methodenglossar im Anhang zu entnehmen.

Datenbasis und Quellen:
Bundesministerium für Bildung und Forschung (BMBF): Direkte FuE-Projektförderung des Bundes 2011 bis 2013 (Projektdatenbank PROFI).
Deutsche Forschungsgemeinschaft (DFG): DFG-Bewilligungen für 2011 bis 2013.
EU-Büro des BMBF: Beteiligungen am 7. EU-Forschungsrahmenprogramm (Laufzeit: 2007 bis 2013, Projektdaten mit Stand 21.02.2014).
Berechnungen der DFG.

sellschaft in Berlin. Nicht sehr viel weniger, nämlich gut 79 Millionen Euro, werben Institute der Helmholtz-Gesellschaft ein. Zu nennen ist beispielsweise das **Helmholtz-Zentrum für Ozeanforschung (GEOMAR)**[17] in Kiel.

An der direkten FuE-Förderung des Bundes partizipieren außeruniversitär insbesondere Institute der Helmholtz-Gemeinschaft. Fast 350 Millionen Euro gehen allein an ihre Einrichtungen. Hierzu gehören vor allem die Großforschungseinrichtungen wie das **Deutsche Elektronen-Synchrotron (DESY)** in Hamburg und das **Helmholtzzentrum für Schwerionenforschung** in Darmstadt.

Weitere spezialisierte Einrichtungen wie beispielsweise das **Facility for Antiproton and Ion Research in Europe (FAIR)** in Darmstadt erhalten in der Summe 166 Millionen Euro. Auch die Max-Planck-Gesellschaft ist mit mehreren Instituten, etwa dem **Max-Planck-Institut für extraterrestrische Physik** in Garching, an der direkten Projektförderung des Bundes beteiligt. Insgesamt hat die MPG in den Naturwissenschaften hier fast 100 Millionen Euro eingeworben.

Übersichten der bei DFG, Bund und EU insgesamt aktiven Hochschulen und außeruniversitären Forschungseinrichtungen in den Naturwissenschaften gehen aus Tabelle Web-10, Web-19, Web-23, Web-24, Web-26 und Web-28 unter www.dfg.de/foerderatlas hervor.

Einrichtungsübergreifende Zusammenarbeit in den Naturwissenschaften besonders ausgeprägt

In Abbildung 4-12 sind die Beziehungen der Einrichtungen auf Basis gemeinsamer Beteiligungen an DFG-Verbünden dargestellt. Einen Einblick in die Methodik gibt Kapitel 4.4.

Die Vernetzung ist in den Naturwissenschaften besonders stark ausgeprägt. Das Netzwerk wird von 170 Einrichtungen getragen, davon 100 Institute des außeruniversitären Sektors. In der Abbildung sind Einrichtungen dargestellt, die an mindestens drei Verbünden gemeinsam beteiligt waren. Einrichtungsübergreifende Kooperationen, visualisiert durch die Verbindungslinien, werden gezeigt, wenn mindestens drei gemeinsame

17 Das Helmholtz-Zentrum für Ozeanforschung (GEOMAR) zählte im vorherigen Förderatlas noch zur Leibniz-Gesellschaft. In diesem Bericht wird es für den gesamten Zeitraum 2011 bis 2013 der Helmholtz-Gemeinschaft zugerechnet.

Abbildung 4-12:
Gemeinsame Beteiligungen von Wissenschaftseinrichtungen an DFG-geförderten Verbundprogrammen sowie daraus resultierende Kooperationsbeziehungen 2011 bis 2013 in den Naturwissenschaften

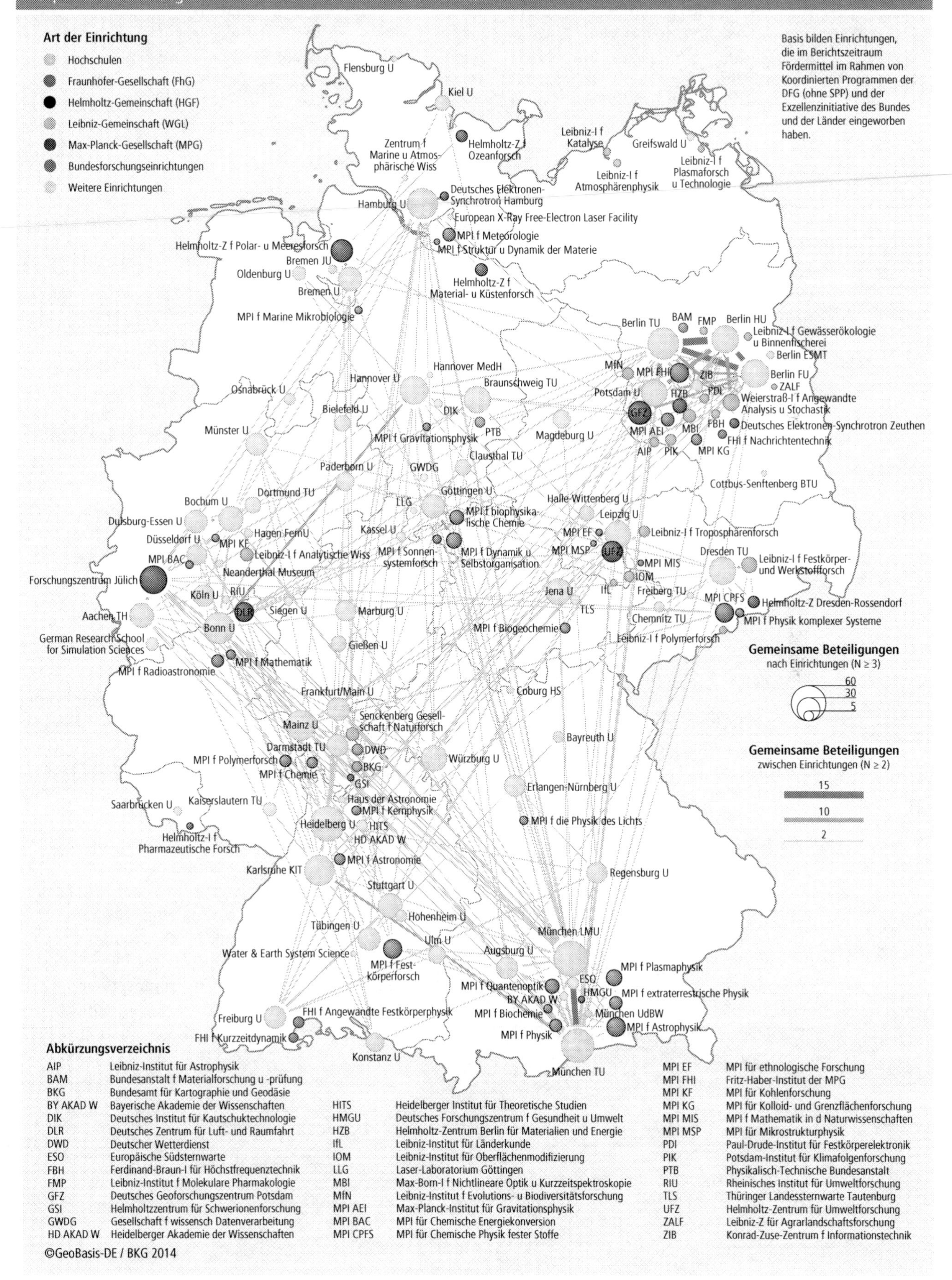

Abkürzungsverzeichnis

AIP	Leibniz-Institut für Astrophysik			MPI EF	MPI für ethnologische Forschung
BAM	Bundesanstalt f Materialforschung u -prüfung			MPI FHI	Fritz-Haber-Institut der MPG
BKG	Bundesamt für Kartographie und Geodäsie			MPI KF	MPI für Kohlenforschung
BY AKAD W	Bayerische Akademie der Wissenschaften	HITS	Heidelberger Institut für Theoretische Studien	MPI KG	MPI für Kolloid- und Grenzflächenforschung
DIK	Deutsches Institut für Kautschuktechnologie	HMGU	Deutsches Forschungszentrum f Gesundheit u Umwelt	MPI MIS	MPI f Mathematik in d Naturwissenschaften
DLR	Deutsches Zentrum für Luft- und Raumfahrt	HZB	Helmholtz-Zentrum Berlin für Materialien und Energie	MPI MSP	MPI für Mikrostrukturphysik
DWD	Deutscher Wetterdienst	IfL	Leibniz-Institut für Länderkunde	PDI	Paul-Drude-Institut für Festkörperelektronik
ESO	Europäische Südsternwarte	IOM	Leibniz-Institut für Oberflächenmodifizierung	PIK	Potsdam-Institut für Klimafolgenforschung
FBH	Ferdinand-Braun-I für Höchstfrequenztechnik	LLG	Laser-Laboratorium Göttingen	PTB	Physikalisch-Technische Bundesanstalt
FMP	Leibniz-Institut f Molekulare Pharmakologie	MBI	Max-Born-I f Nichtlineare Optik u Kurzzeitspektroskopie	RIU	Rheinisches Institut für Umweltforschung
GFZ	Deutsches Geoforschungszentrum Potsdam	MfN	Leibniz-Institut f Evolutions- u Biodiversitätsforschung	TLS	Thüringer Landessternwarte Tautenburg
GSI	Helmholtzzentrum für Schwerionenforschung	MPI AEI	Max-Planck-Institut für Gravitationsphysik	UFZ	Helmholtz-Zentrum für Umweltforschung
GWDG	Gesellschaft f wissensch Datenverarbeitung	MPI BAC	MPI für Chemische Energiekonversion	ZALF	Leibniz-Z für Agrarlandschaftsforschung
HD AKAD W	Heidelberger Akademie der Wissenschaften	MPI CPFS	MPI für Chemische Physik fester Stoffe	ZIB	Konrad-Zuse-Zentrum f Informationstechnik

Beteiligungen an den zugrunde liegenden DFG-Verbünden dokumentiert sind.

Neben den Hochschulen sind insbesondere Institute der Max-Planck-Gesellschaft eng in das Netzwerk eingebunden. Dies gilt vor allem für den Münchner und den Göttinger Raum, aber auch für eine Vielzahl anderer Regionen. Ein besonders dichter Cluster im Rahmen der DFG-Förderung hat sich in Berlin entwickelt, wo Wissenschaftlerinnen und Wissenschaftler der drei großen **Berliner Universitäten** sowie der **U Potsdam** in großer Zahl mit Angehörigen von **Leibniz-Instituten** kooperieren. Ein stark involvierter außeruniversitärer Akteur ist hier auch das **Geoforschungszentrum GFZ der Helmholtz-Gemeinschaft** in Potsdam.

Die HGF prägt mit dem **Helmholtz-Zentrum für Umweltforschung (UFZ)** auch ein regionales Netzwerk rund um die **U Leipzig,** ebenso wie mit dem mehr als zehn Beteiligungen an DFG-Verbünden aufweisenden **Alfred-Wegener-Institut – Helmholtz-Zentrum für Polar- und Meeresforschung (AWI)** in Bremerhaven. Besonders vielfältig gestalten sich schließlich die DFG-geförderten Kooperationen von Wissenschaftlerinnen und Wissenschaftlern des **Forschungszentrums Jülich,** das an mehr als 20 naturwissenschaftlich ausgerichteten DFG-Verbünden beteiligt ist. Bei den Hochschulen zählen sowohl die beiden Berliner Universitäten **FU Berlin** und **HU Berlin** als auch die Münchner Universitäten **LMU München** und **TU München** sowie die **U Bonn,** die **U Heidelberg** und die **U Hamburg** zu den Einrichtungen mit der größten Zahl an Beteiligungen.

U Bonn wirbt in den Naturwissenschaften die meisten DFG-Mittel ein – das KIT Karlsruhe bei der relativen Betrachtung

Wissenschaftlerinnen und Wissenschaftler an 97 Hochschulen partizipieren im Berichtszeitraum an der DFG-Förderung in den Naturwissenschaften, das sind sechs Hochschulen mehr als noch im Berichtszeitraum 2008 bis 2010 des Förderatlas 2012. Die Mittel verteilen sich auf die verschiedenen Einrichtungen deutlich gleichmäßiger als in anderen Wissenschaftsbereichen: Die Universität mit den höchsten DFG-Drittmitteleinnahmen bezieht 70 Millionen Euro von der DFG, die Universität auf Rang 40 immer noch 12 Millionen Euro (vgl. Tabelle 4-16). Das entspricht einem Verhältnis von 5,7:1 und damit etwa der im Förderatlas 2012 für die Jahre 2008 bis 2010 ausgewiesenen Relation (5,9:1). Wie schon für Hochschulen insgesamt (vgl. Kapitel 3.3) und die zuvor beschriebenen Wissenschaftsbereiche berichtet, sind also auch die Naturwissenschaften tendenziell im Berichtszeitraum bezogen auf ihre Beteiligung an DFG-geförderter Forschung institutionell breiter aufgestellt als im zuvor betrachteten Zeitraum. Eine zunehmende Konzentration ist nicht festzustellen.

Die meisten DFG-Bewilligungen in den Naturwissenschaften kann, wie schon im letzten Förderatlas, die **U Bonn** verbuchen. Einen großen Beitrag leistet hierzu die mathematische Forschung. Mit dem in der Exzellenzinitiative geförderten *„Haussdorff-Center for Mathematics"* ist Bonn auch international sichtbar und Anziehungspunkt für viele Gastwissenschaftlerinnen und -wissenschaftler[18]. Die **U Hamburg, LMU München** und **KIT Karlsruhe** folgen in der Rangliste. Die **U Hamburg** und das **KIT Karlsruhe,** aber auch die **TH Aachen** und die **TU Darmstadt** konnten ihre DFG-Bewilligungen gegenüber der vorherigen Ausgabe des Förderatlas deutlich steigern (DFG, 2012: 142).

Relativiert auf das forschende Personal werben die Professorinnen und Professoren am **KIT Karlsruhe** die höchsten Pro-Kopf-Bewilligungsvolumina ein, und auch die **TU Berlin** ist bei dieser Betrachtung noch etwas besser positioniert. Mit einem vergleichsweise kleinen Personalstamm kann die **U Regensburg** hohe Pro-Kopf-Volumina bei der DFG einwerben – in diesem Fall auch ohne Beteiligung an einer Graduiertenschule oder einem Exzellenzcluster. Gleichwohl prägt die Exzellenzinitiative gerade die naturwissenschaftliche Forschung in Deutschland: Mit Ausnahme der **U Münster** und der eben erwähnten bayrischen Universität haben alle der 20 DFG-bewilligungsaktivsten Hochschulen eine Graduiertenschule oder einen Exzel-

18 Dies gilt nicht nur für Gastaufenthalte, die von der AvH gefördert werden (vgl. Tabelle Web-29), sondern auch, wie Daten aus dem DFG-internen Monitoring zeigen, für Aufenthalte, deren Kosten durch die Exzellenzinitiative für das Zentrum bereitgestellt werden: Das Hausdorff-Center ist bezogen auf die Zahl der Gastaufenthalte von Wissenschaftlerinnen und Wissenschaftlern aus aller Welt mit großem Abstand führend.

Tabelle 4-16:
Die Hochschulen mit den absolut und personalrelativiert höchsten DFG-Bewilligungen für 2011 bis 2013 in den Naturwissenschaften

Absolute DFG-Bewilligungssumme		Personalrelativierte DFG-Bewilligungssumme[1]					
Hochschule	Gesamt	Hochschule	Professorenschaft		Hochschule	Wissenschaftler/-innen	
	Mio. €		N	Tsd. € je Prof.		N	Tsd. € je Wiss.
Bonn U	69,7	Karlsruhe KIT	91	623,0	Berlin TU	718	72,4
Hamburg U	57,5	Berlin TU	87	595,2	Bonn U	1.038	67,1
München LMU	57,1	Regensburg U	54	589,4	Regensburg U	483	66,1
Karlsruhe KIT	56,8	Heidelberg U	85	577,9	Bielefeld U	346	65,3
München TU	55,9	Bonn U	126	551,2	Bremen U	652	64,8
Berlin TU	51,9	Bremen U	79	535,5	Heidelberg U	776	63,6
Heidelberg U	49,3	Stuttgart U	58	527,7	Karlsruhe KIT	918	61,9
Münster U	43,4	München TU	118	474,9	Darmstadt TU	610	58,1
Bremen U	42,2	Konstanz U	35	473,9	Freiburg U	504	57,5
Göttingen U	41,8	München LMU	123	464,5	Göttingen U	739	56,6
Aachen TH	40,4	Göttingen U	94	445,7	Berlin HU	607	55,2
Berlin FU	39,3	Freiburg U	66	439,5	Hannover U	716	54,8
Hannover U	39,3	Bielefeld U	54	417,8	Köln U	685	53,8
Mainz U	39,1	Köln U	89	413,1	Hamburg U	1.073	53,6
Köln U	36,9	Hannover U	97	404,7	Berlin FU	751	52,4
Darmstadt TU	35,5	Hamburg U	146	394,6	München LMU	1.114	51,3
Erlangen-Nürnberg U	34,3	Darmstadt TU	90	394,0	Mainz U	789	49,6
Bochum U	33,7	Mainz U	99	393,6	Düsseldorf U	309	49,4
Berlin HU	33,5	Berlin FU	105	373,9	Bayreuth U	495	49,0
Regensburg U	31,9	Aachen TH	109	371,1	Kiel U	527	48,6
Stuttgart U	30,7	Münster U	118	368,7	Stuttgart U	636	48,3
Freiburg U	29,0	Berlin HU	94	356,9	Halle-Wittenberg U	324	47,6
Würzburg U	26,9	Düsseldorf U	43	353,6	Kaiserslautern TU	357	46,7
Frankfurt/Main U	26,6	Kiel U	73	351,4	Augsburg U	279	46,3
Kiel U	25,6	Bochum U	96	351,0	Konstanz U	361	46,2
Jena U	24,7	Würzburg U	84	319,6	Bochum U	752	44,9
Tübingen U	24,5	Bayreuth U	77	313,7	Aachen TH	911	44,4
Bayreuth U	24,3	Augsburg U	42	307,7	München TU	1.297	43,1
Dresden TU	23,5	Ulm U	45	305,1	Ulm U	345	40,2
Bielefeld U	22,6	Erlangen-Nürnberg U	115	297,9	Erlangen-Nürnberg U	858	40,0
Duisburg-Essen U	20,7	Jena U	83	296,9	Münster U	1.084	40,0
Potsdam U	18,7	Duisburg-Essen U	74	278,5	Tübingen U	627	39,1
Leipzig U	18,3	Halle-Wittenberg U	55	278,5	Potsdam U	481	38,9
Konstanz U	16,7	Potsdam U	68	275,4	Leipzig U	471	38,8
Kaiserslautern TU	16,6	Tübingen U	92	267,0	Würzburg U	697	38,5
Halle-Wittenberg U	15,4	Dresden TU	89	265,3	Rostock U	273	37,9
Düsseldorf U	15,3	Chemnitz TU	33	264,9	Frankfurt/Main U	704	37,8
Ulm U	13,9	Kaiserslautern TU	64	260,0	Duisburg-Essen U	561	37,0
Augsburg U	12,9	Rostock U	41	252,4	Dresden TU	703	33,5
Marburg U	12,2	Leipzig U	77	238,4	Jena U	740	33,4
Rang 1–40	**1.308,9**	**Rang 1–40**	**3.271**	**400,2**	**Rang 1–40**	**26.309**	**49,7**
Weitere HS[2]	**121,1**	**Weitere HS[2]**	**1.689**	**71,7**	**Weitere HS[2]**	**6.711**	**18,0**
HS insgesamt	**1.430,0**	**HS insgesamt**	**4.960**	**288,3**	**HS insgesamt**	**33.020**	**43,3**
davon Univ.	**1.427,2**	**davon Univ.**	**4.256**	**335,4**	**davon Univ.**	**31.765**	**44,9**
Basis: N HS	**97**	**Basis: N HS**	**140**	**97**	**Basis: N HS**	**146**	**97**

[1] Die Berechnungen erfolgen nur für Hochschulen, an denen 20 und mehr Professorinnen und Professoren beziehungsweise 100 und mehr Wissenschaftlerinnen und Wissenschaftler insgesamt im Jahr 2012 im hier betrachteten Wissenschaftsbereich hauptberuflich tätig waren.
[2] Daten zu weiteren Hochschulen gehen aus den Tabellen Web-7 und Web-10 unter www.dfg.de/foerderatlas hervor.

Datenbasis und Quellen:
Deutsche Forschungsgemeinschaft (DFG): DFG-Bewilligungen für 2011 bis 2013.
Statistisches Bundesamt (DESTATIS): Bildung und Kultur. Personal an Hochschulen 2012. Sonderauswertung zur Fachserie 11, Reihe 4.4.
Berechnungen der DFG.

lenzcluster in den Naturwissenschaften eingeworben.

Wie schon für die zuvor berichteten Wissenschaftsbereiche ausgeführt, zeigt sich schließlich auch für die Naturwissenschaften eine von Einzelfällen abgesehen hohe Übereinstimmung zwischen der absoluten und der relativen Rangreihe. Zwei der fünf Hochschulen mit dem absolut höchsten DFG-Bewilligungsvolumen sind auch relativ führend **(KIT Karlsruhe** und **U Bonn).** Weitet man den Blick auf die 20 führenden Hochschulen, ergibt sich eine Schnittmenge von 15 Standorten.

Starke Ausdifferenzierung des naturwissenschaftlichen Fächerspektrums bietet Raum für sehr unterschiedliche fachliche Akzentuierungen von Hochschulen

Mit 18 Forschungsfeldern lässt die DFG-Fachsystematik in den Naturwissenschaften sehr detaillierte Profilanalysen zu. Abbildung 4-13 zeigt die Förderprofile der 40 bewilligungsaktivsten Hochschulen in den Naturwissenschaften. Dabei wird die Fächerlandkarte in den Naturwissenschaften aufgespannt vom Forschungsfeld Physik der kondensierten Materie (relativ zentral in der Abbildung) über die Forschungsfelder Mathematik sowie Teilchen, Kerne und Felder (eher rechts) bis zu den geowissenschaftlichen Forschungsfeldern (rechts unten).

Die Mehrzahl der in Abbildung 4-13 verorteten Hochschulen beteiligt sich recht breit an den naturwissenschaftlichen Forschungsfeldern, die für die meisten Volluniversitäten, aber auch für viele Technische Hochschulen sowie Hochschulen mit medizinischem Schwerpunkt konstitutiv sind. Spezialisierungen auf dem Gebiet der Mathematik zeigen einige der deshalb oben rechts angesiedelten Universitäten, insbesondere die **U Bielefeld,** aber auch die **FU, TU und HU Berlin,** die **TU Darmstadt,** die **U Münster,** die **U Mainz** und in großem Umfang auch die **U Bonn.**

Unten im Bild angesiedelt finden sich die **U Bremen** und die **U Hamburg,** die bei der DFG beide sehr drittmittelaktiv im Forschungsfeld Atmosphären und Meeresforschung sowie im Feld Geologie und Paläontologie sind. Hingegen profiliert sich die **U Halle-Wittenberg** im Forschungsfeld Polymerforschung (oben im Bild), während die **U Augsburg** und die **U Konstanz** ihre Ressourcen im Forschungsfeld Physik der kondensierten Materie bündeln (links). Astrophysik und Astronomie kennzeichnen die Naturwissenschaften an der **U Heidelberg,** der **U Jena** und der **U Köln.**

AvH-geförderte Gastwissenschaftlerinnen und -wissenschaftler zeigen starke Ausrichtung auf Universitäten in München, Bonn und Heidelberg – ebenso wie Grantees des ERC

Den naturwissenschaftlichen Fakultäten in Deutschland gelingt es, eine große Zahl ausländischer Wissenschaftlerinnen und Wissenschaftler anzuziehen. Allein knapp 2.000 Auslandsaufenthalte von Gastwissenschaftlerinnen und -wissenschaftlern, die von der Alexander von Humboldt-Stiftung gefördert werden, gehen auf diesen Wissenschaftsbereich zurück (vgl. Tabelle 4-17).

Insgesamt 138 ERC Grantees aus den Naturwissenschaften führen ihre Projekte an deutschen Hochschulen durch. Weitere 51 ERC-geförderte Projekte sind an außeruniversitären Forschungseinrichtungen angesiedelt. Dabei hat die Max-Planck-Gesellschaft mit 36 ERC Grantees den größten Erfolg unter den außeruniversitären Forschungseinrichtungen (vgl. Tabelle 3-6).

Große Attraktivität genießen sowohl bei ERC- als auch AvH-Geförderten die großen **Universitäten in München** sowie die **U Heidelberg** und die **U Bonn.** Für ausländische Forscherinnen und Forscher ist auch die **U Erlangen-Nürnberg** sehr attraktiv; ebenso gelingt ihr die Einwerbung vieler ERC Grants (vgl. Tabelle 4-17). Das internationale Engagement dieser Universität fußt auf einem strategischen Konzept *„FAU Open Research Challenge"*, für das die **U Erlangen-Nürnberg** 2014 im von der DFG ausgerichteten Ideenwettbewerb „Internationales Forschungsmarketing" eine Auszeichnung erfuhr.

Ausführliche Tabellen zur Zahl der AvH-, DAAD- und ERC-Geförderten je Hochschule und außeruniversitärer Forschungseinrichtung finden sich als Tabelle Web-27, Web-29, Web-30 und Web-31 unter www.dfg.de/foerderatlas.

Abbildung 4-13:
Förderprofile der Hochschulen: Fächerlandkarte auf Basis von DFG-Bewilligungen für 2011 bis 2013 in den Naturwissenschaften

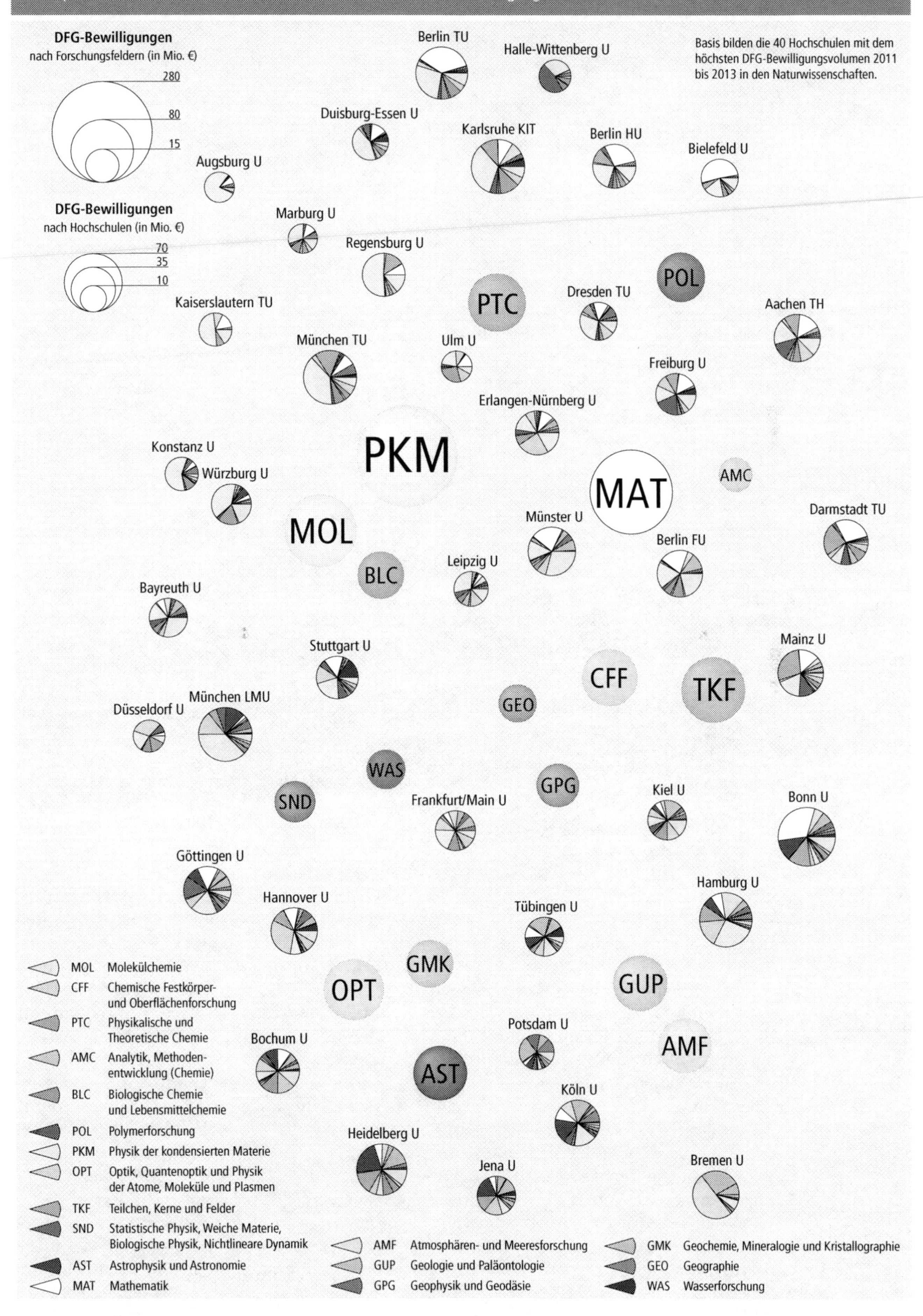

Tabelle 4-17:
Die am häufigsten gewählten Hochschulen von AvH-, DAAD- und ERC-Geförderten in den Naturwissenschaften

AvH-Geförderte		DAAD-Geförderte		ERC-Geförderte	
Hochschule	**N**	**Hochschule**	**N**	**Hochschule**	**N**
Bonn U	102	Berlin FU	55	München LMU	15
München LMU	101	Aachen TH	47	München TU	11
München TU	98	Dresden TU	44	Heidelberg U	10
Heidelberg U	77	Tübingen U	43	Bonn U	8
Aachen TH	75	Göttingen U	40	Erlangen-Nürnberg U	8
Münster U	74	Karlsruhe KIT	36	Berlin FU	7
Berlin FU	72	Potsdam U	35	Mainz U	7
Erlangen-Nürnberg U	67	Stuttgart U	34	Hamburg U	5
Göttingen U	66	Berlin HU	33	Hannover U	5
Berlin HU	65	München LMU	32	Stuttgart U	5
Karlsruhe KIT	65	Berlin TU	31	Tübingen U	5
Berlin TU	56	Erlangen-Nürnberg U	31		
Frankfurt/Main U	56	Freiberg TU	31		
Bielefeld U	49	Mainz U	30		
Bochum U	49	Hannover U	27		
Stuttgart U	49	Bremen U	25		
Dresden TU	48	Duisburg-Essen U	25		
Regensburg U	48	Halle-Wittenberg U	25		
Bayreuth U	46	Gießen U	24		
Hamburg U	41	Köln U	23		
		München TU	23		
Rang 1–20	**1.304**	**Rang 1–20**	**694**	**Rang 1–10**	**86**
Weitere HS[1)]	**683**	**Weitere HS[1)]**	**574**	**Weitere HS[1)]**	**52**
HS insgesamt	**1.987**	**HS insgesamt**	**1.268**	**HS insgesamt**	**138**
Basis: N HS	**72**	**Basis: N HS**	**63**	**Basis: N HS**	**38**

[1)] Daten zu weiteren Hochschulen gehen aus den Tabellen Web-27, Web-29 und Web-30 unter www.dfg.de/foerderatlas hervor.

Datenbasis und Quellen:
Alexander von Humboldt-Stiftung (AvH): Aufenthalte von AvH-Gastwissenschaftlerinnen und -wissenschaftlern 2009 bis 2013.
Deutscher Akademischer Austauschdienst (DAAD): Geförderte ausländische Wissenschaftlerinnen und Wissenschaftler 2009 bis 2013.
EU-Büro des BMBF: ERC-Förderung im 7. EU-Forschungsrahmenprogramm (Laufzeit: 2007 bis 2013, Projektdaten mit Stand 21.02.2014). Zahlen beinhalten Starting Grants (inklusive 2014), Advanced Grants und Consolidator Grants.
Berechnungen der DFG.

4.6.2 Chemie

Im Fachgebiet Chemie unterscheidet die DFG sechs unterschiedlich große Forschungsfelder. Die Molekülchemie bindet mit 88 Millionen Euro den größten Mittelanteil. Im Vergleich dazu beträgt das Bewilligungsvolumen des kleinsten Forschungsfelds (Analytik und Methodenentwicklung) 11 Millionen Euro (vgl. Tabelle 4-18).

Die **U Münster,** sehr erfolgreich insbesondere im Bereich Molekülchemie, führt in der Chemie die Rangliste der DFG-Bewilligungen mit 19 Millionen Euro an. In der Chemischen Festkörper- beziehungsweise Oberflächenforschung wirbt die **U Erlangen-Nürnberg** besonders viele DFG-Mittel ein. In der Physikalischen und Theoretischen Chemie verteilen sich die Mittel gleichmäßiger: Das **KIT Karlsruhe,** die **U Bochum** und die **U Würzburg** sind hier besonders DFG-aktiv. Gegenüber 2008 bis 2010 erhöhte die **TH Aachen** ihre Drittmitteleinnahmen in allen Forschungsfeldern deutlich.

Der **U Halle-Wittenberg** gelang es in der Polymerforschung, Forschungsverbünde wie zum Beispiel die Forschergruppe *„Strukturbildung von synthetischen polyphilen Molekülen mit Lipidmembranen"* oder den Transregio *„Polymere unter Zwangsbedingungen: eingeschränkte und kontrollierte molekulare Ordnung und Beweglichkeit"* einzuwerben. Sie stieg so in die Rangliste der

Tabelle 4-18:
Die Hochschulen mit den höchsten DFG-Bewilligungen für 2011 bis 2013 im Fachgebiet Chemie

Hochschule	Gesamt	davon					
		MOL	CFF	PTC	AMC	BLC	POL
	Mio. €	Mio. €	Mio. €	Mio. €	Mio. €	Mio. €	Mio. €
Münster U	19,0	12,7	2,9	1,5	0,8	0,9	0,3
Aachen TH	18,5	5,1	4,0	2,4	0,8	1,2	5,0
Erlangen-Nürnberg U	17,9	5,8	8,2	2,4		0,3	1,2
Karlsruhe KIT	17,1	3,8	2,9	6,8	0,6	0,7	2,3
Berlin FU	15,6	8,3	0,5	3,4	0,5	2,1	0,9
Bochum U	14,3	3,9	4,6	4,6	0,5	0,4	0,3
Berlin TU	14,3	4,1	2,2	3,7	0,5	2,5	1,1
München TU	13,3	3,2	3,1	1,9	0,6	3,6	0,9
Freiburg U	12,6	3,9	1,4	0,5	0,2	0,9	5,7
Bonn U	12,0	6,4	1,2	2,3	0,4	1,6	
Heidelberg U	11,9	5,1	1,0	2,4	0,0	3,3	
Bayreuth U	11,5	7,1	1,1	0,3	0,0	1,4	1,6
Kiel U	11,4	3,7	2,8	2,8	0,5	0,1	1,5
Würzburg U	10,3	5,0	0,3	4,5	0,0	0,3	0,2
Mainz U	10,3	1,3	1,7	1,6	0,9	0,4	4,4
Darmstadt TU	10,2	0,7	1,9	2,9	1,9	0,3	2,5
Berlin HU	10,0	4,2	1,1	1,5	0,8	1,3	1,1
Halle-Wittenberg U	9,7		0,4	1,0	0,2	1,0	7,1
Leipzig U	8,5	2,4	2,3	0,4	1,2	1,1	1,1
Frankfurt/Main U	8,4	1,8	2,6	0,3	0,8	2,8	
Rang 1–20	**256,6**	**88,4**	**46,0**	**47,5**	**11,3**	**26,3**	**37,1**
Weitere HS[1)]	**135,6**	**41,8**	**26,7**	**26,7**	**9,1**	**17,2**	**14,1**
HS insgesamt	**392,2**	**130,2**	**72,7**	**74,2**	**20,4**	**43,5**	**51,2**
Basis: N HS	**71**	**59**	**58**	**57**	**48**	**50**	**46**

MOL: Forschungsfeld Molekülchemie.
CFF: Forschungsfeld Chemische Festkörper- und Oberflächenforschung.
PTC: Forschungsfeld Physikalische und Theoretische Chemie.
AMC: Forschungsfeld Analytik, Methodenentwicklung (Chemie).
BLC: Forschungsfeld Biologische Chemie und Lebensmittelchemie.
POL: Forschungsfeld Polymerforschung.

[1)] Daten zu weiteren Hochschulen gehen aus der Tabelle Web-10 unter www.dfg.de/foerderatlas hervor.

Datenbasis und Quelle:
Deutsche Forschungsgemeinschaft (DFG): DFG-Bewilligungen für 2011 bis 2013.
Berechnungen der DFG.

20 DFG-bewilligungsaktivsten Hochschulen auf.

Übersichten der bei der DFG insgesamt aktiven Hochschulen und außeruniversitären Forschungseinrichtungen in der Chemie gehen aus Tabelle Web-10 und Web-19 unter www.dfg.de/foerderatlas hervor.

4.6.3 Physik

Mit insgesamt 588 Millionen Euro gehört die Physik zu den bewilligungsaktivsten Fachgebieten der DFG-Förderung (vgl. Tabelle 4-19). Es ist nicht nur das größte Fachgebiet der Naturwissenschaften, sondern verzeichnete auch einen Anstieg der DFG-Mittel um über 40 Millionen Euro gegenüber dem im Förderatlas 2012 berichteten Zeitraum 2008 bis 2010.

Die **LMU München** wirbt die höchste Summe an DFG-Drittmitteln in der Physik ein. Fast die Hälfte davon fällt auf das Forschungsfeld Physik der kondensierten Materie. In diesem sind auch andere Einrichtungen sehr aktiv. Für die **TU München** oder das **KIT Karlsruhe** bildet dieses Forschungsfeld mit zwei Drittel beziehungsweise drei Viertel ihrer DFG-Bewilligungen in der Physik sogar einen noch größeren fachlichen Schwerpunkt.

Tabelle 4-19:
Die Hochschulen mit den höchsten DFG-Bewilligungen für 2011 bis 2013 im Fachgebiet Physik

Hochschule	Gesamt	davon				
		PKM	OPT	TKF	SND	AST
	Mio. €	Mio. €	Mio. €	Mio. €	Mio. €	Mio. €
München LMU	42,7	21,4	8,2	2,9	3,3	6,8
Hamburg U	34,2	15,2	9,2	6,1	0,0	3,7
München TU	33,8	21,9	1,7	8,4	0,6	1,3
Karlsruhe KIT	25,4	19,0	0,1	6,1		0,1
Heidelberg U	22,7	2,2	2,4	6,9	0,5	10,7
Regensburg U	21,5	16,5	0,4	4,5	0,1	
Bonn U	21,4	2,3	1,7	9,0	0,2	8,2
Göttingen U	20,8	7,7	2,8	0,4	6,3	3,6
Hannover U	18,7	3,0	11,7	3,9		0,1
Mainz U	18,6	6,8	0,6	11,1	0,0	0,1
Berlin TU	16,4	14,2	1,6	0,0	0,5	0,2
Köln U	15,4	6,1	0,2	0,7	2,1	6,3
Würzburg U	14,3	10,8	0,6	0,7	0,5	1,8
Jena U	13,7	1,9	3,8	3,4		4,7
Darmstadt TU	13,6	2,9	1,3	8,3	1,0	
Berlin HU	12,7	7,4	0,4	3,7	1,2	
Aachen TH	12,6	7,1	0,9	4,6	0,0	
Stuttgart U	12,5	6,5	4,3		1,5	0,2
Duisburg-Essen U	11,7	9,0	0,5	0,3	1,6	0,4
Bochum U	10,9	2,5	3,3	0,6	1,3	3,2
Rang 1–20	**393,7**	**184,3**	**55,8**	**81,6**	**20,7**	**51,3**
Weitere HS[1)]	**194,2**	**130,4**	**29,1**	**16,5**	**10,6**	**7,4**
HS insgesamt	**587,9**	**314,8**	**84,9**	**98,1**	**31,3**	**58,7**
Basis: N HS	**71**	**68**	**47**	**38**	**44**	**30**

PKM: Forschungsfeld Physik der kondensierten Materie.
OPT: Forschungsfeld Optik, Quantenoptik und Physik der Atome, Moleküle und Plasmen.
TKF: Forschungsfeld Teilchen, Kerne und Felder.
SND: Forschungsfeld Statistische Physik, Weiche Materie, Biologische Physik, Nichtlineare Dynamik.
AST: Forschungsfeld Astrophysik und Astronomie.

[1)] Daten zu weiteren Hochschulen gehen aus der Tabelle Web-10 unter www.dfg.de/foerderatlas hervor.

Datenbasis und Quelle:
Deutsche Forschungsgemeinschaft (DFG): DFG-Bewilligungen für 2011 bis 2013.
Berechnungen der DFG.

Die disziplinäre Ausdifferenzierung der Hochschullandschaft in der Physik wird sichtbar, wenn Hochschulen eine Spitzenstellung in einzelnen Forschungsfeldern erreichen. Dies trifft beispielsweise für die **U Hannover** im Forschungsfeld Optik, Quantenoptik und Physik der Atome, Moleküle und Plasmen zu, für die **U Mainz** im Bereich Teilchen, Kerne und Felder. Das insgesamt kleinste Forschungsfeld Statistische Physik, Weiche Materie, Biologische Physik, Nichtlineare Dynamik ist an der **U Göttingen** besonders stark vertreten.

In Astrophysik und Astronomie wird nur an vergleichsweise wenigen Hochschulen (23) geforscht. Die **U Heidelberg** und die **U Bonn** werben in diesem Forschungsfeld die meisten Drittmittel ein.

Übersichten der bei der DFG insgesamt aktiven Hochschulen und außeruniversitären Forschungseinrichtungen in der Physik gehen aus Tabelle Web-10 und Web-19 unter www.dfg.de/foerderatlas hervor.

4.6.4 Mathematik

Mathematische Forschung wird an einer großen Zahl von Hochschulen betrieben. Die Bewilligungssummen in diesem Fach-

Tabelle 4-20:
Die Hochschulen mit den höchsten DFG-Bewilligungen für 2011 bis 2013 im Fachgebiet Mathematik

Hochschule	Gesamt
	Mio. €
Bonn U	22,1
Berlin TU	18,9
Bielefeld U	11,6
Darmstadt TU	10,1
Berlin HU	9,6
Münster U	9,5
Berlin FU	8,0
Aachen TH	6,2
Göttingen U	6,0
Mainz U	5,9
Karlsruhe KIT	5,3
Stuttgart U	4,5
Freiburg U	4,5
München TU	4,1
Hannover U	4,1
Hamburg U	4,0
Erlangen-Nürnberg U	3,5
Bochum U	3,4
Köln U	3,3
Dresden TU	3,1
Rang 1–20	**147,6**
Weitere HS[1]	**47,0**
HS insgesamt	**194,6**
Basis: N HS	**71**

[1] Daten zu weiteren Hochschulen gehen aus der Tabelle Web-10 unter www.dfg.de/foerderatlas hervor.

Datenbasis und Quelle:
Deutsche Forschungsgemeinschaft (DFG): DFG-Bewilligungen für 2011 bis 2013.
Berechnungen der DFG.

gebiet sind im Vergleich mit insgesamt 195 Millionen Euro relativ gering, jedoch seit dem Zeitraum 2008 bis 2010 um mehr als 20 Millionen Euro gestiegen (vgl. Tabelle 4-20). Einer der Hauptstandorte der DFG-geförderten Mathematik ist die **U Bonn,** die auf ihrer Webseite die Mathematik dementsprechend auch als einen ihrer wichtigsten Profilbereiche hervorhebt. Sichtbares Zeichen für ihre Ausrichtung auf das Fach ist der Exzellenzcluster *„Mathematik: Grundlagen, Modelle, Anwendungen"* am **Hausdorff-Center for Mathematics.** Einen deutlichen Zuwachs an DFG-Bewilligungen konnte die **TU Berlin** verzeichnen. Dies ist auch auf die Graduiertenschule *„Berlin Mathematical School"* zurückzuführen, die Wissenschaftlerinnen und Wissenschaftler der **TU Berlin** gemeinsam mit der **FU Berlin** und der **HU Berlin** aufgebaut haben.

Übersichten der bei der DFG insgesamt aktiven Hochschulen und außeruniversitären Forschungseinrichtungen in der Mathematik gehen aus Tabelle Web-10 und Web-19 unter www.dfg.de/foerderatlas hervor.

4.6.5 Geowissenschaften

In den Geowissenschaften nehmen die norddeutschen Universitäten eine führende Rolle ein. Von den insgesamt 255 Millionen Euro, die in diesem Fachgebiet durch die DFG bewilligt wurden, geht ein Fünftel an die beiden Standorte **U Bremen** und **U Hamburg** (vgl. Tabelle 4-21). Die Exzellenzcluster *„MARUM"* an der **U Bremen** beziehungsweise *„Clisap – Integrierte Klimasystemanalyse und -vorhersage"* an der **U Hamburg** bieten einen sichtbaren Kristallisationspunkt der entsprechenden Forschungsschwerpunkte. Die **U Bremen** konnte im Zeitraum 2011 bis 2013 sowohl in der Atmosphären- und Meeresforschung als auch in der Geologie und Paläontologie hohe Summen einwerben.

Auch andere Universitäten weisen Spezialisierungen auf: Der **U Heidelberg** gelang es, mehrere Forschergruppen in der Geochemie, Mineralogie und Kristallographie einzurichten, sie ist darüber hinaus in einschlägigen Schwerpunktprogrammen der DFG aktiv. In der Wasserforschung konnte, wie schon 2008 bis 2010 (DFG, 2012: 147), die **U Stuttgart** die meisten DFG-Mittel einwerben.

Übersichten der bei der DFG insgesamt aktiven Hochschulen und außeruniversitären Forschungseinrichtungen in den Geowissenschaften gehen aus Tabelle Web-10 und Web-19 unter www.dfg.de/foerderatlas hervor.

Tabelle 4-21:
Die Hochschulen mit den höchsten DFG-Bewilligungen für 2011 bis 2013 im Fachgebiet Geowissenschaften

Hochschule	Gesamt	davon					
		AMF	GUP	GPG	GMK	GEO	WAS
	Mio. €	Mio. €	Mio. €	Mio. €	Mio. €	Mio. €	Mio. €
Bremen U	36,3	21,3	11,6	0,1	3,3	0,0	
Hamburg U	15,9	8,3	2,5	2,3	0,3	2,1	0,3
Bonn U	14,2	3,7	4,4	2,5	1,0	1,4	1,1
Köln U	14,2	3,3	5,4	0,8	1,1	3,1	0,4
Heidelberg U	12,1	2,1	1,7		6,3	1,3	0,8
Potsdam U	11,3	0,2	4,6	2,5	1,7		2,4
Tübingen U	10,0	0,3	4,6	0,5	2,6	0,2	1,9
Karlsruhe KIT	9,0	4,4		1,6	0,3	0,3	2,5
Hannover U	8,6	0,4	1,1	2,9	2,1	0,3	1,9
Frankfurt/Main U	8,2	2,1	1,5	1,2	2,3	1,0	
Kiel U	7,9	0,8	4,1	0,9	0,6	1,0	0,3
Münster U	7,6	0,4	1,7	2,1	3,2	0,3	0,1
Berlin FU	7,6	1,7	4,5	1,0		0,2	0,2
Göttingen U	7,4	0,6	2,4	0,3	2,8	1,1	0,1
Bayreuth U	6,9	1,5	0,3	0,8	1,9	1,5	1,0
Jena U	6,4	0,4	1,8	0,2	3,0	0,3	0,8
Stuttgart U	6,3	0,0	0,1	0,7	0,6	0,0	4,7
München LMU	6,2	0,7	0,5	2,8	1,6	0,3	0,4
Bochum U	5,0	0,3	1,8	0,9	1,4	0,2	0,4
München TU	4,6			3,5	0,2	0,3	0,7
Rang 1–20	**205,9**	**52,6**	**54,5**	**27,5**	**36,1**	**14,9**	**20,2**
Weitere HS[1)]	**49,4**	**6,6**	**9,2**	**6,4**	**6,3**	**11,2**	**9,7**
HS insgesamt	**255,3**	**59,2**	**63,8**	**33,9**	**42,4**	**26,1**	**29,9**
Basis: N HS	**68**	**42**	**40**	**33**	**37**	**49**	**38**

AMF: Forschungsfeld Atmosphären- und Meeresforschung.
GUP: Forschungsfeld Geologie und Paläontologie.
GPG: Forschungsfeld Geophysik und Geodäsie.
GMK: Forschungsfeld Geochemie, Mineralogie und Kristallographie.
GEO: Forschungsfeld Geographie.
WAS: Forschungsfeld Wasserforschung.

[1)] Daten zu weiteren Hochschulen gehen aus der Tabelle Web-10 unter www.dfg.de/foerderatlas hervor.

Datenbasis und Quelle:
Deutsche Forschungsgemeinschaft (DFG): DFG-Bewilligungen für 2011 bis 2013.
Berechnungen der DFG.

4.7 Förderprofile in den Ingenieurwissenschaften

Ingenieurwissenschaftliche Forschung ist oftmals besonders anwendungsnah und findet in vielen Fällen in Unternehmen statt oder wird durch diese finanziell unterstützt. Die Förderung der DFG dagegen fokussiert auf die Förderung der ingenieurwissenschaftlichen erkenntnisgeleiteten Forschung an Hochschulen. Insgesamt wurden im Zeitraum 2011 bis 2013 von der DFG knapp 1.500 Millionen Euro für Forschungsvorhaben im Bereich der Ingenieurwissenschaften bewilligt. Dies entspricht rund einem Fünftel der Gesamtbewilligungen der DFG. In den FuE-Programmen des Bundes und der EU spielen die Ingenieurwissenschaften gerade aufgrund der Anwendungsnähe und des Entwicklungsbezugs eine besondere Rolle. Im Zeitraum von 2011 bis 2013 entfallen bei der EU rund 1.370 Millionen Euro (etwa 46 Prozent des Bewilligungsvolumens) auf Projekte und Verbünde in den Ingenieurwissenschaften (vgl. Tabelle 4-2). Dies sind rund 180 Millionen Euro mehr als im Vergleichszeitraum 2008 bis 2010. Im Rahmen der direkten FuE-Förderung des Bundes wurden darüber hinaus rund 2.200

Millionen Euro für die Förderung von Forschung an Hochschulen und außeruniversitären Einrichtungen in den Ingenieurwissenschaften bewilligt.

4.7.1 Überblick

In Tabelle 4-22 dargestellt ist die Verteilung der von den drei Mittelgebern DFG, Bund und EU bewilligten Fördermittel für ingenieurwissenschaftliche Forschung differenziert nach der Art der Forschungseinrichtung. Rund 90 Prozent der DFG-Bewilligungen in den Ingenieurwissenschaften werden für Projekte an Hochschulen, circa 10 Prozent für Forschungsvorhaben an außeruniversitären Forschungseinrichtungen bewilligt. Sowohl in absoluten Beträgen als auch prozentual hat das Gewicht der außeruniversitären Forschungseinrichtungen im Vergleich zum vorherigen Förderatlas zugenommen (DFG, 2012: 151).

Schwerpunkt der auf öffentlich finanzierte Einrichtungen entfallenden Projektförderung von Bund und EU bilden mit 56 beziehungsweise 55 Prozent die außeruniversitären Forschungseinrichtungen, 44 beziehungsweise 45 Prozent entfallen auf die Hochschulen. Der Anteil der Hochschulen an der direkten FuE-Förderung des Bundes hat in den Ingenieurwissenschaften gegenüber dem letzten Berichtszeitraum um 3,5 Prozentpunkte leicht zugenommen. Die Bewilligungen an außeruniversitäre Forschungseinrichtungen verteilen sich bei Bund und EU vergleichbar: Rund ein Fünftel der Förderung geht an die FhG, 10 Prozent an die Einrichtungen der HGF. Damit unterscheidet sich das Förderprofil zwischen Bund und EU auf der einen Seite und DFG auf der anderen Seite in den Ingenieurwissenschaften deutlich. Beim Bund ist anhand der geförderten Institute ein Schwerpunkt bei den erneuerbaren Energien abzulesen. So haben zum Beispiel das **Fraunhofer-Institut für Solare Energiesysteme (ISE)** über 68 Millionen Euro Bundesmittel und das **Fraunhofer-Institut für Windenergie und Energiesystemtechnik (IWES)** in Braunschweig rund 53 Millionen Euro eingeworben. Bei den weiteren Einrichtungen nimmt das **Zentrum für Sonnenenergie- und Wasserstoff-Forschung (ZSW)** in Stuttgart mit fast 51 Millionen Euro eine besondere Stellung ein. Aber auch die Einrichtungen der Helmholtz-Gemeinschaft haben bedeutende Summen in der direkten Projektförderung des Bundes eingeworben, so das **Deutsche Zentrum für Luft- und Raumfahrt (DLR)** in Köln mit 121 Millionen Euro

Tabelle 4-22:
Beteiligung[1] an Förderprogrammen für Forschungsvorhaben von DFG, Bund und EU nach Art der Einrichtung in den Ingenieurwissenschaften

Art der Einrichtung	DFG-Bewilligungen		Direkte FuE-Projektförderung des Bundes		FuE-Förderung im 7. EU-FRP[2]	
	Mio. €	%	Mio. €	%	Mio. €	%
Hochschulen	**1.342,7**	**90,3**	**960,8**	**44,0**	**381,1**	**45,2**
Außeruniversitäre Einrichtungen	**144,1**	**9,7**	**1.222,1**	**56,0**	**461,7**	**54,8**
Fraunhofer-Gesellschaft (FhG)	17,4	1,2	465,3	21,3	208,4	24,7
Helmholtz-Gemeinschaft (HGF)	21,9	1,5	207,6	9,5	85,0	10,1
Leibniz-Gemeinschaft (WGL)	14,6	1,0	42,4	1,9	18,9	2,2
Max-Planck-Gesellschaft (MPG)	28,3	1,9	25,1	1,1	15,0	1,8
Bundesforschungseinrichtungen	6,4	0,4	46,3	2,1	11,8	1,4
Weitere Einrichtungen	55,4	3,7	435,3	19,9	122,6	14,6
Insgesamt	**1.486,8**	**100,0**	**2.182,9**	**100,0**	**842,8**	**100,0**

[1] Nur Fördermittel für deutsche und institutionelle Mittelempfänger (ohne Industrie und Wirtschaft).
[2] Die hier ausgewiesenen Fördersummen zum 7. EU-Forschungsrahmenprogramm sind zu Vergleichszwecken auf einen 3-Jahreszeitraum entsprechend den Betrachtungsjahren der Fördersummen von DFG und Bund umgerechnet. Insgesamt haben die ausgewiesenen Einrichtungen im hier betrachteten Wissenschaftsbereich 1.966,5 Millionen Euro im 7. EU-Forschungsrahmenprogramm erhalten. Weitere methodische Ausführungen sind dem Methodenglossar im Anhang zu entnehmen.

Datenbasis und Quellen:
Bundesministerium für Bildung und Forschung (BMBF): Direkte FuE-Projektförderung des Bundes 2011 bis 2013 (Projektdatenbank PROFI).
Deutsche Forschungsgemeinschaft (DFG): DFG-Bewilligungen für 2011 bis 2013.
EU-Büro des BMBF: Beteiligungen am 7. EU-Forschungsrahmenprogramm (Laufzeit: 2007 bis 2013, Projektdaten mit Stand 21.02.2014).
Berechnungen der DFG.

Abbildung 4-14:
Gemeinsame Beteiligungen von Wissenschaftseinrichtungen an DFG-geförderten Verbundprogrammen sowie daraus resultierende Kooperationsbeziehungen 2011 bis 2013 in den Ingenieurwissenschaften

und das **FZ Jülich** mit knapp 38 Millionen Euro. Größter Einzelempfänger bei den weiteren Einrichtungen ist das **Gauss Centre for Supercomputing (GCS)** in Berlin mit 105 Millionen Euro.

Zunehmende Vernetzung in den Ingenieurwissenschaften mit außeruniversitären Forschungseinrichtungen

In Abbildung 4-14 sind die Beziehungen der Einrichtungen auf Basis gemeinsamer Beteiligungen an DFG-Verbünden dargestellt. Einen Einblick in die Methodik gibt Kapitel 4.4 am Beispiel der Geistes- und Sozialwissenschaften.

Insgesamt sind 152 Hochschulen und Forschungseinrichtungen (85 außeruniversitäre Forschungseinrichtungen) an diesem Netzwerk der Ingenieurwissenschaften beteiligt. Etwa die Hälfte davon weist nur eine gemeinsame Beteiligung an einem DFG-Verbund auf; diese wird aus Darstellungsgründen in Abbildung 4-14 nicht gezeigt. Wie bereits bei den vorherigen kartografischen Netzwerkabbildungen erläutert, werden Beziehungen zwischen Einrichtungen durch Linien symbolisiert, deren Stärke mit der Anzahl der gemeinsamen Beteiligungen zunimmt. Der Kreisdurchmesser gibt die Anzahl der gemeinsamen Beteiligungen an den Programmen an. Aus darstellungstechnischen Gründen weist die Abbildung nur Standorte mit drei und mehr gemeinsamen Beteiligungen an DFG-Programmen aus. Gemeinsame Beteiligungen werden ab einer Häufigkeit von eins in Linienform angezeigt.

Mit Blick auf die Hochschulen wird das Netzwerk vor allem von den Technischen Hochschulen **TH Aachen, KIT Karlsruhe, TU Darmstadt, TU Dresden** und **U Erlangen-Nürnberg** geprägt. Vor allem die Aachener Universität weist durch ihre Beteiligung an DFG-geförderten Verbünden vielfältige Kooperationsbezüge sowohl in die Region wie zu deutschlandweit aktiven Partnern auf, unter anderem auch zu einem dichten Cluster im benachbarten Ruhrgebiet, das sich um die Universitäten **U Bochum** und **TU Dortmund** etabliert hat. Eine ausgeprägt regionale Zusammenarbeit vor allem mit Instituten der Fraunhofer-Gesellschaft ist für den Standort Sachsen rund um die **TU Dresden** und die **TU Chemnitz** charakteristisch. Ähnliches gilt für den Berliner Raum. Wissenschaftlerinnen und Wissenschaftler an Fraunhofer-Instituten prägen auch einen Kooperationscluster, der sich über einen Großraum rund um das **KIT Karlsruhe,** die **U Stuttgart** und die **TU Darmstadt** aufspannt.

Aachen wirbt insgesamt und auf Ebene der Fachgebiete die meisten DFG-Mittel ein

Tabelle 4-23 weist die 40 Hochschulen mit dem höchsten absoluten DFG-Bewilligungsvolumen sowie mit dem höchsten Pro-Kopf-Bewilligungsvolumen in den Ingenieurwissenschaften aus. Basis der Relativierung sind dabei die Anzahl der Professuren beziehungsweise die Anzahl der Wissenschaftlerinnen und Wissenschaftler an der jeweiligen Hochschule.

Gegenüber dem im letzten Förderatlas betrachteten Zeitraum hat sich die Anzahl der Hochschulen mit DFG-Förderung in den Ingenieurwissenschaften von 108 auf 121 erhöht.

Auf die 40 bewilligungsaktivsten Hochschulen entfallen 1.250 Millionen Euro des Gesamtbewilligungsvolumens von mehr als 1.340 Millionen Euro. Aus naheliegenden Gründen zeigt sich eine sehr starke Konzentration auf große technische Hochschulen. Hochschulen mit kleineren DFG-Bewilligungsvolumina in diesem Wissenschaftsbereich werben diese Mittel auch meist nicht in klassisch technischen Fächern ein, sondern vor allem in der Informatik und verwandten Gebieten, die bei der DFG den Ingenieurwissenschaften zugerechnet werden, in diesen Universitäten aber oft an nicht technischen Fakultäten angesiedelt sind.

Die höchste absolute und auch relativierte Fördersumme in den Ingenieurwissenschaften erzielt die **TH Aachen.** Wie auch im letzten Berichtszeitraum gehören daneben die **TU Darmstadt,** die **U Stuttgart,** das **KIT Karlsruhe** und die **TU München** zu den bewilligungsaktivsten Einrichtungen. Die **U Erlangen-Nürnberg** hat ihren Anteil am Bewilligungsvolumen gegenüber dem Zeitraum 2008 bis 2010 ausgebaut. Alle genannten Universitäten sind auch mit in der Regel mehreren Verbünden in den Ingenieurwissenschaften an der Exzellenzinitiative beteiligt.

Weniger eng als in den vorhergehenden Berichtsperioden fällt der Zusammenhang zwischen absolutem und relativem Bewilligungs-

Tabelle 4-23:
Die Hochschulen mit den absolut und personalrelativiert höchsten DFG-Bewilligungen für 2011 bis 2013 in den Ingenieurwissenschaften

Absolute DFG-Bewilligungssumme		Personalrelativierte DFG-Bewilligungssumme[1]					
Hochschule	Gesamt	Hochschule	Professorenschaft		Hochschule	Wissenschaftler/-innen	
	Mio. €		N	Tsd. € je Prof.		N	Tsd. € je Wiss.
Aachen TH	143,5	Aachen TH	164	872,9	Berlin HU	104	86,9
Darmstadt TU	88,4	Erlangen-Nürnberg U	98	758,0	Bielefeld U	196	78,8
Erlangen-Nürnberg U	74,4	Freiburg U	40	724,2	Freiburg U	435	66,0
Stuttgart U	74,3	Darmstadt TU	131	674,8	Bonn U	130	62,3
Karlsruhe KIT	74,2	Freiberg TU	42	655,1	Jena U	126	61,5
München TU	72,8	Chemnitz TU	51	649,8	Erlangen-Nürnberg U	1.233	60,3
Dresden TU	64,4	Bochum U	65	641,0	Darmstadt TU	1.500	58,9
Berlin TU	56,1	Hannover U	93	593,9	Oldenburg U	107	56,8
Hannover U	55,2	Karlsruhe KIT	144	515,7	Saarbrücken U	362	56,3
Dortmund TU	48,5	Stuttgart U	146	510,4	Bochum U	743	55,9
Bochum U	41,5	Bremen U	55	494,4	Aachen TH	2.662	53,9
Chemnitz TU	33,1	Dortmund TU	100	485,7	Kiel U	312	52,0
Braunschweig TU	30,4	Bayreuth U	23	467,8	Dortmund TU	935	51,9
Freiburg U	28,7	München TU	167	435,6	Hannover U	1.102	50,1
Freiberg TU	27,5	Saarbrücken U	49	415,8	Ulm U	266	47,3
Bremen U	27,0	Paderborn U	51	405,2	Paderborn U	449	45,8
Ilmenau TU	24,0	Dresden TU	165	389,9	Bremen U	620	43,5
Kaiserslautern TU	22,2	Ilmenau TU	64	377,6	Bayreuth U	249	43,4
Paderborn U	20,6	Kiel U	44	369,0	Freiberg TU	642	42,8
Saarbrücken U	20,4	Jena U	22	352,3	Tübingen U	130	41,3
Hamburg-Harburg TU	17,6	Ulm U	37	337,0	Karlsruhe KIT	1.823	40,7
Magdeburg U	17,2	Braunschweig TU	95	318,8	Berlin FU	103	40,4
Duisburg-Essen U	16,6	Clausthal TU	45	309,4	Kaiserslautern TU	580	38,2
Kiel U	16,2	Oldenburg U	20	302,7	Chemnitz TU	889	37,3
Bielefeld U	15,5	Magdeburg U	61	280,1	Ilmenau TU	645	37,2
Clausthal TU	13,9	Berlin TU	211	266,1	Hamburg U	145	36,8
Rostock U	13,8	Hamburg U	20	261,7	Siegen U	330	35,5
Ulm U	12,6	Tübingen U	21	250,9	Augsburg U	127	35,1
Siegen U	11,7	Kaiserslautern TU	90	246,3	Stuttgart U	2.225	33,4
Bayreuth U	10,8	Rostock U	64	215,8	München LMU	115	31,4
Kassel U	10,6	Hamburg-Harburg TU	83	211,8	Magdeburg U	552	31,1
Heidelberg U	10,0	Duisburg-Essen U	84	199,0	Leipzig U	136	31,0
Berlin HU	9,0	Weimar U	44	173,0	München TU	2.347	31,0
Bonn U	8,1	Siegen U	68	171,6	Clausthal TU	450	30,9
Jena U	7,8	Hamburg UdBW	27	113,0	Frankfurt/Main U	112	30,2
Weimar U	7,6	Kassel U	95	111,6	Rostock U	459	30,1
Konstanz U	6,8	Cottbus-Senftenberg BTU	97	55,6	Hamburg-Harburg TU	617	28,5
Oldenburg U	6,1	Wuppertal U	75	55,5	Dresden TU	2.263	28,5
Münster U	5,7	München UdBW	105	51,4	Braunschweig TU	1.132	26,9
München UdBW	5,4	Leipzig HSfTk	20	11,0	Berlin TU	2.122	26,4
Rang 1–40	**1.250,1**	**Rang 1–40**	**3.076**	**406,4**	**Rang 1–40**	**29.477**	**42,4**
Weitere HS[2]	**92,6**	**Weitere HS[2]**	**8.691**	**10,7**	**Weitere HS[2]**	**19.646**	**4,7**
HS insgesamt	**1.342,7**	**HS insgesamt**	**11.767**	**114,1**	**HS insgesamt**	**49.123**	**27,3**
davon Univ.	**1.333,4**	**davon Univ.**	**3.540**	**376,7**	**davon Univ.**	**34.549**	**38,6**
Basis: N HS	**121**	**Basis: N HS**	**216**	**121**	**Basis: N HS**	**228**	**121**

[1] Die Berechnungen erfolgen nur für Hochschulen, an denen 20 und mehr Professorinnen und Professoren beziehungsweise 100 und mehr Wissenschaftlerinnen und Wissenschaftler insgesamt im Jahr 2012 im hier betrachteten Wissenschaftsbereich hauptberuflich tätig waren.
[2] Daten zu weiteren Hochschulen gehen aus den Tabellen Web-7 und Web-11 unter www.dfg.de/foerderatlas hervor.

Datenbasis und Quellen:
Deutsche Forschungsgemeinschaft (DFG): DFG-Bewilligungen für 2011 bis 2013.
Statistisches Bundesamt (DESTATIS): Bildung und Kultur. Personal an Hochschulen 2012. Sonderauswertung zur Fachserie 11, Reihe 4.4.
Berechnungen der DFG.

Abbildung 4-15:
Förderprofile der Hochschulen: Fächerlandkarte auf Basis von DFG-Bewilligungen für 2011 bis 2013 in den Ingenieurwissenschaften

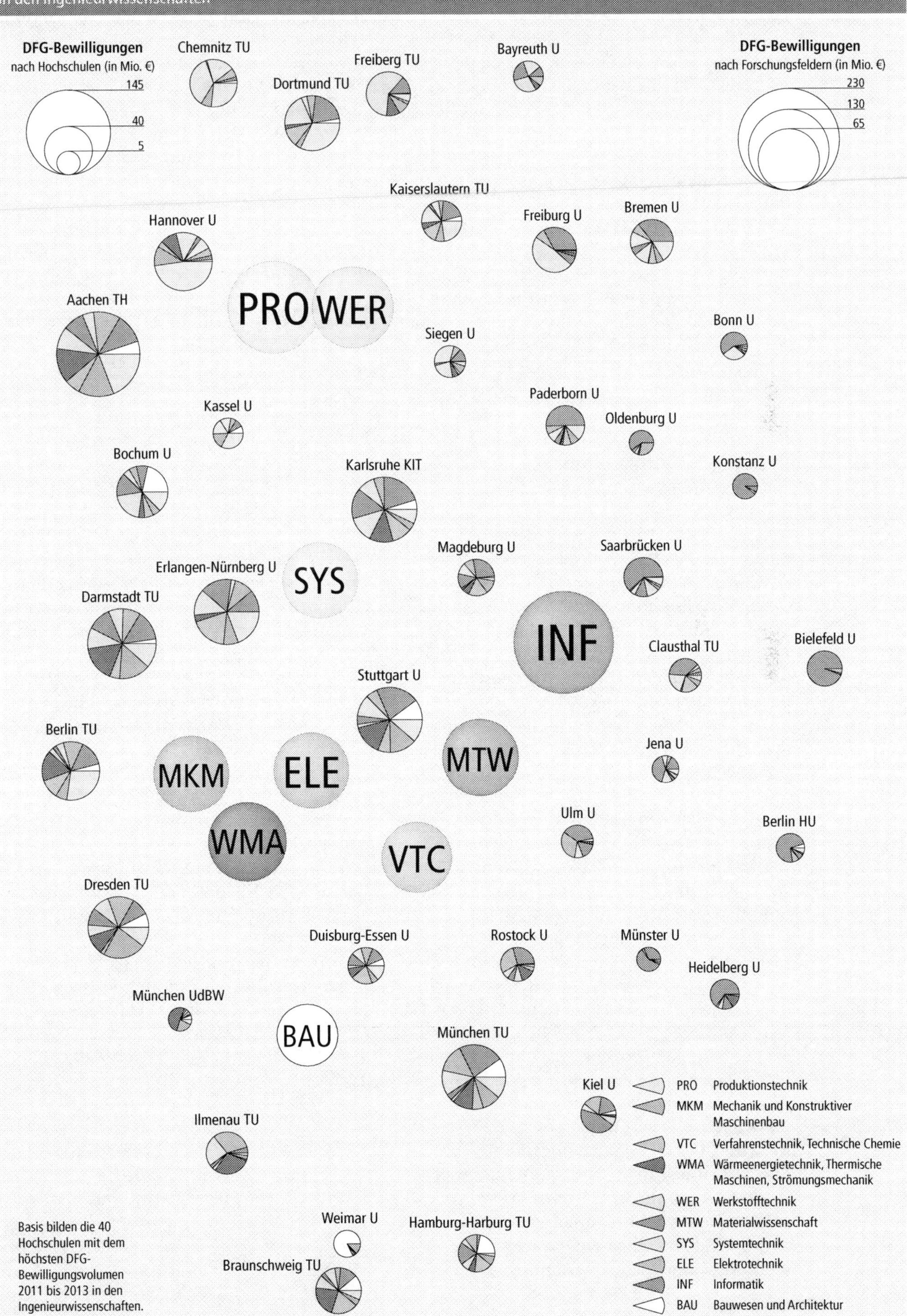

Basis bilden die 40 Hochschulen mit dem höchsten DFG-Bewilligungsvolumen 2011 bis 2013 in den Ingenieurwissenschaften.

erfolg aus. Kleinere Hochschulen wie **TU Freiberg, TU Chemnitz** und **U Freiburg,** deren Förderprofile klare Schwerpunkte in Teilbereichen der Ingenieurwissenschaften aufweisen, können sich in der personalrelativierten Betrachtung gut positionieren. Gleichwohl ist auch hier, wie für die drei zuvor berichteten Wissenschaftsbereiche, eine große Ähnlichkeit zwischen der absoluten und der relativen Rangreihe festzuhalten: Drei der absolut bewilligungsaktivsten Hochschulen sind auch in der relativen Rangreihe führend (neben der schon erwähnten **TH Aachen** die **TU Darmstadt** und die **U Erlangen-Nürnberg).** Und auch die Schnittmenge der 20 absolut und der 20 relativ bewilligungsaktivsten Hochschulen bewegt sich mit 15 Einrichtungen auf dem von den drei anderen Wissenschaftsbereichen bekannten Niveau.

Forschungsprofile von Hochschulen in den DFG-geförderten Ingenieurwissenschaften

Abbildung 4-15 zeigt die DFG-geförderten fachlichen Forschungsschwerpunkte der 40 bewilligungsaktivsten Hochschulen mittels einer Visualisierung der DFG-Fächerprofile. Dabei konnte, wie bereits im Kapitel 4.4 am Beispiel der Geistes- und Sozialwissenschaften näher erläutert, in einer Weiterentwicklung der Methodik gegenüber dem Förderatlas 2012 auch die Exzellenzinitiative des Bundes und der Länder in die Betrachtung aufgenommen werden.

Die der Abbildung 4-15 zugrunde liegenden Daten können unter www.dfg.de/foerder atlas in Tabelle Web-11 eingesehen werden.

Die 40 bewilligungsaktivsten Hochschulen werden gemäß ihren fachlichen Schwerpunkten zu den zehn ingenieurwissenschaftlichen Forschungsfeldern der DFG positioniert. Dabei sind die Mittel deutlich gleichmäßiger auf diese Forschungsfelder verteilt als beispielsweise in den Naturwissenschaften. Trotzdem gibt es, wie auch in den folgenden Kapiteln zu den einzelnen Fachgebieten näher erläutert, neben den führenden „Allroundern" in den Ingenieurwissenschaften wie der **TH Aachen,** dem **KIT Karlsruhe,** der **TU Darmstadt** und der **U Erlangen-Nürnberg** auch klare Spezialisierungen. Die **TU Ilmenau** (unten im Bild) weist beispielsweise einen Schwerpunkt im DFG-Forschungsfeld Wärmeenergietechnik, Thermische Maschinen und Strömungsmechanik auf. An der **TU Dortmund** (oben im Bild) bearbeiten Ingenieurwissenschaftlerinnen und -wissenschaftler demgegenüber in großem Umfang Forschungsfragen der Produktionstechnik.

Am Forschungsfeld Informatik wird aus der Abbildung schließlich auch der bereits oben angedeutete Sachverhalt deutlich, dass dieses Feld an einer Vielzahl von insgesamt kaum technisch ausgerichteten Hochschulen deren „ingenieurwissenschaftliches" Profil prägt. Nahezu ausschließlich auf dieses Feld fokussiert ist die Forschung im hier betrachteten Wissenschaftsbereich an der **U Bielefeld** und an der **U Konstanz.** Als dominierendes Feld prägt die Informatik darüber hinaus etwa die Standorte **U Heidelberg, HU Berlin, U Saarbrücken** und **U Bonn.**

TH Aachen, TU München und TU Darmstadt für AvH-geförderte Gastwissenschaftler besonders attraktiv – ERC-Geförderte häufig an der TU München

Im Vergleich der Wissenschaftsbereiche weisen die Ingenieurwissenschaften die geringste Zahl an AvH- und DAAD-geförderten Gastwissenschaftlerinnen und -wissenschaftlern auf. In beiden Fällen führt die internationale „Abstimmung mit den Füßen" eine Vielzahl ingenieurwissenschaftlich ausgerichteter Gäste an die **TH Aachen,** und auch das **KIT Karlsruhe** sowie die **TU München** sind für beide Gefördertengruppen wichtige Zieladressen. Die **TU München** und die **TH Aachen** führen dabei auch hinsichtlich der Zahl der ERC Grantees; 19 der insgesamt 92 dem Wissenschaftsbereich zuzurechnenden Grants der Jahre 2007 bis 2013 entfielen auf an diesen Hochschulen tätige Personen (vgl. Tabelle 4-24).

Ausführliche Angaben zur Zahl der AvH-, DAAD- und ERC-Geförderten je Hochschule und außeruniversitärer Forschungseinrichtung finden sich als Tabelle Web-27, Web-29, Web-30 und Web-31 unter www.dfg.de/foer deratlas.

DFG-aktive Universitäten auch in der IGF- und ZIM-KOOP-geförderten Verbundforschung erfolgreich

Eine wichtige Rolle in der Förderung angewandter Forschung und Entwicklung (FuE)

Tabelle 4-24:
Die am häufigsten gewählten Hochschulen von AvH-, DAAD- und ERC-Geförderten in den Ingenieurwissenschaften

AvH-Geförderte		DAAD-Geförderte		ERC-Geförderte	
Hochschule	**N**	**Hochschule**	**N**	**Hochschule**	**N**
Darmstadt TU	42	Berlin TU	73	München TU	10
München TU	37	Aachen TH	63	Aachen TH	9
Aachen TH	34	Dresden TU	48	Freiburg U	7
Karlsruhe KIT	30	Karlsruhe KIT	41	Erlangen-Nürnberg U	5
Berlin TU	29	München TU	40	Berlin TU	4
Erlangen-Nürnberg U	20	Darmstadt TU	39	Darmstadt TU	4
Bochum U	19	Freiberg TU	26	Karlsruhe KIT	4
Stuttgart U	19	Hannover U	26	München LMU	4
Hannover U	18	Stuttgart U	24	Münster U	3
Duisburg-Essen U	13	Braunschweig TU	22	Saarbrücken U	3
Berlin HU	12	Erlangen-Nürnberg U	22	Würzburg U	3
Dortmund TU	12	Bochum U	20		
Freiburg U	12	Cottbus-Senftenberg BTU	18		
Kaiserslautern TU	12	Dortmund TU	18		
Dresden TU	10	Duisburg-Essen U	18		
Göttingen U	10	Magdeburg U	18		
Münster U	10	Siegen U	17		
Braunschweig TU	9	Ilmenau TU	14		
Magdeburg U	9	Kaiserslautern TU	12		
Siegen U	9	Berlin HU	11		
		Hamburg-Harburg TU	11		
		Kassel U	11		
		Rostock U	11		
Rang 1–20	**366**	**Rang 1–20**	**603**	**Rang 1–10**	**56**
Weitere HS[1)]	**146**	**Weitere HS[1)]**	**144**	**Weitere HS[1)]**	**36**
HS insgesamt	**512**	**HS insgesamt**	**747**	**HS insgesamt**	**92**
Basis: N HS	**72**	**Basis: N HS**	**62**	**Basis: N HS**	**36**

[1)] Daten zu weiteren Hochschulen gehen aus den Tabellen Web-27, Web-29 und Web-30 unter www.dfg.de/foerderatlas hervor.

Datenbasis und Quellen:
Alexander von Humboldt-Stiftung (AvH): Aufenthalte von AvH-Gastwissenschaftlerinnen und -wissenschaftlern 2009 bis 2013.
Deutscher Akademischer Austauschdienst (DAAD): Geförderte ausländische Wissenschaftlerinnen und Wissenschaftler 2009 bis 2013.
EU-Büro des BMBF: ERC-Förderung im 7. EU-Forschungsrahmenprogramm (Laufzeit: 2007 bis 2013, Projektdaten mit Stand 21.02.2014). Zahlen beinhalten Starting Grants (inklusive 2014), Advanced Grants und Consolidator Grants.
Berechnungen der DFG.

kommt der Arbeitsgemeinschaft industrieller Forschungseinrichtungen „Otto von Guericke“ (AiF) zu. Als Allianz von Forschungsvereinigungen organisiert sie zusammen mit Partnern aus Wirtschaft, Wissenschaft und Staat Aktivitäten in diesem Bereich. Sie ist zudem als Projektträger des Bundes für Vorhaben zur Förderung von Forschung und Entwicklung an kleinen und mittelständischen Unternehmen (KMU) tätig. Zentrale Förderprogramme, die in diesem Zusammenhang von der AiF verwaltet werden, sind das Programm Industrielle Gemeinschaftsforschung (IGF) und das Zentrale Innovationsprogramm Mittelstand – Kooperationen (ZIM-KOOP) des Bundesministeriums für Wirtschaft und Technologie (BMWi)[19]. Im Berichtszeitraum belief sich das Gesamtfördervolumen der betrachteten Förderlinien auf 947 Millionen Euro (vgl. Tabelle 3-1).

Schwerpunkt der Förderung sind unternehmensübergreifende FuE-Vorhaben, die zum einen darauf abzielen, den Wissensstand im Bereich der Erschließung und Nutzung moderner Technologien zu erweitern, und

19 Vgl. auch Kapitel 2.3.6. Das Programm FH-Forschung wurde im betrachteten Zeitraum gegenüber der vorherigen Ausgabe des Förderatlas nicht mehr von der AiF betreut.

Tabelle 4-25:
Die Hochschulen mit der höchsten FuE-Förderung des Bundes im Rahmen der Programme IGF und ZIM-KOOP 2011 bis 2013

Gesamt		IGF		ZIM-KOOP	
Hochschule	**Mio. €**	**Hochschule**	**Mio. €**	**Hochschule**	**Mio. €**
Aachen TH	42,8	Aachen TH	28,1	Chemnitz TU	26,1
Dresden TU	40,6	München TU	26,2	Dresden TU	25,3
München TU	33,8	Dresden TU	15,3	Aachen TH	14,7
Chemnitz TU	31,4	Darmstadt TU	11,4	Karlsruhe KIT	12,4
Stuttgart U	21,2	Hannover U	11,0	Stuttgart U	12,0
Karlsruhe KIT	18,7	Stuttgart U	9,2	Berlin TU	11,5
Darmstadt TU	17,4	Braunschweig TU	6,6	Cottbus-Senftenberg BTU	10,3
Hannover U	16,9	Karlsruhe KIT	6,3	München TU	7,6
Berlin TU	16,0	Chemnitz TU	5,3	Berlin HU	6,1
Cottbus-Senftenberg BTU	12,4	Erlangen-Nürnberg U	4,7	Darmstadt TU	6,0
Braunschweig TU	11,2	Dortmund TU	4,7	Mannheim HS	6,0
Paderborn U	9,9	Paderborn U	4,6	Hannover U	5,9
Magdeburg U	9,3	Berlin TU	4,5	Ilmenau TU	5,8
Erlangen-Nürnberg U	9,1	Clausthal TU	4,2	Magdeburg U	5,4
Duisburg-Essen U	8,1	Duisburg-Essen U	4,1	Köln FH	5,4
Clausthal TU	7,8	Magdeburg U	3,9	Paderborn U	5,3
Dortmund TU	7,0	Hamburg-Harburg TU	3,6	Zwickau HS	4,8
Ilmenau TU	7,0	Hohenheim U	3,2	Braunschweig TU	4,6
Hamburg-Harburg TU	6,8	Kassel U	3,0	Freiberg TU	4,5
Freiberg TU	6,7	Kaiserslautern TU	2,7	Erlangen-Nürnberg U	4,5
Rang 1–20	**334,2**	**Rang 1–20**	**162,3**	**Rang 1–20**	**184,2**
Weitere HS[1]	**206,8**	**Weitere HS[1]**	**30,9**	**Weitere HS[1]**	**163,5**
HS insgesamt	**541,0**	**HS insgesamt**	**193,3**	**HS insgesamt**	**347,7**
Basis: N HS	**167**	**Basis: N HS**	**99**	**Basis: N HS**	**164**

[1] Daten zu weiteren Hochschulen gehen aus der Tabelle Web-25 unter www.dfg.de/foerderatlas hervor.

Datenbasis und Quelle:
Arbeitsgemeinschaft industrieller Forschungsvereinigungen (AiF): Fördermittel für die Industrielle Gemeinschaftsforschung (IGF) und das Zentrale Innovationsprogramm Mittelstand – Kooperationen (ZIM-KOOP) 2011 bis 2013.
Berechnungen der DFG.

zum anderen darauf, die Verwertung von Forschungsergebnissen in kleinen und mittleren Unternehmen (KMU) zu fördern. Hochschulen sind wichtiger Kooperationspartner in den geförderten Verbünden: Auf sie entfällt etwa 60 Prozent des Fördervolumens. Tabelle 4-25 weist die in den zwei Förderlinien im Berichtszeitraum 2011 bis 2013 jeweils führenden Hochschulen aus. Unter www.dfg.de/foerderatlas bietet Tabelle Web-25 eine umfassende Übersicht der weiteren Standorte.

Insgesamt verteilt sich die Förderung der zwei von der AiF betreuten Förderlinien im Berichtszeitraum auf 167 Hochschulen. Am IGF-Programm sind 99 Hochschulen, an der ZIM-KOOP-Förderlinie 164 Hochschulen beteiligt. Den größten Anteil am Fördervolumen dieser Programme haben mit deutlichem Abstand die **TH Aachen** sowie die **TU Dresden.** Weiterhin zählen die **TU München,** die **TU Chemnitz** und die **U Stuttgart** zu den fünf am stärksten geförderten Hochschulen. Darüber hinaus zeigt der Vergleich mit der die DFG-Bewilligungsvolumina ausweisenden Übersicht in Tabelle 4-23, dass acht von zehn Hochschulen mit dem höchsten Bewilligungsvolumen im Rahmen der von der AiF betreuten Förderlinien auch die Rangfolge in der DFG-Förderung in den Ingenieurwissenschaften anführen. Bei der AiF sehr aktiv sind aber auch weitere Standorte, so etwa die **TU Chemnitz,** die den größten Anteil an der Förderung in der ZIM-KOOP-Förderlinie auf sich vereint.

4.7.2 Maschinenbau und Produktionstechnik

Tabelle 4-26 weist die DFG-Bewilligungsvolumina im Fachgebiet Maschinenbau und Produktionstechnik aus, das sich aus den beiden Forschungsfeldern Produktionstechnik sowie Mechanik und Konstruktiver Maschinenbau zusammensetzt. Dargestellt sind die 20 bewilligungsaktivsten Hochschulen. Insgesamt wurden im Berichtszeitraum 293 Millionen Euro für Vorhaben an 56 Hochschulen bewilligt. Rund 47 Millionen Euro der Förderung entfallen auf die **TH Aachen,** die in der Gesamtbetrachtung des Fachgebiets aber auch auf Ebene der Forschungsfelder die Rangfolge anführt.

Im Vergleich der beiden Forschungsfelder zeigt sich, dass die beteiligten Hochschulen, wie schon in Abbildung 4-15 zu erkennen war, spezifische Schwerpunkte haben: Die **U Hannover, TU Dortmund, TU Berlin** und **U Erlangen-Nürnberg** sind besonders an der Förderung im Forschungsfeld Produktionstechnik beteiligt. Hingegen sind die **TU Dresden, TU Darmstadt, U Stuttgart** und **TU München** im Forschungsfeld Mechanik und Konstruktiver Maschinenbau besonders sichtbar.

Neben den Hochschulen präsentieren sich in der DFG-Förderung in diesem Fachgebiet auch die außeruniversitären Forschungseinrichtungen sehr stark. So werden DFG-Projekte am **Institut für Werkstofftechnik (IWT)** in Bremen mit fast 5 Millionen Euro gefördert, das **Institut für Kunststoffverarbeitung (IKV)** in Aachen und das **Bremer Institut für angewandte Strahltechnik (BIAS)** bearbeiten Forschungsvorhaben mit

Tabelle 4-26:
Die Hochschulen mit den höchsten DFG-Bewilligungen für 2011 bis 2013 im Fachgebiet Maschinenbau und Produktionstechnik

Hochschule	Gesamt	davon	
		PRO	MKM
	Mio. €	Mio. €	Mio. €
Aachen TH	47,3	27,5	19,8
Hannover U	32,4	26,4	6,0
Darmstadt TU	23,2	10,1	13,1
Dresden TU	21,3	6,7	14,6
Erlangen-Nürnberg U	19,9	14,3	5,6
Berlin TU	19,0	15,3	3,7
Stuttgart U	18,4	8,5	9,9
Dortmund TU	17,2	15,6	1,7
München TU	14,7	7,9	6,8
Chemnitz TU	11,2	8,8	2,4
Karlsruhe KIT	8,0	5,3	2,8
Bochum U	7,4	5,4	2,0
Kaiserslautern TU	6,7	5,1	1,7
Bremen U	5,8	4,4	1,4
Kassel U	5,2	3,4	1,8
Paderborn U	4,1	2,7	1,5
Braunschweig TU	3,3	2,0	1,3
Duisburg-Essen U	3,3	2,3	1,0
Magdeburg U	2,6	0,5	2,1
Freiberg TU	2,3	1,6	0,7
Rang 1–20	**273,4**	**173,8**	**99,6**
Weitere HS[1)]	**19,7**	**9,0**	**10,8**
HS insgesamt	**293,1**	**182,7**	**110,4**
Basis: N HS	**56**	**44**	**43**

PRO: Forschungsfeld Produktionstechnik.
MKM: Forschungsfeld Mechanik und Konstruktiver Maschinenbau.

[1)] Daten zu weiteren Hochschulen gehen aus der Tabelle Web-11 unter www.dfg.de/foerderatlas hervor.

Datenbasis und Quelle:
Deutsche Forschungsgemeinschaft (DFG): DFG-Bewilligungen für 2011 bis 2013.
Berechnungen der DFG.

Tabelle 4-27:
Die Hochschulen mit den höchsten DFG-Bewilligungen für 2011 bis 2013 im Fachgebiet Wärmetechnik/Verfahrenstechnik

Hochschule	Gesamt	davon	
		VTC	WMA
	Mio. €	Mio. €	Mio. €
Aachen TH	27,6	8,6	19,0
Darmstadt TU	19,0	4,2	14,9
Karlsruhe KIT	16,2	7,4	8,8
Erlangen-Nürnberg U	16,2	13,6	2,5
Stuttgart U	15,8	4,7	11,1
Berlin TU	15,5	6,0	9,5
Braunschweig TU	12,5	5,8	6,7
München TU	11,7	4,1	7,6
Dresden TU	7,9	1,3	6,6
Ilmenau TU	7,1	0,2	6,9
Hannover U	6,9	1,8	5,1
Dortmund TU	6,5	5,4	1,1
Freiberg TU	5,0	2,3	2,7
Duisburg-Essen U	4,6	3,2	1,4
Magdeburg U	4,1	2,9	1,1
Kaiserslautern TU	4,0	2,9	1,1
Bochum U	3,9	2,3	1,6
Hamburg-Harburg TU	3,8	2,8	1,1
München UdBW	2,8		2,8
Clausthal TU	2,6	2,4	0,2
Rang 1–20	**193,9**	**81,9**	**111,9**
Weitere HS[1)]	**27,9**	**14,7**	**13,3**
HS insgesamt	**221,8**	**96,6**	**125,2**
Basis: N HS	**70**	**52**	**57**

VTC: Forschungsfeld Verfahrenstechnik und Technische Chemie.
WMA: Forschungsfeld Wärmeenergietechnik, Thermische Maschinen, Strömungsmechanik.

[1)] Daten zu weiteren Hochschulen gehen aus der Tabelle Web-11 unter www.dfg.de/foerderatlas hervor.

Datenbasis und Quelle:
Deutsche Forschungsgemeinschaft (DFG): DFG-Bewilligungen für 2011 bis 2013. Berechnungen der DFG.

einem Volumen von jeweils rund 3 Millionen Euro.

Übersichten der bei der DFG insgesamt aktiven Hochschulen und außeruniversitären Forschungseinrichtungen in diesem Fachgebiet gehen aus Tabelle Web-11 und Web-19 unter www.dfg.de/foerderatlas hervor.

4.7.3 Wärmetechnik/Verfahrenstechnik

Tabelle 4-27 weist die 20 bewilligungsaktivsten Hochschulen sowie die Gesamtbewilligung im Fachgebiet Wärmetechnik/Verfahrenstechnik aus. Im vorherigen Förderatlas wurde dieses Fachgebiet, wie auch das Fachgebiet Materialwissenschaft und Werkstofftechnik, noch nicht gesondert ausgewiesen, sondern im Fachgebiet Maschinenbau zusammengefasst.

Insgesamt wurden im Berichtszeitraum Vorhaben an 70 Hochschulen mit einem Bewilligungsvolumen von insgesamt 222 Millionen Euro gefördert. Die **TH Aachen** vereint über 10 Prozent der DFG-Förderung in diesem Bereich auf sich. Zusammen mit den Hochschulen **TU Darmstadt, KIT Karlsruhe** und **U Erlangen-Nürnberg** bildet sie eine Gruppe, deren Bewilligungsvolumen sich von dem der anderen Hochschulen absetzt und insgesamt annähernd die Hälfte des Bewilligungsvolumens im Fachgebiet ausmacht.

In den beiden Forschungsfeldern des Fachgebiets profilieren sich jeweils unterschiedliche Standorte. Im Forschungsfeld Verfahrenstechnik und Technische Chemie hat die **U Erlangen-Nürnberg** mit Abstand das höchste DFG-Bewilligungsvolumen erhalten – sie erscheint dementsprechend auch in Abbildung 4-15 als der Standort mit dem höchsten Mittelanteil für dieses Forschungsfeld. Im Forschungsfeld Wärmeenergietechnik, Thermische Maschinen und Strömungsmechanik bilden **TH Aachen, TU Darmstadt** und **U Stuttgart** eine Spitzengruppe. Das Gebiet ist aber auch, wiederum mit Blick auf Abbildung 4-15, für die kleinere **TU Ilmenau** profilprägend.

In der außeruniversitären Forschung wirbt in diesem Fachgebiet das **Deutsche Zentrum für Luft- und Raumfahrt (DLR)** in Köln mit einer DFG-Bewilligungssumme von rund 5 Millionen Euro im Zeitraum 2011 bis 2013 die meisten DFG-Mittel ein. Die weiteren der rund 16 Millionen Euro in diesem Fachgebiet, die an außeruniversitäre Forschungseinrichtungen gehen, verteilen sich auf mehr als 40 Einrichtungen.

Übersichten der bei der DFG aktiven Hochschulen und außeruniversitären Forschungseinrichtungen in diesem Fachgebiet gehen aus Tabelle Web-11 und Web-19 unter www.dfg.de/foerderatlas hervor.

Tabelle 4-28:
Die Hochschulen mit den höchsten DFG-Bewilligungen für 2011 bis 2013 im Fachgebiet Materialwissenschaft und Werkstofftechnik

Hochschule	Gesamt	davon	
		WER	MTW
	Mio. €	Mio. €	Mio. €
Aachen TH	23,8	12,3	11,6
Erlangen-Nürnberg U	21,5	9,8	11,7
Karlsruhe KIT	20,9	9,6	11,3
Freiberg TU	20,0	16,5	3,5
Darmstadt TU	18,5	8,6	9,9
Bochum U	14,4	8,4	6,0
Chemnitz TU	12,1	11,8	0,3
Dresden TU	9,7	3,9	5,8
Dortmund TU	9,6	9,6	
Kiel U	8,5	1,2	7,2
Clausthal TU	8,1	2,9	5,3
Hannover U	8,0	6,7	1,3
Bayreuth U	5,7	3,1	2,6
Hamburg-Harburg TU	4,7	1,3	3,4
Bremen U	4,6	3,1	1,5
Stuttgart U	4,4	1,3	3,1
Saarbrücken U	4,2	2,1	2,1
Jena U	4,2	1,0	3,2
Kaiserslautern TU	3,9	3,4	0,5
Braunschweig TU	3,8	2,8	0,9
Rang 1–20	**210,7**	**119,6**	**91,2**
Weitere HS[1]	**47,9**	**14,9**	**33,0**
HS insgesamt	**258,7**	**134,5**	**124,2**
Basis: N HS	**76**	**58**	**63**

WER: Forschungsfeld Werkstofftechnik.
MTW: Forschungsfeld Materialwissenschaft.

[1] Daten zu weiteren Hochschulen gehen aus der Tabelle Web-11 unter www.dfg.de/foerderatlas hervor.

Datenbasis und Quelle:
Deutsche Forschungsgemeinschaft (DFG): DFG-Bewilligungen für 2011 bis 2013.
Berechnungen der DFG.

4.7.4 Materialwissenschaft und Werkstofftechnik

Für Vorhaben im Fachgebiet Materialwissenschaft und Werkstofftechnik wurden im Berichtszeitraum insgesamt knapp 260 Millionen Euro bewilligt. Dies entspricht einem Anteil von 19 Prozent an den gesamten DFG-Mitteln in den Ingenieurwissenschaften. An der Förderung waren 76 Hochschulen beteiligt. Auch hier bilden **TH Aachen, U Erlangen-Nürnberg, KIT Karlsruhe** und **TU Darmstadt** den Kern der bewilligungsaktivsten Hochschulen. Gut sichtbar ist darüber hinaus die **TU Freiberg:** Mit zwei dem Fachgebiet zugeordneten und aktuell noch laufenden Sonderforschungsbereichen weist sie einen klaren Schwerpunkt in der Werkstofftechnik auf und führt die Rangliste in diesem Bereich an (vgl. Tabelle 4-28).

Auf das Forschungsfeld Materialwissenschaft entfallen über 124 Millionen Euro. Die höchsten Fördersummen erzielen auch hier die Hochschulen **TU Aachen, U Erlangen-Nürnberg,** das **KIT Karlsruhe** und die **TU Darmstadt.** Darüber hinaus ist die **U Kiel** in diesem Forschungsfeld sehr präsent.

Neben den Hochschulen partizipieren über 60 außeruniversitäre Forschungsstätten an der DFG-Förderung im Fachgebiet Materialwissenschaft und Werkstofftechnik. Mit jeweils über 4 Millionen Euro Bewilligungssumme sind hier das **Bremer Institut für angewandte Strahltechnik (BIAS)** und das **Max-Planck-Institut für Eisenforschung** in Düsseldorf wichtige Forschungsstätten.

Tabelle 4-29:
Die Hochschulen mit den höchsten DFG-Bewilligungen für 2011 bis 2013 im Fachgebiet Elektrotechnik, Informatik und Systemtechnik

Hochschule	Gesamt	davon		
		SYS	ELE	INF
	Mio. €	Mio. €	Mio. €	Mio. €
Aachen TH	37,7	6,3	14,9	16,4
München TU	36,1	9,2	10,3	16,6
Stuttgart U	28,2	7,9	4,4	15,9
Darmstadt TU	25,8	6,1	7,4	12,3
Karlsruhe KIT	25,5	6,6	3,8	15,1
Freiburg U	25,4	13,8	2,2	9,4
Dresden TU	20,9	5,9	9,0	6,0
Erlangen-Nürnberg U	16,8	1,6	7,1	8,1
Berlin TU	16,6	2,5	6,2	7,9
Bremen U	14,7	3,2	1,9	9,7
Bielefeld U	14,6	0,0		14,6
Ilmenau TU	14,4	5,8	7,5	1,1
Dortmund TU	14,0	1,6	2,4	9,9
Saarbrücken U	13,6	0,9	0,2	12,5
Paderborn U	13,4	1,6	1,4	10,4
Ulm U	9,8	1,1	4,0	4,7
Chemnitz TU	9,2	6,4	2,0	0,8
Rostock U	8,9	1,0	4,0	3,9
Magdeburg U	7,8	1,7	1,5	4,6
Braunschweig TU	7,4	2,5	1,2	3,7
Rang 1–20	**360,7**	**85,5**	**91,4**	**183,7**
Weitere HS[1]	**141,4**	**32,6**	**21,6**	**87,2**
HS insgesamt	**502,1**	**118,1**	**113,1**	**270,9**
Basis: N HS	**89**	**64**	**54**	**79**

SYS: Forschungsfeld Systemtechnik.
ELE: Forschungsfeld Elektrotechnik.
INF: Forschungsfeld Informatik.

[1] Daten zu weiteren Hochschulen gehen aus der Tabelle Web-11 unter www.dfg.de/foerderatlas hervor.

Datenbasis und Quelle:
Deutsche Forschungsgemeinschaft (DFG): DFG-Bewilligungen für 2011 bis 2013.
Berechnungen der DFG.

Übersichten der bei der DFG insgesamt aktiven Hochschulen und außeruniversitären Forschungseinrichtungen in dem Fachgebiet gehen aus Tabelle Web-11 und Web-19 unter www.dfg.de/foerderatlas hervor.

4.7.5 Elektrotechnik, Informatik und Systemtechnik

Im Fachgebiet Elektrotechnik, Informatik und Systemtechnik wurden für den Berichtszeitraum Bewilligungen in einem Umfang von über 500 Millionen Euro ausgesprochen. Rund 37 Prozent und damit der größte Anteil der DFG-Förderung in den Ingenieurwissenschaften sind diesem Fachgebiet zugeordnet. Unmittelbar an der Förderung beteiligt sind 89 Hochschulen – darunter, wie schon oben ausgeführt, in großer Zahl auch Hochschulen nicht technischer Ausrichtung. Das Fachgebiet untergliedert sich in die Forschungsfelder Systemtechnik und Elektrotechnik, auf die 118 beziehungsweise 113 Millionen Euro entfallen, sowie Informatik, das mit insgesamt 270 Millionen Euro wiederum den Großteil des Fördervolumens dieses Fachgebiets auf sich vereint.

An der Exzellenzinitiative beteiligte Universitäten erfolgreich, aber auch andere Standorte profitieren

Die in Tabelle 4-29 dargestellte Übersicht der DFG-bewilligungsaktivsten Hochschulen führen **TH Aachen, TU München** und **U Stuttgart** an. Ihnen folgen mit annähernd gleichen Summen **TU Darmstadt**, **KIT Karlsruhe** und **U Freiburg.**

Im Forschungsfeld Informatik sind die **U Bielefeld** und **U Saarbrücken** mit einem klaren Schwerpunkt in diesem Bereich besonders DFG-aktiv. Die TU Ilmenau sticht mit einem Fördervolumen von rund 7,5 Millionen Euro besonders in der Elektrotechnik hervor.

Mit Abstand die höchste Bewilligungssumme im Fachgebiet Elektrotechnik, Informatik und Systemtechnik vereint bei den außeruniversitären Forschungseinrichtungen mit über 10 Millionen Euro das **Max-Planck-Institut für Informatik (MPII)** in Saarbrücken auf sich.

Übersichten der bei der DFG insgesamt aktiven Hochschulen und außeruniversitären Forschungseinrichtungen in diesem Fachgebiet gehen aus Tabelle Web-11 und Web-19 unter www.dfg.de/foerderatlas hervor.

Bund und EU fördern die Informationstechnologie an den führenden Hochschulen

Unter www.dfg.de/foerderatlas kann in der Tabelle Web-37 die Förderung des Bundes und der EU in der Informationstechnologie an Hochschulen eingesehen werden. Beide finanzieren in diesem Fachgebiet mit 244 Millionen Euro (Bund) und 236 Millionen (EU) in ähnlicher Größenordnung die Forschung an Hochschulen. Dabei gibt es eine große Übereinstimmung bei den jeweils besonders bewilligungsstarken Hochschulen. Gegenüber der DFG-Förderung ist beim Bund die **TU Berlin** erfolgreicher, bei der EU die **TU Dresden.**

Tabelle 4-30:
Die Hochschulen mit den höchsten DFG-Bewilligungen für 2011 bis 2013 im Fachgebiet Bauwesen und Architektur

Hochschule	Gesamt
	Mio. €
Bochum U	8,9
Stuttgart U	7,5
Aachen TH	7,1
München TU	7,0
Weimar U	6,3
Dresden TU	4,7
Hamburg-Harburg TU	3,8
Karlsruhe KIT	3,6
Braunschweig TU	3,4
Berlin TU	2,2
Darmstadt TU	1,9
Dortmund TU	1,2
Duisburg-Essen U	1,0
Kaiserslautern TU	0,9
Kassel U	0,8
Berlin UdK	0,6
Chemnitz TU	0,6
Kiel U	0,6
Hannover U	0,6
Cottbus-Senftenberg BTU	0,5
Rang 1–20	**63,2**
Weitere HS[1]	**3,8**
HS insgesamt	**67,0**
Basis: N HS	**41**

[1] Daten zu weiteren Hochschulen gehen aus der Tabelle Web-11 unter www.dfg.de/foerderatlas hervor.

Datenbasis und Quelle:
Deutsche Forschungsgemeinschaft (DFG): DFG-Bewilligungen für 2011 bis 2013.
Berechnungen der DFG.

4.7.6 Bauwesen und Architektur

Das Fachgebiet Bauwesen und Architektur ist bezogen auf sein DFG-Bewilligungsvolumen das kleinste Fachgebiet im Wissenschaftsbereich Ingenieurwissenschaften. Das Gesamtfördervolumen im Berichtszeitraum beläuft sich auf 67 Millionen Euro, mit denen Forschungsvorhaben an 41 Hochschulen gefördert wurden. Die Förderung konzentriert sich auf zehn Hochschulen, die über 90 Prozent der Fördersumme auf sich vereinigen. Die bewilligungsaktivsten Hochschulen sind **U Bochum, U Stuttgart** und **TH Aachen.** Neben technischen Hochschulen sind auch Kunsthochschulen oder künstlerisch ausgerichtete Hochschulen – etwa die **UdK Berlin** oder die **Bauhaus-U Weimar** – in diesem Fachgebiet sehr DFG-aktiv (vgl. Tabelle 4-30).

Übersichten der bei der DFG insgesamt aktiven Hochschulen und außeruniversitären Forschungseinrichtungen in diesem Fachgebiet gehen aus Tabelle Web-11 und Web-19 unter www.dfg.de/foerderatlas hervor.

5 Interdisziplinäre Zusammenarbeit in der Exzellenzinitiative

In der öffentlichen Diskussion um Forschung zählt die Frage nach deren Fachlichkeit sicher zu den besonders häufig gestellten: Was wird in der Chemie geforscht? Welchen Beitrag zum Thema X leistet die Informatik? Wie viel Geld fließt in der Medizin in die Erforschung bestimmter Krankheiten? Solche und ähnliche Fragen bestimmen den Alltag der Pressestellen von Hochschulen und Ministerien, von Forschungsorganisationen und Forschungsförderern. Deren Beantwortung fällt jedoch meist schwerer, als es die Einfachheit der Fragen vermuten lässt.

Das vorangegangene Kapitel hat in ausführlicher Weise die fachlichen Profile von Hochschulen und außeruniversitären Forschungseinrichtungen beleuchtet. Die dort vorgestellten Analysen sind entlang der Fachsystematik der DFG beziehungsweise bund- oder EU-spezifischen Fördergebiete beschrieben. Dadurch konnten die fachlichen Schwerpunktsetzungen von Einrichtungen im Rahmen der Drittmittelförderung herausgearbeitet werden.

Dieses abschließende Kapitel nähert sich dem Thema „Fachlichkeit" aus einer anderen Richtung. Im Vordergrund steht nun nicht länger die Frage, *innerhalb* welcher Fächer Einrichtungen besonders drittmittelaktiv sind (und so fachliche Akzente setzen). Vielmehr wird dargestellt, wie Mittel aus der Exzellenzinitiative genutzt werden, um die interdisziplinäre Zusammenarbeit *zwischen* Fächern zu unterstützen.

Fokussiert wird die Frage auf die Förderlinien Graduiertenschulen (GSC) und Exzellenzcluster (EXC). Zu deren Auswahlkriterien zählte neben der wissenschaftlichen Exzellenz der Forschung und der Förderung des wissenschaftlichen Nachwuchses die Schaffung von Strukturen zur intra- und interinstitutionellen Zusammenarbeit. Der Vernetzung der Disziplinen galt dabei besonderes Augenmerk – häufig betont auch aufseiten der Geförderten, wie etwa Interviews mit Sprecherinnen und Sprechern der Verbünde belegen.

So leicht es fällt, den Anspruch eines fruchtbaren Austauschs über Fächergrenzen hinweg zu formulieren, so schwierig gestaltet sich in der Regel der Versuch, belastbare Daten zu gewinnen, mit denen sich feststellen lässt, wie erfolgreich eben dies gelingt. Die in diesem Kapitel vorgestellten Analysen gehen der Frage nach der Gestalt interdisziplinärer Forschung mit einfachen Mitteln und allein deskriptivem Anspruch nach. Zugrunde gelegt werden hierfür maßgeblich für Zwecke der Öffentlichkeitsarbeit erhobene Daten, die hier erstmals für statistische Analysen genutzt werden.

5.1 Datenbasis und Methodik

Fragen zur fachlichen Ausrichtung DFG-geförderter Forschung sind auf einer vergleichsweise soliden Basis möglich. Die vor allem in Kapitel 4 vorgestellten Analysen profitieren dabei insbesondere von dem Umstand, dass die DFG ihr Förderhandeln mithilfe einer sehr feingliedrigen Fachsystematik erschließt (vgl. Kapitel 4.1). Dies darf allerdings nicht darüber hinwegtäuschen, dass Kategorisierungen unter Zugriff auf solche Systematiken nie absolut zu lesen sind. Wird in der datengestützten Berichterstattung der DFG etwa von geförderten Informatik-Projekten gesprochen, handelt es sich hierbei in der Regel um genau jene Projekte, die im Fachkollegium Informatik bearbeitet wurden. Damit ist aber keineswegs ausgeschlossen, dass auch in anderen Fachkollegien bearbeitete Projekte mehr oder weniger große Schnittmengen zu diesem Fach aufweisen. Weitgehend im Datendunkel findet sich auch die Antwort auf die Frage, aus welchen Fächern die Personen stammen, die Informatik-Projekte bei der DFG einreichen oder diese als wissenschaftliche Mitarbeiterinnen und Mitarbeiter bearbeiten. Ebenso schwierig ist es, eine Antwort auf die Frage zu geben, ob und in welchem Umfang „Informatiker" tatsächlich nur im Rahmen von Informatik-Projekten von der

DFG gefördert werden oder auch mit Projekten anderer fachlicher Schwerpunktsetzung reüssieren.

Deutlich wird die Komplexität fachlicher Zuordnung schließlich auch bei der Frage nach der entsprechenden Ausrichtung der großen Koordinierten Programme der DFG – insbesondere vor dem Hintergrund, dass gerade hier fachübergreifende Zusammenarbeit charakteristisch und diese auch nach Möglichkeit statistisch abzubilden ist[1].

Um für dieses Kapitel eine Perspektive einnehmen zu können, die eine vergleichende Betrachtung der Interdisziplinarität der beiden Förderlinien der Exzellenzinitiative erlaubt und dabei auch den Vergleich mit den etablierten Koordinierten DFG-Programmen zulässt, wird auf eine bisher nicht für Analysezwecke genutzte Datenbasis zugegriffen: Im Rahmen einer jährlich für Zwecke der Öffentlichkeitsarbeit durchgeführten Erhebung bei Sprecherinnen und Sprechern neu eingerichteter Verbünde werden diese seit 2001 unter anderem um Auskunft zu den dort beteiligten Fachrichtungen gebeten. Genutzt werden diese Daten, um sie über das Projektinformationssystem GEPRIS zu publizieren (vgl. www.dfg.de/gepris). Die interessierte Öffentlichkeit hat so die Möglichkeit, sich sowohl über die Themen DFG-geförderter Forschung zu informieren als auch über die Fach-Communities, die hierbei jeweils interagieren.

Die Erhebung erfolgt bewusst offen, das heißt ohne Vorgabe einer strukturierten Fachsystematik. Befragte haben so die Möglichkeit, sehr individuell und bei Bedarf auch sehr spezifisch auf die Beteiligung großer wie kleiner, etablierter wie neuer, sich gerade erst entwickelnder Fachrichtungen Auskunft zu geben[2]. Dieser Vorteil für die Außenkommunikation geht mit dem Nachteil einher, dass diese Fachrichtungen im Originalzustand wegen unterschiedlicher Schreibweisen, der synonymen Verwendung von Begriffen, einer fehlenden Hierarchisierung usw. einer statistischen Analyse nur eingeschränkt zugänglich sind (vgl. Kapitel 4).

Für die im Folgenden vorgestellten Analysen wurden die von Sprecherinnen und Sprechern vergebenen Fachrichtungen daher zunächst wiederum selbst klassifiziert und unter Zugriff auf die DFG-Fachsystematik jeweils genau einem von 14 dort ausgewiesenen Fachgebieten^{FR} zugeordnet[3].

Im hier betrachteten Zeitraum 2001 bis 2013 war es möglich, für insgesamt 1.244 Verbundprojekte sowie für jeweils 49 im Rahmen der Exzellenzinitiative geförderte Graduiertenschulen und Exzellenzcluster Informationen zu beteiligten Fachrichtungen zu erheben. Im Durchschnitt haben Sprecherinnen und Sprecher etwa sieben Fachrichtungen je Verbund notiert.

Wie Tabelle 5-1 in der Unterscheidung nach Förderlinien zeigt, ergibt sich bereits mit Blick auf diesen Durchschnittswert eine große Spannweite: Während Forschergruppen (einschließlich Klinischer Forschergruppen) und Schwerpunktprogramme im Mittel auf eine Zahl von fünf bis sechs Fachrichtungen je Verbund kommen, nutzen Sprecherinnen und Sprecher der beiden Förderlinien der Exzellenzinitiative den vorgegebenen Rahmen (maximal 12 Fachrichtungen) mit durchschnittlich knapp neun Nennungen sehr weit aus – bei allerdings nur graduellem Abstand zur Förderlinie Sonderforschungsbereiche sowie noch leicht übertroffen von den Forschungszentren mit im Durchschnitt 9,4 Fachrichtungen. Insgesamt kam es zur Nennung von nahezu 2.200 verschiedenen Fachrichtungen, die sich entsprechend der durchschnittlichen Zahl je Verbund zu einer Gesamthäufigkeit von mehr als 8.700 Nennungen addieren.

---

1 Im Förderatlas kommen verschiedene Methoden zum Einsatz, um die zugrunde liegenden Daten für Zwecke der fachbezogenen Berichterstattung aufzubereiten. Hinweise, wie insbesondere die fachübergreifende Ausrichtung Koordinierter Programme (zum Beispiel Forschergruppen und Sonderforschungsbereiche) statistisch Berücksichtigung findet, bietet das Methodenglossar im Anhang unter dem Stichwort „DFG-Förderung".

2 Im Begleitschreiben zur jährlichen Erhebung heißt es bezogen auf den hier interessierenden Teilaspekt: „Beteiligte Fachrichtungen: Hier benennen Sie bitte die Fachrichtungen, die das von Ihnen betreute Programm maßgeblich mitgestalten". Im durch Befragte auszufüllenden Formular wird diese Aufforderung ergänzend auf ein Maximum von zwölf Nennungen limitiert, „... die in direktem inhaltlichen Bezug zum gesamten Programm stehen (Keywords/Schlagworte unabhängig von der DFG-Fachsystematik, kein Institutsname)".

3 Zur besseren Unterscheidung werden in diesem Kapitel dort, wo Aussagen zu den Fachgebieten und Wissenschaftsbereichen der von Sprecherinnen und Sprechern genannten Fachrichtungen (FR) getroffen werden, die Begriffe „Fachgebiet^{FR}" beziehungsweise „Wissenschaftsbereich^{FR}" verwendet. Hiervon unterschieden wird das Fachgebiet (und hieraus abgeleitet: der Wissenschaftsbereich), das einem Verbund (Vb) durch Mitarbeiterinnen und Mitarbeiter der DFG-Geschäftsstelle zugeordnet wird, um dessen fachlichen Schwerpunkt zu klassifizieren. Diese werden zur besseren Unterscheidung als „Fachgebiet^{Vb}" beziehungsweise „Wissenschaftsbereich^{Vb}" ausgewiesen.

Tabelle 5-1:
Spezifizierte Fachrichtungen je DFG-Förderinstrument und Verbund

Förderinstrument		Fachrichtungen			
Förderlinie	Anzahl Verbünde	Anzahl verschiedener Fachrichtungen	Anzahl Fachrichtungs-Nennungen	Häufigkeit	Nennungen pro Verbund ø
Koordinierte Programme	**1.146**	**2.072**	**7.867**	**3,8**	**6,9**
Forschungszentren (FZT)	7	62	66	1,1	9,4
Sonderforschungsbereiche (SFB)[1]	339	1.012	2.741	2,7	8,1
Schwerpunktprogramme (SPP)	151	448	959	2,1	6,4
Forschergruppen (FOR)[2]	334	739	1.863	2,5	5,6
Graduiertenkollegs (GRK)	315	978	2.238	2,3	7,1
Exzellenzinitiative	**98**	**381**	**846**	**2,2**	**8,6**
Graduiertenschulen (GSC)[3]	49	234	423	1,8	8,6
Exzellenzcluster (EXC)	49	233	423	1,8	8,6
Insgesamt	**1.244**	**2.194**	**8.713**	**4,0**	**7,0**

[1] Einschließlich der Varianten Transregios, Transferbereiche und Forschungskollegs.
[2] Einschließlich der Variante Klinische Forschergruppen.
[3] Ohne GSC 81 (TU München) und GSC 98 (U Bochum), die als fakultäts- beziehungsweise einrichtungsübergreifende Graduiertenschulen ohne fachliche Fokussierung konzipiert sind.

Datenbasis und Quelle:
Deutsche Forschungsgemeinschaft (DFG): Jährliche Befragung von Sprecherinnen und Sprechern neu eingerichteter Verbünde zu deren Fachrichtungen. Berechnungen der DFG.

5.2 Fachgebietsübergreifende Zusammenarbeit

5.2.1 Beteiligte Wissenschaftsbereiche

Im Mittelpunkt der folgenden Betrachtung stehen die Förderlinien Graduiertenschulen und Exzellenzcluster der Exzellenzinitiative. Wie Tabelle 5-1 ausweist, wurden in beiden Linien von den verantwortlichen Sprecherinnen und Sprechern jeweils 234 beziehungsweise 233 unterschiedliche Fachrichtungen mit einer Häufigkeit von 423 Nennungen pro Förderlinie benannt. Deren wie eben beschriebene Klassifikation mithilfe der DFG-Fachsystematik ermöglicht die statistische Betrachtung dieser Nennungen in der Unterscheidung nach vier Wissenschaftsbereichen[FR] (vgl. Abbildung 5-1).

Sofort ins Auge fällt der Befund, dass sich bei den Graduiertenschulen ein großer Teil der Fachrichtungen auf das geistes- und sozialwissenschaftliche Fächerspektrum konzentriert. Mit 167 von 423 Nennungen sind annähernd 40 Prozent der genannten Fachrichtungen diesem Wissenschaftsbereich[FR] zuzuordnen. Bei den Exzellenzclustern dominieren dagegen die Natur- sowie die Lebenswissenschaften (29 beziehungsweise 34 Prozent).

Diese auf Basis der von Sprecherinnen und Sprechern genannten Fachrichtungen ermittelten Anteile der vier Wissenschaftsbereiche entsprechen recht genau den Anteilen, die sich ergeben, wenn man auf die Zuordnung zugreift, die in der DFG-Geschäftsstelle maßgeblich für Zwecke der Öffentlichkeitsarbeit vorgenommen wird[4].

Vergleicht man die Anteile mit der im dritten Balken der Grafik ausgewiesenen Verteilung für die Gesamtheit der von der DFG betreuten Koordinierten Programme (ohne Exzellenzinitiative) zeigt sich als weitere Übereinstimmung eine hohe Profilähnlichkeit der Förderlinie Exzellenzcluster zu dem für die DFG insgesamt typischen Muster. Die Graduiertenschulen erweisen sich demgegenüber als überdurchschnittlich den Geistes- und Sozialwissenschaften zugewandt.

4 Vgl. beispielhaft die im Internet der DFG angebotenen und nach den vier Wissenschaftsbereichen zu filternden Übersichten geförderter Graduiertenschulen oder Exzellenzcluster unter www.dfg.de/gefoerderte_projekte/programme_und_projekte.

Abbildung 5-1:
Zahl der je Förderlinie spezifizierten, standardisierten Fachrichtungen je Wissenschaftsbereich im Vergleich für Graduiertenschulen[1], Exzellenzcluster und Koordinierte Programme

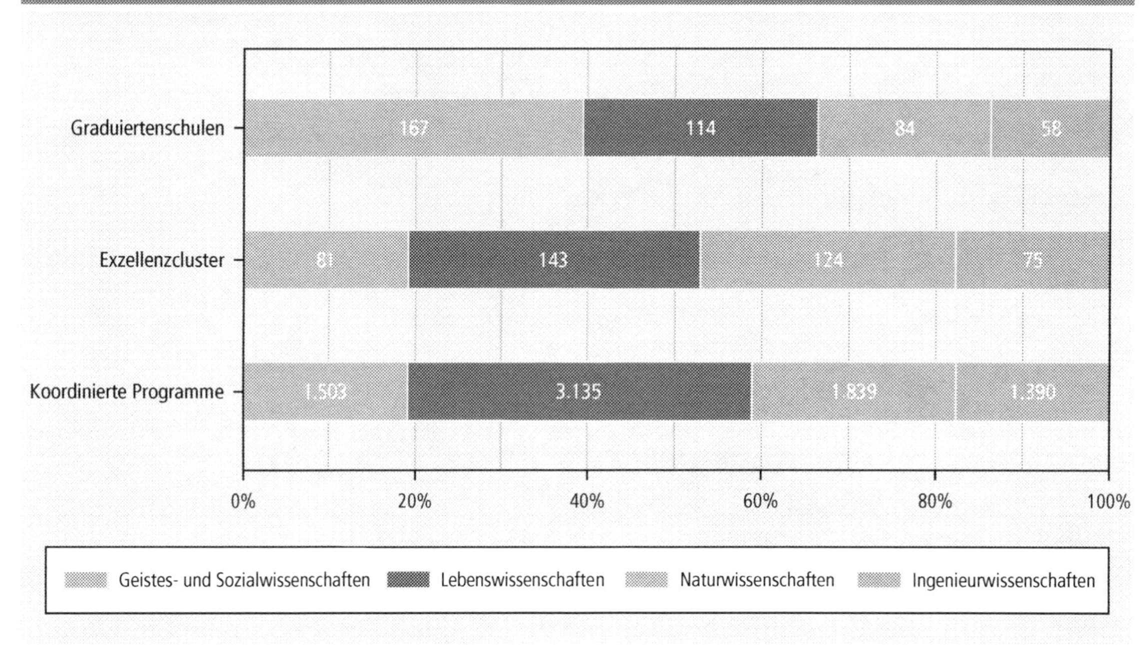

[1] Ohne GSC 81 (TU München) und GSC 98 (U Bochum), die als fakultäts- beziehungsweise einrichtungsübergreifende Graduiertenschulen ohne fachliche Fokussierung konzipiert sind.

Datenbasis und Quelle:
Deutsche Forschungsgemeinschaft (DFG): Jährliche Befragung von Sprecherinnen und Sprechern neu eingerichteter Verbünde zu deren Fachrichtungen. Berechnungen der DFG.

5.2.2 Grad der fachgebietsübergreifenden Zusammenarbeit

Eine Antwort auf die Frage, in welcher Breite in Graduiertenschulen und Exzellenzclustern fachübergreifend geforscht wird, bieten die in Abbildung 5-2 und Abbildung 5-3 vorgestellten Befunde. Abgebildet ist die Zahl der Fachgebiete[FR], die von den Fachrichtungen eines Verbunds im Durchschnitt abgedeckt werden. Unterschieden werden dabei die Verteilungen insgesamt sowie je Wissenschaftsbereich[Vb].

Ein Beispiel dient zur Erläuterung: Eine Graduiertenschule wurde von Mitarbeiterinnen und Mitarbeitern der DFG-Geschäftsstelle primär dem Fachgebiet Physik und damit dem Wissenschaftsbereich Naturwissenschaften zugeordnet. Abbildung 5-2 weist dann für diese und alle weiteren naturwissenschaftlichen Graduiertenschulen aus, auf wie viele Fachgebiete[FR] sich die in der Befragung von Sprecherinnen und Sprechern genannten Fachrichtungen jeweils verteilen. Gehören alle Fachrichtungen zur Physik, wäre es ein Fachgebiet[FR], wären auch Fachrichtungen der Chemie beteiligt, wären es zwei usw.

Mit Blick auf die Gesamtverteilung zeigt sich, dass eine Abdeckung von allein einem Fachgebiet[FR] für Graduiertenschulen die große Ausnahme darstellt. In lediglich fünf von 49 Schulen (12 Prozent) ist eine solche Konzentration festzustellen. Etwa jede vierte Graduiertenschule deckt genau zwei Fachgebiete[FR] ab, bei jeder achten Schule sind es drei Fachgebiete[FR]. Klar das Gesamtbild prägend sind schließlich Graduiertenschulen mit einer Fächerabdeckung, die sich über vier und mehr unterschiedliche Fachgebiete[FR] erstreckt – knapp jede zweite Schule lässt sich dieser „Interdisziplinaritäts-Klasse" zuordnen.

Auffallend sind die Unterschiede zwischen den Wissenschaftsbereichen. Den Spitzenwert fachgebietsübergreifender Zusammenarbeit erreichen Graduiertenschulen in den Ingenieurwissenschaften. Von den insgesamt sieben Graduiertenschulen dieses Wissenschaftsbereichs zählen sechs zu der Rubrik mit vier und mehr abgedeckten Fachgebieten[FR]. Dies entspricht einem Anteil von fast 86 Prozent. Allein eine Graduiertenschule deckt hier genau zwei Fachgebiete[FR] ab. Für die Lebens- und die Naturwissenschaften ergibt sich ein recht ähnliches Bild, wobei auch hier der Schwer-

Abbildung 5-2:
Fachübergreifende Zusammenarbeit in Graduiertenschulen[1]:
Zahl der je Verbund beteiligten Fachgebiete je Wissenschaftsbereich des Verbunds

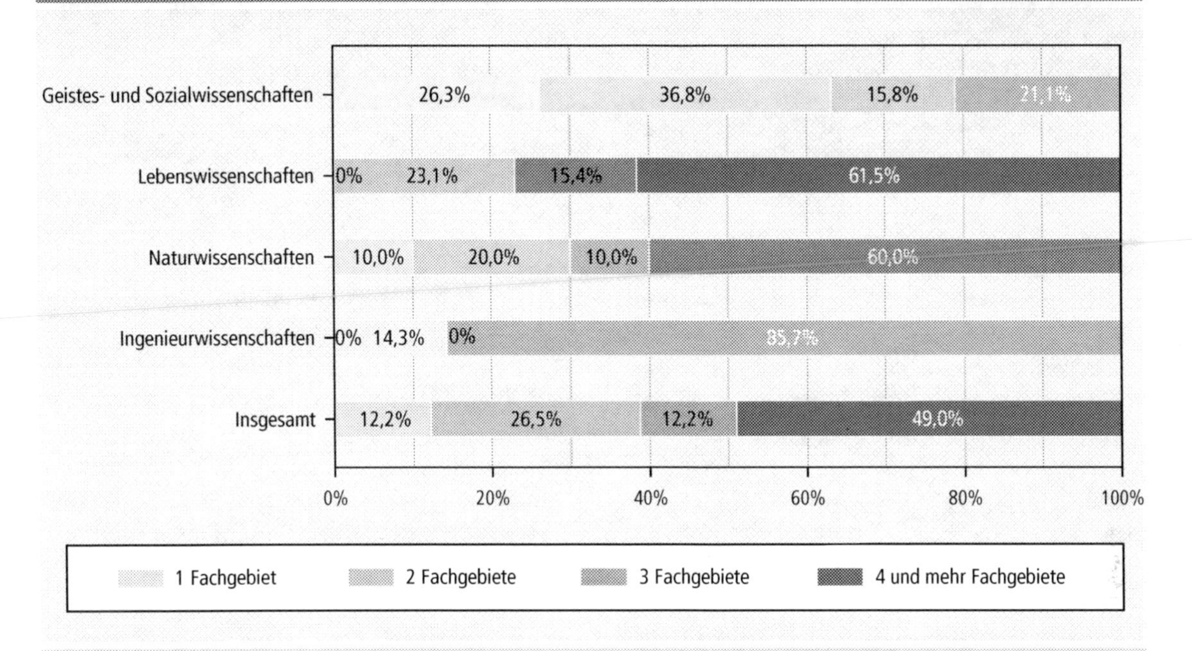

[1] Ohne GSC 81 (TU München) und GSC 98 (U Bochum), die als fakultäts- beziehungsweise einrichtungsübergreifende Graduiertenschulen ohne fachliche Fokussierung konzipiert sind.

Datenbasis und Quelle:
Deutsche Forschungsgemeinschaft (DFG): Jährliche Befragung von Sprecherinnen und Sprechern neu eingerichteter Verbünde zu deren Fachrichtungen. Berechnungen der DFG.

Abbildung 5-3:
Fachübergreifende Zusammenarbeit in Exzellenzclustern:
Zahl der je Verbund beteiligten Fachgebiete je Wissenschaftsbereich des Verbunds

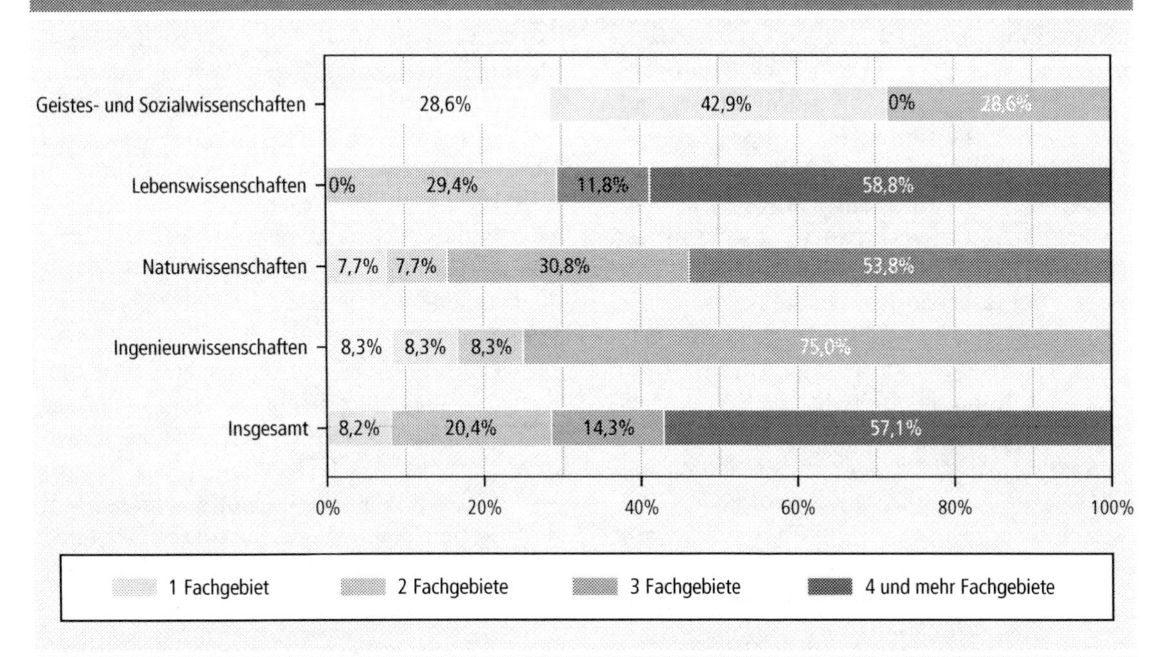

Datenbasis und Quelle:
Deutsche Forschungsgemeinschaft (DFG): Jährliche Befragung von Sprecherinnen und Sprechern neu eingerichteter Verbünde zu deren Fachrichtungen. Berechnungen der DFG.

punkt auf sehr breiter Abdeckung von Fachgebieten[FR] liegt. Aus dem Rahmen fallen die Geistes- und Sozialwissenschaften mit einem vergleichsweise hohen Anteil an Schulen, die sich auf Fachrichtungen genau eines Fachgebiets[FR] konzentrieren (26 Prozent) und dementsprechend einen deutlich unterdurchschnittlichen Anteil an Verbünden mit einer Abdeckung von vier und mehr Fachgebieten[FR] (21 Prozent) aufweisen. Zurückzuführen ist dies unter anderem auf Unterschiede in der disziplinären Vielfalt der zugrunde gelegten Fachgebiete (vgl. Tabelle 4-1 sowie Kapitel 5.3).

Ein Vergleich mit der Verteilung aufseiten der Exzellenzcluster ergibt eine auffallend hohe Übereinstimmung (vgl. Abbildung 5-3). Tendenziell haben dort sehr breit aufgestellte Verbünde mit einer Abdeckung von vier und mehr Fachgebieten[FR] noch ein etwas höheres Gewicht als bei den Graduiertenschulen (57 gegenüber 49 Prozent). In beiden Förderlinien ergibt sich der sehr ähnliche Befund eines besonders hohen Stellenwerts breiter fachlicher Abdeckung in den Ingenieurwissenschaften; auf der anderen Seite zeigt sich eine stärkere Konzentration auf ein oder zwei Fachgebiete[FR] in den Geistes- und Sozialwissenschaften.

5.3 Die häufigsten Fachrichtungen

Die eben vorgestellten Analysen haben einen ersten Eindruck des hohen Stellenwerts fachübergreifender Zusammenarbeit in den beiden hier betrachteten Förderlinien der Exzellenzinitiative vermittelt. Die gewählte Methode der einfachen Auszählung abgedeckter Fachgebiete lässt allerdings außer Betracht, dass der sehr unterschiedliche Zuschnitt der einzelnen Fachgebiete zu ebenso unterschiedlichen Voraussetzungen fachübergreifender Vernetzung führt. So sind kleine Fachgebiete wie Geowissenschaften oder Mathematik weit eher Kandidaten für diese Fachgebietsgrenzen übergreifende Kooperationen als beispielsweise Medizin oder Geisteswissenschaften. Gerade mit Bezug auf Letztere lässt sich zudem die Frage stellen, ob etwa die Zusammenarbeit eines Germanisten mit einer Archäologin – mithin innerhalb eines Fachgebiets – nicht ähnliche oder gar größere fachliche Distanzen überwindet als die Zusammenarbeit einer Lebensmittelchemikerin (Fachgebiet Chemie) mit einem Pflanzenwissenschaftler (Fachgebiet Biologie).

Um der Frage auf den Grund zu gehen, welche Fächer denn nun im Detail das Forschungsgeschehen in Graduiertenschulen und Exzellenzclustern prägen und darüber hinaus besonders affin für fachübergreifende Zusammenarbeit sind, werden im Folgenden die von Sprecherinnen und Sprechern genannten Fachrichtungen genauer betrachtet.

Die Erhebung der Fachrichtungen hat für insgesamt 1.244 Verbünde die beachtliche Zahl von 2.194 verschiedenen Fachrichtungen mit einer Gesamthäufigkeit von 8.713 Nennungen ergeben. Dies entspricht einer Häufigkeit von durchschnittlich 3,8 Nennungen je Fachrichtung. Die große Zahl ist maßgeblich dem Umstand der freien Formulierung geschuldet, die im Ergebnis sowohl verschiedene Schreibweisen zulässt (Geographie, Geografie) wie Plural/Singular-Variationen (Erziehungswissenschaft, Erziehungswissenschaften) sowie weitgehend synonyme Begriffe (Materialforschung, Materialwissenschaft). Für die folgenden Analysen wurden die Originalbezeichnungen daher weitgehend standardisiert.

Mit dem Ziel einer hinreichend differenzierten Datenbasis war es dabei explizit nicht beabsichtigt, Hierarchiebeziehungen zwischen Fächern und Teilfächern aufzulösen. So wurde immer dann, wenn eine Fachrichtung hinreichend oft genannt war (Richtwert: 5 Nennungen), die entsprechende Fachrichtung beibehalten. Der Vorteil einer möglichst auch Teilfacetten fachlicher Interaktion sichtbar machenden Betrachtung geht dabei mit dem Nachteil einher, dass das Gewicht einzelner „Fach-Familien" nicht einheitlich gefasst wird. Illustrieren lässt sich das an den Beispielen Soziologie und Geschichtswissenschaften. Während für die erstgenannte Fachrichtung über alle Förderlinien hinweg 17 „Bindestrich-Soziologien" (Industrie-S., Bildungs-S., Arbeits-S. usw.) mit jeweils ein bis vier Nennungen gefunden und zu einer gemeinsamen Fachrichtung Soziologie zusammengefasst wurden, blieben neben der übergreifenden Bezeichnung Geschichtswissenschaften (85 Nennungen) wenigstens acht ebenfalls dem historischen Fächerspektrum zuzuordnende Fachrichtungen mit fünf und mehr Nennungen erhalten (beispielsweise Medizingeschichte, Ur- und Frühgeschichte oder Rechtsgeschichte).

Im Endergebnis resultieren aus der Standardisierung über alle Förderlinien hinweg genau 402 unterschiedliche Fachrichtungen.

Tabelle 5-2:
Die häufigsten Fachrichtungen[1] je Förderlinie der Exzellenzinitiative im Vergleich zu den Koordinierten Programmen der DFG

Graduiertenschulen[2]			Exzellenzcluster			Koordinierte Programme		
Fachrichtung	**N**	**% kumul.**	**Fachrichtung**	**N**	**% kumul.**	**Fachrichtung**	**N**	**% kumul.**
Biologie	20	4,7	Physik	24	5,7	Biochemie	223	2,8
Informatik	14	8,0	Biologie	18	9,9	Physik	169	5,0
Chemie	13	11,1	Chemie	16	13,7	Medizin	166	7,1
Physik	13	14,2	Informatik	16	17,5	Molekularbiologie	148	9,0
Geschichtswissenschaften	11	16,8	Medizin	14	20,8	Informatik	144	10,8
Mathematik	11	19,4	Biochemie	12	23,6	Immunologie	142	12,6
Soziologie	11	22,0	Mathematik	10	26,0	Zellbiologie	133	14,3
Biochemie	10	24,3	Biophysik	7	27,7	Chemie	131	16,0
Politikwissenschaft	10	26,7	Elektrotechnik	7	29,3	Biologie	122	17,5
Medizin	8	28,6	Maschinenbau	7	31,0	Materialwissenschaft	113	19,0
Elektrotechnik	7	30,3	Philosophie	7	32,6	Genetik	108	20,3
Psychologie	7	31,9	Neurowissenschaft	6	34,0	Mathematik	108	21,7
Wirtschaftswissenschaften	7	33,6	Physiologie	6	35,5	Biophysik	98	22,9
Neurowissenschaft	6	35,0	Ethnologie	5	36,6	Mikrobiologie	96	24,2
Amerikanistik	5	36,2	Soziologie	5	37,8	Soziologie	93	25,3
Astrophysik	5	37,4	Verfahrenstechnik	5	39,0	Physiologie	89	26,5
Bioinformatik	5	38,5	Anorganische Chemie	4	40,0	Wirtschaftswissenschaften	83	27,5
Maschinenbau	5	39,7	Geschichtswissenschaften	4	40,9	Pharmakologie	73	28,5
Philosophie	5	40,9	Immunologie	4	41,8	Geschichtswissenschaften	69	29,3
Rechtswissenschaften	5	42,1	Literaturwissenschaft	4	42,8	Maschinenbau	68	30,2
Regionalwissenschaften	5	43,3	Materialwissenschaft	4	43,7	Elektrotechnik	67	31,1
Teilchenphysik	5	44,4	Mikrobiologie	4	44,7	Physikalische Chemie	67	31,9
Theaterwissenschaften	5	45,6	Ozeanographie	4	45,6	Psychologie	67	32,8
Biophysik	4	46,6	Psychologie	4	46,6	Neurobiologie	66	33,6
Ethnologie	4	47,5	Quantenphysik	4	47,5	Rechtswissenschaften	65	34,4
Finanzwissenschaften	4	48,5	Rechtswissenschaften	4	48,5	Bioinformatik	62	35,2
Geowissenschaften	4	49,4	Werkstoffwissenschaften	4	49,4	Organische Chemie	59	36,0
Neurobiologie	4	50,4	–			–		
139 weitere Fachrichtungen	**210**	**49,6**	**153 weitere Fachrichtungen**	**214**	**50,6**	**375 weitere Fachrichtungen**	**5.038**	**64,0**
Insgesamt	**423**	**100,0**	**Insgesamt**	**423**	**100,0**	**Insgesamt**	**7.867**	**100,0**

[1] Informationen zur Standardisierung der Fachrichtungen finden sich in Kapitel 5.3.
[2] Ohne GSC 81 (TU München) und GSC 98 (U Bochum), die als fakultäts- beziehungsweise einrichtungsübergreifende Graduiertenschulen ohne fachliche Fokussierung konzipiert sind.

Datenbasis und Quelle:
Deutsche Forschungsgemeinschaft (DFG): Jährliche Befragung von Sprecherinnen und Sprechern neu eingerichteter Verbünde zu deren Fachrichtungen.
Berechnungen der DFG.

Gegenüber der Ausgangsbasis (2.194 Fachrichtungen) entspricht dies einer Verdichtungsquote auf knapp 20 Prozent.

Tabelle 5-2 weist in der Differenzierung nach Graduiertenschulen und Exzellenzclustern sowie im Vergleich zur Gesamtheit aller Koordinierten DFG-Programme (ohne Exzellenzinitiative) die aus der Standardisierung resultierenden häufigsten Fachrichtungsbezeichnungen aus. Die Auswahl beschränkt sich für die beiden Förderlinien der Exzellenzinitiative auf Fachrichtungen mit mindestens vier Zuordnungen. Im Falle der Graduiertenschulen sind dies 28, im Falle der Exzellenzcluster 27 Fachrichtungen.

Die Gegenüberstellung zeigt, dass die in der Liste aufgeführten Fachrichtungen etwa die Hälfte aller für Graduiertenschulen und Exzellenzcluster insgesamt dokumentierten Nennungen auf sich vereinen. In der zum Vergleich herangezogenen Liste für die Gesamtheit aller Koordinierten Programme decken die 27 dort ausgewiesenen Fachrichtungen etwa 36 Prozent aller Zuordnungen ab.

Wie schon oben herausgearbeitet, zeigt sich auch hier, mit Blick auf die häufigsten

Fachrichtungen, eine große Beteiligung der Geistes- und Sozialwissenschaften an den Graduiertenschulen. Am häufigsten werden für diesen Wissenschaftsbereich die Fachrichtungen Geschichtswissenschaften und Soziologie genannt, und auch die Politikwissenschaft vereint eine größere Zahl Nennungen auf sich. Aufseiten der Exzellenzcluster sind diese Fachrichtungen weniger prominent vertreten. Hier ist für die Geistes- und Sozialwissenschaften die Philosophie (mit insgesamt sieben Nennungen) führend, auf Ethnologie und Soziologie entfallen jeweils fünf Nennungen.

Zu den generell häufigsten Fachrichtungen zählen in beiden Förderlinien die Biologie, Chemie, Physik und Informatik – jeweils eingedenk der Tatsache, dass hier immer auch eine größere Zahl weiterer Fachrichtungen zu subsummieren wäre, die in der Logik einer hierarchisch strukturierten Fachklassifikation als Subdisziplinen zu bezeichnen wären. Die Übersicht gibt aber auch insofern einen Hinweis auf den hohen Stellenwert fachübergreifenden Forschungshandelns, als sie vergleichsweise häufig Fachrichtungen ausweist, die in ihrer Bezeichnung selbst klassische Disziplinen zusammenführen – etwa im Falle der Bioinformatik und der Physikalischen Chemie sowie der selbst schon „klassischen" Biochemie.

Der Vergleich zur Gesamtheit der von der DFG angebotenen Koordinierten Programme zeigt, dass diese etwas stärker durch Fachrichtungen der Lebenswissenschaften geprägt sind. Sehr hoher Stellenwert kommt dort etwa der Biochemie, aber beispielsweise auch der Molekularbiologie oder der Zellbiologie zu, die in den beiden Linien der Exzellenzinitiative nicht unter den häufigsten Fachrichtungen gelistet werden.

5.4 Struktureffekte fachübergreifender Zusammenarbeit

Die hier abschließend vorgestellten Netzwerkanalysen bieten einen Eindruck von den Strukturwirkungen, die aus der gemeinsamen Beteiligung von Fachrichtungen an Graduiertenschulen und Exzellenzclustern resultieren.

Die Netzwerkanalyse ist ein Verfahren, mit dem es möglich ist, die Beziehungen zwischen Entitäten zu untersuchen und mit grafischen Techniken zu visualisieren. Abbildung 5-4 und Abbildung 5-5 liegen Kreuztabellen zugrunde, die in ihren Zeilen und Spalten jeweils 167 (GSC) beziehungsweise 180 (EXC) Fachrichtungen auflisten. In der Zelle der Matrix ist erfasst, in wie vielen Verbünden zwei dergestalt in Beziehung gesetzte Fachrichtungen gemeinsam vorkommen. Die Größe des Symbols einer Fachrichtung korrespondiert mit der Zahl der Beziehungen, die diese zu anderen Fachrichtungen aufweist. Dies lässt auf einen Blick erkennen, welche Fachrichtungen für die Gesamtstruktur besonders prägend sind. Die Stärke der Verbindungslinien zwischen zwei Fachrichtungssymbolen („Knoten") visualisiert die Häufigkeit, mit der zwei Fachrichtungen jeweils gemeinsam an geförderten Verbünden beteiligt sind. Der Algorithmus, der den Abbildungen zugrunde liegt, gruppiert Fachrichtungen mit besonders intensiven Vernetzungen zu „Fachrichtungs-Clustern", weshalb auch die lokale Anordnung von „Knoten" in dem Diagramm eine wichtige Information vermittelt: Je näher diese zueinander angeordnet sind, desto deutlicher handelt es sich um eine Substruktur von besonders häufig interagierenden Fächern[5].

In der vergleichenden Betrachtung von Abbildung 5-4 und Abbildung 5-5 ist zunächst festzustellen, dass beide Graphen alle an einer Förderlinie beteiligten Fachrichtungen in ein gemeinsames Fächernetzwerk einbinden. Es gibt also keine isolierten Fachrichtungen und auch keine isolierten Fachrichtungs-Cluster und somit auch keine „Fächer-Inseln", die nur untereinander, aber nicht zu anderen fachlichen Umwelten in Beziehung stehen. Weiterhin lassen beide Netzwerke klare Substrukturen erkennen. Rechts im Bild angesiedelt sind Fachrichtungen des geistes- und sozialwissenschaftlichen Fächerspektrums (gelb), links oben und eng benachbart beziehungsweise mit deutlichen Schnittmengen die Fachrichtungen aus den Natur- und Ingenieurwissenschaften (grün und blau) und links unten die Lebenswissenschaften (rot).

5 Die Visualisierungen erfolgten mit einem Verfahren, das am Max-Planck-Institut für Gesellschaftsforschung in Köln von L. Krempel entwickelt wurde (vgl. Krempel, 2011, und Krempel, 2005, sowie de Nooy/Mrvar/Batagelj, 2011). Die hier vorgestellte Lösung wurde durch Einsatz von Gephi und dem ForceAtlas Algorithmus erzeugt (vgl. www.gephi.org).

Jeweils recht eigenständig, aber gleichwohl fest in die Gesamtstruktur integriert finden sich schließlich sowohl in der Abbildung für die Graduiertenschulen wie für die Exzellenzcluster Fachrichtungen aus dem geowissenschaftlichen Fächerspektrum in der unteren Mitte positioniert.

Das hier ermittelte Bild entspricht damit weitgehend einer Struktur, die auch schon auf gänzlich anderer Datenbasis und mit anderem thematischen Fokus für fachübergreifende Begutachtungen bei Anträgen in der Einzelförderung der DFG ermittelt wurde (DFG, 2013a). Auch dieses Fächernetzwerk ist geprägt durch starke Clusterbildung innerhalb der vier Wissenschaftsbereiche sowie durch Verbindungen zwischen je spezifischen „Brückenfächern", die diese Wissenschaftsbereiche in eine Gesamtstruktur einbinden. Wie in der Gutachterstudie (DFG, 2013a) ergibt sich auch hier der Befund eines sehr engen Fächernetzwerks mit klar erkennbaren Substrukturen.

Welche Charakteristika und Unterschiede zeigen sich im Detail, wenn man die Netzwerke für Graduiertenschulen und Exzellenzcluster vergleicht?

Für die Förderlinie Graduiertenschulen zeichnet sich das Fächernetzwerk durch eine starke Position des geistes- und sozialwissenschaftlichen Fächerspektrums aus. Der entsprechende Fachrichtungs-Cluster ist sehr eng gewebt und bringt so unmittelbar zum Ausdruck, dass innerhalb dieser Substruktur vielfältige Interaktionen in unterschiedlichsten Konstellationen charakteristisch sind. Gleichwohl ist die Ordnung innerhalb dieses Clusters nicht zufällig und positioniert rechts im Bildteil insbesondere Fachrichtungen aus dem sprach- und literaturwissenschaftlichen Spektrum, mittig mit diesen in vielfältigem Kontakt stehende Fachrichtungen wie die Theologie, die Rechtswissenschaften und die Ethnologie, aber beispielsweise auch die Medienwissenschaften und im linken Teil der sehr eng gewobenen Struktur schließlich die großen geisteswissenschaftlichen Fachrichtungen Philosophie, Archäologie und Geschichtswissenschaften.

Auffallend ist, dass es überwiegend Sozialwissenschaften sind, die als „Brücke" zu den links im Bild positionierten „Hard Sciences" fungieren. Die Wirtschaftswissenschaften (und auch die hierzu gesondert ausgewiesenen Untergebiete der Volkswirtschaftslehre, Betriebswirtschaftslehre und Finanzwissenschaften) markieren den Übergang in das insbesondere ingenieurwissenschaftliche Fächerspektrum. Die Psychologie, aber auch die Philosophie sowie die Linguistik verfügen via Neurowissenschaft über einen festen Draht in die Lebenswissenschaften – mit der Soziologie, die zwischen den genannten geistes- und sozialwissenschaftlichen Fachrichtungen als Hauptbindeglied fungiert[6].

Aus dem Spektrum der an Graduiertenschulen vergleichsweise gering beteiligten Ingenieurwissenschaften ist es eindeutig die Informatik, die das Geschehen bestimmt. In enger Nachbarschaft zur in der Logik der DFG-Fachsystematik den Naturwissenschaften zugeordneten Mathematik bilden beide sogenannte Formalwissenschaften gemeinsam mit Biologie, Chemie und Physik praktisch den Kern der Gesamtstruktur. Quantifizierend ist dies an dem Umstand abzulesen, dass diese Fachrichtungen 50 bis 80 Verbindungen zu anderen Fachrichtungen aufweisen und damit gegenüber dem Mittelwert von 16 Verbindungen über eine besonders hohe Netzwerkzentralität verfügen.

Die Biologie bildet gemeinsam mit der Biochemie den Kern des lebenswissenschaftlichen Clusters. Neben dem wenig distinkten Allgemeinbegriff Medizin findet sich hier eine Vielzahl weiterer medizinische Teilgebiete spezifizierende Fachrichtungen, aber auch (seltener) klassisch biologische Fachrichtungen wie Botanik, Zoologie oder Pflanzenwissenschaften.

Die schon herausgestellte zentrale Position der Physik wird schließlich noch dadurch gestärkt, dass diese mit einer größeren Zahl weiterer Spezialgebiete (Astrophysik, Quantenphysik, Teilchenphysik usw.) eine eigene Substruktur oben links in der Darstellung ausbildet.

Bei vielen Gemeinsamkeiten in der Grundstruktur ergeben sich für das Fachrichtungsnetzwerk der Förderlinie Exzellenzcluster einige wenige, aber dafür markante Unterschiede. So ist das geistes- und sozialwissenschaftliche Fächerspektrum hier deutlich eigenständiger, es umfasst weniger Fächer und ist auch in sich etwas weniger stark vernetzt. Die Ethnologie nimmt hier eine für die Substruktur zentrale Position ein, die Philo-

6 Ähnliche Beziehungen zwischen den Natur- und den Sozialwissenschaften werden häufig auch in globalen Vernetzungskarten der Wissenschaft gefunden, und zwar unabhängig davon, ob einer Analyse Daten auf Basis von Expertenaussagen, zu (Co)-Zitationen oder zu Journal-Beziehungen zugrunde liegen (Klavans/Boyack, 2009).

Abbildung 5-4:
Netzwerk der an Graduiertenschulen beteiligten Fachrichtungen

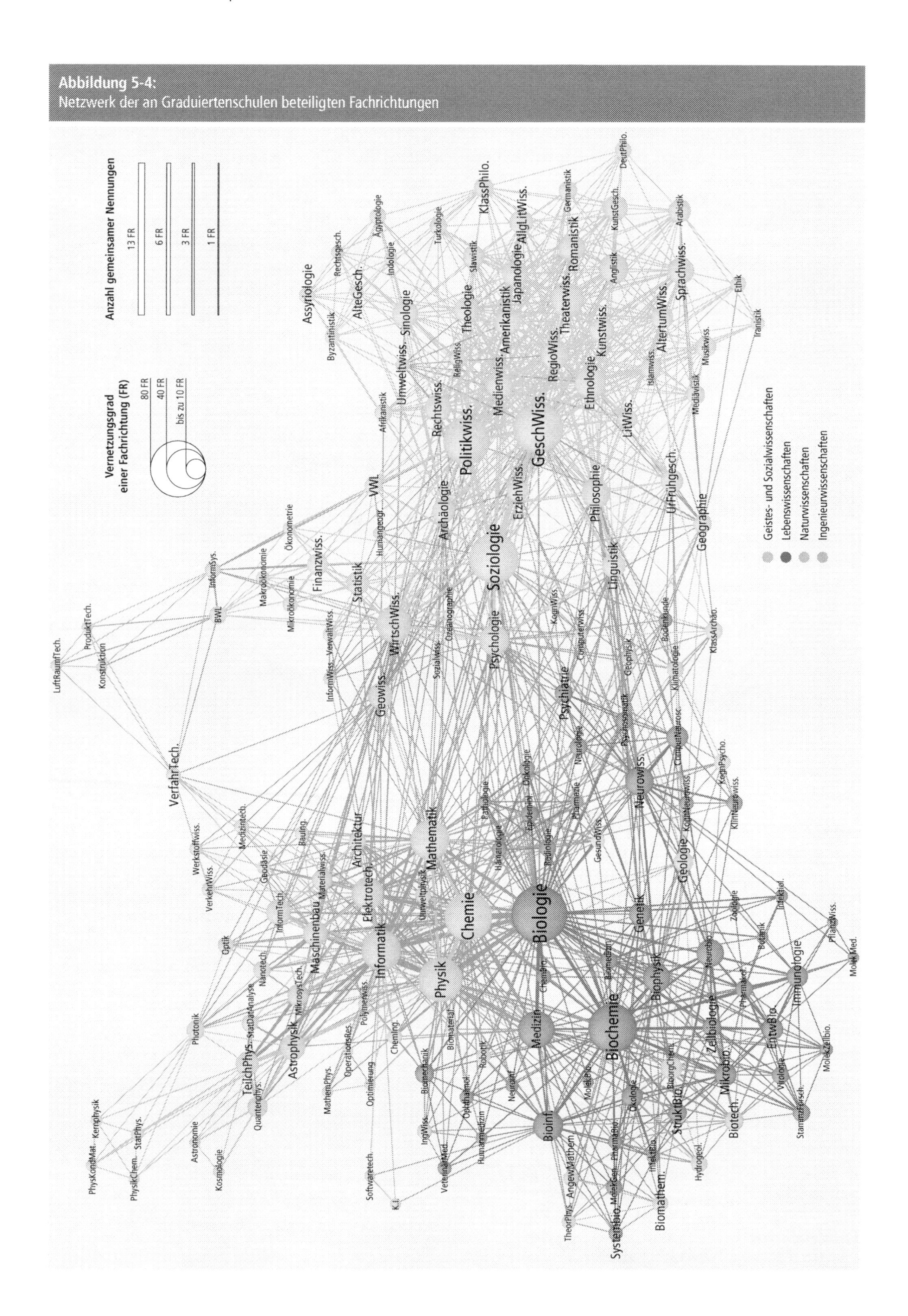

Abbildung 5-5:
Netzwerk der an Exzellenzclustern beteiligten Fachrichtungen

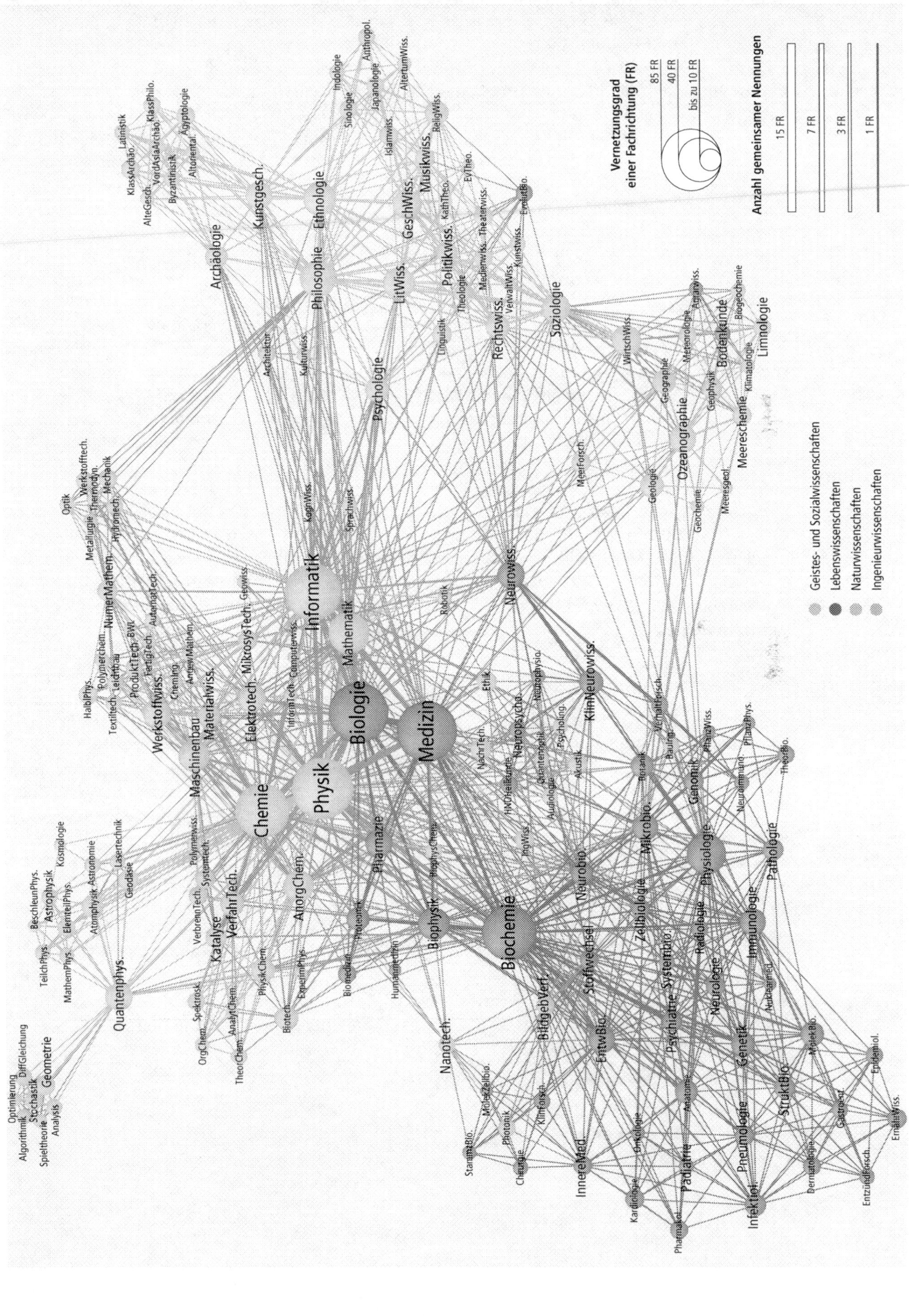

sophie positioniert sich klar als Fachrichtung mit den meisten Innen- und Außenbeziehungen (zu 36 anderen Fachrichtungen, davon sechs aus dem nicht geistes- und sozialwissenschaftlichen Spektrum). Während die Psychologie wie im Falle der Graduiertenschulen vornehmlich als Brückenfach zur Neurowissenschaft und damit in den lebenswissenschaftlichen Cluster fungiert, positionieren sich die Wirtschaftswissenschaften und die Soziologie deutlicher als bei den Graduiertenschulen als Brücke zum lebenswissenschaftlichen sowie insbesondere geowissenschaftlichen Fächerspektrum, das auch hier eine klarer erkennbare Substruktur ausbildet.

Im lebenswissenschaftlichen Fächerspektrum bilden die beiden allgemein gefassten Fachrichtungen Biologie und Medizin die Brücke in den natur- und ingenieurwissenschaftlichen Fächer-Cluster. Dominiert wird die Substruktur von der Biochemie, die auch für die lebenswissenschaftlich geprägten Graduiertenschulen eine wichtige Rolle spielt. Strukturiert wird der lebenswissenschaftliche Cluster von links kommend durch Fachrichtungen der Inneren Medizin (unter anderem Chirurgie, Anatomie, Kardiologie), unten durch Fachrichtungen der Molekularbiologie (Strukturbiologie, Genetik) und rechts durch einen wiederum kleinen Botanik-Block (Pflanzenphysiologie, Pflanzenwissenschaften).

Mit Abstand dominant für die Gesamtstruktur ist im Falle der Exzellenzcluster die Physik. Mit insgesamt genau 85 direkten Verbindungen zu anderen Fachrichtungen bildet sie weit vor der Chemie (55) und der ebenfalls dem Physik-Spektrum zugehörigen Biophysik (32) das Zentrum des Fächernetzwerks. Dabei ist auch hier der hohe Grad der Ausdifferenzierung des entsprechenden Fächerspektrums zu beachten, die starke Positionen auch der Quantenphysik und der Physikalischen Chemie zuweist und auch die Strukturwirkung weiterer kleiner Physik-Fächer zeigt.

5.5 Fazit

Mit der Einrichtung der Exzellenzinitiative waren hinsichtlich der Disziplinen im Wesentlichen zwei Zielsetzungen verbunden: Das Förderinstrument sollte a) für alle Fachrichtungen offen sein und b) sollte es in besonderer Weise den fachübergreifenden Austausch fördern. Die in diesem abschließenden Kapitel des Förderatlas vorgestellten Analysen weisen darauf hin, dass beide Ziele erreicht wurden: Das involvierte Fächerspektrum ist weit, es deckt alle Wissenschaftsbereiche und eine große Zahl an Fachgebieten ab. Die von der DFG geförderte Zusammenarbeit erfolgt nicht auf „disziplinären Inseln", sondern ist – dies haben vor allem die Netzwerkanalysen gezeigt – von vielfältigen und unterschiedliche Akzente setzenden Interaktionen von Wissenschaftlerinnen und Wissenschaftlern aus verschiedensten fachlichen Kontexten geprägt. Dabei kooperieren Vertreter verschiedener Fachrichtungen nicht zufällig, sondern im Rahmen clusterförmig geprägter fachlicher Substrukturen mit klar definierten Zentren und offenen Austauschbereichen zu jeweils anderen Substrukturen. Neben einer starken Vernetzung zwischen Fachrichtungen innerhalb der Wissenschaftsbereiche gibt es sowohl bei den Graduiertenschulen als auch bei den Exzellenzclustern eine Vielzahl von Fachrichtungen, die über die Wissenschaftsbereiche hinaus interdisziplinäre Beziehungen aufbauen und somit als Brückenfächer zwischen den großen Fachkulturen fungieren.

Graduiertenschulen und Exzellenzcluster sind durch ein in der Regel breit streuendes Spektrum an Fachbeteiligungen, meist über mehrere Fachgebiete hinweg, geprägt. Beide Förderlinien setzen je eigene Akzente, verfügen aber über eine vergleichbare strukturierte Ordnung. Dezentrale und dabei selbst organisierte Interdisziplinarität folgt so zwar Regeln, die fachübergreifender Zusammenarbeit einen Rahmen gibt. Dieser Rahmen ist aber nicht starr und lässt Raum auch für unkonventionelle Kooperationen.

6 Literatur- und Quellenverzeichnis

Auspurg, Katrin/Hinz, Thomas/Güdler, Jürgen (2008): Herausbildung einer akademischen Elite? Zum Einfluss der Größe und Reputation von Universitäten auf Forschungsförderung. In: Kölner Zeitschrift für Soziologie und Sozialpsychologie, 60(4): 653–685.

Borgwardt, Angela (2013): Profilbildung jenseits der Exzellenz. Neue Leitbilder der Hochschulen. Schriftenreihe der Hochschulpolitik der Friedrich-Ebert-Stiftung. Berlin (http://library.fes.de/pdf-files/studienfoerderung/09639.pdf).

Bundesinstitut für Bau-, Stadt- und Raumforschung (BBSR) (2012): Raumordnungsbericht 2011. Bonn (www.bbsr.bund.de/BBSR/DE/Veroeffentlichungen/Sonderveroeffentlichungen/2012/DL_ROB2011.pdf).

Bundesministerium für Bildung und Forschung (BMBF) (2014): Bundesbericht Forschung und Innovation 2014. Bonn – Berlin (www.bmbf.de/pub/BuFI_2014_barrierefrei.pdf).

Bundesministerium für Bildung und Forschung (BMBF) (2015): Die neue Hightech-Strategie. Innovationen für Deutschland. Bonn – Berlin (www.bmbf.de/pub_hts/HTS_Broschure_Web.pdf).

De Nooy, Wouter/Mrvar, Andrej/Batagelj, Vladimir (2011): Exploratory Social Network Analysis with Pajek. Revised and Expanded Second Edition. New York.

De Solla Price, Derek (1963): Little Science, Big Science. New York.

Deutsche Forschungsgemeinschaft (DFG) (2000): DFG-Bewilligungen an Hochschulen und außeruniversitäre Forschungseinrichtungen 1996 bis 1998. Bonn (www.dfg.de/foerderatlas/archiv).

Deutsche Forschungsgemeinschaft (DFG) (2012): Förderatlas 2012. Kennzahlen zur öffentlich finanzierten Forschung in Deutschland. Bonn (www.dfg.de/foerderatlas/archiv).

Deutsche Forschungsgemeinschaft (2013a): Fachübergreifende Begutachtung: Strukturwirkung und Fördererfolg. Eine Exploration auf Basis von Neuanträgen in der Einzelförderung (2005 bis 2010). Bonn (www.dfg.de/dfg_profil/foerderatlas_evaluation_statistik/statistik/bericht_fachuebergreifende_begutachtung.pdf).

Deutsche Forschungsgemeinschaft (DFG) (2013b): Positionspapier der DFG zur Zukunft des Wissenschaftssystems. Bonn (www.dfg.de/download/pdf/dfg_im_profil/reden_stellungnahmen/2013/130704_dfg-positionspapier_zukunft_wissenschaftsystem.pdf).

Deutsche Forschungsgemeinschaft (DFG) (2014a): Chancengleichheits-Monitoring 2013. Antragsstellung und -erfolg von Wissenschaftlerinnen bei der DFG. Bonn (www.dfg.de/download/pdf/foerderung/grundlagen_dfg_foerderung/chancengleichheit/chancengleichheits_monitoring.pdf).

Deutsche Forschungsgemeinschaft (DFG) (2014b): Jahresbericht 2013. Bonn (www.dfg.de/jahresbericht).

Deutsche Forschungsgemeinschaft (DFG) (2014c): Satzung der Deutschen Forschungsgemeinschaft. Bonn (www.dfg.de/download/pdf/dfg_im_profil/geschaeftsstelle/publikationen/dfg_satzung_de_en.pdf).

Deutscher Akademischer Austauschdienst (DAAD)/Hochschulrektorenkonferenz (HRK)/Alexander von Humboldt-Stiftung (AvH) (2014): Internationalität an deutschen Hochschulen – Fünfte Erhebung von Profildaten 2014. Bonn (www.hrk.de/uploads/media/dok_und_mat_78.pdf).

Deutscher Akademischer Austauschdienst (DAAD)/Deutsches Zentrum für Hochschul- und Wissenschaftsforschung (DZHW) (2014): Wissenschaft weltoffen 2014. Bonn (www.wissenschaftweltoffen.de/publikationen/wiwe_2014_verlinkt.pdf).

Gemeinsame Wissenschaftskonferenz (GWK) (2014a): Chancengleichheit in Wissenschaft und Forschung. 18. Fortschreibung des Datenmaterials (2012/2013) zu Frauen in Hochschulen und außerhochschulischen Forschungseinrichtungen. GWK-Materialien, Heft 40. Bonn (www.gwk-bonn.de/fileadmin/Papers/GWK-Heft-40-Chancengleichheit.pdf).

Gemeinsame Wissenschaftskonferenz (GWK) (2014b): Steigerung des Anteils der FuE-Ausgaben am nationalen Bruttoinlandsprodukt (BIP) als Teilziel der Strategie Europa 2020. Sachstandsbericht zum 3%-Ziel für FuE. Bericht an die Regierungschefinnen und Regierungschefs von Bund und Ländern. GWK-Materialien, Heft 36. Bonn (www.gwk-bonn.de/fileadmin/Papers/GWK-Heft-36-Strategie-Europa-2020.pdf).

Gemeinsame Wissenschaftskonferenz (GWK) (2015): Pakt für Forschung und Innovation. Monitoring-Bericht 2015. GWK-Materialien, Heft 42. Bonn (www.gwk-bonn.de/fileadmin/Papers/GWK-Heft-42-PFI-Monitoring-Bericht-2015.pdf).

GESIS, Leibniz-Institut für Sozialwissenschaften (2013): Regionale Standards. 2., vollständig überarbeitete und erweiterte Auflage. Köln.

Klavans, Richard/Boyack, Kevin (2009): Toward a consensus map of science. In: Journal of the American Society for Information Science and Technology, 60(3): 455–476 (http://sci.cns.iu.edu/klavans_2009_JASIST_60_455.pdf).

Krempel, Lothar (2005): Visualisierung komplexer Strukturen. Grundlagen der Darstellung mehrdimensionaler Netzwerke. Frankfurt/Main.

Krempel, Lothar (2011): Network Visualization. In: Carrington, Peter and John Scott (Hrsg.): Handbook of Social Network Analysis. London: 558–577.

Kultusministerkonferenz (KMK) (2011): Instrumente der Qualitätsfeststellung in der Hochschulforschung. Erfahrungen der Länder. Beschluss der Kultusministerkonferenz vom 12.05.2011 (www.kmk.org/fileadmin/veroeffentlichungen_beschluesse/2011/2011_05_12-Instrumente-Qualitaets feststellung.pdf).

Marx, Werner/Bornmann, Lutz (2012): Der Journal Impact Factor: Aussagekraft, Grenzen und Alternativen in der Forschungsevaluation. In: Beiträge zur Hochschulforschung, 34(2): 50–66 (www.lutz-bornmann.de/icons/JournalImpactFactor_LB.pdf).

Moed, Henk (2006): Citation Analysis in Research Evaluation. Dordrecht.

Organisation für wirtschaftliche Zusammenarbeit und Entwicklung (OECD) (2014): Note on OECD Estimates for R&D expenditure growth in 2012 (www.oecd.org/sti/inno/Note_MSTI2013_2.pdf).

o.V. (2005): Bund-Länder-Vereinbarung gemäß Artikel 91 b des Grundgesetzes (Forschungsförderung) über die Exzellenzinitiative des Bundes und der Länder zur Förderung von Wissenschaft und Forschung an deutschen Hochschulen. Exzellenzvereinbarung (ExV) vom 18. Juli 2005. Bonn (www.gwk-bonn.de/fileadmin/Papers/exzellenzvereinbarung.pdf).

Pasternack, Peer (2014): Vom passiven zum aktiven Hochschulregionalismus. In: Wissenschaftsmanagement, 20(4): 26–29.

Sirtes, Daniel (2013): Funding Acknowledgements for the German Research Foundation (DFG). The Dirty Data of the Web of Science Database and How to Clean It Up. In: Gorraiz, Juan et al. (Hrsg.): Proceedings of the 14th International Society of Scientometrics and Informetrics Conference. Wien: 784–795.

Sirtes, Daniel/Riechert, Mathias/Donner, Paul/Aman, Valeria/Möller, Torger (2015): Funding Acknowledgements in der Web of Science-Datenbank. Neue Methoden und Möglichkeiten der Analyse von Förderorganisationen. In: Studien zum deutschen Innovationssystem, 9-2015. Berlin (www.

e-fi.de/fileadmin/innovationsstudien_2015/StuDIS_09_2015.pdf).

Statistisches Bundesamt (DESTATIS) (2014a): Bildung und Kultur. Studierende an Hochschulen. Wintersemester 2013/2014. Fachserie 11 Reihe 4.1. Wiesbaden (www.destatis.de/DE/Publikationen/Thematisch/BildungForschungKultur/Hochschulen/StudierendeHochschulenEndg2110410147004.pdf).

Statistisches Bundesamt (DESTATIS) (2014b): Leben in Europa (EU-SILC). Einkommen und Lebensbedingungen in Deutschland und der Europäischen Union 2012. Fachserie 15. Reihe 3. Wiesbaden (www.destatis.de/DE/Publikationen/Thematisch/EinkommenKonsumLebensbedingungen/LebeninEuropa/EinkommenLebensbedingungen2150300127004.pdf).

Stifterverband für die Deutsche Wissenschaft (2015): Kooperationen zwischen Wirtschaft und Wissenschaft. Essen (www.stifterverband.de/pdf/faktencheck.pdf).

Winterhager, Matthias/Schwechheimer, Holger/Rimmert, Christine (2014): Institutionenkodierung als Grundlage für bibliometrische Indikatoren. In: Bibliometrie – Praxis und Forschung, Band 3 (14): 1–22 (www.bibliometrie-pf.de/article/view/209/269).

Wissenschaftsrat (WR) (2010): Empfehlungen zur Differenzierung der Hochschulen. Lübeck (www.wissenschaftsrat.de/download/archiv/10387-10.pdf).

Wissenschaftsrat (WR) (2013): Perspektiven des deutschen Wissenschaftssystems. Braunschweig (www.wissenschaftsrat.de/download/archiv/3228-13.pdf).

Datenbasis und Quellen

Alexander von Humboldt-Stiftung (AvH): Aufenthalte von AvH-Gastwissenschaftlerinnen und -wissenschaftlern 2009 bis 2013.

Arbeitsgemeinschaft industrieller Forschungsvereinigungen (AiF): Fördermittel für die Industrielle Gemeinschaftsforschung (IGF) und das Zentrale Innovationsprogramm Mittelstand – Kooperationen (ZIM-KOOP) 2011 bis 2013.

Bundesministerium für Bildung und Forschung (BMBF): Direkte FuE-Projektförderung des Bundes 2011 bis 2013 (Projektdatenbank PROFI).

Bundesministerium für Bildung und Forschung (BMBF): Bundesbericht Forschung und Innovation 2015, Tabelle 1.1.1.

Deutsche Forschungsgemeinschaft (DFG): DFG-Bewilligungen 2003 bis 2013, Beteiligungen an Koordinierten Programmen (Sonderforschungsbereiche, Forschergruppen, DFG-Forschungszentren) und der Exzellenzinitiative des Bundes und der Länder (Graduiertenschulen und Exzellenzcluster) 2011 bis 2013; Leibniz-Preisträgerinnen und -Preisträger 1986 bis 2015; Jährliche Befragung von Sprecherinnen und Sprechern neu eingerichteter Verbünde zu deren Fachrichtungen; DFG-Monitoring der Exzellenzinitiative 2013.

Deutscher Akademischer Austauschdienst (DAAD): Geförderte ausländische Wissenschaftlerinnen und Wissenschaftler sowie Graduierte 2009 bis 2013.

EU-Büro des BMBF: Beteiligungen am 7. EU-Forschungsrahmenprogramm (Laufzeit: 2007 bis 2013, Projektdaten mit Stand 21.02.2014).

European Research Council (ERC): Beteiligungen am 7. EU-Forschungsrahmenprogramm (Laufzeit: 2007 bis 2013, Projektdaten mit Stand 21.02.2014) sowie Starting Grants 2014 (Stand 15.12.2014).

Organisation für wirtschaftliche Zusammenarbeit und Entwicklung (OECD): Main Science and Technology Indicators 2013/2.

Statistisches Bundesamt (DESTATIS): Laufende Grundmittel und Drittmitteleinnahmen 2003 bis 2012, Hauptberuflich tätiges wissenschaftliches und künstlerisches Personal sowie Einnahmen der Hochschulen und außeruniversitären Forschungseinrichtungen 2012.

7 Anhang

7.1 Abkürzungsverzeichnis

Allgemeine Abkürzungen

% kumul.	Prozent kumuliert
AG	Aktiengesellschaft
BIP	Bruttoinlandsprodukt
BW	Baden-Württemberg
BY	Bayern
CH	Schweiz
DE	Deutschland
Dr.	Doktorinnen und Doktoren
EXC	Exzellenzcluster
FOR	Forschergruppe
FR	Fachrichtung
FRP	Forschungsrahmenprogramm der EU
FuE	Forschung und Entwicklung
FZT	Forschungszentrum
GEPRIS	Projektinformationssystem der DFG
GRK	Graduiertenkolleg
GSC	Graduiertenschule
HS	Hochschule
IGF	Industrielle Gemeinschaftsforschung
IuK	Informations- und Kommunikationstechnologie
KMU	Kleine und mittlere Unternehmen
LOM	Leistungsorientierte Mittelvergabe
MedH	Medizinische Hochschule
Mio.	Millionen
Mrd.	Milliarden
NKS	Nationale Kontaktstelle
NL	Niederlande
o. V.	ohne Verfasser
PI	Principal Inverstigator
Prof.	Professorinnen und Professoren
PROFI	Projektförder-Informationssystem des Bundes
ROR	Raumordnungsregionen
SFB	Sonderforschungsbereich
SPP	Schwerpunktprogramm
TH	Technische Hochschule
Tsd.	Tausend
TU	Technische Universität
U	Universität
UK	Vereinigtes Königreich Großbritannien und Nordirland
USA	Vereinigte Staaten von Amerika
ZIM-KOOP	Zentrales Innovationsprogramm Mittelstand – Kooperationen
ZUK	Zukunftskonzept

Einrichtungen und Organisationen

AiF	Arbeitsgemeinschaft industrieller Forschungsvereinigungen
ANR	L'Agence nationale de la recherche
AvH	Alexander von Humboldt-Stiftung
BBSR	Bundesinstitut für Bau-, Stadt- und Raumforschung
BKG	Bundesamt für Kartographie und Geodäsie
BMBF	Bundesministerium für Bildung und Forschung
BMEL	Bundesministerium für Ernährung und Landwirtschaft
BMUB	Bundesministerium für Umwelt, Naturschutz, Bau und Reaktorsicherheit
BMVI	Bundesministerium für Verkehr und digitale Infrastruktur
BMWi	Bundesministerium für Wirtschaft und Energie
BMZ	Bundesministerium für wirtschaftliche Zusammenarbeit und Entwicklung
CNRS	Centre national de la recherche scientifique
DAAD	Deutscher Akademischer Austauschdienst
DESTATIS	Statistisches Bundesamt
DFG	Deutsche Forschungsgemeinschaft
ERC	European Research Council
EU	Europäische Union

FH	Fachhochschule
FhG	Fraunhofer-Gesellschaft
GWK	Gemeinsame Wissenschaftskonferenz
HGF	Helmholtz-Gemeinschaft Deutscher Forschungszentren
HRK	Hochschulrektorenkonferenz
INRA	Institut national de la recherche agronomique
INSERM	Institut national de la santé et de la recherche médicale
KMK	Kultusministerkonferenz
MPG	Max-Planck-Gesellschaft
MPI	Max-Planck-Institut
OECD	Organisation für wirtschaftliche Zusammenarbeit und Entwicklung
ORA	Open Research Area in the Social Sciences
WGL	Wissenschaftsgemeinschaft Gottfried Wilhelm Leibniz
WR	Wissenschaftsrat

7.2 Methodenglossar

Das folgende Übersicht bietet als alphabetisch sortierter Stichwortkatalog vertiefende Hinweise zu den Datenquellen des Förderatlas sowie zu methodischen Fragen der Datenaufbereitung und Analyse.

AiF-Förderung

Die Arbeitsgemeinschaft industrieller Forschungsvereinigungen e.V. (AiF) setzt das Förderprogramm Industrielle Gemeinschaftsforschung (IGF) des Bundesministeriums für Wirtschaft und Energie (BMWi) um, und die AiF Projekt GmbH ist als Projektträger mit dem Zentralen Innovationsprogramm Mittelstand – Kooperationen (ZIM-KOOP) des BMWi beauftragt. In einer gesonderten Betrachtung im Rahmen des Förderatlas werden dabei das Förderprogramm IGF und die Förderlinie ZIM-KOOP dargestellt (vgl. Tabelle 4-25). Die Analysen der Fördermittel in den Programmen basieren auf von der AiF als Sonderauswertung zur Verfügung gestellten Daten zu laufenden beziehungsweise abgeschlossenen FuE-Vorhaben im 3-Jahreszeitraum 2011 bis 2013.

Außeruniversitäre Forschungseinrichtungen

Unter außeruniversitären Forschungseinrichtungen werden in diesem Bericht die Institute und Zentren der folgenden Wissenschaftsorganisationen verstanden: Fraunhofer-Gesellschaft (FhG), Helmholtz-Gemeinschaft (HGF), Leibniz-Gemeinschaft (WGL) und Max-Planck-Gesellschaft (MPG) sowie weitere Einrichtungen wie beispielsweise Klinika, Bundes- und Landeseinrichtungen mit FuE-Aufgaben oder AiF-Institute außerhalb von Industrie und Unternehmen der gewerblichen Wirtschaft. Dabei wird im Förderatlas für die Bundes- und Landeseinrichtungen mit FuE-Aufgaben die Bezeichnung Bundesforschungseinrichtungen beziehungsweise Landesforschungseinrichtungen verwendet.

Die Finanz- und Personaldaten der außeruniversitären Einrichtungen bilden das Jahr 2012 ab und stammen aus der Fachserie „Ausgaben, Einnahmen und Personal der öffentlich geförderten Einrichtungen für Wissenschaft, Forschung und Entwicklung“ des Statistischen Bundesamts (Fachserie 14, Reihe 3.6).

Die Personalzahlen der außeruniversitären Forschungseinrichtungen (siehe Tabelle 2-3) beinhalten die Personalgruppe „Wissenschaftliches Personal“ des Personals für Forschung und Entwicklung der wissenschaftlichen Einrichtungen des öffentlichen Sektors (Tabelle 6.1 der Fachserie 14, Reihe 3.6). Nicht einbezogen ist das technische und sonstige Personal. Das wissenschaftliche Personal ist – differenziert nach Geschlecht – ausgewiesen für die FhG, HGF, MPG, WGL, Bundesforschungseinrichtungen, Landes- und kommunale Forschungseinrichtungen, wissenschaftliche Bibliotheken und Museen sowie für sonstige öffentlich geförderte Organisationen ohne Erwerbszweck, unter die auch Akademien subsumiert werden. Die Zahlen spiegeln Vollzeitäquivalente wider – im Unterschied zu den Personaldaten der Hochschulen (→ Hochschulpersonal).

AvH-Förderung

Die Förderung durch die Alexander von Humboldt-Stiftung (AvH) bezieht sich auf die Anzahl geförderter Gastaufenthalte im 5-Jahreszeitraum 2009 bis 2013. Durch diesen längeren Zeitraum (wie bei → DAAD und → ERC) wird gewährleistet, dass jährliche Zufälligkeiten nicht so stark ins Gewicht fallen. In den Daten sind sowohl Forschungsstipendiatinnen und -stipendiaten als auch Humboldt-Preisträgerinnen und -Preisträger enthalten.

Bei der Definition des Begriffs „AvH-Geförderte“ sind in dieser Statistik zwei Aspekte zu beachten. Zum einen: Gezählt werden Gastaufenthalte an deutschen Wissenschaftseinrichtungen mit einer Mindestdauer von einem Monat. Zum anderen: Ein Stipendium beziehungsweise ein Preis kann bei der AvH jeweils in mehrere Besuchszeiträume an einer oder auch an verschiedenen deutschen Gasteinrichtungen gegliedert sein. In den Fällen, in denen mehrere Aufenthalte innerhalb eines Stipendiums oder Preises an derselben Einrichtung absolviert wurden, wird dies hier als ein Gastaufenthalt gezählt. Wenn hingegen innerhalb eines Stipendiums oder Preises Gastaufenthalte an verschiedenen Einrichtungen stattgefunden haben, wird dies mehrfach gezählt.

Innerhalb des 5-Jahreszeitraums können zudem im Einzelfall mehrere Stipendien und/ oder Preise an dieselbe Person vergeben worden sein. Wenn eine Person mehrere Stipendien erhalten hat und damit an die gleiche Gasteinrichtung in Deutschland geht, wird sie nur einmal gezählt. Wenn eine Wissenschaftlerin oder ein Wissenschaftler hingegen mit einem Stipendium und einem Preis gefördert wurde und dazu dieselbe Zieleinrichtung wählt, wird sie beziehungsweise er doppelt gezählt. Die fachliche Zuordnung erfolgt gemäß dem Fach der jeweiligen Gastwissenschaftlerin und oder des jeweiligen Gastwissenschaftlers und nicht gemäß der gastgebenden Einrichtung. Die Zuordnung zu den Hochschulen und Forschungseinrichtungen der AvH-Gastaufenthalte erfolgt gemäß der → DFG-Einrichtungsdatenbank, und es kann daher zu Abweichungen gegenüber anderen Darstellungen kommen.

Bibliometrie

In der Analyse berücksichtigt sind Publikationen, die in der bibliometrischen Datenbank Web of Science den Fachgebieten Chemie und Physik zugeordnet sind. Von den 45 Universitäten mit Beteiligung an der → Exzellenzinitiative des Bundes und der Länder wurden dabei diejenigen geförderten Universitäten berücksichtigt, für die in einem oder mehreren geförderten Verbünden ein Forschungsschwerpunkt in der Chemie und Physik feststellbar war. Bei den so ausgewählten Universitäten handelt es sich um die **TU Aachen, U Augsburg, HU Berlin, TU Berlin, U Bochum, U Bonn, TU Darmstadt, TU Dresden, U Erlangen-Nürnberg, U Frankfurt, U Hamburg, U Hannover, U Heidelberg, TU Kaiserslautern, KIT Karlsruhe, U Köln, U Konstanz, U Leipzig, U Mainz, LMU München** und **TU München.** Die Universitäten werden dabei nicht einzeln betrachtet, sondern als Gruppe.

Die Zuordnung von Publikationen zu Hochschulen erfolgte anhand der Adressen der beteiligten Autorinnen und Autoren. Dabei wurde auf Adresscodierungen zurückgegriffen, die das Institute for Interdisciplinary Studies of Science an der U Bielefeld im Rahmen des Kompetenzzentrums Bibliometrie unter anderem basierend auf der → DFG-Einrichtungsdatenbank vorgenommen hat (Winterhager, Schwechheimer, Rimmert, 2014). Jede Adresse wurde einfach gewichtet, das heißt, dass beispielsweise auch bei mehreren Autoren von einer Universität mit Beteiligung an der Exzellenzinitiative oder bei mehreren Autoren von verschiedenen Universitäten mit Beteiligung an der Exzellenzinitiative diese Publikation in der Kategorie „Universitäten mit Beteiligung an der Exzellenzinitiative" nur einmal gezählt wurde.

Bundesförderung

Im Förderatlas werden für die Analysen zu den Forschungsförderaktivitäten des Bundes Daten aus der Datenbank PROFI (Projektförder-Informationssystem) des BMBF verwendet, die die direkte Projektförderung des Bundes im zivilen Bereich größtenteils abdeckt (vgl. dazu in Auszügen www.foerderportal.bund.de/foekat). Neben Fördermaßnahmen des BMBF sind dabei auch Förderprogramme weiterer Ministerien verzeichnet – insbesondere des Bundesministeriums für Wirtschaft und Energie (BMWi), des Bundesministeriums für Verkehr und digitale Infrastruktur (BMVI), des Bundesministeriums für Ernährung und Landwirtschaft (BMEL) und des Bundesministeriums für Umwelt, Naturschutz, Bau und Reaktorsicherheit (BMUB). Die Förderung im militärischen Bereich ist dagegen nicht berücksichtigt.

Im Förderatlas werden nur als FuE-Vorhaben klassifizierte Maßnahmen herangezogen, die zwischen 2011 und 2013 gefördert wurden. Die Bereitstellung von Mitteln für Förderprogramme beispielsweise der DFG oder für das Akademieprogramm als auch Verwaltungsmittel für die jeweils beliehenen Projektträger oder für die Geschäftsführung von Netzwerkinitiativen des Bundes sind dabei ausgenommen. Es werden sowohl FuE-Maßnahmen an öffentlich geförderten Einrichtungen wie auch in der Industrie und Wirtschaft berücksichtigt. Ausgenommen sind die wissenschaftsbereichsspezifischen Analysen in Kapitel 4.4 bis 4.7, hier werden Maßnahmen in der Industrie und Wirtschaft nicht berücksichtigt.

Im Gegensatz zur → DFG-Förderung wird hier nicht berichtet, welche Summen für diese Jahre bewilligt wurden, sondern es werden alle Maßnahmen betrachtet, für die in diesen Jahren Mittel ausgezahlt wurden.

Die fachliche Zuordnung der Projekte ist aus der Leistungsplansystematik des Bundes abgeleitet. Die Berichtslogik für die Förderschwerpunkte im Rahmen der direkten FuE-Projektförderung ist als Tabelle Web-22 unter www.dfg.de/foerderatlas zu finden.

DAAD-Förderung

Die hier ausgewerteten Förderdaten des Deutschen Akademischen Austauschdienstes (DAAD) zur Individualförderung beziehen sich auf die Anzahl der im 5-Jahreszeitraum von 2009 bis 2013 geförderten ausländischen Wissenschaftlerinnen und Wissenschaftler sowie Graduierten und Promovierenden, die einen Gastaufenthalt an einer deutschen Hochschule oder Forschungseinrichtung absolviert haben. Grundständig Studierende werden nicht berücksichtigt. Dabei werden nur Hochschulen beziehungsweise Forschungseinrichtungen betrachtet, deren Gesamtausgaben von DAAD-Mitteln in der DAAD-Förderbilanz in jedem der fünf Jahre des Berichtszeitraums mindestens 1 Million Euro umfassten. Dieses Kriterium trifft auf 72 deutsche Hochschulen, nicht aber auf außeruniversitäre Forschungseinrichtungen zu. Die Zuordnung zu den Hochschulen und Forschungseinrichtungen der DAAD-Geförderten erfolgt gemäß der → DFG-Einrichtungsdatenbank, und es kann daher zu Abweichungen gegenüber anderen Darstellungen kommen.

DFG-Einrichtungsdatenbank

Die Einrichtungsdatenbank der DFG bildet die Organisationsstruktur der Hochschulen und außeruniversitären Forschungseinrichtungen – zum Beispiel Fakultäten, Fachbereiche oder Institute – in ihrer hierarchischen Struktur ab. Um die unterschiedlichen Bezeichnungen der Einrichtungen bei allen im DFG-Förderatlas berücksichtigten Daten zu vereinheitlichen und diese miteinander in Beziehung setzen zu können, wurde sie zur Bildung einer Konkordanz genutzt.

Die Einrichtungsdatenbank hält zudem die Adressdaten bereit, über die die statistischen Informationen georeferenziert und damit kartografisch dargestellt werden können. Auszüge aus der Einrichtungsdatenbank der DFG sind über das gemeinsam mit dem DAAD und in Zusammenarbeit mit der HRK betriebene Informationssystem „Research Explorer" (REx) im Internet zugänglich (www.research-explorer.de). Mittels der Adressdaten der Principal Investigators von Graduiertenschulen und Exzellenzclustern wurden auch deren Bewilligungssummen institutionell und mithilfe der fachlichen Klassifikation (gemäß DESTATIS, vgl. www.destatis.de/DE/Methoden/Klassifikationen/BildungKultur/PersonalStellenstatistik.pdf und Tabelle Web-32 unter www.dfg.de/foerderatlas) der jeweiligen Einrichtung zugeordnet (→ DFG-Förderung und → DFG-Fachsystematik). Die in Kapitel 3 und 4 vorgestellten Analysen erfolgen grundsätzlich auf der Ebene der gesamten Institution. Dabei sind alle Daten der im Förderatlas berücksichtigten Förderer auf Basis der DFG-Einrichtungsdatenbank zusammengefasst worden. Eine Besonderheit gilt hier für die fusionierten Universitätsklinika. Die berichteten Fördermittel für ein Universitätsklinikum, das von zwei Universitäten getragen wird, werden mit einer 50:50-Quote auf die dieses Klinikum tragenden Partnerhochschulen aufgeteilt. Dies trifft auf die **Charité Berlin,** das **Universitätsklinikum Gießen und Marburg** sowie das **Universitätsklinikum Schleswig-Holstein** zu. Die 50:50-Regel wird auch auf die Zahl der antragsbeteiligten Personen an fusionierten Einrichtungen sowie auf alle weiteren im Förderatlas berichteten Kennzahlen angewendet.

DFG-Fachsystematik

Die Fachsystematik der DFG besteht aus vier Stufen: Insgesamt 209 Fächer sind 48 Fachkollegien zugeordnet, die im Förderhandeln der DFG alle wissenschaftlichen Disziplinen repräsentieren. Um Verwechslungen mit dem Gremienbegriff zu vermeiden, wird in statistischen Zusammenhängen alternativ zum Fachkollegienbegriff die Bezeichnung Forschungsfelder verwendet. Die Fachkollegien/Forschungsfelder werden zu 14 Fachgebieten und schließlich zu vier Wissenschaftsbereichen zusammengefasst. Die vierstufige Fachsystematik ist in Tabelle A-1 im Anhang dokumentiert. Im Vergleich zum Förderatlas 2012 werden die dort noch zum gemeinsamen Fachgebiet Maschinenbau zusammengefassten Fachgebiete Maschinenbau und Produktionstechnik, Wärmetechnik/Verfahrenstechnik sowie Materialwissenschaft und Werkstofftechnik in dieser Ausgabe einzeln ausgewiesen.

Diese Fachsystematik ist die Basis für die fachliche Zuordnung der Anträge und ihrer Bewilligungssummen:

- Geht ein Antrag auf Einzelförderung, Forschungszentren (FZT), Sonderforschungsbereiche (SFB), Schwerpunktprogramme (SPP), Forschergruppen (FOR) oder Graduiertenkollegs (GRK) in der DFG ein, wird aufgrund der im Antrag beschriebenen Thematik in der DFG-Geschäftsstelle festgelegt, welchem Fachkollegium er zuzuordnen ist. Daraus ergibt sich die fachliche Zuständigkeit der Fachreferentinnen und -referenten, der Gutachterinnen und Gutachter sowie der Fachkollegiatinnen und -kollegiaten. Bei Forschungszentren, Sonderforschungsbereichen, Schwerpunktprogrammen und Forschergruppen wird jedes Teilprojekt gesondert fachlich klassifiziert.
- Anders ist es bei Graduiertenschulen und Exzellenzclustern, die aufgrund ihrer fachlichen Breite (vgl. Kapitel 5) zum Teil mehreren Forschungsfeldern zugeordnet sind. Um im Förderatlas eine möglichst genaue Aussage zur fachlichen Verteilung der Mittel treffen zu können, erfolgt die fachliche Zuordnung über die im Antrag aufgeführten Principal Investigators (PI). Dabei wird die Fachsystematik der → DFG-Einrichtungsdatenbank herangezogen, über die jede erfasste Einrichtung klassifiziert ist. Jedem im Antrag aufgeführten PI ist das Forschungsfeld der Einrichtung beziehungsweise des Instituts zugewiesen worden, an dem er oder sie zum Zeitpunkt der Antragstellung tätig war.
- Zukunftskonzepte werden fachlich nicht klassifiziert, da sie eine fachübergreifende langfristige Strategie zur Spitzenforschung und Nachwuchsförderung für die gesamte Hochschule darstellen.
- Ebenfalls nicht fachlich zugeordnet sind die Bewilligungen in der Infrastrukturförderung. Daher sind diese in den auf fachliche Profile fokussierenden Analysen in Kapitel 4 nicht enthalten.

DFG-Förderung

Die im Förderatlas berichteten DFG-Fördersummen beziehen sich auf den Berichtszeitraum 2011 bis 2013. Berücksichtigt werden Bewilligungen zu Neu- und Fortsetzungsanträgen, Zusatzanträgen sowie für Auslauffinanzierungen.

Im Förderatlas werden die Förderinstrumente und Förderlinien der Einzelförderung, der Koordinierten Programme (Forschungszentren, Sonderforschungsbereiche, Schwerpunktprogramme, Forschergruppen, Graduiertenkollegs), der Infrastrukturförderung sowie der drei Förderlinien der → Exzellenzinitiative (Graduiertenschulen, Exzellenzcluster und Zukunftskonzepte) berücksichtigt. Dabei werden nur institutionelle Mittelempfänger und inländische Mittelempfänger betrachtet. Mit Ausnahme der in Kapitel 2 vorgestellten Sonderanalyse zu 30 Jahren Gottfried Wilhelm Leibniz-Preis werden im Förderatlas die Verfahren der Preise sowie die Förderung von internationalen wissenschaftlichen Kontakten, Ausschüssen und Kommissionen sowie Hilfseinrichtungen der Forschung nicht analysiert. Diese machen gemeinsam etwa 2 Prozent des DFG-Fördervolumens aus. Der Ausschluss ist insbesondere dadurch begründet, dass diese Verfahren kaum Rückschlüsse auf die fachlichen Schwerpunktsetzungen einer wissenschaftlichen Einrichtung zulassen.

Die berichteten Fördersummen enthalten die 2007 beziehungsweise 2008 eingeführten Programmpauschalen. Weitere Informationen zu Programmpauschalen finden sich unter www.dfg.de/foerderung/antragstellung/programmpauschalen. In der DFG-Statistik werden seit 2010 die Fördersummen herangezogen, die für ein Berichtsjahr bewilligt wurden. Dabei ist die DFG-Statistik eine Entscheidungs- und keine Ausgabenstatistik. Die zugrunde gelegten Summen entsprechen nicht den Ausgaben eines Jahres, sondern den Bewilligungssummen für ein Jahr. Bei vergleichenden Betrachtungen mit den ausgabenbasierten Statistiken zur Bundes- und EU-Förderung oder auch den vom Statistischen Bundesamt erhobenen Drittmitteldaten ist dieser Unterschied zu beachten.

Eine Bewilligungssumme wird generell anteilig den Einrichtungen zugerechnet, an denen die Antragstellenden zum Zeitpunkt der Förderentscheidung tätig sind:

- In der Einzelförderung wird die Bewilligungssumme den Einrichtungen der (Mit-)Antragstellerinnen und (Mit-)Antragsteller zugeordnet.
- Bei Sonderforschungsbereichen, Schwerpunktprogrammen und Forschergruppen ist die Bewilligungssumme auf Teilprojekte aufgegliedert. Die Bewilligungssumme des Teilprojekts wird der Einrichtung zugerechnet, an der die Teilprojektleiterin oder

der Teilprojektleiter tätig ist. Ein Beispiel: Ein Sonderforschungsbereich besteht aus zehn Teilprojekten. Teilprojekt 1 erhält 100.000 Euro. Die Einrichtung der einzigen Teilprojektleitung erhält die gesamte Fördersumme zugewiesen. Teilprojekt 2 erhält ebenfalls 100.000 Euro, hat aber drei Teilprojektleiterinnen beziehungsweise -leiter, auf deren Einrichtungen jeweils 33.333 Euro gebucht werden.

- Bewilligungssummen für Graduiertenkollegs werden im Förderatlas den Einrichtungen der beteiligten Hochschullehrerinnen und -lehrer sowie den Wissenschaftlerinnen und Wissenschaftlern zugewiesen, und zwar unter Annahme einer personenspezifischen Gleichverteilung. Ein Beispiel: Für ein Graduiertenkolleg werden 100.000 Euro bewilligt. Sprecherin/Sprecher und Stellvertreterin/Stellvertreter sitzen an Hochschule X, wie auch sechs weitere beteiligte Hochschullehrerinnen/-lehrer und zwei beteiligte Wissenschaftlerinnen/Wissenschaftler an den außeruniversitären Einrichtungen Museum A und Max-Planck-Institut B. Dann werden 80.000 Euro der Hochschule X und jeweils 10.000 Euro dem Museum A und dem Max-Planck-Institut B zugewiesen.
- DFG-Forschungszentren werden methodisch analog zu Graduiertenschulen und Exzellenzclustern (siehe → Exzellenzinitiative) behandelt, das heißt, die institutionelle Zuordnung erfolgt über die Principal Investigators (PI).

DFG-Großgeräteinvestitionen

In dieser Ausgabe des Förderatlas werden die von der DFG bewilligten und empfohlenen Großgeräteinvestitionen im Zeitraum 2011 bis 2013 analysiert (Kapitel 3.7). Diese sind nur zu einem Teil in der → DFG-Förderung enthalten, da die DFG in diesen Förderinstrumenten und Förderprogrammen in der Regel nur die Begutachtung vornimmt und eine verbindliche Empfehlung zur Förderung gibt beziehungsweise eine Kofinanzierung mit dem jeweiligen Bundesland erfolgt. In der im Förderatlas betrachteten → DFG-Förderung ist daher nur der Kofinanzierungsanteil der DFG im Förderinstrument „Forschungsgroßgeräte" nach Art. 91b GG enthalten. Die empfohlenen Großgeräteinvestitionen in den Förderinstrumenten „Großgeräte der Länder" und „Forschungsbauten nach Art. 91b GG" (Neu-, Um- oder Erweiterungsbauten einschließlich Großgeräten) sind in der ansonsten im Förderatlas betrachteten → DFG-Förderung nicht enthalten und werden daher in Kapitel 3.7 separat betrachtet.

DFG-Monitoring der Exzellenzinitiative

Die DFG erhebt jährlich Daten zum Verlauf der Exzellenzinitiative (Graduiertenschulen und Exzellenzcluster). Es werden neben soziodemografischen Daten auch Angaben zur Beteiligung und zur Finanzierung in den Graduiertenschulen und Exzellenzclustern abgefragt (vgl. www.dfg.de/erhebungen). Die Erhebung bezieht sich auf Personen, die in einem der Verbünde im Rahmen der → Exzellenzinitiative tätig sind. Für die Analysen im Förderatlas wird auf die Daten des Berichtszeitraums November 2011 bis Oktober 2013 zurückgegriffen. Berücksichtigt werden alle Personen, die mindestens einen Monat in den Jahren 2012 und/oder 2013 an der Exzellenzinitiative beteiligt waren (ohne Gastwissenschaftlerinnen und -wissenschaftler).

Bei der Analyse der internationalen Zusammenarbeit (Kapitel 3.8.3) wird das Herkunftsland der beteiligten Personen im Jahr 2013 ausgewertet. Dabei ist unter Herkunftsland nicht die Nationalität oder das Geburtsland zu verstehen, sondern das Land, in dem die Person vor der Beteiligung an einem Exzellenzverbund tätig war.

Für die Regionalanalyse (Kapitel 3.8.2) wird das räumliche Verhältnis zwischen dem Verbundstandort (also der Universität, an der eine Graduiertenschule oder ein Exzellenzcluster angesiedelt ist) und der primären Forschungsstätte der beteiligten Person ausgewertet. Dabei lassen sich zunächst grundsätzlich drei Personengruppen unterscheiden:

- Personen, die an der Universität wissenschaftlich aktiv sind, die auch den Verbund beheimatet. Diese Personen werden als „hochschulintern" eingebunden betrachtet.
- Personen mit einer Tätigkeit außerhalb dieser Universität, aber innerhalb der → Region gelten als „regional" eingebunden.
- Personen, die am Verbund beteiligt, aber primär außerhalb der → Region tätig sind, werden dementsprechend der Rubrik „überregional" zugeordnet.

Da ein Verbund an mehreren Universitäten beheimatet sein kann, werden auch Bruchteile von Personenbeteiligungen gezählt. Sind an dem Verbund zwei Universitäten beteiligt, so wird jede Person dieses Verbunds beiden Universitäten mit jeweils dem Wert 0,5 zugeordnet. Bilden drei Universitäten einen Verbund, so zählen die dem Verbund zugehörigen Personen zu jeweils einem Drittel in die jeweilige räumliche Klassifikation.

DFG-Projektleitungen

Datenbasis bilden hier die an DFG-Projekten und Verbünden in Leitungsfunktionen beteiligten Personen, denen Bewilligungen für das Jahr 2013 zugrunde liegen. Ein Projekt – beziehungsweise ein Verbund – wird dabei unabhängig davon, wie lange es innerhalb des Jahres 2013 lief, gezählt, das heißt, ein Projekt/Verbund, das zum Beispiel bereits am 31.01.2013 endete, wird genauso als eins gezählt wie ein Projekt/Verbund, das insgesamt zwölf Monate lief.

Als Projektleitungen eines Projekts in der Einzelförderung zählen alle antragstellenden Personen. Bei Sonderforschungsbereichen, Schwerpunktprogrammen und Forschergruppen sind dies die Sprecherinnen und Sprecher sowie die Teilprojektleiterinnen und -leiter. Bei Graduiertenkollegs sind es die beteiligten Hochschullehrerinnen und -lehrer sowie die beteiligten Wissenschaftlerinnen und Wissenschaftler. Bei Graduiertenschulen, Exzellenzclustern und Forschungszentren werden alle Principal Investigators als Projektleitungen betrachtet. Zukunftsprojekte sind hochschulübergreifend, sodass hier, ebenso wie bei Infrastrukturprojekten, keine Projektbeteiligten gelistet werden.

ERC-Förderung

Datenbasis bilden in der Programmlinie Starting Grants die sieben Ausschreibungen der Jahre 2007 bis 2014 (dabei ist die Ausschreibung des Jahres 2014 in den Analysen der Tabellen 2-6 und 2-7 nicht enthalten). Bei den Advanced Grants werden die sechs Ausschreibungsrunden berücksichtigt, die in den Jahren 2007 bis 2013 stattgefunden haben. In der Programmlinie Consolidator Grants wird die Ausschreibung des Jahres 2013 berücksichtigt.

Mit Blick auf die Fachzugehörigkeit werden beim European Research Council (ERC) die drei Forschungsbereiche „Social Sciences and Humanities", „Physical Sciences and Engineering" sowie „Life Science" unterschieden, denen insgesamt 25 Fachpanels untergeordnet sind. In einem weiteren Panel werden die interdisziplinären Projekte zusammengefasst. Für die Förderatlas-Analysen werden die geförderten Projekte anhand der Fachpanels, denen sie zugeordnet sind, in die → DFG-Fachsystematik auf Ebene der Wissenschaftsbereiche überführt. Bei den 130 interdisziplinären Projekten erfolgt die Überführung in die vier Wissenschaftsbereiche der DFG anhand des Projekttitels beziehungsweise des Fachbereichs des Principal Investigators. Die Zuordnung zu den jeweiligen Forschungseinrichtungen der Wissenschaftlerinnen und Wissenschaftler für die einrichtungsspezifischen Analysen im Förderatlas erfolgt auf Basis der „Host Institution" des Principial Investigators, mit der zum Zeitpunkt der Datenbankausgabe das „Grant Agreement" besteht. Die Zuordnung erfolgt auf Basis der → DFG-Einrichtungsdatenbank.

EU-Förderung

Die Auswertungen zu den Förderaktivitäten im 7. Forschungsrahmenprogramm (7. FRP) der EU sind in Zusammenarbeit mit dem EU-Büro des BMBF (Projektträger DLR) auf Basis der Projektdatenbank zum 7. FRP (Stand 21.02.2014) erfolgt. Berücksichtigt werden in den Analysen der Kapitel 3 und 4 die Fördermittel für deutsche, institutionelle Mittelempfänger in Höhe von 6.918,4 Millionen Euro. Zum Zweck des Vergleichs mit DFG und Bund sind in diesen Kapiteln die Fördersummen auf einen 3-Jahreszeitraum umgerechnet worden. Da die hier berücksichtigten Ausschreibungen im 7. FRP in einem Zeitraum von etwa sieben Jahren (alle von 1.1.2007 bis zum 21.02.2014 tatsächlich abgerufenen Mittel) erfolgten, wurden für diese Umrechnung die Gesamtfördersummen mit dem Faktor 3/7 multipliziert.

Analog zur → Bundesförderung fließen Maßnahmen in der Industrie und Wirtschaft in die Analysen mit ein. Ausgenommen sind wiederum die Kapitel 4.3 bis 4.7.

Das 7. FRP gliedert sich in vier zentrale „Spezifische Programme": *Zusammenarbeit, Ideen, Menschen* und *Kapazitäten*. Abgesehen vom Programm *Ideen* (→ ERC-Förderung) werden alle Ausschreibungen und Themen von der EU selbst gesetzt.

Für die Darstellung der Förderstrukturen nach Wissenschaftsbereichen (Kapitel 4) sind die zwölf thematischen Prioritäten des Spezifischen Programms *Zusammenarbeit* (vgl. Tabelle 2-6) den vier Wissenschaftsbereichen der DFG sowie einem weiteren Bereich „Ohne fachliche Zuordnung“ zugewiesen worden. Dem Wissenschaftsbereich Geistes- und Sozialwissenschaften ist die thematische Priorität „Sozial-, Wirtschafts- und Geisteswissenschaften“ zugeordnet. Die EU-Förderung im Rahmen der Lebenswissenschaften setzt sich aus den thematischen Prioritäten „Gesundheit“ sowie „Lebensmittel, Landwirtschaft, Fischerei und Biotechnologie“ zusammen, die Förderung in den Naturwissenschaften aus den Projekten zum Thema „Umwelt- und Klimaänderungen“. Die weiteren sechs thematischen Prioritäten werden unter Ingenieurwissenschaften subsumiert. Auf den Bereich „Ohne fachliche Zuordnung“ entfallen die Prioritäten „Gemeinsame Technologieinitiativen“ sowie „Querschnittsaktivitäten“.

Exzellenzinitiative

Die Exzellenzinitiative des Bundes und der Länder findet im Förderatlas 2015 sowohl mit ihrer ersten Phase (2006/2007) als auch mit der zweiten Phase (2012) Berücksichtigung. Betrachtet wird die anteilige Förderung der Jahre 2011 bis 2013.

Graduiertenschulen (GSC) und Exzellenzcluster (EXC) sind institutionell der Hochschule als Ganzes zugeordnet. Um die bei Graduiertenschulen und Exzellenzclustern sehr hohen Bewilligungssummen statistisch institutionell und fachlich besser zuordnen zu können, wurde für diesen Bericht ein Näherungsverfahren angewandt. Dabei wurde auf die im Antrag aufgeführten Principal Investigators (PI) und die Angaben zu deren institutionellen Herkunft zurückgegriffen. Zum einen werden diese Angaben genutzt, um die Bewilligungssummen anteilig den beteiligten Hochschulen und Forschungseinrichtungen zuzuordnen, aber auch um eine Aussage zur fachlichen Verteilung der Mittel zu treffen (→ DFG-Fachsystematik). Dazu wurde die Fachsystematik der → DFG-Einrichtungsdatenbank herangezogen, über die jede erfasste Einrichtung fachlich klassifiziert ist. Dabei wird jedem zu einem Antrag erfassten PI einer Graduiertenschule oder eines Exzellenzclusters das Fach des Instituts beziehungsweise der Forschungseinrichtung zugewiesen, an dem sie oder er zum Zeitpunkt der Antragstellung tätig war.

Bei Zukunftskonzepten (ZUK) werden die bewilligten Mittel der antragstellenden Hochschule auf oberster Ebene vollständig zugeordnet. Eine anteilige Zuordnung zu Organisationseinheiten wie Fakultäten oder Fachbereichen oder auch eine fachliche Zuordnung der Fördersummen erfolgt nicht.

In Kapitel 3.8 werden die Universitäten mit einer erfolgreichen Antragsbeteiligung an den Förderlinien der Exzellenzinitiative betrachtet. Eine Hochschule wird dann als antragstellende Hochschule gewertet, wenn sie im Antrag als „Host University“ aufgeführt oder im Rahmen der Begutachtung und Entscheidung als solche behandelt wurde. Dabei konnten pro Antrag bei Graduiertenschulen und Exzellenzclustern mehrere Hochschulen entsprechend aufgeführt werden (vgl. Tab. A-2).

Fachstrukturbereinigte Drittmittel

Im Rahmen der relativen Betrachtung der DFG-Bewilligungssummen wird den realen Pro-Kopf-Bewilligungen bezogen auf die Professorenschaft das fachstrukturbereinigte „statistisch erwartbare“ Drittmittelvolumen gemäß dem Einrichtungsdurchschnitt gegenübergestellt. Die fachstrukturbereinigten Drittmittel berechnen sich folgendermaßen:

$\text{Drittmittel}_{\text{bereinigt}} = \Sigma 14\text{FG}$ (= Anzahl Professorenschaft der Universität im Fachgebiet x Ø-Pro-Kopf-Bewilligung bezogen auf die Professorenschaft im Fachgebiet)

Für jede einzelne betrachtete Universität wird also die Anzahl der Professorinnen und Professoren in einem Fachgebiet (vgl. Tabelle Web-4 unter www.dfg.de/foerderatlas) mit dem bundesweiten Pro-Kopf-Durchschnitt bezogen auf die Professorenschaft (vgl. Tabelle Web-34 unter www.dfg.de/foerderatlas) im selben Fachgebiet multipliziert, um das statistisch erwartete Drittmittelvolumen in diesem Fachgebiet zu ermitteln. Diese Werte werden im zweiten Schritt über alle 14 Fachgebiete addiert. In Abbildung 3-4 wird dann das relative Verhältnis der fachstrukturbereinigten Drittmittel zu den DFG-Bewilligungen je Universität dargestellt.

Gini-Koeffizient

Dieses Konzentrationsmaß dient zur Messung der Gleichheit oder Ungleichheit von

Verteilungen. Es eignet sich gut, um Konzentrations- oder Dekonzentrationsprozesse in einer Kennzahl zu vereinen. Dabei liegt der normierte Wert des Gini-Koeffizienten grundsätzlich zwischen 0 und 1. Niedrigere Werte zeugen von einer stärkeren Gleichverteilung oder Dekonzentration, während höhere Werte eine stärkere Ungleichverteilung oder Konzentration anzeigen. Berücksichtigt werden in der Untersuchung alle Hochschulen, die im Zeitraum 2003 bis 2013 jedes Jahr eine fachlich differenzierte Gesamtbewilligungssumme von mehr als 1 Million Euro von der DFG zugesprochen bekommen haben. Die Analyse erfolgt auf der Ebene der 48 Forschungsfelder der → DFG-Fachsystematik. Die institutionelle Zuordnung erfolgt auf Basis der → DFG-Einrichtungsdatenbank. Dabei werden Änderungen in der Hochschullandschaft, wie beispielsweise die Gründung des **KIT Karlsruhe,** rückwirkend berücksichtigt.

Hochschulfinanzen

Die Daten zu den finanziellen Ressourcen der Hochschulen beziehen sich auf das Berichtsjahr 2012. Bei den Zeitreihenanalysen wird die Entwicklung über einen Zeitraum von zehn Jahren analysiert (2003 bis 2012).

Die Gesamteinnahmen der Hochschulen setzen sich in der Hochschulfinanzstatistik aus den Verwaltungseinnahmen (einschließlich Einnahmen aus der Krankenversorgung), Drittmitteleinnahmen und Grundmitteln zusammen. Dabei wird bei den Hochschulen nur ein Teil der Einnahmen als FuE-relevant klassifiziert (→ OECD-Statistik). Drittmitteleinnahmen werden bei den Hochschulen zu 100 Prozent als FuE-relevant eingeordnet. Die Grundmittelfinanzierung wird jedoch nur anteilig zu den FuE-Aktivitäten gerechnet. Unterschieden wird nach Hochschulart und Fächergruppe, um zum Beispiel den entsprechenden Anteil der Lehraktivität zu berücksichtigen.

Hochschulpersonal

Die Daten zum Hochschulpersonal stammen vom Statistischen Bundesamt und beziehen sich auf den Stichtag 1.12.2012. Die im Förderatlas verwendeten Personalzahlen umfassen das hauptberuflich tätige wissenschaftliche und künstlerische Personal inklusive der Professorinnen und Professoren.

Zu den Professorinnen und Professoren zählen nach der Definition des Statistischen Bundesamts alle Personen mit den Dienstbezeichnungen C4, C3, C2, W3, W2 sowie Juniorprofessorinnen und -professoren und hauptamtliche Gastprofessorinnen und -professoren. Das hauptberuflich tätige wissenschaftliche und künstlerische Personal umfasst zusätzlich zu der Personalgruppe der Professorinnen und Professoren drei weitere Personalgruppen: Dozentinnen/Dozenten und Assistentinnen/Assistenten, wissenschaftliche und künstlerische Mitarbeiterinnen/Mitarbeiter sowie Lehrkräfte für besondere Aufgaben. Ausgeschlossen ist hingegen das nebenberuflich tätige wissenschaftliche und künstlerische Personal, das die Personalgruppen der Gastprofessoren und Emeriti, Lehrbeauftragte, Honorarprofessoren, Privatdozenten, außerplanmäßige Professoren, wissenschaftliche Hilfskräfte, Tutoren und studentische Hilfskräfte umfasst.

Dabei stellen die hier genutzten Personaldaten keine Vollzeitäquivalente (im Gegensatz zu den Personaldaten der → außeruniversitären Forschungseinrichtungen) dar, sondern die Anzahl der angestellten Personen (Kopfzahlen).

Die vom Statistischen Bundesamt zur Verfügung gestellten Daten sind auf Ebene der 14 DFG-Fachgebiete aggregiert (vgl. Tabelle Web-32 unter www.dfg.de/foerderatlas). Der Anteil des Personals, der fachlich keinem der DFG-Fachgebiete und Wissenschaftsbereiche unmittelbar zugewiesen werden kann (zum Beispiel zentrale wissenschaftliche Einrichtungen), wurde – gewichtet nach der Fächerverteilung der Hochschule – dem Personal der Fachgebiete und Wissenschaftsbereiche aufgeschlagen. Die personalrelativierte Betrachtung je Wissenschaftsbereich in Kapitel 4.4 bis 4.7 betrachtet nur Hochschulen, an denen 20 und mehr Professorinnen und Professoren beziehungsweise 100 und mehr Wissenschaftlerinnen und Wissenschaftler insgesamt im Jahr 2012 im jeweils betrachteten Wissenschaftsbereich hauptberuflich tätig waren. Dies stellt gegenüber dem Förderatlas 2012 eine Ausweitung der betrachteten Hochschulen dar.

Kartografische Netzwerkanalysen

Im Förderatlas wird je Wissenschaftsbereich grafisch dargestellt, welche Hochschulen und außeruniversitären Einrichtungen für 2011 bis 2013 gemeinsame Bewilligungen im Rahmen von geförderten Verbünden erhalten haben. Dabei wird vor allem die Anzahl der gemeinsamen Beteiligungen visualisiert. Im Mittelpunkt steht die Frage, in welchem Umfang und in welcher Form geförderte Verbünde für Zwecke der interinstitutionellen Zusammenarbeit genutzt werden und mit welchem Erfolg es Wissenschaftlerinnen und Wissenschaftlern an Hochschulen gelingt, Partner benachbarter Institutionen in gemeinsame geförderte Forschungsvorhaben einzubinden. Da vor allem regionale Schwerpunktsetzungen und Clusterbildungen sichtbar gemacht werden sollen, liegt der Fokus der Netzwerkanalysen auf Förderinstrumenten, die das sogenannte „Ortsprinzip" geltend machen, also neben der inneruniversitären Zusammenarbeit vor allem die Integration von den am Ort beziehungsweise in der näheren Region ansässigen weiteren Hochschulen und außeruniversitären Einrichtungen fördern.

Entsprechend beruhen die Analysen auf den nachfolgenden Förderinstrumenten: Graduiertenschulen, Exzellenzcluster, Forschungszentren, Sonderforschungsbereiche, Graduiertenkollegs und Forschergruppen. Nicht berücksichtigt wird das auf deutschlandweite Kooperationen angelegte Schwerpunktprogramm, in dem die Zusammenarbeit eher mittels gemeinsamer Workshops, themenbezogener Arbeitskreise sowie Kolloquien und nicht oder nur in kleineren Untergruppen in gemeinsamen Projekten erfolgt.

In den vier Netzwerkkarten werden für jeden Wissenschaftsbereich alle Hochschulen und außeruniversitären Einrichtungen in Deutschland abgebildet, die im Rahmen der genannten Förderinstrumente mit weiteren Einrichtungen kooperiert haben. Die Kreisdurchmesser symbolisieren die Zahl der gemeinsamen Beteiligungen mit anderen Einrichtungen. Dabei wird jede Partnereinrichtung einmal gezählt, unabhängig davon, wie viele Kooperationen mit derselben Partnereinrichtung insgesamt bestehen. Die Größe der Kreise nimmt mit steigender Anzahl der Partner in den betrachteten Verbünden zu. Verbindungslinien zwischen Einrichtungen weisen auf mehrfache gemeinsame Beteiligungen hin. Die Stärke der Verbindungslinien variiert mit der Anzahl der gemeinsamen Verbünde. Grundsätzlich werden nur solche Einrichtungen dargestellt, die mindestens drei unterschiedliche Partnereinrichtungen aufweisen, sowie solche Verbindungen, die auf mindestens zwei gemeinsamen Beteiligungen beruhen. Im Wissenschaftsbereich Lebenswissenschaften ist die interinstitutionelle Zusammenarbeit in DFG-geförderten Programmen besonders ausgeprägt. In der entsprechenden Abbildung wurde der Schwellenwert aus Gründen der Übersichtlichkeit auf mindestens drei gemeinsame Beteiligungen gesetzt.

Korrelationskoeffizient

Der im Förderatlas verwendete Spearmansche Rang-Korrelationskoeffizient vergleicht diskrete Verteilungen. Im Förderatlas dient er dazu, Rangreihen auf ihre Reihenfolge hin zu vergleichen. Der Wertebereich liegt zwischen -1,0 und 1,0. Ein Koeffizient von 1,0 wäre gegeben, wenn beide Reihen komplett identisch wären, der Wert -1,0 würde auf zwei komplett gegenläufige Rangreihen verweisen.

OECD-Statistik

Datenquelle zu den internationalen FuE-Ausgaben ist die Publikation „Main Science and Technology Indicators", die zweimal pro Jahr von der Organisation für wirtschaftliche Zusammenarbeit und Entwicklung (OECD) veröffentlicht wird. Die FuE-Aktivitäten werden nach dem sogenannten Frascati-Handbuch international nach dem gleichen Standard und anhand der Sektoren Wirtschaft (BERD, Business Enterprise Expenditure on R&D), Staat (GOVERD, Government Intramural Expenditure on R&D), Hochschulen (HERD, Higher Education Expenditure on R&D) und Private Organisationen ohne Erwerbszweck (PNP, Private non-profit) erhoben. Für Deutschland werden im Staatssektor die Ausgaben der außeruniversitären Forschungseinrichtungen berichtet.

Profilanalysen

Die Visualisierungen der Profilanalysen wurden am Max-Planck-Institut für Gesellschaftsforschung in Köln entwickelt und erlauben es, über die Darstellung der prozentualen förderbereichsspezifischen Bewilligungen das fachliche Profil dieser Hochschulen untereinander zu vergleichen und Ähnlichkeiten herauszuarbeiten.

Dazu werden zum einen die Fach- oder Fördergebiete durch Kreissymbole dargestellt, zum anderen die mittelempfangenden Hochschulen in Form von Kreisdiagrammen. Dabei variiert die Größe der mit fachlichen Kürzeln versehenen Kreissymbole mit der Höhe des Bewilligungsvolumens je Fördergebiet (14 Fachgebiete beziehungsweise 48 Fachkollegien/Forschungsfelder der DFG, 16 Fördergebiete des Bundes, 11 Fördergebiete der EU). Die Höhe der fächerübergreifenden Bewilligungssumme je Hochschule wird entsprechend durch die Größe der hochschulspezifischen Kreisdiagramme veranschaulicht. Die Segmente der Kreisdiagramme zeigen die prozentuale Verteilung der Fördergebiete für jede einzelne Hochschule an.

Die Positionierung dieser Fächersymbole und Kreisdiagramme in der Fläche wird in mehreren Iterationen so optimiert, dass Ähnlichkeitsstrukturen in den Schwerpunkten zwischen den Hochschulen – unter Berücksichtigung von Aspekten der Lesbarkeit und Darstellbarkeit – sichtbar werden. Die Nähe einer Hochschule zu einem Fördergebiet korreliert mit ihrer Schwerpunktsetzung in diesem Fördergebiet. Je näher zwei Hochschulen nebeneinander liegen, desto ähnlicher sind sich ihre fachliche Ausrichtung und/oder ihre fachliche Akzentuierung. Umgekehrt gilt: Je weiter die Kreissymbole voneinander entfernt platziert sind, desto unterschiedlicher sind die fachlichen Profile der Hochschulen. Zudem werden im Außenraum der Grafik eher die Hochschulen platziert, die eine Besonderheit aufweisen, im Innenraum der Grafik eher die Hochschulen, deren Fächerprofil dem Durchschnitt ähnelt.

Regionen

Im Förderatlas wird anhand von kartografischen Abbildungen dargestellt, wie sich die DFG-Bewilligungen, die Fördermittel des Bundes und die EU-Förderung auf Regionen in Deutschland verteilen. Die Analyseeinheit bilden die Raumordnungsregionen (ROR) des Bundesinstituts für Bau-, Stadt- und Raumforschung (BBSR). Mit insgesamt 96 solcher Regionen erfolgt die Betrachtung in diesem Förderatlas insgesamt großräumig. Die Raumordnungsregionen sind, entgegen einer möglichen Assoziation, keine Programmregionen des Bundes. Die Raumordnungsregionen dienen als Beobachtungs- und Analyseraster für die räumliche Berichterstattung. Dabei stellen, mit Ausnahme der Stadtstaaten, die Raumordnungsregionen großräumige, funktional abgegrenzte Raumeinheiten dar, die im Prinzip durch ein ökonomisches Zentrum und sein Umland beschrieben werden. Sie ermöglichen die flächendeckende Klassifizierung der Bundesrepublik und können für die unterschiedlichen Daten zur Forschungsförderung beziehungsweise zur Wissenschaftslandschaft verwendet werden, da sie auf bestehenden administrativen Grenzen (Stadt- und Kreisgrenzen) beruhen. Weiterhin sind die Raumordnungsregionen länderscharf, sodass keine bundesländerübergreifenden Regionen ausgewiesen werden. Die Raumordnungsregionen sind aufgrund ihrer räumlichen Ausdehnung gut geeignet, um Forschungskennzahlen im deutschlandweiten Maßstab kartografisch darzustellen, und tragen darüber hinaus meist aussagekräftige Namen, die die Orientierung und Lesbarkeit auf einer Karte erleichtern.

Dabei werden für die kartografischen Darstellungen der Förderung durch DFG, Bund und EU die ausführenden Forschungseinrichtungen mit ihrer räumlichen Lage berücksichtigt. Durch die in der → DFG-Einrichtungsdatenbank hinterlegte Raumordnungsregion je Einrichtung werden die Daten auf dieser Ebene zusammengefasst. Ein Forschungsinstitut beziehungsweise eine Hochschuleinrichtung geht somit exakt mit der jeweiligen Adresse in die regionale Darstellung ein und nicht mit der Adresse der übergeordneten Organisationseinheit.

Die Dichteanalyse in Kapitel 3.6 beruht auf georeferenzierten Adressen von rund 28.000 Forschungseinrichtungen aus der DFG-Einrichtungsdatenbank. Die Dichteanalyse visualisiert solche Regionen, die durch eine sehr hohe Dichte von Forschungseinrichtungen geprägt sind. Je Einrichtung wird in einem Suchradius von 30 Kilometer die Anzahl weiterer Einrichtungen je Flächeneinheit ermittelt und mit zunehmendem Abstand degressiv gewichtet. Der Suchradius von 30 Kilometer entspricht ungefähr dem Doppelten der bundesweiten durchschnittlichen Pendeldistanz von 16,6 Kilometer (BBSR, 2012: 77). Der gewählte Suchradius stellt somit eine plausible Annahme zu den Interaktionsdistanzen der handelnden Personen in den Forschungseinrichtungen dar. Die kontinuierlichen Dichtewerte sind zur besseren Anschaulichkeit in eine diskrete Farbabstufung umgesetzt worden.

Tabelle A-1:
DFG-Systematik der Fächer, Fachkollegien und Wissenschaftsbereiche

Wissenschaftsbereich / Fachkollegium / Fach	
Geistes- und Sozialwissenschaften	
101	**Alte Kulturen**
101-01	Ur- und Frühgeschichte (weltweit)
101-02	Klassische Philologie
101-03	Alte Geschichte
101-04	Klassische Archäologie
101-05	Ägyptische und Vorderasiatische Altertumswissenschaften
102	**Geschichtswissenschaften**
102-01	Mittelalterliche Geschichte
102-02	Frühneuzeitliche Geschichte
102-03	Neuere und Neueste Geschichte (einschl. Europäische Geschichte der Neuzeit und Außereuropäische Geschichte)
102-04	Wissenschaftsgeschichte
103	**Kunst-, Musik-, Theater- und Medienwissenschaften**
103-01	Kunstgeschichte
103-02	Musikwissenschaften
103-03	Theater- und Medienwissenschaften
104	**Sprachwissenschaften**
104-01	Allgemeine und Angewandte Sprachwissenschaften
104-02	Einzelsprachwissenschaften
104-03	Typologie, Außereuropäische Sprachen, Ältere Sprachstufen, Historische Linguistik
105	**Literaturwissenschaft**
105-01	Ältere deutsche Literatur
105-02	Neuere deutsche Literatur
105-03	Europäische und Amerikanische Literaturen
105-04	Allgemeine und vergleichende Literaturwissenschaft; Kulturwissenschaft
106	**Außereuropäische Sprachen und Kulturen, Sozial- und Kulturanthropologie, Judaistik und Religionswissenschaft**
106-01	Ethnologie und Europäische Ethnologie / Volkskunde
106-02	Asienbezogene Wissenschaften
106-03	Afrika-, Amerika- und Ozeanienbezogene Wissenschaften
106-04	Islamwissenschaften, Arabistik, Semitistik
106-05	Religionswissenschaft und Judaistik
107	**Theologie**
107-01	Evangelische Theologie
107-02	Katholische Theologie
108	**Philosophie**
108-01	Geschichte der Philosophie
108-02	Theoretische Philosophie
108-03	Praktische Philosophie
109	**Erziehungswissenschaft**
109-01	Allgemeine und Historische Pädagogik
109-02	Allgemeine und fachbezogene Lehr-, Lern- und Qualifikationsforschung
109-03	Sozialisations-, Institutions- und Professionsforschung
110	**Psychologie**
110-01	Allgemeine, Biologische und Mathematische Psychologie
110-02	Entwicklungspsychologie und Pädagogische Psychologie
110-03	Sozialpsychologie und Arbeits- und Organisationspsychologie
110-04	Differenzielle Psychologie, Klinische Psychologie, Medizinische Psychologie, Methoden
111	**Sozialwissenschaften**
111-01	Soziologische Theorie
111-02	Empirische Sozialforschung
111-03	Publizistik und Kommunikationswissenschaft
111-04	Politikwissenschaft

Wissenschaftsbereich / Fachkollegium / Fach	
Geistes- und Sozialwissenschaften	
112	**Wirtschaftswissenschaften**
112-01	Wirtschaftstheorie
112-02	Wirtschafts- und Sozialpolitik
112-03	Finanzwissenschaften
112-04	Betriebswirtschaftslehre
112-05	Statistik und Ökonometrie
112-06	Wirtschafts- und Sozialgeschichte
113	**Rechtswissenschaften**
113-01	Rechts- und Staatsphilosophie, Rechtsgeschichte, Verfassungsgeschichte, Rechtstheorie
113-02	Privatrecht
113-03	Öffentliches Recht
113-04	Strafrecht, Strafprozessrecht
113-05	Kriminologie
Lebenswissenschaften	
201	**Grundlagen der Biologie und Medizin**
201-01	Biochemie
201-02	Biophysik
201-03	Zellbiologie
201-04	Strukturbiologie
201-05	Allgemeine Genetik
201-06	Entwicklungsbiologie
201-07	Bioinformatik und Theoretische Biologie
201-08	Anatomie
202	**Pflanzenwissenschaften**
202-01	Spezielle Botanik und Evolution
202-02	Pflanzenökologie und Ökosystemforschung
202-03	Allelobotanik – Organismische Interaktion
202-04	Pflanzenphysiologie
202-05	Biochemie und Biophysik der Pflanzen
202-06	Zell- und Entwicklungsbiologie der Pflanzen
202-07	Genetik der Pflanzen
203	**Zoologie**
203-01	Systematik und Morphologie
203-02	Evolution, Anthropologie
203-03	Ökologie der Tiere, Biodiversität und Ökosystemforschung
203-04	Biologie des Verhaltens und der Sinne
203-05	Biochemie und Physiologie der Tiere
203-06	Genetik, Zell- und Entwicklungsbiologie
204	**Mikrobiologie, Virologie und Immunologie**
204-01	Stoffwechselphysiologie, Biochemie und Genetik der Mikroorganismen
204-02	Mikrobielle Ökologie und Angewandte Mikrobiologie
204-03	Medizinische Mikrobiologie, Parasitologie, Mykologie und Hygiene, Molekulare Infektionsbiologie
204-04	Virologie
204-05	Immunologie
205	**Medizin**
205-01	Epidemiologie, Medizinische Biometrie, Medizinische Informatik
205-02	Public Health, Medizinische Versorgungsforschung, Sozialmedizin
205-03	Humangenetik
205-04	Physiologie
205-05	Ernährungswissenschaften
205-06	Pathologie und Gerichtliche Medizin
205-07	Klinische Chemie und Pathobiochemie
205-08	Pharmazie
205-09	Pharmakologie
205-10	Toxikologie und Arbeitsmedizin

Wissenschaftsbereich / Fachkollegium / Fach	
Lebenswissenschaften	
205-11	Anästhesiologie
205-12	Kardiologie, Angiologie
205-13	Pneumologie, Klinische Infektiologie, Intensivmedizin
205-14	Hämatologie, Onkologie, Transfusionsmedizin
205-15	Gastroenterologie, Stoffwechsel
205-16	Nephrologie
205-17	Endokrinologie, Diabetologie
205-18	Rheumatologie, Klinische Immunologie, Allergologie
205-19	Dermatologie
205-20	Kinder- und Jugendmedizin
205-21	Frauenheilkunde und Geburtshilfe
205-22	Reproduktionsmedizin/-biologie
205-23	Urologie
205-24	Gerontologie und Medizinische Geriatrie
205-25	Gefäß- und Viszeralchirurgie
205-26	Herz- und Thoraxchirurgie
205-27	Unfallchirurgie und Orthopädie
205-28	Zahnheilkunde, Mund-, Kiefer- und Gesichtschirurgie
205-29	Hals-Nasen-Ohrenheilkunde
205-30	Radiologie und Nuklearmedizin
205-31	Radioonkologie und Strahlenbiologie
205-32	Biomedizinische Technik und Medizinische Physik
206	**Neurowissenschaft**
206-01	Molekulare Neurowissenschaft und Neurogenetik
206-02	Zelluläre Neurowissenschaft
206-03	Entwicklungsneurobiologie
206-04	Systemische Neurowissenschaft, Computational Neuroscience, Verhalten
206-05	Vergleichende Neurobiologie
206-06	Kognitive Neurowissenschaft und Neuroimaging
206-07	Molekulare Neurologie
206-08	Klinische Neurowissenschaften I – Neurologie, Neurochirurgie, Neuropathologie
206-09	Biologische Psychiatrie
206-10	Klinische Neurowissenschaften II – Psychiatrie, Psychotherapie, Psychosomatik
206-11	Klinische Neurowissenschaften III – Augenheilkunde
207	**Agrar-, Forstwissenschaften, Gartenbau und Tiermedizin**
207-01	Bodenwissenschaften
207-02	Pflanzenbau
207-03	Pflanzenernährung
207-04	Ökologie von Agrarlandschaften
207-05	Pflanzenzüchtung
207-06	Phytomedizin
207-07	Verfahrens- und Landtechnik
207-08	Agrarökonomie und -soziologie
207-09	Erfassung, Steuerung und Nutzung der Waldressourcen
207-10	Grundlagen der Waldforschung
207-11	Tierzucht, Tierhaltung und Tierhygiene
207-12	Tierernährung und Tierernährungsphysiologie
207-13	Grundlagen der Tiermedizin
207-14	Grundlagen von Pathogenese, Diagnostik, Therapie und Klinische Tiermedizin
Naturwissenschaften	
301	**Molekülchemie**
301-01	Anorganische Molekülchemie – Synthese, Charakterisierung, Theorie und Modellierung
301-02	Organische Molekülchemie – Synthese, Charakterisierung, Theorie und Modellierung
302	**Chemische Festkörper- und Oberflächenforschung**
302-01	Festkörper- und Oberflächenchemie, Materialsynthese
302-02	Physikalische Chemie von Festkörpern und Oberflächen, Materialcharakterisierung
302-03	Theorie und Modellierung

Wissenschaftsbereich / Fachkollegium / Fach	
Naturwissenschaften	
303	**Physikalische und Theoretische Chemie**
303-01	Physikalische Chemie von Molekülen, Flüssigkeiten und Grenzflächen – Spektroskopie, Kinetik
303-02	Allgemeine Theoretische Chemie
304	**Analytik / Methodenentwicklung (Chemie)**
304-01	Analytik / Methodenentwicklung (Chemie)
305	**Biologische Chemie und Lebensmittelchemie**
305-01	Biologische und Biomimetische Chemie
305-02	Lebensmittelchemie
306	**Polymerforschung**
306-01	Präparative und Physikalische Chemie von Polymeren
306-02	Experimentelle und Theoretische Polymerphysik
306-03	Polymermaterialien
307	**Physik der kondensierten Materie**
307-01	Experimentelle Physik der kondensierten Materie
307-02	Theoretische Physik der kondensierten Materie
308	**Optik, Quantenoptik und Physik der Atome, Moleküle und Plasmen**
308-01	Optik, Quantenoptik, Physik der Atome, Moleküle und Plasmen
309	**Teilchen, Kerne und Felder**
309-01	Kern- und Elementarteilchenphysik, Quantenmechanik, Relativitätstheorie, Felder
310	**Statistische Physik, Weiche Materie, Biologische Physik, Nichtlineare Dynamik**
310-01	Statistische Physik, Weiche Materie, Biologische Physik, Nichtlineare Dynamik
311	**Astrophysik und Astronomie**
311-01	Astrophysik und Astronomie
312	**Mathematik**
312-01	Mathematik
313	**Atmosphären- und Meeresforschung**
313-01	Physik und Chemie der Atmosphäre
313-02	Physik, Chemie und Biologie des Meeres
314	**Geologie und Paläontologie**
314-01	Geologie, Ingenieurgeologie, Paläontologie
315	**Geophysik und Geodäsie**
315-01	Physik des Erdkörpers
315-02	Geodäsie, Photogrammetrie, Fernerkundung, Geoinformatik, Kartographie
316	**Geochemie, Mineralogie und Kristallographie**
316-01	Organische und Anorganische Geochemie, Biogeochemie, Mineralogie, Petrologie, Kristallographie, Lagerstättenkunde
317	**Geographie**
317-01	Physische Geographie
317-02	Humangeographie
318	**Wasserforschung**
318-01	Hydrogeologie, Hydrologie, Limnologie, Siedlungswasserwirtschaft, Wasserchemie, Integrierte Wasser-Ressourcen Bewirtschaftung
Ingenieurwissenschaften	
401	**Produktionstechnik**
401-01	Spanende Fertigungstechnik
401-02	Ur- und Umformtechnik
401-03	Mikro- und Feinwerktechnik, Montage-, Füge- und Trenntechnik
401-04	Kunststofftechnik
401-05	Produktionsautomatisierung, Fabrikbetrieb, Betriebswissenschaften

Wissenschaftsbereich / Fachkollegium / Fach	
Ingenieurwissenschaften	
402	**Mechanik und Konstruktiver Maschinenbau**
402-01	Konstruktion, Maschinenelemente
402-02	Mechanik
402-03	Leichtbau, Textiltechnik
402-04	Akustik
403	**Verfahrenstechnik, Technische Chemie**
403-01	Chemische und Thermische Verfahrenstechnik
403-02	Technische Chemie
403-03	Mechanische Verfahrenstechnik
403-04	Bioverfahrenstechnik
404	**Wärmeenergietechnik, Thermische Maschinen, Strömungsmechanik**
404-01	Energieverfahrenstechnik
404-02	Technische Thermodynamik
404-03	Strömungsmechanik
404-04	Strömungs- und Kolbenmaschinen
405	**Werkstofftechnik**
405-01	Metallurgische und thermische Prozesse und thermomechanische Behandlung von Werkstoffen
405-02	Keramische und metallische Sinterwerkstoffe
405-03	Verbundwerkstoffe
405-04	Mechanisches Verhalten von Konstruktionswerkstoffen
405-05	Beschichtungs- und Oberflächentechnik
406	**Materialwissenschaft**
406-01	Thermodynamik und Kinetik von Werkstoffen
406-02	Herstellung und Eigenschaften von Funktionsmaterialien
406-03	Mikrostrukturelle mechanische Eigenschaften von Materialien
406-04	Strukturierung und Funktionalisierung
406-05	Biomaterialien
407	**Systemtechnik**
407-01	Automatisierungstechnik, Regelungssysteme, Robotik, Mechatronik
407-02	Messsysteme
407-03	Mikrosysteme
407-04	Verkehrs- und Transportsysteme, Logistik
407-05	Arbeitswissenschaft, Ergonomie, Mensch-Maschine-Systeme
408	**Elektrotechnik**
408-01	Elektronische Halbleiter, Bauelemente und Schaltungen, Integrierte Systeme
408-02	Nachrichten- und Hochfrequenztechnik, Kommunikationstechnik und -netze, Theoretische Elektrotechnik
408-03	Elektrische Energieerzeugung, -übertragung, -verteilung und -anwendung
409	**Informatik**
409-01	Theoretische Informatik
409-02	Softwaretechnologie
409-03	Betriebs-, Kommunikations- und Informationssysteme
409-04	Künstliche Intelligenz, Bild- und Sprachverarbeitung
409-05	Rechnerarchitekturen und eingebettete Systeme
410	**Bauwesen und Architektur**
410-01	Architektur, Bau- und Konstruktionsgeschichte, Bauforschung, Ressourcenökonomie im Bauwesen, Bauliche Subsysteme und ihre Gestaltung
410-02	Städtebau/Stadtentwicklung, Raumplanung, Verkehrs- und Infrastrukturplanung, Landschaftsplanung
410-03	Baustoffwissenschaften, Bauchemie, Bauphysik
410-04	Konstruktiver Ingenieurbau (Beton, Stahl, Holz, Glas, Kunststoffe), Bauinformatik und Baubetrieb
410-05	Angewandte Mechanik, Statik und Dynamik
410-06	Geotechnik, Wasserbau

Tabelle A-2:
Universitäten mit Beteiligung[1] an der Exzellenzinitiative nach Beteiligungsform

Universität	Anzahl der Beteiligungen an Graduiertenschulen	Anzahl der Beteiligungen an Exzellenzclustern
Zukunftskonzept-Universitäten		
Aachen TH	1	3
Berlin FU	7	3
Berlin HU	8	3
Bremen U	2	1
Dresden TU	1	2
Freiburg U	1	2
Göttingen U[2]	1	1
Heidelberg U	3	2
Karlsruhe KIT[2]	2	1
Köln U	2	2
Konstanz U	2	1
München LMU	4	5
München TU	1	6
Tübingen U	1	1
Universität mit zwei und mehr GSC/EXC		
Berlin TU	1	1
Bielefeld U	1	1
Bochum U	1	1
Bonn U	2	2
Darmstadt TU	2	1
Erlangen-Nürnberg U	1	1
Frankfurt/Main U	0	3
Gießen U	1	1
Hamburg U	0	2
Hannover MedH	1	2
Hannover U	0	3
Kiel U	1	2
Lübeck U	1	1
Mainz U	1	1
Münster U	0	2
Saarbrücken U	1	1
Stuttgart U	1	1
Universität mit einer GSC oder einem EXC		
Augsburg U	0	1
Bamberg U	1	0
Bayreuth U	1	0
Bremen JU	1	0
Chemnitz TU	0	1
Düsseldorf U	0	1
Jena U	1	0
Kaiserslautern TU	1	0
Leipzig U	1	0
Mannheim U	1	0
Oldenburg U	0	1
Regensburg U	1	0
Ulm U	1	0
Würzburg U	1	0

[1] Als Beteiligungen werden erfolgreiche Antragsbeteiligungen an den Förderlinien der Exzellenzinitiative betrachtet. Eine Hochschule wird als antragstellende Hochschule gewertet, wenn sie im Antrag als „Host University" aufgeführt oder im Rahmen der Begutachtung und Entscheidung als solche behandelt wurde. Siehe auch das Methodenglossar im Anhang unter dem Stichwort „Exzellenzinitiative".
[2] In der ersten Förderphase 2006 bis 2012.

Datenbasis und Quelle:
Deutsche Forschungsgemeinschaft (DFG): DFG-Bewilligungen für 2011 bis 2013.
Berechnungen der DFG.

Printed in the United States
By Bookmasters